博士论丛

形式追随生态

——当代生态住宅表皮设计研究

The Contemporary Eco-Housing Skin Design Research

Form Follows Eco

邓　丰　著

中国建筑工业出版社

图书在版编目（CIP）数据

形式追随生态——当代生态住宅表皮设计研究／邓丰著．—北京：中国建筑工业出版社，2015.5
博士论丛
ISBN 978-7-112-18070-7

Ⅰ.①形…　Ⅱ.①邓…　Ⅲ.①生态型—住宅—外墙—建筑设计—研究　Ⅳ.①TU241

中国版本图书馆CIP数据核字（2015）第084390号

本书从生态、形式与表皮的关系入手，归纳建筑形式的发展历程，总结出生态和可持续发展思想对当代住宅及其表皮形式所产生的巨大影响。在"形式追随生态"理念引导下，表皮作为形式的载体，是生态思想和生态价值最直接的体现。生态观念影响形式的同时，也面临了诸多的问题和挑战。本书从建筑美学、文化和生态的角度，解读新时代背景下住宅表皮真、善、美的统一；并且结合典型实例分析，从求真、求善、求美和求解四个部分对当代生态住宅表皮展开研究。

本书可供建筑师、城市规划师、工程师、建筑院校师生以及城市规划管理者等参考。

责任编辑：滕云飞
责任设计：张　虹
责任校对：姜小莲　党　蕾

博士论丛
形式追随生态
——当代生态住宅表皮设计研究
邓　丰　著
*
中国建筑工业出版社出版、发行（北京西郊百万庄）
各地新华书店、建筑书店经销
北京京点图文设计有限公司制版
北京盛通印刷股份有限公司印刷
*
开本：787×1092毫米　1/16　印张：20¼　字数：372千字
2015年11月第一版　2015年11月第一次印刷
定价：56.00元
ISBN 978-7-112-18070-7
(27293)

序

1

《形式追随生态》一书即将付梓出版，这是邓丰的博士研究生阶段的学术成果。作为她的硕士生导师和博士生导师，我自然是分外高兴。回想起几年前我们一起在同济大学综合楼7楼商定博士论文的最终题目的情景，想起连续修改六稿的经历，论文写作的过程对邓丰以及对我本人是充满挑战的，有时还是很艰苦的。而今天，我们满心都是丰收后的喜悦。

2

邓丰1999年本科毕业于重庆建筑大学（现重庆大学）建筑学专业，随后去成都市建筑设计研究院工作，2001年考入同济大学攻读硕士研究生。当时我在德国柏林工大的联培博士进修还未结束，因而由建筑系系主任常青教授做主，决定我担任她的导师。这样，邓丰和其他几位同学王芳、刘智伟、赵志伟（后转到蔡永洁老师门下）一起成为我指导的第一届硕士研究生。邓丰专业基础好，为人开朗热情，又是一副好脾气，还会做饭，颇得老师同学的欣赏。她硕士毕业论文是研究柏林“IBA”（1984-1987国际建筑博览会）外部空间问题，为此她和她的同学们去德国柏林工大交流了两个月。论文写作过程非常顺利，最后的完成稿干净清晰，论述有据，文字漂亮，参加答辩的委员如邓耀学老师等，至今还在啧啧称赞。2003年，她和几位同学参加韩国密阳的“韩中日三国建筑夏令营”，获得了银奖。2004年初硕士毕业后，邓丰参加了中联程泰宁大师的建筑事务所上海分院，从事建筑设计。她手头快，设计能力强，很受她的领导的器重。期间，我和邓丰、刘智伟合著了《柏林住宅——从IBA到新世纪》一书，邓丰做了很多专业的和协调的工作。

3

2007年，邓丰又考入同济大学攻读博士研究生，和刘银一起成了我指导的第一届博士生。2008年，她顺利获得中国国家留学基金委（CSC）“建设高水平大学公派研究生项目”，获得两年奖学金，去慕尼黑工大建筑系著名的建筑节能技术专家豪斯拉登教授（Hausladen）门下进行联培博士学习。作为导师，我当时希望她能够融入到豪斯拉登教授的科研团队中，能掌握建筑节能的“硬技术”，将来在建筑节能方面有突出的学术贡献。而就在这个阶段，邓丰开始面临真正的困难了。首先，豪斯拉登教授的团队，基于机械、材料、热力学方面的背景比较强，邓丰要融入到既有的科研项目中，实非易事。其次，德国建筑学专业的博士生，普遍是“放养”式的，只有很少的博士生能进入导师的课题组。好在邓丰能充分利用各种机会，参加研讨会，调研实例，分析数据，为南德地区和华东地区住宅节能基本标准的适应性分析作准备。2009年至2010年，我利用设计中国驻慕尼黑总领馆出差等机会，几次在慕尼黑与邓丰以及豪斯拉登教授交流，但总觉得研究中的关键创新问题没有解决。2010年末，邓丰完成了在德国的两年学习，回到同济。研究的核心“硬技术”问题不仅困扰着她，也困扰着我。

4

一个偶然的契机打破了这个僵局。2011年7月，在上海举行的一个绿色建筑国际研讨会邀请我做一个主题发言；我请邓丰来讨论发言的提纲，商量了“形式追随生态”这个题目，副标题是“建筑真善美的新境界”。邓丰下笔极快，两天就协助我完成了发言的PPT。其素材、论点、论据一气呵成。在会上演讲，效果也很好，后来我们还合作了一篇论文在《建筑学报》发表。这个经历，让我们重新审视博士论文题目：硬技术如果实验条件不具备，就不要硬上吧。邓丰的长处是软硬结合，以软为主。很快，我们商量修改了题目：以住宅表皮为研究对象，以形式追随生态为线索，分成“求真、求善、求美”三个主要部分。“求真”是历史的发展，上古“形式追随生存”，中古近古“形式追随秩序”，现代主义“形式追随功能”，后现代时期“形式追随多元”，当今“形式追随生态”。“求善”是研究表皮在生态性方面的各种性能。“求美”是说明生态观产生了新的美学观，新世纪的建筑师采用彰显、消隐、一体化、可变性和本土化等五种方法来表达在新的生态观下的建筑形式。个人认为，“求真”和“求美”的归纳，是论文的主要学术贡献。

提纲确定，大家长舒一口气。接下来还经历了两个困难。先是邓丰由于时间紧迫的原因，研究和写作不够从容，赶工了，于是被我多次挑毛病，说她如钱钟书形容的“不增不减地做了”，还需要充分地推敲和发展，于是改了4稿才得以送审，一年多又过去了。其次，盲审的一位老师的观点有所不同，追问现实的应用情况。据此论文增加了“求解”一章，两次修改，半年多时间又过去了。这当中，很多老师（特别是周静敏老师）给予邓丰和我许多帮助。终于，2013年5月31日，邓丰完成了博士论文答辩，评委主席是李保峰教授，评委有王路教授、黄一如教授、周静敏教授、邓耀学高工等。大家对邓丰的研究给予很好的评价，对于她在博士研究生学习期间能独立或与导师合作发表 12 篇论文表示高度赞赏。

这段学术经历我相信对于邓丰是终生难忘的，对于我来说也是非常珍惜的。我们至少得到两点启示。第一，学术贡献需要积累，也需要发现契机，捕捉契机。第二，博士生与导师的合作是非常重要的，教学相长，互相激励。

5

2013 年 6 月，邓丰披上婚纱，与朱凯建筑师喜结连理；2014 年年初起，她继续从事绿色建筑的博士后研究。2015 年新年来临之时，邓丰即将初为人母。看着她十多年来学习、工作、生活、研究的每一点进步，作为老师，是非常欣喜和感动的。祝愿邓丰和所有的学生们不断进步！

是为序。

（李振宇）

2015 年 1 月 3 日

前　言

在生态环保和可持续发展成为全球主题的今天，建筑走向生态已经成为当今建筑发展的必然，“形式追随生态”（Form follows Eco）的新趋势已经形成。生态住宅是住宅建筑由高消耗发展模式转向高效节能及环境友好型发展模式的必然结果，也是21世纪全球住宅的发展趋势。住宅表皮作为住宅应对气候和环境最直接、最关键的部分，其物理和生态性能对于住宅整体的生态性能至关重要。生态的建筑观促使我们从全新的视角审视住宅表皮的生态、能源、文化和美学价值。

本书从生态、形式与表皮的关系入手，归纳建筑形式的发展历程，总结出生态和可持续发展思想对当代住宅及其表皮形式所产生的巨大影响。在“形式追随生态”理念引导下，表皮作为形式的载体，是生态思想和生态价值最直接的体现。生态观念影响形式的同时，也面临了诸多的问题和挑战。本书从建筑美学、文化和生态的角度，解读新时代背景下住宅表皮真、善、美的统一；并且结合典型实例分析，从求真、求善、求美和求解四个部分对当代生态住宅表皮展开研究。

第一部分：“求真”的过程。研究住宅表皮的发展历史，总结其演变规律及各时期的主要特征，指出其否定之否定的螺旋上升发展历程实际即是探寻真理的过程。

第二部分：“求善”的方法。根据住宅表皮所处的不同位置（外墙、门窗、屋面、阳台及外廊），从保温隔热、采光、通风、遮阳、能源利用，以及对住宅造型的影响等6个方面，分析解读完善当代生态住宅表皮形式与功能的设计方法和技术措施，由此提出了实现住宅表皮生态化的20条策略。

第三部分：“求美”的方式。强调生态伦理已成为当今建筑美的重要评判标准之一；结合实例总结出生态审美观下住宅表皮所呈现的彰显、消隐、一体化、可变性和本土化等多种表现形式；并进一步提出当代生态住宅表皮的审美趋势。

第四部分：“求解”的对策。分析“形式追随生态”所面临的挑战和质疑，针对当代中国的住宅建设实践，从保温隔热、辩证窗墙、强推遮阳、自然通风、能源利用和运营管理等6个方面，探讨当代中国住宅表皮生态化所面临的问题及其解决对策。

通过以上研究，从求真、求善、求美和求解四个部分对生态时代的住宅表皮做出全面解读，试图得出以下成果：在“形式追随生态”理念引导下，住宅表皮在建筑的生态和能源探索中所担负的作用举足轻重；总结住宅表皮的发展规律和轨迹，明确其未来发展趋势；基于当代生态住宅表皮的设计现状提出具体的设计策略建议；针对现存的挑战和质疑，提出当代中国住宅表皮生态化所面临的问题及其解决对策，希望能为我国的生态住宅建设提供一些有价值的参考。

Perface

Today, when ecology, environment protection, and sustainable development have become the global themes, the new trend of "Form follows Eco" has been formed. Eco-housing is the inevitable result of residential building changing from the mode of high consumption to the mode of energy efficiency and environment-friendly development. It's also the development trend of global housing in the 21st century. The skin of housing is the most important and crucial part in the whole housing to response to the climate and environment. The ecological architecture outlook makes us to look at the ecological, cultural, energy and aesthetic values of the Eco-housing skin from a new perspective.

The research starts from the relationship of ecology, form and building skin, and summarizes the development process of architectural form. The enormous impact can be found on the contemporary architecture and building skin forms because of the thoughts of ecology and sustainable development. Under the guidance of the concept of "form follows Eco" , as the carrier of form, the building skin is the most direct manifestation of ecological thought and values. From the perspective of the aesthetics of architecture, culture and ecology-saving, the new meaning of the unity of Truth, Good and Beauty of the housing-skin in the new era has been interpreted. And through the analysis of typical examples, the study was developed from four parts: Truth, Good, Beauty and Solution.

The first part: "Truth" . According to the research of the development history of house-skin, its evolution and characteristics in each period are summarized. This process is a process of negation of negation and spiral, which is also to explore Truth.

The second part: "Good" . According to the different positions, such as external wall, window, roof, balcony and verandah, considering thermal insulation, lighting, ventilation, sun shading, energy using and the impact to housing forms, and analyzing the design methods and ecological measures of Eco-housing skin, 20 design strategies are proposed,

The third part: "Beauty" . Ecological ethic has become one of the important criteria of architecture aesthetic. The manifestations of contemporary Eco-housing skin have been summed up, such as reveal, disappear, integration, variability and localization. And the aesthetic trends of contemporary Eco-housing skin are also proposed.

The fourth part: "Solution" . "Form follows Eco" is also facing many challenges and doubts. For the residential construction practices in the contemporary China, from such 6 aspects as insulation, window-wall ratio, mandatory shading, ventilation, energy use and management, the problems of Eco-housing skin design are discussed, and the specific solutions are put forward.

Through the above studies, the Eco-housing skin is comprehensive interpreted. And the following results are obtained: under the guidance of "Form follows Eco" , the housing-skin is very important in the ecology and energy explorations; the evolution of house-skin is summarized, and the development trends are pointed out; specific design strategies for the contemporary Eco-housing skin are proposed; Faced the Challenges and doubts, the specific solutions for the Eco-housing skin design in the contemporary China are put forward. At the same time, some valuable references for the Eco-housing construction in China are provided.

目录

1 绪 论

1.1 选题背景

在生态环保和可持续发展成为全球主题的今天，建筑走向生态已经成为当今建筑发展的必然。受生态观念的影响，建筑形式也已经发展到了一个新的阶段。新时代下，形式应该追随什么，重新成为建筑研究的重点。而表皮作为时代精神和社会价值观物化的载体，应该体现什么，也将成为新时代建筑设计的关键。形式、生态、与表皮三者之间，应该呈现一种怎样的关系和状态，正是本研究首先应该解决的问题（图 1-1）。

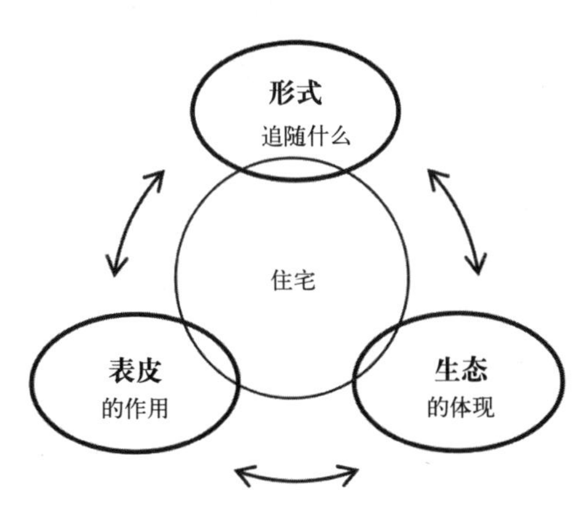

图 1–1 提出问题：形式追随什么？以及形式、生态、表皮三者之间的关系（作者绘）

21 世纪是一个注重生态环保，追求人与自然科学整体协调发展的时代，生态住宅必然成为新世纪全球住宅的发展趋势。住宅表皮作为住宅应对气候和环境最直接、最关键的部分，其物理和生态性能直接影响着住宅整体的生态性能。受生态思想和生态价值观的影响，如何解读新时代住宅表皮真、善、美的统一，是本研究全面展开的基础。

有效控制能源和资源的流向是住宅表皮生态化的重要表现。保温隔热、遮阳、采光、通风等，是住宅中最重要的能量利用途径，并显示出对表皮形式的强大影响力。反之，表皮的形式也对能源和资源的流向至关重要。住宅表皮形式如何能在一定程度上成为住宅建筑中能量流的体现；如何设计出能够引导和利用太阳辐射、风、自然光、雨水等能量流，体现生态价值的住宅表皮；以及住宅表皮如何借由材料和构造的形式表达，满足居住功能需求，高效地实现生态和可持续发展将是本研究的重点。表皮作为生态形式和内容的载体，同样面临着诸多的问题和挑战，如何应对和解决这些现实问题，特别是针对中国当代的住宅建设实践，分析主要问题并探讨相应的解决对策是本研究的目的之一。

在全世界日益增长的能源消耗中，无论是发达国家还是发展中国家，建筑能耗都是国家总能耗中比例重大的一部分。住宅建筑又是其中建设量最大、与人类生活关系最密切的建筑类型，对建筑节能担负有不可推卸的责任。由表 1-1 和表 1-2 可以看出，预计在未来的近 30 年里，中国的住宅能耗增长率将遥遥领先于欧美发达国家及世界平均水平。由此可见，大力发展生态节能住宅，降低住宅能耗是控制社会总能耗，建设节约型、生态型社会最直接、最有效，也是最经济可行的办法。

2008年世界各国住宅能耗

（单位：千兆英热单位Quadrillion Btu，作者制）　　表1-1

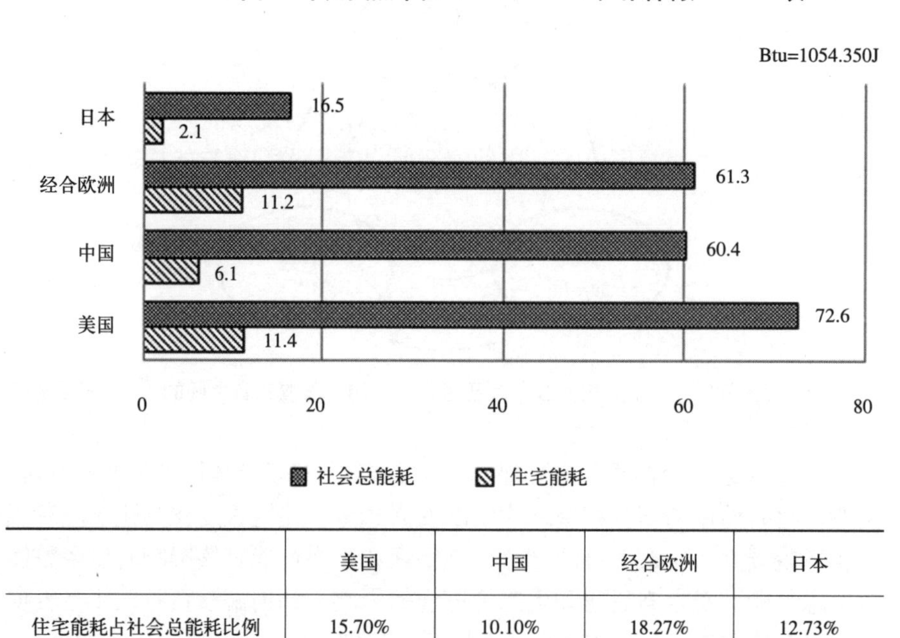

	美国	中国	经合欧洲	日本
住宅能耗占社会总能耗比例	15.70%	10.10%	18.27%	12.73%

注：经合欧洲（OECD Europe）包括：奥地利，比利时，捷克，丹麦，芬兰，法国，德国，希腊，匈牙利，冰岛，爱尔兰，意大利，卢森堡，荷兰，波兰，葡萄牙，斯洛伐克，西班牙，瑞典，瑞士，土耳其，英国等国家。

数据来源：根据International Energy Outlook 2011，U.S. Energy Information Administration，2011整理

预计2008—2035年世界各国住宅能耗及

社会总能耗平均年增长率（%）（作者制） 表 1-2

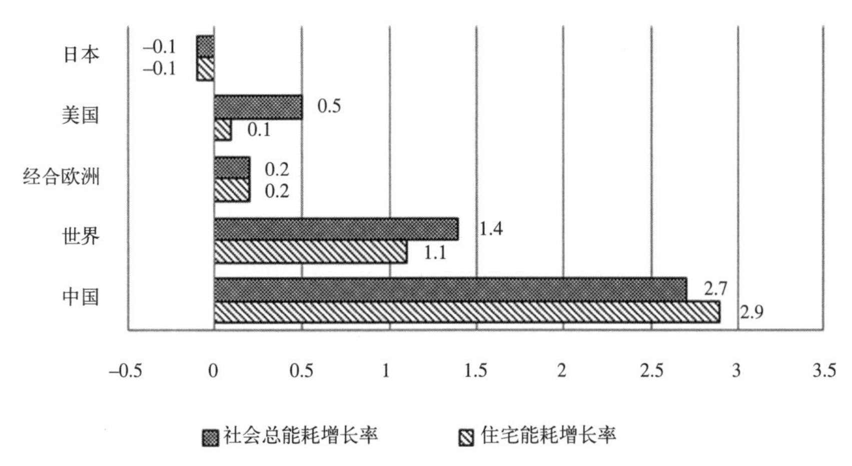

数据来源：根据International Energy Outlook 2011，U.S. Energy Information Administration，2011整理

与世界主要发达国家的建筑能耗相比较，我国的建筑能耗大大低于发达国家水平，单位面积建筑能耗仅为欧洲国家的 1/2，人均建筑能耗仅为欧洲国家的 1/4。但这是以牺牲室内舒适度、传统用能方式，以及巨大的人口基数为前提而形成的，这种情况使得我国人均建筑能耗远低于世界平均水平。目前我国的高能耗建筑比例过大，每年城乡新建房屋建筑面积约 20 亿 m^2，超过所有发达国家年建成建筑面积的总和，其中 80% 以上为高能耗建筑，既有建筑近 400 亿 m^2，95% 以上是高能耗建筑[1]。以此推算，预计到 2020 年，全国高耗能建筑面积将达到 700 亿 m^2，将有一半以上的能源消耗在建筑上。另一方面，我国建筑表皮保温性能普遍较低，表皮单位建筑面积耗能比气候条件相近的发达国家高出 2 ～ 5 倍，这也从侧面反映了我国的建设工作存在着巨大的能源节省空间和潜力。按照中国目前的发展和建设速度，如果不尽早对建筑的能耗进行严格而系统的控制，将会造成资源和能源上的巨大浪费。根据建设部在 2006 年 3 月发布的《建设事业“十一五”规划纲要》，提出在“十一五”期间累计建设节能建筑面积 21.5 亿 m^2，新建建筑严格实施节能 50% 的设计标准，有条件的大城市和严寒、寒冷地区启动节能 65% 的新建建筑节能设计标准[2]。从 1986 年我

❶ 原建设部副部长仇保兴 2005 年 2 月 23 日在国务院新闻办举行的新闻发布会上谈中国的节能与绿色建筑作出上述表述。

❷ 建设部 . 建设事业“十一五”规划纲要 . 2006 年 3 月。

国的第一部建筑节能设计标准颁布，至今又陆续出台或更新了针对不同气候区、不同建筑类型的建筑节能标准、法规和政策（详见附录B）。可见，建筑节能已成为影响我国能源可持续发展战略决策的关键因素，也是我国今后长期、不可动摇的国策之一。

随着经济的高速发展，我国的建筑节能工作也正逐步得到越来越多的重视。住宅节能是我国建筑节能的重要组成部分，由于人民生活水平的提高，居住家庭的年轻化和用能习惯的改变，对住宅室内热环境的要求也日益提高，采暖和空调的使用也越来越普遍，对于能源的消耗将持续增加。因此，大力推广实施生态住宅节能工作是缓解能耗状况、提高住宅的生态适应能力的当务之急。

而作为住宅与外部空间发生最直接能量和物质交换的界面，住宅表皮则是住宅应对气候环境，高效接收和利用可再生能源，维持室内居住舒适度最直接、最有效的部分。与其他民用建筑相比较，住宅的体表比偏小，建筑的热性能更多地与外界气候环境发生牵连，因此，住宅表皮的生态性能对于住宅整体能耗的节省起到了至关重要的作用。

如图1-2所示，根据2012年《中国建筑节能年度发展研究报告》，2010年我国建筑总能耗[1]（不含生物质能[2]）为6.77亿tce[3]，占全国总能耗的20.9%[4][5]。其中城镇住宅能耗（不含北方采暖）1.64亿tce，占建筑总能耗的24.2%。农村住宅能耗（不含生物质能）1.77亿tce[6]，占建筑总能耗的26.1%。加上北方采暖能耗[7]的部分，住宅总能耗（城镇+农村）共计4.46亿tce[8]（不含生物质能），占建筑总能耗的65.9%。其中的住宅能耗统计包括城镇和农村住宅能耗的总和（不含生物质能）。就城市而言，住宅能耗远低于大型公共建筑能耗，但若加上大面积的农村住宅，其能耗数值将远大于其他建筑类型。而随着生活水平的不断提高和用能习惯的改变，无论

---

❶ 这里的建筑能耗指民用建筑的运行能耗，即在住宅、办公建筑、学校、商场、宾馆、交通枢纽、文化娱乐设施等非工业建筑内，为居住者或使用者提供采暖、通风、空调、照明、炊事、生活热水，以及其他为了实现建筑的各项服务功能所使用的能源。

❷ 生物质能包括秸秆、薪柴等，主要在农村住宅中使用，不纳入国家能源宏观统计。

❸ 采用发电煤耗法对终端电耗进行换算，即按照每年的全国平均火力发电煤耗把电力换算为标煤．其中，2010年的系数为1kW·h=0.318kgce。

❹ 2010年的中国能耗总量为32.49亿tce，数据来源于《中国统计年鉴2011》。

❺ 根据国际能源署（IEA）公布的《2011年世界能源展望书（International Energy Outlook 2011）》的数据统计，2008年中国的建筑能耗占社会总能耗的14%。

❻ 清华大学建筑节能研究中心．中国建筑节能年度发展研究报告2012 [R]．北京：中国建筑工业出版社，2012.

❼ 北方采暖单位面积商品能耗为16.6kgce/m^2. 数据来源：清华大学建筑节能研究中心．中国建筑节能年度发展研究报告2012 [R]．北京：中国建筑工业出版社，2012.

❽ 北方城镇采暖包括住宅和公共建筑的能耗，为简化处理，这里将北方城镇采暖能耗，按住宅和公共建筑的面积比例分别平摊到住宅和公共建筑上。

是城镇还是农村的住宅能耗都将继续增大。因此，通过设计、管理和教育宣传控制住宅能耗刻不容缓。而通过表皮热损失所造成的采暖和空调能耗则占到住宅能耗的 65%。据此推算，通过住宅表皮热损失所造成的能耗将占到建筑能耗的几乎一半。由此可见，控制住宅的能耗是建筑节能的重要组成部分，而提高住宅表皮的热工和生态性能则是减少住宅能耗的关键之一（图 1-3）。

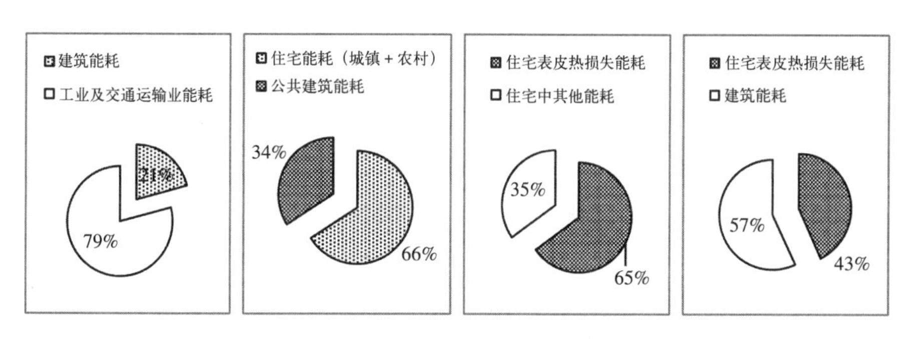

图 1-2　2010 年中国建筑能耗比例图（作者制）

数据来源：根据清华大学建筑节能研究中心．中国建筑节能年度发展研究报告 2012．北京：中国建筑工业出版社，2012 归纳整理所得

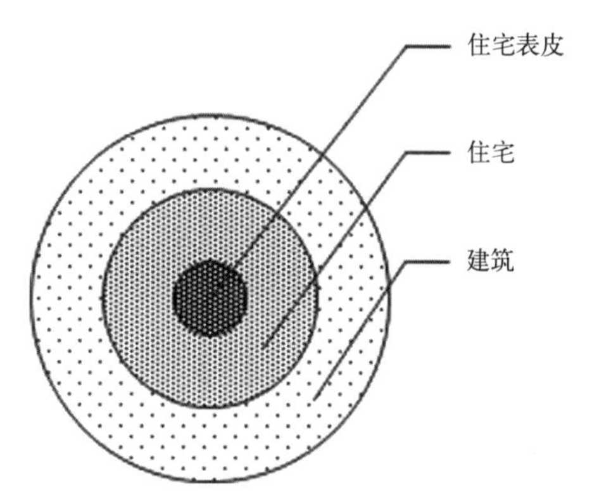

图 1-3　住宅是建筑节能的重要组成部分，而表皮又是住宅节能的关键之一（作者绘）

近年来，伴随着表皮突出的表现力和生态特征，建筑界对表皮的关注和研究也越来越深入。住宅表皮在表达和处理人与社会、环境之间的协调关系上承载了越来越多的内容，其功能性不仅仅只反映在空间限定、围护结构和文化艺术表达上，同时也表现为对环境资源的有效利用，以及改善室内舒适度等方面。它既是住宅内部空间与外部环境的空间界定，同时也承担了内外空间开放与物质能量交换的责任，与其密切相关的能源消耗在整个建筑能耗中占有相当大的比重。与发达国家相比，无论从住宅能效要

求、节能标准上还是技术实践上我国都存在一定的差距（图1-4，表1-3）。按照我国节能标准设计的建筑，外墙的传热系数为发达国家住宅外墙的3～4倍，屋顶是2.5～3.5倍，外窗1.5～2.2倍，门窗透气性为3～6倍。单项标准偏低，加上缺乏有效的控制管理机制，使其能耗水平大大高于发达国家，而舒适水平反而降低。因此，在符合气候环境和国情条件下，提高住宅表皮的热工和生态性能是提高住宅整体生态性能的重要环节。

住宅表皮热工性能（传热系数）比较（W/（m^2·K））（作者制）　　表1-3

<table>
<tr><th colspan="2"></th><th>外墙</th><th>屋顶</th><th>外窗含阳台门透明部分</th><th>外门</th></tr>
<tr><td colspan="2">德国
（EnEV2009）</td><td>0.28</td><td>0.20</td><td>1.3
（天窗：1.4）</td><td>1.8</td></tr>
<tr><td colspan="2">法国
（RT2005）</td><td>0.36～0.40</td><td>0.20～0.25</td><td>1.8～2.1</td><td>1.5</td></tr>
<tr><td colspan="2">英国
（BR-2006）</td><td>0.30～0.35</td><td>0.16～0.25</td><td>1.8～2.2</td><td>2.2～3.0</td></tr>
<tr><td colspan="2">瑞典</td><td>南：0.13～0.14
北：0.12～0.13</td><td>0.13～0.15</td><td>2.0</td><td>—</td></tr>
<tr><td colspan="2">日本（北海道）</td><td>4.2</td><td>0.23</td><td>2.33</td><td>—</td></tr>
<tr><td colspan="2">加拿大</td><td>0.36</td><td>0.40～0.23</td><td>2.86</td><td>—</td></tr>
<tr><td colspan="2">美国
（相当于北京采暖度日数）</td><td>0.32（内保温）
0.45（外保温）</td><td>0.19</td><td>2.0</td><td>—</td></tr>
<tr><td rowspan="2">中国</td><td>北京
（节能65%）</td><td>0.45（4层及以下）
0.60（5层及以上）</td><td>0.45（4层及以下）
0.60（5层及以上）</td><td>2.80</td><td>—</td></tr>
<tr><td>长三角地区
（JGJ 134－2010）</td><td>≤1.5（D≥3.0）
≤1.0（D≥2.5）</td><td>≤1.0（D≥3.0）
≤0.8（D≥2.5）</td><td>≤2.5～4.7</td><td>≤3.0</td></tr>
</table>

注：D为热惰性指标

数据来源：1. Die neue Energieeinsparverordnung 2009 (EnEV 2009)

2. RT 2005 –Décrets, arrêtés, circulaires

3. Part L1 of the Building Regulations 2006

4. 中华人民共和国行业标准，夏热冬冷地区居住建筑节能设计标准（JGJ 134－2010）

5. 中华人民共和国行业标准，严寒和寒冷地区居住建筑节能设计标准（JGJ 26－2010）

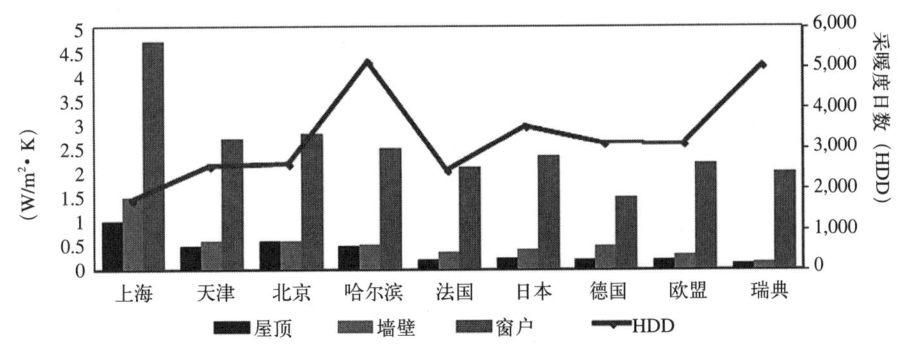

图 1–4 住宅能效要求比较（作者绘）

数据来源：MOC 1996，第 35 页；MOC 2001，第 35 页；RT 2000；RT 2005；www.worldenergy.org；www.eere.energy.gov; Waide (2006) ; Eichhammer and Schlomann (2000)；/www.chathamhouse.org.uk

另一方面，住宅表皮又是住宅形象最直观的表现，是城市里最量大面广的建筑立面，更是城市整体面貌和基调的体现，对城市空间环境的塑造、城市文化的彰显和城市生活的引导都具有最直接的影响。住宅表皮物理和生态性能的提高直接影响着住宅整体，乃至城市整体生态性能的提高。因此，有必要从生态、文化、能源、技术和审美等多方面角度来综合考量住宅表皮及其表现形式，为我国目前或今后大规模的生态住宅研究和建设提供一些有益的参考和启示。

本研究的议题是由形式与生态的关系入手的，住宅表皮形式与能耗研究的关系是其中最重要的一个方面。如果要创造一个生态的、可持续发展的社会，那么我们必须遵从生态系统的基本原则。住宅表皮的建构和使用过程包括了能量和信息的交换、处理和储存的过程，在生态—形式的关系中，本研究的重点在于探讨住宅表皮形式如何能在一定程度上成为住宅建筑中能量流的体现，以及如何设计出能够引导和利用太阳辐射、风、自然光、雨水等能量流，具有生态价值的住宅表皮形式。

1.2 研究意义

生态环保和可持续发展已经成为全球热议的主题，建筑走向生态成为当今建筑发展的必然，“形式追随生态”（Form follows Eco）已经成为新时代建筑形式发展的新趋势。生态住宅作为住宅建筑由传统高消耗发展模式转向高效节能及环境友好型发展模式的必由之路，更是 21 世纪全球住宅的发展趋势。而住宅表皮作为住宅应对气候和环境最直接、最关键的部分，其物理和生态性能直接影响着住宅整体的生态性能。住宅表皮的形式及其所表达和展现的信息对城市空间环境和城市文化产生着直接的影响。尤其对于发展快速、建设量庞大的发展中国家来说，加大生态住宅的研究，推进住宅表皮的生态化，无论从环境、能源、经济、文化和美学的角度，还是从城市和居住的角度都具有十分深远的现实意义。

其理论研究意义在于，为我们认识和研究生态住宅及其表皮提供一个新的视角和切入点。从技术手段和艺术价值双方面入手，将生态住宅表皮的研究深入到具体策略上，总结出具有可操作性的方法和手段，对建筑实践具有较强的指导作用。并且强调生态思想对当代建筑审美的影响，提出新时代建筑审美的生态观和道德观，促使我们从全新的视角审视住宅表皮的生态、能源、经济、文化和美学等多元价值，为认识我国与发达国家在此领域存在的差距，为寻找缩小差距实现跨越式发展提供一种新的思路。

1.3 研究对象

本研究的对象——住宅表皮，指的是住宅建筑和其外部空间直接接触，并且发生能量和物质交换的界面，以及其展现出来的形象和构成的方式。亦是住宅内外空间界面处的构件及其组合方式的统称，包括通常意义上的外墙、门窗和屋顶，及其相关构造和附属构件（阳台、外廊、空调板等）。研究的时间范围界定在当代，以普遍性为基础，实验性为主导，研究生态观念影响下当代住宅表皮的设计策略、发展趋势和表现形式，以及面临的问题等。

在当今生态背景下，住宅表皮作为人的第三层皮肤，成为人与自然、环境和谐共处的载体，对内具有提供保护和供给的双重作用，对外构成了城市和环境空间的主要表情，承载了延续城市文化和体现城市生活的任务，是提高住宅甚至城市整体生态价值的关键。目前，由于表皮特殊的表现性，以及其在公共建筑中展现出的独特的视觉冲击，国内外大量关于建筑表皮的研究多是针对办公及其他公共建筑，对于更大量的住宅表皮而言，反而容易被忽视。然而由于住宅与办公及其他公共建筑在使用功能、使用时间、控制指标、经济造价等方面的不同，使得针对办公建筑表皮的研究并不完全适用于住宅建筑。因此，充分认识住宅与办公建筑的区别，有针对性地对大量建设的住宅表皮进行研究，提高住宅表皮的生态性能，有利于从根本上扭转我国住宅建筑耗能严重浪费的状况，为实现国家节约能源和保护环境的战略目标做出贡献，具有普世的文化、经济、能源和生态价值。

1.3.1 表皮的概念界定

1988 年，美国加利福尼亚大学教授，当代哲学家阿维荣•斯特尔（Avrum

Stroll）出版了第一本以“表皮”为主题的哲学书:《表皮》(Surfaces) [1]。其中提到从 20 世纪开始，表皮被用来讨论人们对外部世界的感知，同时他介绍了美国实验心理学家吉布森（J.Gibson）的观点，认为我们对外部世界的感知是建立在物体的表皮和我们的视觉系统的关系之上的，表皮构成及呈现了物体的各种视觉形式，并经由视觉转化成各种信息而被我们认知 [2]。

生物学上，表皮（skin）指的是（人或动物的）皮，皮肤、兽皮、皮毛、外皮 [3]。该词现在被广泛应用于设计领域，这与仿生学与生物学的发展相联系。自然界，一切有形的物体必然受到客观规律的支配，自然作用的结果使之具备最适应自然的大小和形态。生物在长期的生存竞争中，为了适应自然界的规律，需要不断地完善自身的性能和组织，以获得高效低耗的保障和调节系统。生物表皮即担负着生物在自然进化中包裹机体、保护自我、汲取能源的重要作用。

在建筑领域中，表皮也是建筑的重要组成要素之一，通常指建筑的外围护结构（外墙、门窗、屋顶），具有器官（organ）与构成机体成分的意思，还包括从围护结构中分离出来的有一定建筑功能作用的建筑构件（如阳台、外廊、风管、翼墙、遮阳构件、空调板等）或其他附属物（如植物、装饰构件）等。在表皮一词在建筑领域出现之前，我们通常使用立面（facade）、表面（surface）或者外围护结构（envelope）来表达，之所以发展为现在的表皮，顾名思义，是更加强调它作为“皮”本身应该具有的生态功能和生态作用。因此，建筑表皮一词的产生本身就反映了其背后所蕴含的生态意义。表皮应该具备的基本品质之一就是像皮肤一样，具有保护机体、调节自身以适应外部多变环境的能力，并承担建筑外部围护界面的物质系统。

1.3.2 关于建筑表皮的本体思考

空间是建筑的本质或灵魂，但是建筑表皮却是建筑对外最直观的显现，同时也是建筑与城市对话的平台，建筑表皮以自身的语汇体现建筑的表情和个性，具有十分重要的意义。从空间的视角看，建筑表皮是空间形成的物质基础和手段，担负着过滤外界影响、营造室内居住环境舒适性和私密

---

[1] Avrum Stroll. Surfaces [M]. 地点：University of Minnesota Press, 1988.

[2] 吉布森（J.Gibson）对表皮的四种定义：（LS）达芬奇（Leonardo da Vinci）所说的抽象的表皮，该表皮不属于任何物体而只是一种界面；（DS）物理主义的抽象表皮，该表皮是属于某个物体的；（OS）日常所谈论的物质的表皮，有各种物理特征；（SS）科学观念下的物质表皮，是物体最外一层的原子组织．前两种将表皮认为是抽象的，而后二者却将其视为物质的．但是，斯特尔认为表皮既是抽象的，也是物质的，同时具有这两种性质．他说，表皮是形成其所体现（的物体）的上部或外部边界的薄的（几何学的）伸展（Spreads），并且对象依据其具体情况可有一张或多张表皮．转引自：郭峰．当代建筑表皮的表现性与逻辑性 [D]．西安建筑科技大学硕士论文，2010.

[3] 牛津高级英汉双解词典 [M]．第 4 版．北京：商务印书馆，1997.

性的基本功能，同时也是划分建筑内外空间的介质，在空间体验的转换过程中起关键作用。且表皮本身具有一定的空间厚度，对内和对外分别承担不同的功能，并呈现不同的状态。对于以阳台或外廊为代表的灰空间表皮界面，建筑表皮这个概念含有两个层次的意义：1）作为界定空间的要素来看，应当将其整体作为介于室内外间的建筑表皮来研究；2）针对组成阳台或外廊的单独的建筑构件来说，其本身外表面的处理也属于建筑表皮研究的范畴。也就是说，灰空间表皮界面的建筑表皮处理可以在整体和局部两个层次上加以探讨。从时间维度来看，表皮应该具有随着时间、季节的变换进行自我调节或改变的能力。从视觉特征上说，表皮就是建筑存在的物质状态，是建筑表情、文化、信息和内容的载体，反映建筑所处的环境气候特征、地域文化、生活方式、建筑美学和科学技术等方面，更是建筑审美的主要对象。从能源利用方面来看，表皮是建筑获得外部能源和资源的主要媒介，同时也是能源被动散失的主要途径。由此看来，建筑表皮并非一个二维的表面（surface）或立面（facade）的概念，它是一个四维的、立体的、具有多项复合功能的复杂系统。

作为建筑的皮肤，表皮是建筑室内外发生物质和能量交换的界面。对居住者而言，建筑表皮提供保护和供给的双重作用，就像动植物的皮毛组织，既是机体的屏蔽者，又能为物质与能量交流提供渠道，并且具有一定的外部形象。对于环境和城市空间而言，建筑表皮构成了城市和环境空间的主要表情，承载了延续城市文化和体现城市生活的任务。从某种意义上讲，文明时代的人拥有除了自己的天然皮肤以外的另两层皮：第一层是衣服，人们可以随季节的变化而更换穿戴、衣着；第二层则是建筑表皮，提供各种生存所必需的功能——保护生命、隔绝外界环境，以人类的物质生活和精神需要为目的。同时，建筑表皮自身对于气候环境的适应和调节能力可以满足室内合理的声光热舒适要求，是实现气候调控最直接和最有效的途径。德国建筑师戈特弗里德•森帕（Gottfried Semper）于19世纪中叶，在他著名的关于“形式”的讨论课中提出：建筑的表皮就是一种“覆盖”（cladding），水平屋面防止气候的影响，竖向墙体防止野兽的攻击，防止野兽的栅栏就是原始的墙[1]。

尽管地区、气候、文化、经济、建筑技术和能量参数不尽相同，建筑的首要任务仍是创造舒适的庇护所，保护人们免受外部气候环境的伤害，比如强烈的太阳辐射、极端的温度、降雨和风雪等。在建筑中，表皮是主

[1] Semper,gottfried:der stil in den technischen und tektonischen Künsten,oder praktische?sthetik.Ein handbuch für techniker,künstler kunsterftreunde.Frankfurt 1860. 转引自：李保峰，李钢. 建筑表皮——夏热冬冷地区建筑表皮设计研究 [M]. 北京：中国建筑工业出版社，2010.

要的辅助系统，能够影响并调节一般的外部环境以满足室内居住的舒适度要求。如同人类的皮肤和衣服，建筑表皮通过合理的设计和建造行使其功能以满足舒适居住的要求。数千年来，文化的交融与技术的发展不断更新着建筑的方方面面，但至今为止，建筑基本系统及其子系统的基本属性并未改变（图 1-5）。具有气候调节作用的表皮由建筑立面和屋顶组成，并通过通风系统、遮阳系统、采光系统、保温隔热系统和能源供应系统实现对室内舒适环境的维护。

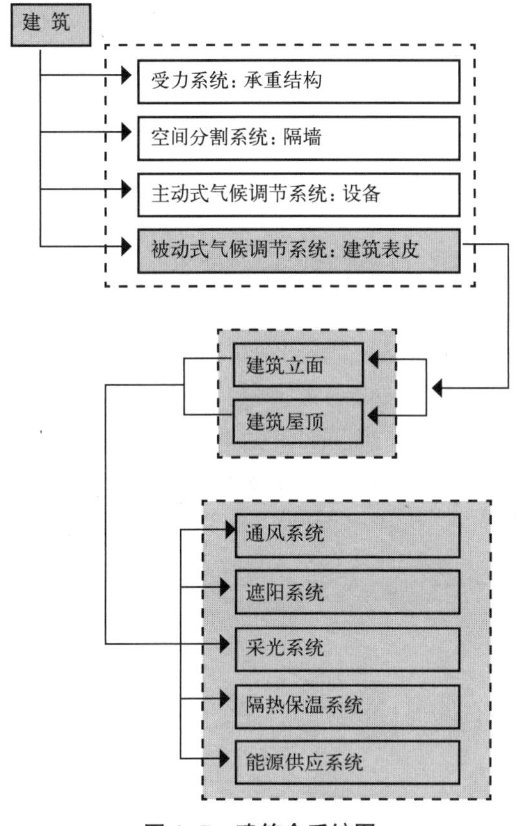

图 1–5　建筑全系统图

1.3.3　表皮体现生态

区别于立面（facade）、表面（surface）或围护结构（envelop），表皮之所以被称之为“皮”（skin），本身就是生态意义最直接的体现。在注重可持续发展的今天，生态理念在现代表皮中的引入是表皮发展的必然。对高性能、有一定适应性的表皮系统的持续需求，将使建筑表皮从静止的单层系统转变为具有可控性的多层系统。建筑表皮的生态化是对生物圈中生物表皮的一种参照与引申。自然界的生物通过表皮与外界交换物质、能量和信息，以维持自身的生态平衡，同时通过表皮来保护、隐藏自身，规避风险、适应周围环境。建筑表皮的生态化既可以通过人为的设计，使得表皮具有类似生物体皮肤的保护、呼吸、吸收、调节等功能，也可以具有逐级深入的分形特点和基于这种机制的自我调节能力，以达到主动适应外界环境，维持室内居住舒适度，并不给自然环境带来负担等目的。

生态时代，表皮成为建筑生态观物化的表象。环境生态因子的引入要求表皮必须全面衡量能源、环境、材料、构造和控制等诸多要素，以及它们之间的协调关系。有效控制能源和资源的流向是表皮生态化的重要表现。保温隔热、遮阳、采光、通风等，都是建筑中最重要的能量利用途径，并显示出对表皮形式的强大影响力，反之，表皮的形式也对能源和资源的流向产生了深刻的影响。表皮的构成方式和表现形式成为生态特性和生态价值最直接、最显著的体现。

在当今时代，形式、生态与表皮的关系中，生态极大地影响着形式，形式追随生态已经成为必然的趋势；而表皮作为形式的载体，是生态最直接的体现；生态制约着表皮的功能、构成以及材料等各方面，进而制约着形式的表现；形式则是表皮各方面的具体呈现，突显其生态特征以及能量流在表皮的流走。即：形式是表征，表皮是载体，生态是目的，更是衡量表皮系统协调平衡的指标。本书所要研究的正是住宅表皮如何借助材料和构造的形式表达，满足功能需要，高效地实现生态和可持续发展（图1-6）。

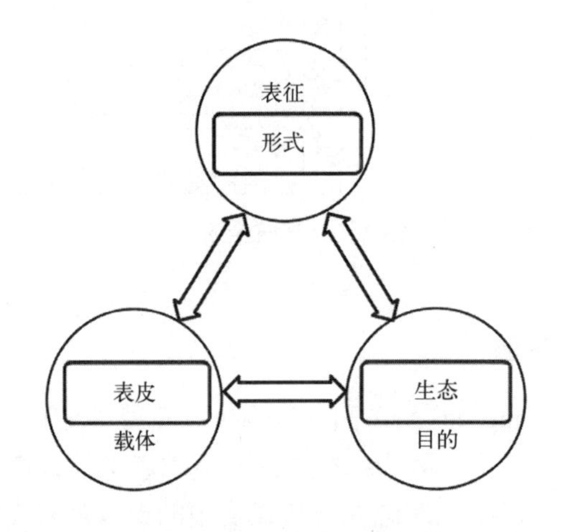

图 1–6　形式、生态与表皮三者的关系（作者绘）

1.3.4 住宅的表皮

住宅是与人类关系最为密切的建筑类型，住宅的表皮是构成住宅建筑的重要组成部分之一，在附着并服务于住宅建筑主体的同时，也是室内外物质与能源交换的载体。对内，围合成居住空间，并维持室内居住环境的舒适度，保障个体生活的生态性；对外，形成城市环境空间的界面，传播与彰显城市文化和城市生活。作为城市中最大量、覆盖面最广的基本元素，体现了城市的整体面貌和基调，与城市整体的生态性能，以及城市中家家户户的生活息息相关，具有十分重要的生态作用，应该被给予足够的重视。

与其他民用建筑相比较，住宅的体表比偏小，建筑的热性能更多地与外界气候环境发生牵连，因此，表皮的生态性能对于住宅来说尤其重要。另外，住宅表皮与个人的日常生活体验结合也更为紧密。住户的生活经历和生活习惯，以及性格爱好等都对住宅表皮的使用和要求存在自主的影响。根据不同的家庭构成和职业状况等，住宅的使用时长不一，使用频率不规律；对夜间室内环境舒适度要求高；而室内的光照要求、温湿度控制、风速控制等相对较宽松，住户的个人意愿占主导；由于能源支出是按各户的使用进行支付，因此住户的个人节约意识也更强。而对于住宅表皮来说，其特别之处还在于，其作为人类拥有的第三层皮的存在，甚至可以代偿衣服作为第二层皮的某些功能。我们研究住宅表皮的全生命周期的同时，它也见证着人类从新生到死亡的整个生命过程。

1.3.4.1 住宅表皮的特征与功能

住宅表皮强调其作为住宅内外空间“界面”的特征，其所具有的特点是通过与建筑的外部空间环境以及建筑的功能发生关系的过程中体现的。因此，住宅表皮具有以下特征：方向性、单元性、重复性、自主性和可识别性。

首先，居住功能空间受日照和朝向的影响，具有很强的方向性，南向开窗面积多且大，有遮阳要求，北向较封闭。其次，根据住宅每户特定的功能要求，具有很强的单元式特征，每户住宅都拥有与其使用空间相适应的立面特征，比如起居空间大开窗，常结合阳台设置；卧室采光同时需考虑保护隐私；卫生间小开窗，并应有视线遮挡等。由于住宅单元的重复性使其表皮特征呈现出韵律感，多层和高层集合住宅表皮因此具有均质性特征。另外，由于住户的不同使用需要，开关窗以及遮阳控制、阳台装扮等，每户表皮还具有很强的自主性和可识别性特征。

住宅表皮和住宅建筑的其他组成部分一样，不断适应气候环境和居住生活的需要，其功能与构成也不断发生变革。其构成逐渐由厚变薄，由封闭到通透，由单层到多层、复合层构造；其功能也由简单原始的遮蔽、防护功能转变为集安全、节能、美观、经济、文化、生态等多重功能于一身的综合表皮系统。随着科技的发展和进步，住宅表皮在保护住宅免受外部恶劣环境影响的同时，还担负起其他多重技术功能，如：机械通风、采暖和制冷装置发挥作用，或为房屋技术管线的架设提供可能性等。

住宅表皮的物理功能要求是为了隔绝室外恶劣气候的变化，同时引进有利的气候因素，并满足保持人体舒适度的各项指标。根据所处位置的不同及室内功能要求的不同，住宅表皮具有以下功能：温度调节、光线调节、空气调节、视线调节、噪声控制、防风防雨、防御侵袭、保护个人隐私等，这些是住宅表皮的基本功能。另外，随着技术的发展，将各种光热和光电转换装置加装到住宅表皮上，起到主动收集能量的作用；还有雨水收集及利用系统、捕风系统等，这些是住宅表皮的扩展功能。在新技术的前提下，不同于传统住宅表皮的新型表皮在建筑节能方面的优势，以及其随着外部环境自动调节、保持最佳室内环境的功能和特性被越来越突显图 1-7。

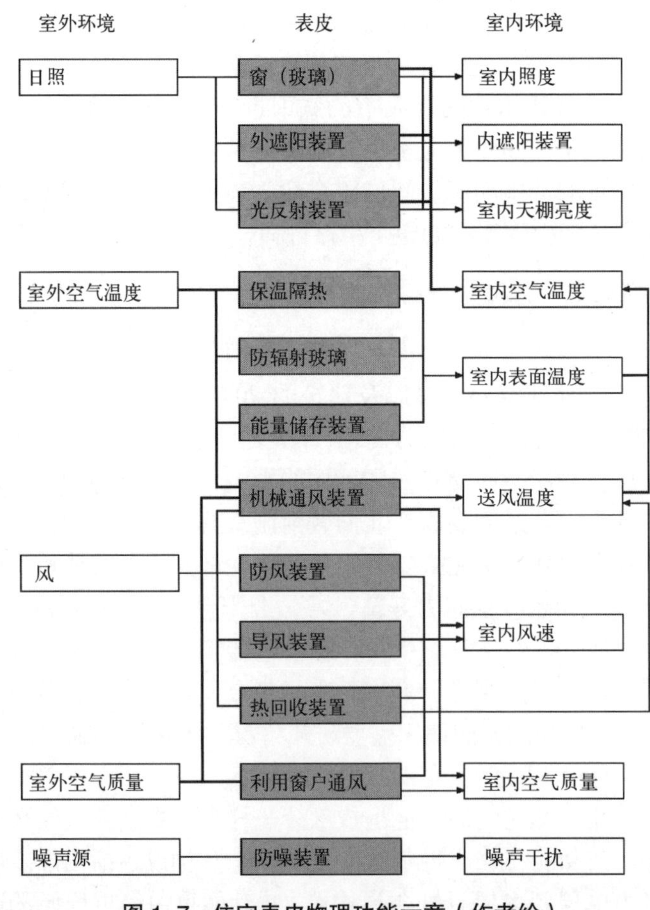

图 1-7　住宅表皮物理功能示意（作者绘）

一栋建筑之所以成其为住宅，而非其他建筑类型，就应该具有卧室、客厅、餐厅、厨房、厕所等单元功能，并由这些单元功能协同工作，以满足使用者对住宅的使用要求。单元功能实现的优劣及组织方式直接影响着住宅功能最终实现的质量。其次，包裹每一单元功能的住宅表皮应该满足通风、采光、遮阳、防火、防水等要求。不同的单元功能对住宅表皮功能的要求不尽相同，而住宅表皮功能又反过来影响单元功能的使用。

从满足人类的心理需求来讲，住宅表皮所具有的另外两大功能分别是美学功能和社会功能。美学功能反映的是美学形式规律，例如住宅表皮的比例、尺度、形式、色彩、材质、虚实对比、视觉的通透和模糊等，主要体现在唤起居住者的审美情绪，产生对家的赞美、依赖，以及轻松愉悦的感受。社会功能是城市、地域、文化、历史、环境信息的承载和延续等。功能的增加及其相互间的影响，使得表皮必然成为整合和协调各项功能和构件的复杂而有机的系统。

考虑住宅表皮对建筑能耗的影响时，要从冬季采暖、春秋过渡季的散热、夏季制冷三个阶段的不同要求综合考虑。这三个不同的时间段对住宅表皮的要求并不相同，有时甚至彼此矛盾，这样就需要看哪个阶段对住宅的最终能耗起主导作用。不同地区，不同气候特征和建筑特点，对建筑能耗起主导作用的阶段不同。例如北方住宅，冬季寒冷，夏无酷暑，因此冬季采暖是决定能耗高低的主要因素；而南方炎热地区，冬季温暖，夏季湿热，所以夏季制冷是决定建筑能耗的主要因素；长江流域等地区的住宅，过渡季节相对较长，就要更多地考虑这一阶段对住宅表皮性能的需求。而近年来，伴随着气候环境的恶劣和生活水平的提高，该地区对冬季采暖和夏季制冷的能耗需求也越来越大。如表 1-4 列出了冬、夏、春秋不同时节对住宅表皮性能的不同要求。

不同季节对住宅表皮的要求（作者制）　　表1-4

季节	特点	保温隔热的作用	通风换气的作用	遮阳的作用	能源利用
冬季（采暖）	补充通过表皮和室内外通风换气所失去的热量	决定60%～70%的负荷，室内外空气温差越大保温要求越高	维持最低要求的通风换气量	不遮阳，尽可能多地获得太阳热量	充分的太阳能被动利用；结合主动利用；雨水收集利用；带热回收的通风系统
夏季（空调）	排除通过表皮、通风换气和室内发热所产生的热量	决定20%～30%的负荷，室内外空气温差越大隔热要求越高	维持最低要求的通风换气量	利用外遮阳是减少空调负荷的主要措施	主动利用太阳能；减少太阳热辐射的被动吸收；雨水收集与利用

续表

季节	特点	保温隔热的作用	通风换气的作用	遮阳的作用	能源利用
春秋	通过表皮和室内外通风换气排除室内多余热量	保温起反面作用，通风越大保温的影响越小	通风量越大越有利于排热	需要遮阳，减少多余太阳得热	减少不必要的太阳辐射吸收；主动利用太阳能；雨水收集利用；捕风系统

1.3.4.2 住宅表皮的构成与分类

为了适应不断变化的气候环境，以及随着时代和技术的改变带来的居住生活变化的需要，住宅表皮的构成也在不断地发生变革，构造关系上逐渐由厚变薄，由封闭变通透，由单层到多层、复合层构造。单一层次的表皮无法承担日益复杂的功能需要，表皮开始产生分裂、叠加，形成多个层次。多层、复合层表皮不仅仅是多种材料的简单叠加复合，各种材料相互间的构造关系形成了一个设计合理的系统，复合后的功能大于其所赖以组成的诸元素之和。多层、复合层表皮体现的是一种生态智慧，以及对人类和环境的终极关怀。

住宅表皮可按不同方式分类。按其所处的位置不同，可分为：外墙、门窗、屋顶、阳台及外廊。按照荷载传递方式，可分为：承重和不承重。工业革命之后，建筑的结构方式及材料发生根本变化，发展出了承重的框架结构和非承重的表皮体系。建筑表皮自此从承重系统中被解放出来，极大地拓宽了表皮材料及构造变化的可能性，为建筑表皮设计的多样化及其气候适应性的探索提供了更广阔的拓展空间。表皮与承重结构的脱离，以及玻璃和钢的出现，使得建筑空间大面积地向光开敞。

根据光线透射程度的不同，表皮可分为：透明、半透明和不透明。表皮的通透性可以弱化建筑的边界效应，对应的是室内外间双向的交流，透明的表皮可以反映住宅建筑周围环境的变化，内部活动的人们随时可以感受到外部景观和光线的变化，还可以随时间的节奏与自然达成一种共存的状态。半透明表皮对应的是室内外间的单向交流，既可以保护室内的私密性不受干扰，又可以对自然光加以利用。不透明表皮强调的是住宅表皮对其室内的包裹作用，隔绝室内外的视线和光线交流，反映表皮材料本身的色彩、质感等。根据表皮的应变性，又可分为固定表皮和可变表皮。住宅表皮的大部分覆盖面积均为固定表皮，但随着建筑节能和太阳能利用意识的增强，对气候环境应变要求的提高，可变表皮由于可以根据气候、太阳角度的变化以及使用者的要求自由调节，以满足室内光热环境的需要，而得到了越来越多的青睐（图 1-8）。

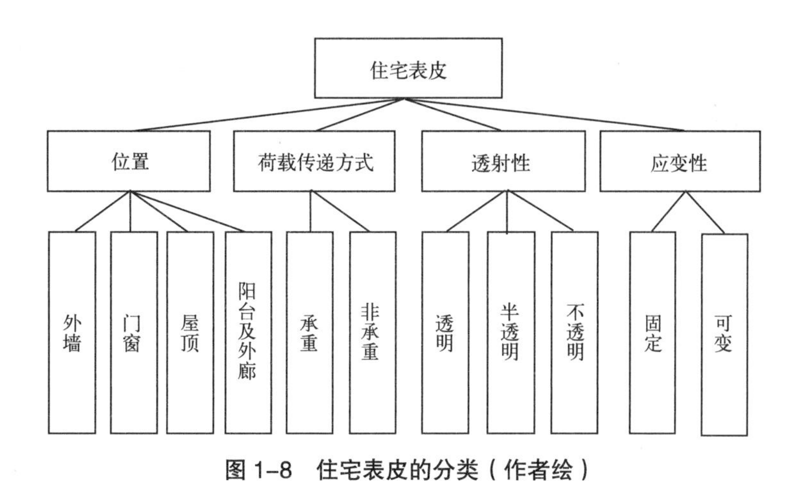

图 1–8　住宅表皮的分类（作者绘）

1.3.4.3　住宅与公共建筑的区别

住宅与办公、商业、娱乐、交通等公共建筑的区别体现在以下几个方面：舒适度、空气质量、制冷、热水、照明、隔声、光线、外观和设备等。比较而言，大部分公共建筑的使用时间比较规律、固定。而根据不同的家庭构成和职业状况等，住宅的使用时长不一，使用频率不规律，对夜间室内环境舒适度要求高；室内的光照要求、温湿度控制、风速控制等，住宅建筑都相对较宽松，住户个人意愿占主导。由于能源支出是按各户的使用进行支付，因此住户的个人节约意识比较强。以空调为例，住宅一般很少采用集中空调系统，空调设备的安装及使用都属住户入住以后的个人行为，很难进行集中控制和管理。特别是空调室外机安装的随意性和混乱性对住宅表皮的影响巨大，因此，目前多数新建住宅在设计之初都应考虑空调室外机的安装问题。经济上，住宅建筑的初期投资有限，后期能耗控制难；技术选择上，适用于住宅建筑表皮的生态节能技术一般都以中、低技术为主，具有很强的实践性和推广价值（表 1-5）。

住宅与办公和商业建筑的室内环境控制区别（作者制）　　表1-5

	住宅	办公	商业
使用功能	居住（生活）	工作、学习	购物、娱乐等
使用时间	0：00 – 24：00	工作日：7：00 – 18：00 节假日：　—	10：00–22：00
	时长/不规律	固定时间/规律	固定时间/规律
夜间	保温、散热	散热	散热

续表

	住宅	办公	商业
使用功能	居住（生活）	工作、学习	购物、娱乐等
空调使用频率	不规律	规律	规律
光照要求	低	高	高
日光利用	日光为主	配合灯光	少
人工照明	低	高	高
眩光控制	低	高	—
温度控制	宽松	严格	严格
风速控制	宽松	严格	严格
通风	自然通风为主	配合机械通风	机械通风
技术	低/适宜	适宜/高新	高新
自主意识	强	弱	弱
自控能力	强	弱	弱
节约意识	强	弱	弱
经济造价	低	高	高

1.3.4.4 住宅表皮真、善、美的统一

人类对真、善、美的基本内涵及其相互关系的理解和追求是所有美学研究的基本内涵，建筑美学也不例外。黑格尔认为“美是理念的感性显现”[1]，明确了美具有内容和形式两大要素，内容要求美要以真（合规律性）和善（合目的性）为基础，而形式又必须与内容有机统一，才能形成美的本质。“只有内容与形式都表明为彻底统一的，才是真正的艺术品”[2]。对于艺术的内容，我们不仅要求真，而且要求善。也就是说，美不但要以真为基础，而且必须和善相联系。一个真正美的建筑，不仅具有认识的作用、美感的作用，还必须具有教育的作用。正如约翰·罗斯金（John Ruskin）在建筑的七盏明灯所宣扬的“美”是从“善”的实践和“真”的坚持中所自然达到的和谐状态，先天上便能使心灵发觉而感动，不是孤意于形式之追求所能致得

[1] “the Beauty is characterized as the pure appearance of the Idea to sense”—— G. W. F. Helgel , 引至 :G.W.F. Hegel. Aesthetics Lectures on Fine Art.. Volume. I, Clarendon Press• Oxford: 111; 中文译版见 : (德) 黑格尔.汉译世界学术名著丛书 , 美学 : 第一卷 [M] .朱光潜译.北京 : 商务印书馆 ,1996.

[2] (德) 黑格尔.小逻辑 [M] .贺麟译.北京 : 商务印书馆 ,1996.

的境界[1]。然而，现实的建筑实践中却不乏对“真”和“善”的无视和牺牲，以达到对感官意义上“美”的追求。由此可见，内容与形式的关系就是真与美，美与善的关系，而住宅表皮真、善、美的统一即是住宅表皮的内容（功能、结构、材料、生态）与形式的有机统一。

当代美学对人类审美活动认识的深入和审美价值观的发展产生了深刻的影响，而建筑观念的更新又必然推动审美意识的不断觉醒。然而，不同时代、不同背景人们对于建筑审美的评判和衡量标准却是不断发展变化的。原始社会，住宅表皮反映的都是生存需要，基于生存前提的安全和牢固是住宅表皮的唯一要求，表皮的原始形式也正是其生存内容的直接体现；古建时期，表皮功能得到了极大的提高和改善。表皮形式反映的价值观是对秩序和权力的敬畏，强调一切在秩序中产生的统一、均衡、比例、尺度、韵律、色彩等，在秩序统治下的坚固、适用和美观成为古建时期住宅表皮的评判标准；现代主义时期，由于技术和材料的进步，表皮获得了前所未有的独立和解放，但形式的表现仍完全屈从于功能，工业化痕迹重，体现现代材料、结构和技术的新特质，摒弃一切装饰，强调“房屋是居住的机器”，追求效率，讲究均质性，表皮形式是对现代主义功能、技术、结构和社会意识形态内容的直接体现；进入后现代主义时期，出于对现代主义单一化、统一化的反思，表皮必然以多元的形式反映出社会价值观的多元化，同时，受能源和生态危机的影响，在生态思想启蒙下住宅表皮的生态意识被唤醒。

当今人类正在向生态文明时代迈进，人类所经历的农业文明和工业文明，在一定程度上都是以牺牲自然环境为代价，去换取经济和社会的发展。现代主义以来的科技进步使得以高额的不可再生能源和资源为代价来实现居住环境的舒适性成为主导，导致住宅表皮的生态性能和生态价值未能受到重视，建成的住宅表皮及城市环境与外部生态系统大环境不能取得良好的和谐效果。随着自然环境危机对人类的警示，传统建筑美学及评判标准由于缺乏对环境、生态和与建筑相关的自然的深刻认识，在面临人类越来越高的生活质量要求和复杂的生态问题时其局限性就显现出来。按照传统的审美标准被评判为美的建筑，放到今天生态时代的人居环境中来重新考量，从生态、环境、文化、经济、能源等全方面来进行评价，却未必是符合现代生态价值观的美的建筑。比如现代主义住宅的经典之作，范斯沃斯住宅（Farnsworth House，1945—1950），住宅表皮在这里变得史无前例的轻薄和纯净。但是，冬季，由于供暖不平衡，大片玻璃表皮产生凝冻；夏季，强烈的阳光又使室内温度过高；居住的私密性也无法得到满足。密斯在这件作品中所追求的所谓的技术精美却与

---

[1]（英）约翰·罗斯金. 建筑的七盏明灯 [M]. 张荣跃主编. 张璘译. 济南：山东画报出版社，2006.

居住功能产生了许多不可调和的矛盾，这使得范斯沃斯住宅获得的形式和美学上的价值远远高于它作为住宅的居住价值，虽然不可否认它在现代建筑发展史中的经典地位，但是用当今生态的审美观来评判，它漂亮清透的表皮只能是一件美而不善的外衣。

新的时代，对住宅表皮真、善、美的解读也进入了新的阶段。在功能、结构与材料都已经得到极大提高和改善的今天，住宅表皮形式与生态内容的统一成为生态住宅表皮真、善、美统一的关键。表皮的真是目标，在历史发展中寻求形式追随的目标；表皮的善是手段，通过合理的设计策略和方法实现功能与技术的完善；表皮的美是形式，反映生态的建筑观下，新时代的表现形式和审美趋势。生态的住宅表皮应该对自然环境来说是清洁高效的，对使用者来说是健康舒适的，使人、建筑、自然三者的关系处在相融的和谐之中，应该是在遵循生态规律基础上的创造，它的本质并非形式问题，而是其深刻的社会使命。基于人类整体意义上的生存价值与个体意义上的生活品质之间的利益平衡，将居住行为放到整个自然的生态系统之中去考量，将住宅建筑设计当作建设美好和谐社会的伦理性行为，并把它提高到了美学的“善”的高度，体现出强烈的社会责任感和历史责任感。两个相同立面的住宅，由于表皮的深层不同，一个具有生态意义，另一个只是强调单纯的立面效果，从生态价值的角度出发，后者就失去了“真”，也不能取得“善”的认同，它的“美”就不能等同于前者。由此可见，对生态价值的强调是 21 世纪住宅表皮真、善、美统一的新意义，对自然、环境、气候、文化、经济和技术的“真”实反映，并与之和谐共处是新时代生态住宅表皮的终极目标之一，在追求以上“善”与“真”的同时，才能实现更广泛意义上的“美”的住宅表皮形式。

1.3.5 住宅表皮生态化的目标

工业革命以后，以廉价石化能源为支撑的空调设备技术的不断发展，使得建筑可以不须考虑室外的自然气候，而营造任何所需的室内气温和环境。于是，根据气候环境建造房屋的传统和知识被忽视，高能耗的技术设备成为现代建筑体系中平衡自然环境与人工环境两者关系不可或缺的手段。但是，自 20 世纪 70 年代能源危机以来，这种以牺牲环境和能源为代价所构建的舒适模式受到了越来越多的省思，居住空间的舒适性是否必然要以牺牲生态环境和能源为代价？适应气候、节约能源、生态性能优良的生态住宅成为当今住宅建筑发展的必然趋势。住宅表皮的生态性能和生态价值得到了前所未有的强调，生态成为住宅表皮的设计依据和前提，住宅表皮的形式、结构和材料都应是其居住和生态价值的直接体现。

生态住宅将建筑视为活的有机体，而作为住宅的皮肤，住宅表皮既是住宅内部空间与外部环境的空间界定，同时也承担了内外空间开放与物质能量交换的责任，与其密切相关的能源消耗在整个建筑能耗中占有相当大的比重。其功能性不仅仅只反映在空间限定、围护结构和文化艺术表达上，同时也表现在对环境资源的有效利用以及改善室内舒适度等方面。住宅内外的各种物质、能量交换依赖其具有渗透性的表皮来进行。住宅表皮应该能够根据室外气候环境的变化和室内居住生活的需要，调节室内温度、湿度和照度，控制阳光辐射和气流交换。还可以使能量在内外空间得以有控交换循环，并起到引导和主动收集能量的作用，以便在不需要额外消耗不可再生能源和资源的前提下，维持一种健康、舒适的室内居住环境。同时，作为城市空间环境最重要的组成要素，住宅表皮还必须协调外部环境，体现城市文化，创造舒适、可识别的居住环境，这些都是实现表皮生态价值的必要条件。

由此可见，住宅表皮生态化的目标主要体现在以下8个方面：

1）具有优良的物理特别是热工性能，成为不舒适气候环境状况下的缓冲器，减少对不可再生能源或资源的使用；

2）使用绿色、生态、环保、可循环、可回收的建筑材料；

3）以被动优先，主动优化，强调技术的适应性，因地制宜；

4）对可再生能源与资源的高效引导和合理利用，尤其是太阳能的主、被动利用、自然通风和雨水利用等；

5）可变性与应变性，以最少的资源和能源消耗，应对室外环境和气候的变化，满足室内居住舒适度要求；

6）生态和能源利用技术与住宅表皮的一体化结合；

7）与环境、自然的和谐共生，减少对环境的负面影响；

8）彰显地域环境文化，体现时代精神和社会价值观。

1.4 国内外研究动态

1.4.1 国外研究动态

国外关于生态住宅及其表皮的研究已有半个多世纪的历史，生态住宅设计已经形成了一套比较完整的综合理论和技术体系，并且正显示出其旺盛的生命力和发展潜力，成为住宅设计的主流之一。得益于较早的起步、充足的实验经费、优越的实验条件，以及来自政府、科研和企业各部门的大力支持与合作，经过多年的探索和实践，已经取得了较为丰硕的成果。这些理论研究和实践经验对于我们具有很强的参考价值和指导意义，为我们研究生态住宅及其表皮提供了很好的基础。

1.4.1.1 发展脉络

表皮的出现虽然与建筑的出现几乎同步，但是在很长一段时间里人们一直对建筑表皮没有自觉的认识。在现代主义建筑运动之前人们对建筑的关注主要集中在实体层面，侧重于立面的比例、尺度、风格、样式、装饰，以及细部的处理等。现代主义建筑运动中虽然技术和材料的革新导致了表皮的革命，但同时到来的空间的解放和自由完全掩盖了表皮独立的里程碑意义。表皮的解放和独立只是空间解放的副产品，真正将建筑表皮作为独立的建筑本体元素和建筑概念来进行的专业研究并不多见。包豪斯的教师埃伯林（Siegfried Ebeling）1926 年出版的《膜的空间》（Space as Membrane）曾经假设建筑空间是由某种类似人类皮肤一样的表皮所包围，预示着技术创新对建筑空间带来的改变。1964 年柯林• 罗（Colin Rowe）和斯拉茨基（Robert Slutzky）撰写的《透明性》（Transparency）发表在 Perspecta 杂志第 8 卷上，精心构筑了“建筑透明性”的概念，开拓了空间以及表皮研究的崭新视野。

生态和能源危机以后，表皮作为建筑应对气候环境最关键的部分，其生态价值得到前所未有的重视。发达国家投入了大量的人力、物力和财力进行了大规模的研究，并取得了令人瞩目的成就。20 世纪中叶联邦德国柏林工业大学的弗莱• 奥托教授（Prof. Frei Otto）成立“生物和自然”研究所，提出“生物气候建筑”（Bioklimatische Architektur）的概念。随后他在斯图加特大学继续了长达半个多世纪的生态建筑探索，基于自然逻辑的形态，从仿生学的角度拓展了表皮的形态和生态可能性。

1993 年由美国国家出版社出版的《可持续发展设计指导原则》（The Guiding Principles of Sustainable Design）推动的“可持续发展”等一系列生态运动，使得建筑表皮的生态性能更进一步地走进了建筑师的关注视点。在这一原则指导下，将可持续发展理念应用于现代地域性建筑表皮的设计，体现了在技术层面上的对整体环境（包含自然与人文环境）的一种态度和对现有技术的价值观及条件所提供的可能性的一种自我定位。

1997 年德国设备工程师克劳斯• 丹尼尔斯（Klaus Daniels）在《生态建筑技术》(Technologie des ökologischen Bauens)一书中曾经绘制过一幅“生物圈”（Ökologischer Kreis）示意图，形象地表现出了生态建筑这一复杂的系统，其中作为建筑表皮的立面和屋顶在整个生态建筑体系中起核心作用。

1998 年美国哥伦比亚建筑学院的斯蒂芬• 皮瑞拉（Stephen Perrella）教授主持编辑《建筑设计》（Architecture Design）的特刊——超表皮建筑（Hypersurface Architecture），并撰文《超表皮理论：建筑与文化》（Hypersurface Theory: Architecture & Culture），阐述了媒体时代建筑表皮所

扮演的独特角色。

2002 年 8 月，美国宾夕法尼亚大学的大卫·勒斯巴热教授（David Leatherbarrow）和哈佛大学设计学院的莫森·莫斯塔法（Mohsen Mostafavi）教授出版了新书《表皮建筑学》（Surface architecture），从理论和实践双重层面上追溯了建筑表皮独立化的历史进程。聚焦于自 19 世纪末建筑由砌体承重体系向着表皮与结构在概念和建造双重层面上的分离以来，建筑表皮成为外皮与结构之间争夺的地点。同时他们还指出，大规模生产技术与建筑表现之间的矛盾。同年，艾伦·鲁普滕（Ellen Lupton）出版了《皮肤：表面、物质和设计》（Skin: surface, substance, and design），其中提到表皮的自我修复和自我替代的自主性，并认为表皮从“有机”（organic）形式或材料模仿转变成 20 世纪末被生物技术制造的“真实自然物”或数字技术产生的人工智能体。依照这种主观性视角，建筑表皮自然可比拟为身体的皮肤，并拥有皮肤所具有的自主性。在卢普腾所说的转换下，自然可被人工制造，建筑表皮就可抛弃对自然的模仿而成为由技术主导的人工自治有机体，而当它采用抽象形式和结构之后，建筑即可展现完全由表皮自身所主导的形式逻辑。表皮的自主性和重要性获得了肯定。

2001 年以后，DETAIL 出版了多本针对“建筑表皮”（Building Skin）的专刊[1]。2002 年 10 月日本建筑杂志《建筑与都市》（Architecture and Urbanism）出版了关于“表皮建筑”（Skin Architecture）的专辑。这些关于建筑表皮的专刊大都从技术和生态的角度详细讨论了当代建筑表皮的建构，阐明了关于表皮设计的必要标准，与此同时，审视建筑表皮的潜能，以及由技术和材料多样性带来的建筑表皮作为智能表面的使用。至此，表皮的技术化和生态化特质倾向越来越明晰。

1.4.1.2 当代住宅表皮的探索和实践

总结起来，当代住宅表皮的探索和实践侧重于以下几个方面：1）重意义；2）重形式；3）重技术；4）重生态。

1）重意义。进入信息时代，表皮游离于建筑使用之外的信息化和媒体化功能被开发，成为信息表达和意义传达最直接的工具。反映新时代的特征和精神，具有强烈的视觉冲击力，也同时表达了信息时代的不确定性和复杂性，表皮被赋予了崭新的形象和更丰富的意义。

2）重形式。瑞士建筑师雅克·赫尔佐格和皮埃尔·德梅隆（Jacques

---

[1] Christian Schittich. In Detail: Building skins/ concepts, layers, materials [M]. Basel: Birkhauser. 2001.
Christian Schittich, Werner Lang, Roland Krippner. In Detail: Building skins/ New enlarged edition [M]. Basel: Birkhauser. 2002.
Christian Schittich. In Detail: Building skins [M] 2nd ed. Germany: Birkhauser. 2006.

Herzog & Pierre de Meuron）被视作当代表皮探索的先锋。他们对于建筑表皮和纹理的研究和探索拓展了建筑领域，在建筑表皮设计中大胆地使用各种材料，日常材料经过新的处理获得与其原有外观属性完全不同的视觉印象而以陌生的方式展现另一种新的“真实”而非“现实”，以新的手法创造令人耳目一新的表皮形式和效果，并且引领了新世纪建筑领域对于表皮的研究与实践热潮。

3）重技术。在当代技术美学多元化发展的新阶段，以诺曼• 福斯特（Norman Foster）和理查德• 罗杰斯（Richard George Rogers）等为代表的建筑师密切关注技术的发展动态，大胆尝试将最新技术和材料结合运用到建筑表皮中。在运用新技术、新材料的前提下，更加关注建筑和环境的协调和对自然的尊重，关注建筑的可持续发展特性，探索通过技术的力量完善并实现表皮的物质和文化内涵，以及开发表皮的智能化潜能。

4）重生态。对表皮的生态价值的重视是当今表皮发展的主要趋势。20 世纪 90 年代以后，无论是西方发达国家，还是发展中国家和地区都积极开展了针对生态住宅及其表皮的探索和实践。从不同角度和可操作性上探索了建筑表皮与自然生态的结合形式，其中大部分的实验和探索项目都是住宅，在国际建筑界掀起了一阵生态表皮探索的热潮。

一方面，发展中国家，基于国情从生态传统出发，通过对适应当地气候的适宜居住空间和表皮的积极探索来达到调控室内微气候的目的。埃及建筑师哈桑• 法赛（Hassan Fathy）从埃及本土出发，重新评价了埃及传统建筑中的很多适应气候的表皮设计策略，将其运用到现代住宅设计中去，以最低的耗费创造最原生态的环境，以此促进乡村的经济发展和提高居民的生活水平。印度建筑大师查尔斯• 柯里亚（Charles Corrrca）根据印度的气候和建筑现状，对建筑的通风、遮阳和视野做统一的考虑，提出了“形式追随气候”（Form follows climate）的建筑观，成为生态建筑研究史上的经典语录。马来西亚建筑师杨经文（Ken Yeang）则致力于从生物气候学的角度研究建筑设计。运用被动式低能耗技术与场地气候和气象数据结合，通过表皮形式的塑造、材料的选择等来实现降低能耗、提高生活质量，而不是依靠设备来完成。受经济和研究条件所限，以低技术和适宜技术为支撑，表皮自身的物理功能和生态性能得到了进一步挖掘。

另一方面，欧美发达国家利用先进的科研和技术支撑，在表皮的生态化研究和实践上不断取得突破。特别是进入新世纪以后，随着生态意识的普及和生态技术的不断革新和完善，技术先进成熟、生态和社会效益俱佳的生态节能住宅实例不胜枚举（见附录 E）。以德国为例，德国从 1976 年颁布第一部建筑节能法规（EnEV），首次以法律形式规定新建筑必须采取节能措施。经过历年来在建筑节能法规政策和技术上的修改和增补（见附录 C)，已经形成了一套十分完善和高效的建筑节能体系，并对建筑表皮的能耗得失进行严格的控制。

高校研究方面，慕尼黑工业大学建筑系前主任、建筑师托马斯·赫尔佐格（Thomas Herzog）在探索高纬度地区生态建筑设计，尤其在城市与建筑的被动式太阳能利用领域也取得了令人瞩目的成就，其代表著作《Solar Energy in Architecture and City Planning》和《立面建筑手册》（Facade Construction Manual）已经成为生态建筑设计的经典著作。关于表皮的被动式太阳能采暖、TWD 系统（半透明保温隔热材料）、夏季被动式热防护、太阳能光电板在表皮中的应用等研究都极大地推动了表皮的生态化技术进程。布伦瑞克工业技术大学（TU Braunschweig）建筑和太阳能技术研究所所长菲舍（M.N.Fisch）教授致力于研究节能建筑、办公楼的规划与管理和太阳能技术利用。

慕尼黑工业大学建筑设计与技术研究所 / 建筑微气候设计与设施的教席格哈德·豪斯拉登（Prof. Gerhard Hausladen）教授多年来致力于通过恰当的建筑技术解决建筑微气候的研究，先后出版了《Clima Design》（Birkhäuser, 2006）和《Clima Skin》（Birkhäuser, 2006）等多部针对建筑表皮和与其相关的生态技术的研究著作，旨在在最少的能源消耗基础上探索建筑表皮及其相关生态技术运用的可能性。笔者于 2008 年 10 月至 2010 年 10 月在其研究所进行了为期两年的联合博士培养，旁听了相关的生态建筑课程和讲座，为本研究的深入展开提供了良好的理论基础和技术支撑。但是这些研究的对象大多是针对欧洲高纬度地区的生态建筑及其生态技术策略，具有很强的地域性和针对性，在学习和利用这些研究成果的时候应该特别关注其中的地域性和适应性问题。

综上所述，关于当代表皮的研究和实践已经进入一个生态化时期，如何充分发挥表皮的生态功能，以帮助提升住宅整体的生态性能，越来越成为当代表皮研究的重点和主要趋势。

1.4.2　国内研究动态

国内关于生态建筑的研究虽然起步较晚，但是随着国家整体生态意识的提高，以及政府和科研单位对生态和能源研究的大力支持和投入，针对生态住宅及其表皮技术的研究正在全面而广泛地展开，研究的深度和广度也得到了极大的提高。特别是近年来，以北京、上海等经济较发达地区为先导，在全国范围内展开了生态住宅建设实践的探索（见附录 D），先后建成了多个适应当地气候条件的生态节能示范住宅项目，在实践中探索生态理念和技术的推广。

早在 20 世纪 70 年代，国内科研机构便开展了针对被动式太阳房的研究。20 世纪 80 年代，受当时全球能源危机及国际建筑界此类创作的影响，研究的主题集中于太阳能应用和建筑节能方面。进入 20 世纪 90 年代后期，研究范围开始扩展到生态建筑及生态城市领域。清华大学的秦佑国教授指导博士研究生李保峰完成博士论文《适应夏热冬冷地区气候的建筑表皮之可变化设计策略研究》，作者在夏热冬冷地区多个城市及乡村进行了大量的调查、实测和访谈，并坚持 2 年在武汉最热的夏天及寒冷的冬天进行了大量实验室对比测试，在上述研究的基础上，作者提出了夏热冬冷地区"可变化表皮"设计的理念、原则及设计策略。并且采用实验技术手段和定量与定性相结合的方法，对部分内容又进行了软件模拟，研究结论不仅具有生态上的意义，同时也为建筑师的创作提供了新的源泉。以此研究为基础，任教于华中科技大学的李保峰教授指导其博士和硕士研究生完成了一系列针对夏热冬冷地区的生态建筑设计研究，比如卢晓刚的《夏热冬冷地区窗的气候适应性研究》、周鹏的《夏热冬冷地区住宅屋顶气候适应性设计研究》、杨波的《夏热冬冷地区多层住宅凸阳台气候适应性研究》等，形成了一个比较系统的研究框架，针对夏热冬冷地区的生态住宅设计做出了比较全面而系统的适应性研究。

同济大学的项秉仁教授指导吕爱民完成《技术视野中的生态建筑形态演进》的博士后研究工作报告，指导李钢完成博士论文《建筑腔体生态策略研究》；戴复东先生指导梁呐完成《绿色生态高层建筑设计研究》；宋德宣教授指导郭飞完成博士论文《上海高层住宅被动式节能技术与策略研究》，指导史洁完成博士论文《上海高层住宅外界面太阳能系统整合设计研究》，指导夏博完成博士论文《上海高层住宅建筑节能控制方法与技术策略研究》，指导李臣杰完成硕士论文《上海高层住宅与太阳能技术一体化研究》，指导李学完成硕士论文《江南民居的生态观和适应性生态技术初探》，指导史敏磊完成《上海居住建筑围护结构节能保温技术及实践》。一系列侧重于上海地区的生态住宅及其适应性技术运用的研究正积极而全面地展开。

另外，东南大学、西安建筑科技大学、哈尔滨工业大学、华南理工大学、重庆大学、华中科技大学等国家重点大学也展开了相关研究，并取得了一定的成果。但是针对住宅表皮的研究大多是从控制住宅围护结构的耗能出发，探讨如何提高其热工性能以节约能源，而其中关于形式与生态关系的思考并不多见。重庆大学的刘晓晖、覃琳在《建筑师》2006 年 4 月刊发表文章《形式追随诗性的技术》，指出技术是认识建筑现象的重要标尺，并从技术、营造、建筑的内在机制表明"形式追随技术"的必然性，在新历史时期，强调生态对技术和形式的影响，提出了"形式追随诗性的技术"观点。华中科技大学的李钢、李慧蓉、王婷在《新建筑》2006 年 4 月刊发表文章《形式追随生态》，指出伴随着科技的进步，高度发达的技术体系使建筑形式的多样性成为了可能，在可持续发展的时代背景下，建筑走向生态已成为必然，并首次提出了“形式追随生态”关于建筑本源的领悟。然而，从生态与形式的关系入手，研究生态对于住宅表皮形式的影响，并从真、善、美多角度综合探索住宅表皮的生态、能源、社会和美学价值的研究并不多见。生态住宅及其表皮系统本身是一个内容广泛，涉及面广的研究领域，国外许多学校和科研机构多采用建筑、机械、技术、暖通、环境等不同专业协同工作的模式，有利于研究深入、具体、全面的开展和实施，这一点是很值得我们今后深入学习的研究模式。

1.5 研究目的

本研究的侧重点在生态理念对于住宅表皮形式的影响和贡献上。强调生态思想指导下，住宅表皮的变化和发展，相关功能与技术的完善，在当代的表现形式，以及住宅表皮生态化过程中所面临的问题等。从多方面相结合，探讨新时代背景下，生态如何成为建筑形式语言的一个重要题材，以及如何拓展住宅表皮新的发展空间；

1）通过分析总结住宅表皮形式的历史发展和演变，针对新时代生态观念对建筑形式和表皮的影响，归纳出生态对建筑形式影响的巨大优势已经形成，即“形式追随生态”（Form follows Eco）的发展新趋势已经成型；

2）在“形式追随生态”理念引导下，提出新时代住宅表皮真、善、美的新意义，强调住宅表皮在生态及能源探索中所担负的举足轻重的作用，以此来指导未来生态住宅的设计和建设；

3）总结住宅表皮历史发展的规律和轨迹，指出未来生态住宅表皮的发展趋势，为中国未来生态住宅表皮的发展指明方向；

4）通过典型实例分析，总结国内外先进生态住宅表皮的设计手法和实践经验，提出完善住宅表皮形式和功能的具体策略和建议，以期为我国大规模的生态住宅建设和改造提供一些有益的参考和启示；

5）提出新时代建筑审美的生态观和道德观，从审美的角度引导人们建筑审美活动的健康发展，同时也引导生态时代下住宅表皮形式的多维建构；

6）针对中国住宅建设的现状，从保温隔热、辩证窗墙、强推遮阳、自然通风、能源利用和运营管理 6 个方面，探讨当代中国住宅表皮生态化所面临的问题和解决对策。

1.6 研究方法与本书结构

本研究是针对生态住宅表皮的系统研究，由形式、生态与表皮的关系入手，分别运用了历史学、类型学、美学和形态学等研究方法，结合典型实例分析，从求真、求善、求美和求解，一纵三横四个部分展开主体研究。归纳总结出住宅表皮的发展轨迹及规律，探讨住宅表皮形式如何能在一定程度上成为住宅建筑中能量流的体现，以及如何设计出能够引导、利用太阳辐射、风、自然光、雨水等能量流，具有生态价值的住宅表皮形式。并针对当今生态住宅建设的现状，提出完善当代生态住宅表皮形式与功能的20条策略，以及在生态的建筑美学观引导下未来住宅表皮的审美趋势。最后针对当代中国的住宅建设实践，从保温隔热、辩证窗墙、强推遮阳、自然通风、能源利用和运营管理6个方面，探讨当代中国住宅表皮生态化所面临的问题和解决对策。旨在从宏观的时空坐标体系和审美体系，以及微观的技术构造方法三方面，深层挖掘生态住宅表皮形式背后的生态、能源、文化和美学意义。

本书主要结构如下：

第1章：介绍研究选题的背景、研究意义、对象、条件、方法以及本研究的结构框架等；总结出生态和可持续发展思想对建筑形式影响的巨大优势已经形成，而表皮作为载体，在建筑形式以及建筑的可持续设计中的作用也越来越突显。从建筑美学、文化和生态的角度，强调新时代背景下住宅表皮真、善、美统一的新境界，并且对住宅表皮的基本特征、功能、构成和分类等作出简单概述。

第2章："求真"的过程。归纳总结建筑形式的发展，指出建筑走向生态已经成为当今建筑发展的必然，"形式追随生态"（Form follows Eco）的新趋势已经形成。运用历史学方法，研究住宅表皮的历史发展和演进。总结住宅表皮的发展规律，及其各时期的主要特征，指出其从量变到质变，由薄到厚，再由厚趋薄，进而再次由薄转向厚的否定之否定的螺旋上升趋势，实际即是一个探寻真理的过程。

第3章："求善"的方法。运用类型学方法，将住宅表皮按其所处的位置不同，分为墙体、门窗、屋顶、阳台及外廊等4个部分。针对生态节能住宅表皮的基本要求，分别对应住宅表皮的不同功能属性及其作用，从保温隔热、采光、通风、遮阳、能源利用以及对住宅造型的影响等6个方面来分析解读完善当代生态住宅表皮形式与功能的设计方法和技术措施，由此提出了实现住宅表皮生态化的20条策略。

第4章："求美"的方式。新时代建筑的生态观造就了新的建筑美学观，生态伦理成为建筑美的评判标准之一。以生态的建筑审美观为指导，从建筑美学和形态学研究出发，结合实例总结生态审美观下住宅表皮形式所呈现的彰显、一体化、本土化、可变性和消隐等多种表现方式，并进一步提出当代生态住宅表皮的审美趋势。

第 5 章："求解"的对策。分析"形式追随生态"所面临的挑战和质疑，针对当代中国的住宅建设实践，从保温隔热、辩证窗墙、强推遮阳、自然通风、能源利用和运营管理等 6 个方面，探讨当代中国住宅表皮生态化所面临的问题及其解决对策，并就生态观念对当代中国大量多层和高层住宅表皮形式的影响做出一些思考。

第 6 章：结论，总结全文，得出 8 点结论。

本书框架：

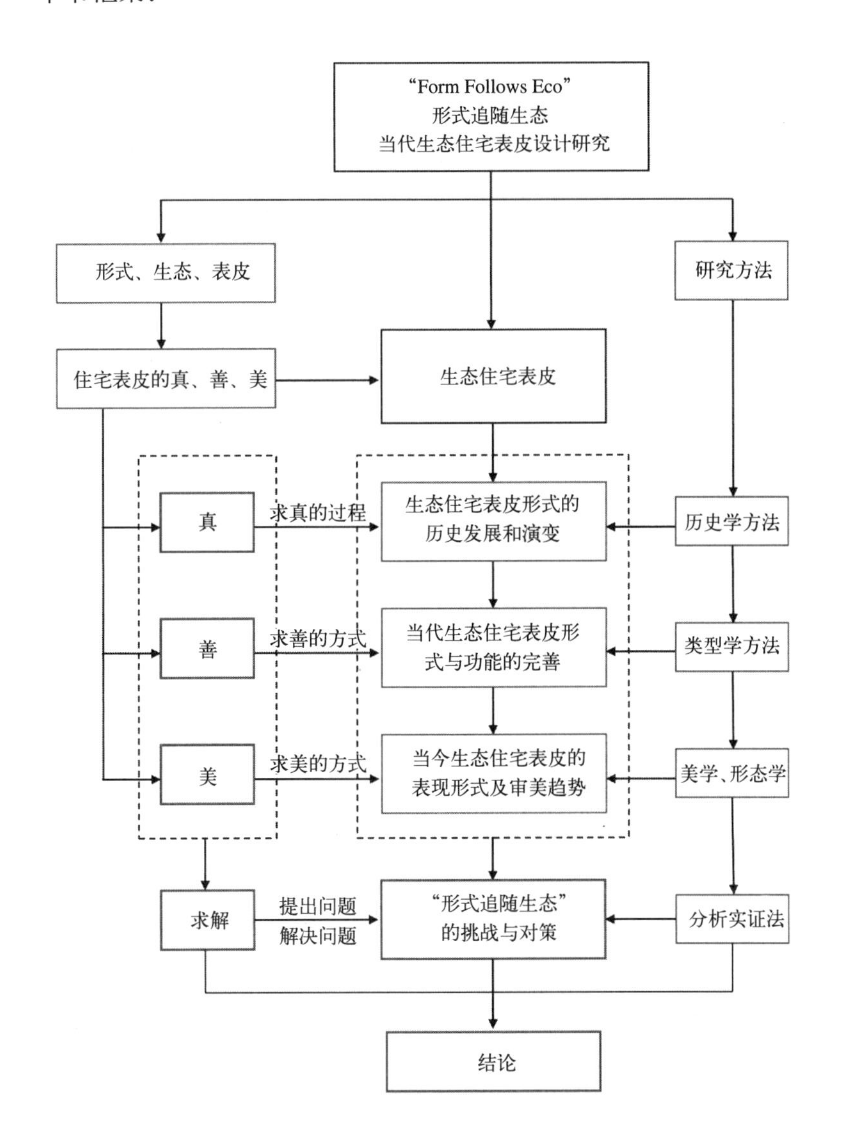

2 求真——住宅表皮形式的历史发展和演变

2.1 形式追随什么

“形式”(form)一词，长期以来被人们用到各种领域，分别支撑着各种不同的艺术理论。在西方美学与建筑学的发展历程中，没有哪一个概念能像“形式”这样被广泛地使用，有哲学意义上的形式、美学意义上的形式、文学意义上的形式，还有建筑学意义上的形式。也没有哪一个概念能像“形式”这样容易产生歧义和模糊性，它或被规定为美和艺术的组成因素，或被规定为单纯的操作技术；有时被推崇为美和艺术的本质或本体存在；有时又被理解为无足轻重的附庸、外表或包装。形式概念的重要性首先在于它不是美学和文艺学的一般概念，而是关涉到美和艺术的本质或本体意义的概念[1]。

西方美学对于“形式”的研究开始于神秘的毕达哥拉斯学派(Pythagoras，公元前6世纪)，他们以“数”作为万物的来源，发现了“黄金分割律”，提出美是和谐与比例，对人体、雕刻、绘画、音乐和建筑等比例关系进行解说，是关于事物“数理形式”的美学规定。之后苏格拉底的“美”“善”合一论和柏拉图的“理式”开辟了形式的人文伦理意义。然后是亚里士多德与“质料”相对应的“形式”，以及罗马时代贺拉斯提出的与“合理”相对应的“合式”，标志着“内容”从“形式”中的剥离，即“内容”与“形式”二元论范畴的初步确立，奠定了西方形式研究的理论基础。18世纪，经过康德、谢林、黑格尔等人，西方古典美学发展到了顶峰。黑格尔认为“美是理念的感性显现[2]”，“美的理念决定了自己的形式，即内容决定形式”，也就是说任何形式背后总是隐藏着比形式本身更重要的东西，这时的美学基本都集中在形而上的本体论上。

西方美学的现代转型开始于德国哲学家鲍姆嘉通(Alexander Gottliel Baumgarten)，他提出了美学是“感性认识的科学”[3]。受“科学主义”思维

---

[1] 赵宪章，张辉，王雄．西方形式美学 [M]．南京：南京大学出版社，2008.

[2] “the Beauty is characterized as the pure appearance of the Idea to sense”—— G. W. F. Helgel，引自：G.W.F. Hegel. Aesthetics Lectures on Fine Art, Volume. I [M]. Clarendon Press• Oxford: 111; 中文译版见：(德)黑格尔. 汉译世界学术名著丛书，美学：第一卷 [M], 朱光潜译.北京：商务印书馆，1996.

[3] 汪江华．形式主义建筑 [M]. // 宋昆．现代建筑思潮研究丛书．天津：天津大学出版社，2004:16.

的影响，现代美学不再从抽象的假设和信仰出发，而是从人类生活的实际审美经验出发，表现出科学化倾向。20世纪，形式进入了多元化发展的时代，特别是俄国形式主义、英美新批评和结构主义关于文学文本的分析，以及格式塔美学关于艺术形式与视知觉相互关系的研究，开创了形式研究的广阔视野[1]。俄国形式主义者提出"形式决定一切"的口号，认为艺术就是一种手法，它的目的是使我们感觉到形式[2]。自此，人们对于"形式"的研究脱离了"形式"与"内容"二元对立的美学框架，摆脱了对形式与内容二者之间关系的纠葛，走上了独立、科学、多元的道路，并且直接推动了之后的现代主义建筑运动的发展。

建筑，由于其物质属性，决定了其最终都必须以一定的物质形式而存在，因此"形式追随什么"成为建筑理论长期以来研究的核心问题之一。从原始时期遮风避雨、维持生存的屏障，经历古典时期的艺术完善，到革命性大一统的现代主义和纷繁复杂的后现代，再到如今关注环境、关注生态的21世纪，伴随着历史和时代的发展，建筑的审美趋向和表现形式也在不断的发展变化中。

2.1.1　从生存到秩序

原始时期，形式追随的是生存。建筑是原始人类为了自身的生存，与自然界作斗争的产物，其首要任务是为了抵御自然侵害、保障生存。《易经·系辞下传》说："上古穴居而野处，后世圣人易之以宫室，上栋下宇，以待风雨，盖取诸大壮"。人类由采摘果实、捕猎禽兽发展到制作食品、畜牧耕种，由"穴居"、"野处"发展到利用自然之物、仿自然之形式构筑住所，都是为了更好的生存。不同地区的人类运用自己的智慧对自然知识的积累，创造性地形成了自己独特的居住方式和内容，以增强对自然界的适应能力。这一时期的居住形式基本相近，功能也都是为了抵御大自然，创造更好的生存条件这一相同的目的。由此可见，原始建筑形式的产生是在各种自然环境条件影响支配下，为了生存而做的直接回应。

古建时期，形式追随的是秩序。无论东方、西方，天、地、人、神、自然万物之间必须有序，反映在建筑形式上即是对秩序、比例、和谐的追求。金字塔追求的是生与死的秩序，教堂追求的是人与神的秩序，紫禁城追求的是统治者与被统治者之间的秩序。秩序主导着建筑形式的产生、发展和演变，成为制约形式发展的最高原则。

春秋战国时齐国人编撰的工艺官书《周礼·考工记》中有云："匠人营国，

---

[1] 赵宪章．西方形式美学 [M]．上海：上海人民出版社，1996.

[2] 刘万勇．西方形式主义溯源 [M]．昆仑出版社，2006.

方九里，旁三门，国中九经九纬，经涂九轨，左祖右社，面朝后市，市朝一夫……”，成为后世历代长期遵循的营造法式。书中还严格记载了当时的制度以及对各种尺度比例的规定，被视为我国关于城市和建筑形式最早的“则例”，反映出我国古代“遵礼定制，纳礼于器”的思想，以及对礼制秩序的严格遵循。此后，北宋时期的《营造法式》和清朝的《清工部工程做法则例》也都对建筑的等级、形制、比例、用材等做了严苛且详尽的规定，表明建筑在设计之初就必须受某种秩序的约束和控制。

西方古罗马建筑理论家维持鲁威（Marcus Vitruvius Pollio）在他的《建筑十书》（De architectura）中明晰地指出建筑的三个原则：“建筑应当造成能够保持坚固、适用、美观的原则。……当建筑物的外貌优美悦人，细部的比例符合正确的均衡时，就会保持美的原则。”[1] 可见建筑形式的优美与否取决于正确的比例秩序，形式追随秩序的理论基础由此成型，成为此后控制西方建筑形式近千年的金科玉律。文艺复兴时期，帕拉第奥（Andrea Palladio，1508-1580）的《建筑四书》（I Quattro Libri dell' Architettura，1570）和阿尔伯蒂（L.B. Leon Battista Alberti，1404—1472）的《论建筑》（De Re Aedificatoria，1452）（又名：阿尔伯蒂建筑十书）（Ten Books of Architecture）都使用了大量的篇幅来总结和论述比例、尺度、均衡、协调等形式美规则，并企图给这些秩序以各种形而上学的解释。延续了维特鲁威提出的建筑三要素，建筑功能、结构形式和材料、建筑形式三者统一，成为西方传统建筑美学的基本评价模式，反映了当时建筑真、善、美合一的审美趋向。

这一时期承认建筑的实用性、技术性和物质性，但更多的是把这些看作是建筑作为制度、等级或某种精神的表现。建筑形式强调各元素之间严格的比例关系，并将秩序的遵守放在第一位。相信美的东西是能够用理性的数字来阐述的，将“美”建立在一定的秩序之上，即能找到永恒的客观规律。这一时期的建筑之所以被强调为审美对象，其根本的内在因素是建筑可以成为某种象征，它的审美价值就在于恰当而有效地象征出某种人们崇尚或敬畏的精神和秩序。

2.1.2 从功能到多元

19 世纪末期，工业革命带来了人类社会前所未有的大发展，新材料、新技术也给新的建筑形式带来了发展的可能性，与此同时，与生产关系的复杂化密不可分的各种不同的建筑功能需求也应运而生，这就对建筑形式的多样化提出了要求。在这样的时代背景下，1907 年美国芝加哥学派的领

---

[1] （古罗马）维特鲁威．建筑十书 [M]．高履泰 译．北京：知识产权出版社 ,2001.

军人物路易斯·沙利文（Louis Sullivan）受惠特曼（Walt Whitman）、达尔文（Charles Robert Darwin）和斯宾塞（Herbert Spencer）的思想影响，从生物的形式与功能的完美结合中受到启发，提出了“形式追随功能”（Form follows function）的现代主义口号。指出了建筑设计最重要的是好的功能，然后再加上合适的形式，从而明确了现代建筑形式和功能之间的关系。在沙利文看来，形式不仅仅表现着功能，更为重要的是功能创造或组织了形式。这句宣言似的口号迅速成为了现代主义的设计信条和功能主义的旗帜，自此掌控了国际设计舞台数十年，并引起了随后各时期诸多建筑大师们的竞相仿效和重置。

1908 年，沙利文的学生赖特提出了“形式应与功能合一”（Form and function should be one, joined in a spiritual union[1]）的口号，同时表明了他的功能主义立场。基于对有机建筑的思考，他相信自然是一切形式的源头，房屋应该像植物一样，是“地面上一个基本的和谐的要素，从属于自然环境……”“建筑应该是自然的，要成为自然的一部分”[2]。赖特认为功能与形式在设计中根本没有可能完全分开，应该通过自然、环境、材料等的真实特性来表达形式。建筑的结构、材料、建筑的方法是融为一体的，共同合成一个为人类服务的有机整体。

20 世纪 50 年代，密斯把沙利文的口号倒转过来，提出了“功能追随形式”(Function follows form) 观点，意在“去建造一个实用和经济的空间，以适应各种功能的需要”[3]。他发展了“通用空间”(Total Space) 的新概念，认为“建筑本身要比它的功能更长久”，形式不变，功能可变，建筑物服务的目的是经常会改变的，但是建筑物并不会因此被拆掉，因此建筑形式应该能够适应不同功能的需要。

20 世纪 60 年代，菲利浦•约翰逊 (Phillip Johnson) 提出“形式追随形式”(Form follows form)，而不是功能。作为密斯的早期追随者，20 世纪中叶约翰逊开始对密斯过于统一和刻板的设计手法产生怀疑，他宣称建筑是艺术，强调建筑形式的重要性，力求摆脱功能主义和理性主义的束缚。他认为“形式追随的是人们头脑中的思想……”[4]。而随后，针对现代主义过分强调功能因素，忽略形式和空间的创造，路易斯·康也提出了“形式唤起功能”(Form evokes function)[5] 的观点。他把形式的呈现归结为先天的“形

---

[1] Frank Lloyd Wright, 1908. 引自 :http://www.inspireux.com/2009/01/26/form-and-function-should-be-one-joined-in-a-spiritual-union/

[2] F.L.Wright. The Future of Architecture [M]. London, 1955.

[3] 刘先觉. 密斯• 凡德罗 [M]. 北京 : 中国建筑工业出版社 ,1992.

[4] 《大师》编辑部. 建筑大师 MOOK 丛书 : 菲利普• 约翰逊 [M]. 武汉 : 华中科技大学出版社 ,2007.

[5] “Form Evokes Function”. Time 75, no. 23, June 6, 1960: 76

制”(order)，强调形式在建筑创作中的主要地位。他认为“形式是建筑的基础……形式不服从功能，形式指引方向，因为它保持了基础之间的关系，形式没有形状和尺寸，它不是你所看到的，它是你所看到的开始”。

二战以后，功能理性的概念不断受到人们的质疑，1966年，后现代的奠基人罗伯特·文丘里（Robert Venturi）在讨论建筑的复杂性与矛盾性时，针对建筑的双重功能提出了“形式产生功能”(Form produces function)。他认为形式和功能是互相依赖的关系，指出“形式与功能分离”，“强调形式和功能之间的矛盾和区别，允许形式和功能各行其是，而使功能成为真正的功能”❶。由此，人们开始探索建筑形式与城市、文化、历史、情感等的多元关联。

1965年彼得·柯林斯（Peter Collins）在《现代建筑设计思想的演变》(Changing Ideals In Modern Architecture）一书中列举了达尔文的进化论学说，从达尔文思想出发，认为生物的进化并不是功能的演进，而是基因形式选择的结果❷。因此，“不是功能创造了形式，而是形式创造了功能”，这一观点与密斯的观点如出一辙。

1977年美国建筑评论家彼得·布莱克(Peter Black)发表《形式跟随惨败：现代建筑何以行不通》(Form Follows Fiasco: Why Modern Architecture Hasn't Worked)，全面批判和否定了现代主义“形式追随功能”的信条，嘲笑现代主义只是对功能、开敞平面、纯净形式、拒绝装饰、大规模生产技术、摩天楼、流动性、分区以及理想城市等方面的各种幻想（fantasies）❸。瑞士建筑师伯纳德·屈米（Bernard Tschumi）继而提出了“形式追随幻想”(Form follows fiction)❹。他声称建筑形式与发生在建筑中的事件没有固定的联系，认为建筑的角色不是去表达一个已经存在的社会结构，而是应该去质疑并修正它。此时，功能已经失去了对形式的绝对制约意义。伴随着对强调物质性功能主义的怀疑同时，对精神功能、象征功能、意义、结构以及文化内涵的强调越来越明显。精神功能作为一种新的审美评判标准，逐步取代了物质功能的地位。

在东方，20世纪60年代初，伴随着二战后日本经济的复苏，日本建筑师菊竹清训（Kiyonori Kikutake）提出了“空间抛弃功能”(Space abandon function）的口号。他认为形式已经失去了对功能的依附，有必要

---

❶（美）文丘里．建筑的复杂性与矛盾性 [M]．周卜颐 译．北京：水利水电出版社,2006.

❷（英）彼得·柯林斯．现代建筑设计思想的演变 [M]. 第2版．北京：中国建筑工业出版社,2003.

❸ Peter Blake．Form Follows Fiasco: Why Modern Architecture Hasn't Worked [M]. Little Brown & Co (P): 1978.

❹ Peter Gossel and Gabriele Leuthauser. Architecture in the Twentieth Century. Germany: Benedikt Taschen Verlag GmbH & Co., brief biography, 1991.

建立一个超越功能主义的理论体系，因此他用三角形构造来说明功能、空间与生活的三者关系，以此取代“功能—形式”的一元性因果论[1]。建筑师相田武文（Takefumi Aida）也提出了“形式追随虚构[2]”（Form follows fiction）的口号。他的作品不借鉴历史，也不继承文脉，而是追求形式的单纯化和概念化，竭力表现一种虚构的、抽象的戏剧性，有意摆脱“建筑是社会必然产物”这一固定观念，因而不受固定历史文化的任何束缚。

受后现代思想的影响，20 世纪初的先锋建筑师们不断就什么是引导建筑形式发展的根本提出了许多玄而激进的观点，他们中还有人提出“形式追随文化[3]”、“形式追随反形式[4]”等诸多口号[5]，这些纷繁的观点也正反映了建筑师们对建筑形式所进行的积极探索和思考。在这些看似新鲜复杂甚至玄乎的“形式游戏”背后，潜藏的是深层次的美学内涵，这些建筑师认为建筑形式好比语言，所要表达的是文化信息，因此，意义比功能更重要，而建筑也因此获得了更广泛、更自由的形式。

2.1.3 形式追随生态

20 世纪工业文明所取得的巨大经济和技术成绩使得不惜能源为代价的“舒适”的现代建筑迅速扩展全球，由此带来的能源和环境压力也开始引发了建筑师们对自然和气候的思考。以此为代表的是印度建筑师查尔斯•柯里亚（Charles Correa），他将他对印度传统文化的深刻理解与对印度人民现实生活的关心，以及对地方自然、气候环境、社会条件的适应性结合在一起，创造性地提出了“形式追随气候”(Form follows climate) 的口号，认为“气候”是“建筑形式的始祖”[6]，“……在深层结构层次上，气候条件决定了文化和它的表达方式……”[7]。至此，建筑形式与生态的关系已初见端倪。

随着生态思想的加强，保护环境和自然的观念被扩展到了建筑理念中去。20 世纪 80 年代德国建筑师弗莱 • 奥托（Frei • Otto）希望通过建筑设计体现出自然生物体中存在的自组织能力，他认为“建造行为”取决于“过程”，正如自然界也是如此。自然界的模型被关联地运用到建筑技术和美学设计上。与包豪斯形成对比的是，奥托所指的这类建筑并不遵循纯净的

---

[1] 曾坚 . 当代世界先锋建筑的设计观念——变异、软化、背景、启迪 [M]. 天津 : 天津大学出版社 ,1995.
[2] 尹陪桐．日本新一代建筑师 [J]．世界建筑 ,1989,4:16.
[3] “形式追随文化”, 见理性主义建筑师 : 现代主义理论与设计．日文版 , 彰国社 ,1985: 291
[4] “形式追随反形式”, 见 P. Johnson．Deconstructivist Architecture: 19
[5] 曾坚．当代世界先锋建筑的设计观念——变异、软化、背景、启迪 [M]. 天津 : 天津大学出版社 ,1995.
[6] Charles Correa．Form follows climate．World Microfilms, 1980.
[7] MASS, 新墨西哥学院杂志 , 十卷 ,1992 年春季号 , 第 4-5 页 . 转引自 : 肯尼斯•弗兰姆普敦．查尔斯•柯里亚作品评述．饶小军 译．世界建筑导报 ,1995（01）: 9

抽象几何形态，而是坚持“形式追随动力”（Form follows Force）的原则，在这里，形式被理解为动力的特定表达形态[1]。

伴随着近代先锋建筑师的思考和实践，关于建筑形式及其功能意义的探索也始终层出不穷，甚至标新立异，然而，进入21世纪以来，当可持续发展成为时代的背景，当能源与环保成为全球运动的引领，当生态成为一种坐标和时尚，建筑走向生态已经成为历史的必然。面临人类日益提高的生活质量要求和复杂的生态环境问题，一种新的生态价值观正逐渐成为规范我们社会行为的指导原则，一方面受当代全球性生态运动的影响，另一方面也受到修复极度恶化的环境的使命感的感召，当代建筑师开始把人与自然共生的生态意识当成一种普遍的设计准则，生态建筑思维逐步进入了建筑领域。生态美学的适时介入促成了建筑审美向生态美转变。生态思想成为建筑美的评判标准之一，生态的建筑审美观由此形成，并将成为未来建筑审美的主要倾向，建筑观念的生态变革必然导致建筑形式的发展进入一个新的历史时期。建筑的生态观造就了新的美学观，生态因素成为对形式最直接的影响因素之一，建筑的形式必须体现出生态设计的理念，关于建筑形式的思考由此发展进化到了一个新的阶段，“Form follows Eco”——形式追随生态[2][3]的趋势已经成型。

住宅表皮的形式随着时代和科技的发展而不断演变，从原始时期初具雏形，只为遮风避雨、维持生存的屏障，到古建时期[4]对秩序、比例、和谐、伦理的极致追求，再经过现代主义的洗礼和后现代的多元尝试，以及能源危机以后的生态反思，到新世纪的生态能源意识与技术的突破，最终回复到为了子孙后代的生存而克制自我，节约能源与资源，以及对表皮生态价值的重视和强调。其整个历史发展过程都具有十分鲜明的时代印记，在对物质与精神价值的追求中不断完善。

住宅表皮形式总体呈现出一种由薄到厚，再由厚趋薄，进而再次由薄转向厚的趋势。然而，如今所呈现的“厚”不再仅仅是一般意义上所反映的材料的物理厚度，而是一种空间意义上的复合厚度，即由一种二维的实体厚度，演变为一种四维的、可随时间季节而作出相应改变的空间立体构造厚度。从哲学意义上理解，住宅表皮形式的历史发展过程亦是一个否定之否定的螺旋上升过程，对其历史发展及其演变过程的研究，实际即是一

---

[1] 苏珊•安娜．形式追随动力——“分析—建筑学”将占据未来的舞台．张婷 译．李迈 校．世界建筑，2007（12）：22.

[2] 李钢，李慧蓉，王婷．形式追随生态 [J]．新建筑，2006，4:84.

[3] 李振宇，邓丰．Form follows Eco——建筑真善美的新境界 [J]．建筑学报，2011,10:95-99.

[4] 本文中的古建时期，是指原始社会以后、现代主义之前的这段时期．西方的时间跨度为：从古埃及（公元前 3000 年）到 19 世纪西方工业革命以前；中国的时间跨度为：从夏、商、西周（公元前 21 世纪）到清朝灭亡（公元 1911 年）.

个探求真理的过程（图 2-1，表 2-1）。

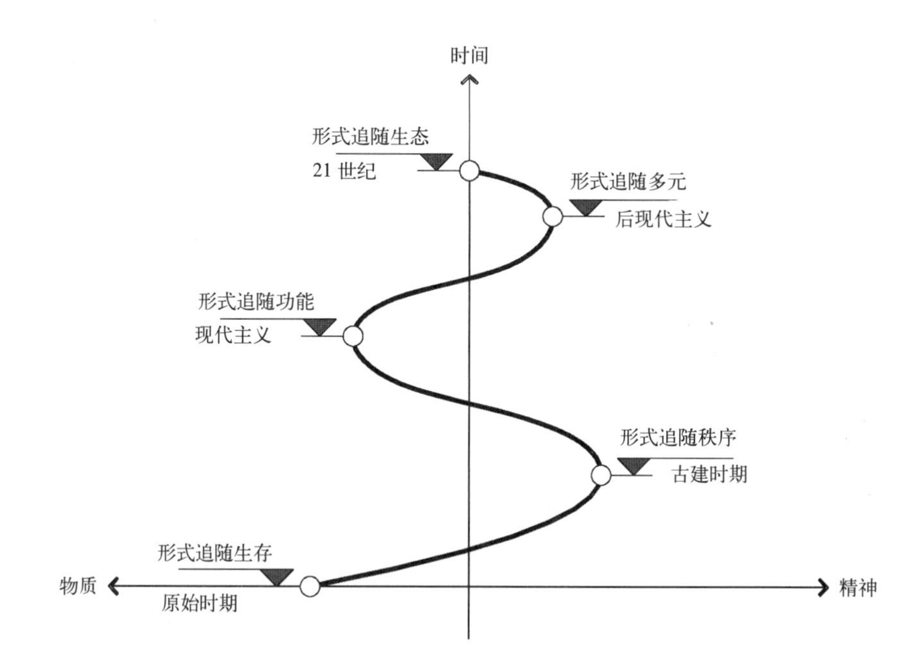

图 2-1　住宅表皮形式的历史发展过程（作者绘）

形式追随什么（作者制）　　表2-1

形式追随什么	时间	人物	建筑理念
形式追随功能 Form follows function	1907	路易斯·沙利文 Louis Sullivan	提出建筑设计最重要的是好的功能，然后再加上合适的形式，形式必须服从功能
形式应与功能合一 Form and function should be one, joined in a spiritual union	1908	弗兰克·赖特 Frank Lloyd Wright	认为功能与形式在设计中根本没有完全分开的可能，并且应该通过自然、环境、材料等的真实特性来表达形式
功能追随形式 Function follows form	20世纪50年代	密斯·凡·德·罗 Mies Van der Rohe	认为形式不变，功能可变，建筑物服务的目的是经常会改变的，但是建筑物并不会因此被拆掉，应该“建造一个实用和经济的空间，以适应各种功能的需要”
形式追随形式 Form follows form	20世纪60年代	菲利浦·约翰逊 Phillip Johnson	认为“形式追随的是人们头脑中的思想，而不是功能”

续表

形式追随什么	时间	人物	建筑理念
形式唤起功能 Form evokes function	20世纪60年代	路易斯·康 Louis Isadore Kahn	把形式的呈现归结为先天的“形制”（Order），强调形式在建筑创作中的主要地位，认为“形式是建筑的基础……形式不服从功能，形式指引方向”
形式创造功能 Form creates function	1965	彼得·柯林斯 Peter Collins	不是功能创造了形式，而是形式创造了功能
形式产生功能 Form produces function	1966	罗伯特·文丘里 Robert Venturi	认为形式和功能是互相依赖的关系，提出“形式与功能分离”，强调“形式和功能之间的矛盾和区别，允许形式和功能各行其是，而使功能成为真正的功能”
空间抛弃功能 Space abandon function	20世纪60年代	菊竹清训 Kiyonori Kikutake	认为形式已经失去对功能的依附，有必要建立一个超越功能主义的理论体系，用三角形构造来说明功能、空间与生活的三者关系，以此取代“功能—形式”的一元性因果论
形式追随幻想 Form follows fiction	20世纪70年代	伯纳德·屈米 Bernard Tschumi	认为建筑形式与发生在建筑中的事件没有固定的联系，建筑的角色不是去表达一个已经存在的社会结构，而是应该去质疑并修正它
形式追随惨败 Form follows fiasco	1977	彼得·布莱克 Peter Blake	全面批判了现代主义"形式追随功能"的信条。嘲笑现代主义只是对功能、开敞平面、纯净形式、拒绝装饰、大规模生产技术、摩天楼、流动性、分区以及理想城市等的各种幻想（fantasies）
形式追随虚构 Form follows fiction	20世纪70年代	相田武文 Takefumi Aida	不借鉴历史，也不继承文脉，追求形式的单纯化和概念化，竭力表现一种虚构的、抽象的戏剧性，有意摆脱“建筑是社会必然产物”这一固定观念，因而不受固定历史文化的任何束缚
形式追随气候 Form follows climate	1980	查尔斯·柯里亚 Charles Correa	认为“气候”是“建筑形式的始祖”，“在深层结构层次上，气候条件决定了文化和它的表达方式……”
形式追随动力 Form follows force	20世纪80年代	弗莱·奥托 Frei Otto	“建造行为”取决于“过程”。与包豪斯形成对比的是，这类建筑并不遵循纯净的抽象几何形态，而是坚持“形式追随动力”的原则，形式被理解为动力的特定表达形态。自然界的模型被关联地运用到建筑技术和美学设计上
形式追随生态 Form follows Eco	21世纪		生态时代，建筑走向生态成为历史的必然，建筑的生态观造就了新的美学观，生态因素成为形式最直接的影响因素，建筑的形式必须体现出生态设计的理念

2.2 原始社会——形式追随生存

2.2.1 原始住宅表皮的源起

自然界任何生物形式，都是在与自然环境抗争与共生的过程中，获得自己的生存权。住宅的源起也是原始人类为了自身的生存，与自然界作斗争的产物，建造的特征是在一定的自然环境和社会条件的影响支配下形成的。在人类社会发展的初级阶段，低下的生产力水平决定了原始人类只能利用自然遮蔽物为自己建造居所，用以抵御风雨猛兽，而巢居和穴居成了这种选择的主要形式。新石器时代人类进入农业和畜牧业时期，居住开始慢慢转向地面，各种地面居所，诸如帐篷、圆形树枝棚和方形的房屋等开始出现，原始住宅表皮也随之而产生。

住宅表皮产生之初是由天然材料未经加工包裹形成的天然表皮，逐渐过渡到经过多种材料加工处理组合而成的人工表皮。例如，北美大陆的印第安土著部落，用木棒相互搭接，其顶端叠加在一起，再覆上动物的皮毛，这些皮毛形成了与结构脱离、带有原始功能的天然表皮。西伯利亚北部地区的居民用树枝搭出构架，夏天用煮过的树皮做围护；而到了冬天，内层用动物的毛皮做围护，外层用厚土覆盖，这是人类开始有意识地根据季节和气候的变化来对其所居住的建筑表皮进行调节，人工参与的住宅表皮开始形成。维特鲁威在《建筑十书》中这样描写房屋："最初，立起两根叉形树枝，在其间搭上细长树木，用泥抹墙。另有一些人用太阳晒干的泥块砌墙，把它们用木材加以联系，为防避雨水和暑热而用芦苇和树叶覆盖。" [1] 这便是人工住宅表皮最早的形态，即抹灰篱笆墙。这层篱笆墙已经不再是天然材料，而是人们依据功能需要和当时的技术水平条件制成的人工材料，是真正意义上人工住宅表皮的产生。

住宅表皮随着原始住宅的产生而产生，担负着为人类挡风、避雨、遮阳，抵御野兽进攻等功能，而其唯一的目的是为了生存。对建筑表皮相关的讨论最早源于德国建筑家戈特弗里德•森帕 (Gottfried Semper，1803—1879)，他将建筑分为承重结构（load-bearing structure）和围护结构 (cladding)，并认为树枝编织而成的动物栅栏是墙体的起源，由此而形成了建筑空间。那些用来作为原始建筑围护的编织而成的墙体应该被看作最初的建筑表皮 [2]。在此基础上，森帕还提出了墙体的"衣饰"（dressing）概念，认为是"衣饰"

---

[1] （古罗马）维特鲁威．建筑十书 [M]．高履泰 译．北京：中国建筑工业出版社 ,1986.

[2] 冯路．表皮的历史视野 [J]．建筑师 ,2004.8:6.

而并非其后的支撑墙体作为形式基础带来了空间的创造[1]。这一理论对后来的现代主义表皮发展产生了深远的影响。

住宅表皮的功能特性在建筑形式的原始初期就开始显露出来，它属于整个住宅建筑结构的一部分。原始时期的住宅在建造时的中心是为了抵御各种侵害、维持生存，因此所有的结构和做法都是围绕这个中心展开的，没有过多的装饰或者其他审美考虑。之后随着生产力的进步，当生存的要求基本已经得到满足之后，审美的精神要求便开始产生，围栏和栅栏经过悬挂覆盖物、泥、砖的发展，逐渐开始有艺术性的彩绘和雕刻等装饰元素的引入，人们开始按照自己的意愿装饰房屋表皮，住宅表皮的美学功能从此开始显现。

从遮风避雨、简单粗陋的原始表皮过渡到具有使用和审美双重功能的传统住宅表皮模式，人类经历了漫长的时间和自然气候的筛选和考验。基本上是以建筑技术发展为主的，生产工具的同时改进，使得建造方式多种多样，给住宅表皮带来了极大的改观。住宅表皮也由单一空间的围护结构向包含覆盖层的复合墙体转换，这种转换与社会的进步和结构技术的改变相关联，也是住宅表皮从薄到厚的首次转变。

2.2.2 典型实例分析

陕西西安半坡村仰韶文化遗址方形住宅，住宅表皮由紧密而整齐排列的木柱，用编织和排扎的方法相结合，构成整体，支撑屋顶的边缘部分。屋顶形状可能呈四角攒尖顶，由内部柱子支撑，再建采光和出烟的双面坡屋顶。表皮外表面铺敷草泥土或草。入口两侧设引道，有引导并限制气流，以保证室内温度的作用。表皮材料通常就地取材，依靠手工编织绑扎而成。屋顶的变化不仅利于抵御风雨，也便于采光和通风，以营造更好的生存环境（表 2-2）。

北极冰屋（Igloo，因纽特语：iglu/ △° ⊃，意为“房屋”），是一种由雪块构造而成的住宅，是北极地区因纽特人的传统住房，通常为圆顶型。最佳的表皮材料是被风吹制而成的冰雪，这样的雪块能够紧密地堆积并通过冰晶互相粘接。冰屋顶部一般开有一个通风口，位置比圆顶最高点略低些。有时候，在出口还会挖一条短地道，这样一来，不仅可以抵御狂风，还可以大大减少屋内热量的散失。由于雪是极好的绝热材料，可以在室外气温达到 –47℃时保持室内温度在 –7 ～ 16℃。也有爱斯基摩人习惯于用兽皮将冰屋外表面包围起来，这样做能把室内温度从 2℃大幅提升到

[1] Gottfried Semper, trans. by Harry Francis Mallgrave and Wolfgang Herrmann. The Four Elements of Architecture and Other Writings [M]. New York, Melbourne: Cambridge University Press,1989.

10～20℃。对温度的维持以及抵御风雪的坚固度是冰屋表皮的主要作用(表2-3)。

陕西西安半坡村仰韶文化遗址方形住宅（作者绘）　　表 2-2

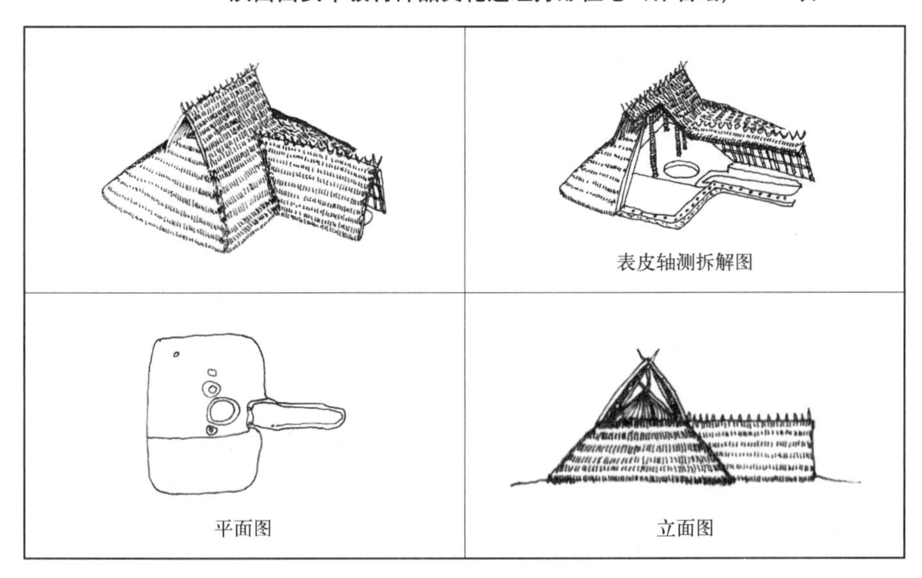

参考资料：刘敦桢．中国古代建筑史（第二版）．北京：中国建筑工业出版社，2000：24

北极冰屋（作者绘）　　表2-3

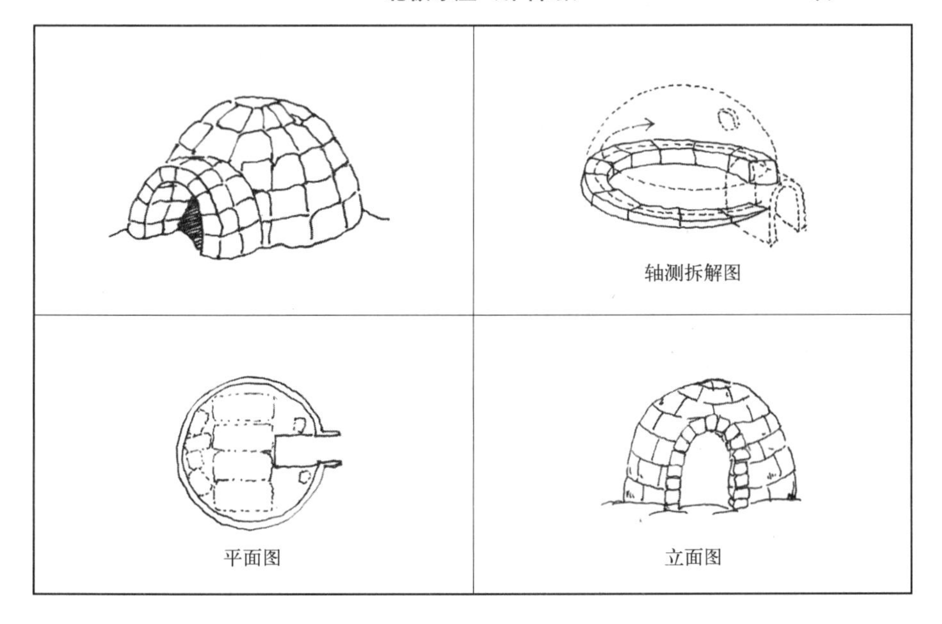

2.2.3 原始住宅表皮的特征

原始住宅是没有表皮和空间的概念之分的，在空间概念明晰之前，原始住宅的设计重点在于包裹建筑外围的那层足够坚固、安全的外壳，因此，外壳（表皮）所展现的原始的艺术表现力，及其抵御自然侵害、维持生存的原始功能作用才是住宅专注的重点。原始住宅表皮对于当地气候的回应是人类经过长时间所积累的集体智慧的一种外在表征，它同时为现代人类提供了建筑与气候两者之间内在的逻辑构架。从因纽特人的冰屋，到撒哈拉沙漠的黑帐篷，再到中东的土坯房，无论是在西方还是在东方，原始时期住宅表皮的首要功能都是为了抵御自然、保障生存。因而，住宅必须充分考虑自然存在的逻辑——地球引力、风雨、日照、材料的易得性和耐久性等等的影响，并充分重视其地方性和使用的合理性，反映在住宅表皮上，是其突出的地域性特征。

另外，在文明和技术程度尚处落后的条件下，住宅表皮完全依靠材料自身发挥其功能，居住生活受着自然变化的左右，仅依据传统经验和原始手段就能有效抵御、引导和利用气候资源，是典型的被动式能源利用模式。住宅表皮对自然资源的防护和利用虽然被动，但却是朴素健康的。这一时期美学思想还没产生，住宅本身作为一种无意识状态下的美的实践，带有强烈的直觉性和原始性，住宅表皮的审美价值还未被开发，反映的是自然、真实的美。

总结起来原始住宅表皮具有以下特征：

1）住宅表皮的坚固性和安全性是建筑的出发点和重点；

2）就地取材，突出反映其所处环境的地域性特征；

3）采用被动式的能源平衡模式，合理引导和利用自然资源；

4）住宅表皮的审美价值还未被开发，反映材料真实的自然美；

5）表皮形式是对生存需要的直接回应，即形式追随生存。

2.3 古建时期——形式追随秩序

2.3.1 古代审美思想对住宅表皮形式的影响

从农业社会向手工业社会转型的过程中，伴随着手工匠人的脱颖而出，建筑的艺术性逐步被发掘。古建时期手工业生产时代，建筑已经被视作艺术品之一，巍峨的宫殿、神庙、陵墓、教堂、府邸都是古代艺术和美学的结晶。这一时期建筑的美是在秩序中产生的，建筑审美的要素在于统一、均衡、比例、尺度、韵律、色彩等方面。

当建筑被视为一种艺术的时候，关照的决不仅是建筑形式所带来的简单感官愉悦，房屋在基本实用性之外还是一种观念的载体，并由此关联了美的形式创造。同时，住宅作为最佳实践载体，成为了普遍社会价值观的直接体现，其逐步成熟的艺术形式含义和形式美原则具有广泛的影响力。不同文化圈和不同历史阶段都有自己的建筑艺术观念与实践原型。古建时期的建筑之所以被强调为审美对象，其根本的内在因素是建筑可以成为某种象征，它的审美价值就在于恰当而有效地象征出某种人们崇尚或敬畏的精神和秩序。黑格尔认为“美是理念的感性显现[1]”，世界的精神现象无不是某种客观存在的“理念”的具体显现形式；理念由低级到高级不断地运行，在不同阶段呈现出不同的形式。证明了建筑审美和建筑创作的领域就在于不断完善象征的表现形式[2]。

古罗马建筑师维持鲁威(Marcus Vitruvius Pollio)在他的《建筑十书》(De architectura，英文名：The Ten Books on Architecture）中首次提出了建筑的三要素：坚固、适用、美观（firmitas, utilitas, venustas)，由此，美观开始成为建筑的评判标准之一，实现了对原始建筑坚固、适用原则的超越。在这里所提到的“美观”一词，被维特鲁威分成六种概念：法式、布置、比例、均衡、适合、经营[3]。这其实即是一种对秩序的追求。维特鲁威认为世间万物都受自然的秩序所掌控，建筑是对自然的模仿，人类使用自然材料建造建筑物保护自己，正如鸟儿和蜜蜂筑巢一样。同时，为了建筑的美观，发明了柱式等建筑构件，其中的比例关系也应该遵循自然中最美的比例——即人体的自然比例。人体比例由此被应用到建筑的丈量中去，并根据人体结构的比例规律总结出了各种柱式的比例关系。《建筑十书》中的第六书还专门论述了住宅设计与气候的关系，住宅的均衡以及平面设计如何满足实用要求等理论与方法问题等，反映了古罗马人对住宅的重视和日益成熟、规范的建筑技术和审美。

文艺复兴时期帕拉第奥（Andrea Palladio，1508-1580）的《建筑四书》(I Quattro Libri dell' Architettura，1570）使用了大量的篇幅来总结和论述比例、尺度、均衡、协调等形式美规则。阿尔伯蒂（L.B. Leon Battista Alberti，1404—1472）的《论建筑》(De Re Aedificatoria，1452)（又名：阿尔伯蒂建筑十书）(Ten Books of Architecture)，从文艺复兴人文主义者的角度讨论了建筑的可能性，并提出应该根据欧几里得的数学原理，在圆形、方形

---

[1] “the Beauty is characterized as the pure appearance of the Idea to sense”—— G. W. F. Helgel，引自：G.W.F. Hegel. Aesthetics Lectures on Fine Art.. Volume. I [M]. Clarendon Press • Oxford: 111；中文译版见：（德）黑格尔.汉译世界学术名著丛书，美学：第一卷 [M] .朱光潜译.北京：商务印书馆，1996.

[2] 曹利华 主编．应用美学丛书 / 建筑美学 [M]．北京：科学普及出版社，1991.

[3] （古罗马）维特鲁威．建筑十书 [M]．高履泰译．北京：知识产权出版社，2001.

等基本集合体制上进行合乎比例的重新组合，以找到建筑中“美的黄金分割”。这些建筑理论延续了维特鲁威提出的建筑三要素，建筑功能、结构形式和材料、建筑形式三者统一，成为西方传统建筑美学的基本评价模式，反映了当时真、善、美合一的审美趋向。

《周易·系辞下》有云：“上古穴居而野处，后世圣人易之以宫室，上栋下宇，以待风雨”；《墨子·辞过》：“古之民，未知为宫时，就陵阜而居，穴而处，下润湿伤民，故圣王作为宫室”，反映了宫室在中国建筑发展的早期阶段是人们至为关注的对象，同时也反映人同自然环境之间的基本关系。住宅成为人类生存观和自然观的主要物化负载者，和建筑艺术的实践原型。“宫室”，在秦以前是中国居住建筑的通称，无论帝王将相还是布衣百姓，其居住之地都可以称作宫。秦汉以后成为帝王居所的专用名称，到明清故宫发展到鼎盛。建筑表皮无论是屋顶形制还是立面柱式、斗栱、台阶、色彩等等，无一不是遵从等级、伦理、秩序而建。

在东方建筑体系下，形式的发展也同样受到秩序的严格制约。中国北宋时期将作监李诫组织编撰的《营造法式》（1068-1077）是中国建筑历史上第一次明确模数制的文字记载，对建筑物的构建比例、用料、做法作出严格的规定。其中总结的木建筑材分制度，吻合中国古代度量衡与音律法则，以及利用其数理关系探索自然和谐存在的思想方法。后来清雍正十二年（1734年）清工部颁布的《清工部工程做法则例》，详细阐释了清代“官式”建筑的平面布局、斗栱形制、大木构架、台基墙壁、屋顶、装修、彩画等各部分的做法及其构件名称、权衡、等级和功用等。可见，这一时期整个建筑行为都是在严谨有条的秩序中进行的，建筑的规模、构件和用材等必须严格遵循等级和伦理的控制，清晰地反映了中国古代建筑表皮的比例尺度关系，与西方古典柱式对建筑形式美的规定性大致类同，在对表皮的把握中体现出一种高度抽象、严谨、和谐的秩序感。

与中国古代宫室建筑相同的是，古代西方各国的皇宫也都以磅礴的建筑气势、富丽堂皇的建筑效果大事渲染皇权的浩大与威严。无论是爱琴海上充满着神话色彩的克诺索斯王宫，还是法国历史上最悠久的卢浮宫，亦或是精致奢华的英国白金汉宫，它们都以实体的形式向人们展示了皇权统治下的秩序之美。

虽然东西方建筑属于不同的建筑体系和建筑文化，但是古建时期，无论是在神权还是皇权统治下，对真善美、对形式的追求却是一致的，那就是对于某种精神和秩序的崇尚和敬畏。天、地、人、神、自然万物必须有序，反映在建筑形式上即是对秩序、比例、等级、伦理、和谐的极致追求。

2.3.2 典型实例分析

位于北京西城区前海西街的恭王府（Prince Gong’s Mansion）是中国现存王府中保存最完整的清代王府。正殿银安殿（原殿已被毁，现存为2005 年据史料复建）左右有配殿，立面五开间，设前后廊，大式硬山顶，屋脊用大吻，殿堂屋顶采用绿琉璃瓦，显示了中路的威严气派，庄重肃穆，同时也是亲王身份的体现，仅次于帝王居住的宫室。依亲王府正殿通例，檐下必有斗栱，因此各部分尺寸皆由斗口决定。斗栱选用五踩，则柱高由此确定。正立面开间、划分，屋顶的形式、高度，屋瓦的颜色等都必须严格遵守等级规格，不能僭越，否则就有可能招来杀身之祸。住宅表皮的用材、比例关系、色彩等都是封建统治秩序的严格反映（表 2-4）。

北京恭王府正殿银安殿（1851-1852）（作者绘）　　　　表2-4

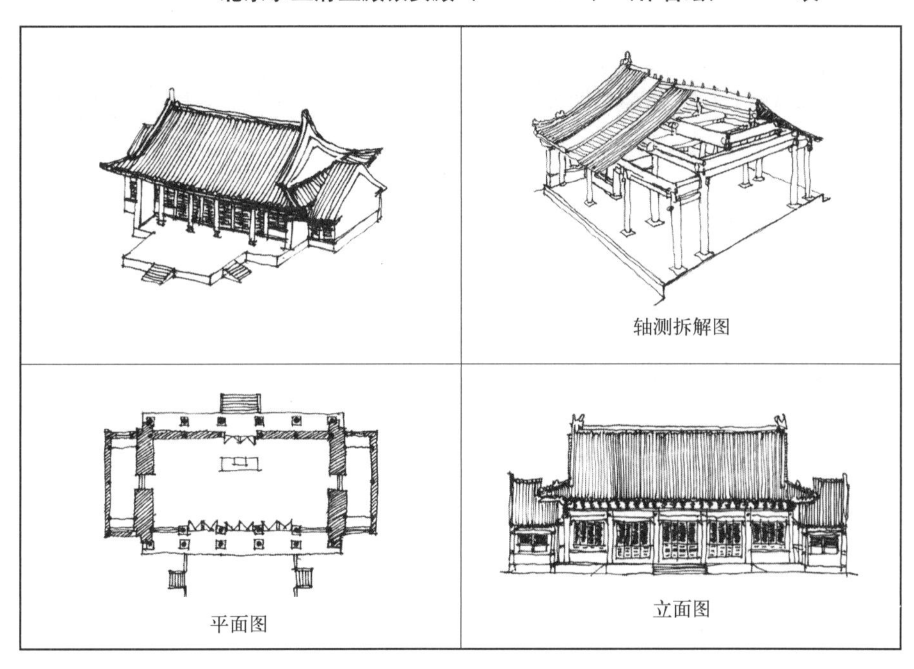

轴测拆解图

平面图

立面图

参考资料：1. 刘敦桢．中国古代建筑史（第二版）．北京：中国建筑工业出版社，2000：6, 15；
2. 王世仁．北京清代恭王府正殿原状推测．清代王府及王府文化国际学术研讨会论文集，2005: 27

法国卢浮宫东廊（Louvre East facade, 1654），由建筑师路易•勒伏（Louis le Vau）、查尔斯 • 彼洛 (Charles Le Brun) 和克洛德 • 佩罗 (Claude Perrault) 按照典型的法国古典主义风格加以改建，完整地体现了古典主义的各项原则。横三段、纵五段，中央对称，轴线明确，主次分明，并首次配以来自意大利的平屋顶。中段两层通高的科林斯双柱形成柱廊，表皮简洁而层次丰富。强调立面的节奏感和比例关系，与其身后的居住功能并无多大关系，反映的是君主中心的封建等级制社会秩序，同时也是构图上对立统一法则的成功体现（表 2-5）。

法国卢浮宫东廊（Louvre East facade，1654）（作者制）　　表2-5

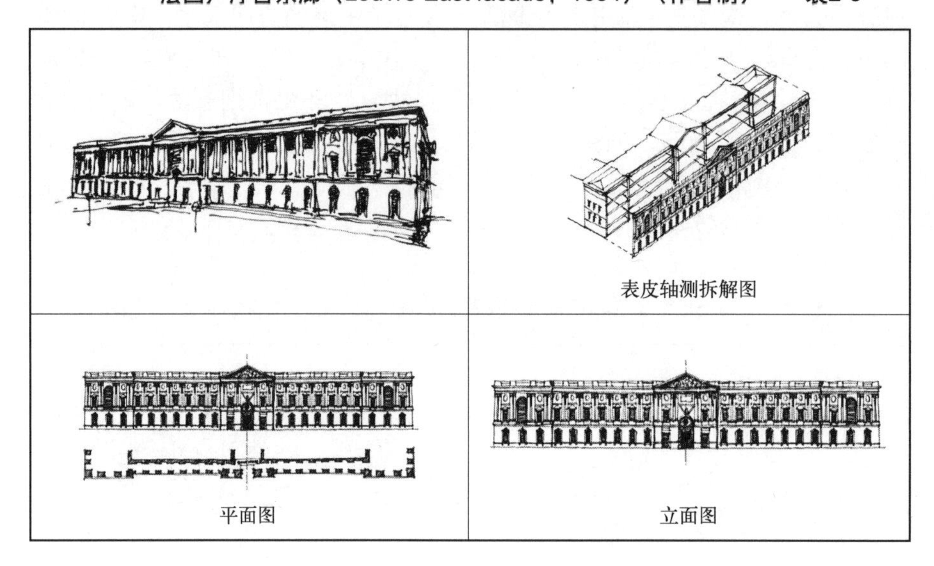

中国传统民居四合院其实就是“宫”的缩影，是我国传统伦理、等级、礼制、尊卑秩序在住宅中的直接体现。坐北朝南，四面有屋，大门开在四合宅院的东南角“巽”位上。住宅表皮强调中轴对称，尊卑有序。院内还建有四面围合的游廊，在雨雪天气里人们可以在游廊中行走避免雨雪侵袭，对外封闭、对内开敞的表皮分布十分符合当时的社会心理和生活习惯（表 2-6）。

土楼是一种利用不加工的生土，夯筑承重生土墙体所构成的群居和防卫合一的大型集合住宅形式，多呈圆形。夯土筑成的住宅外表皮厚度达一米以上，与内部木构架相结合，并加若干与外墙垂直相交的横墙，安全坚固，隔热保温，冬暖夏凉，除具有防卫御敌的奇特作用外，还具有防震、防火、防盗以及通风采光好等诸多特点。出于防御需要，对外下部不开窗；对内开敞，设环形走马廊，并有瓦屋檐挡雨。与四合院一样，也是中国传统家庭、伦理道德思想的物化表现（表 2-7）。

典型一进四合院（作者绘）　　表2-6

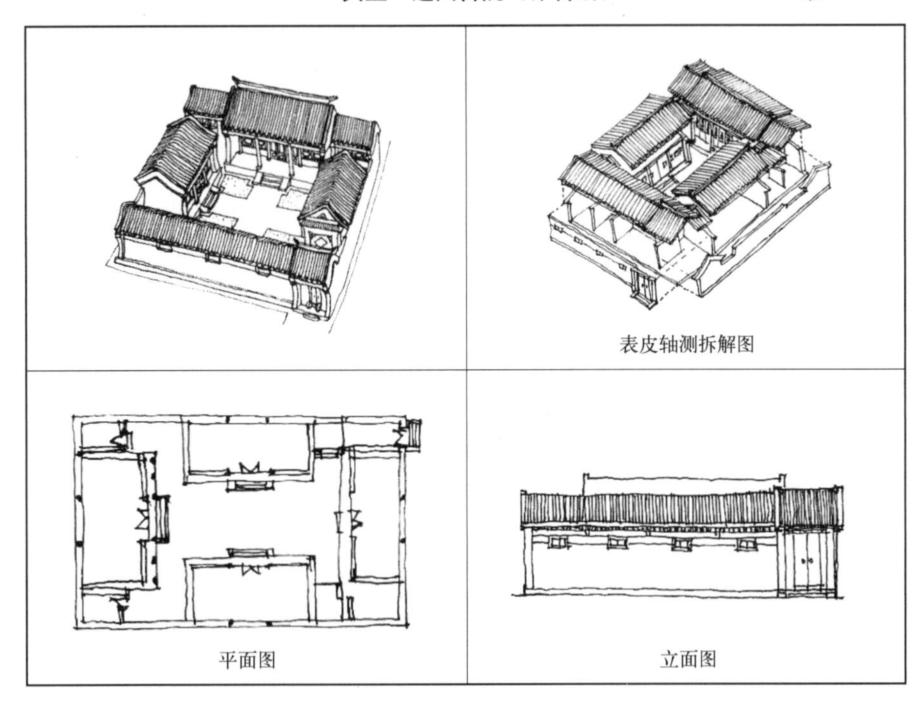

福建永定县承启楼（1709）（作者绘）　　表2-7

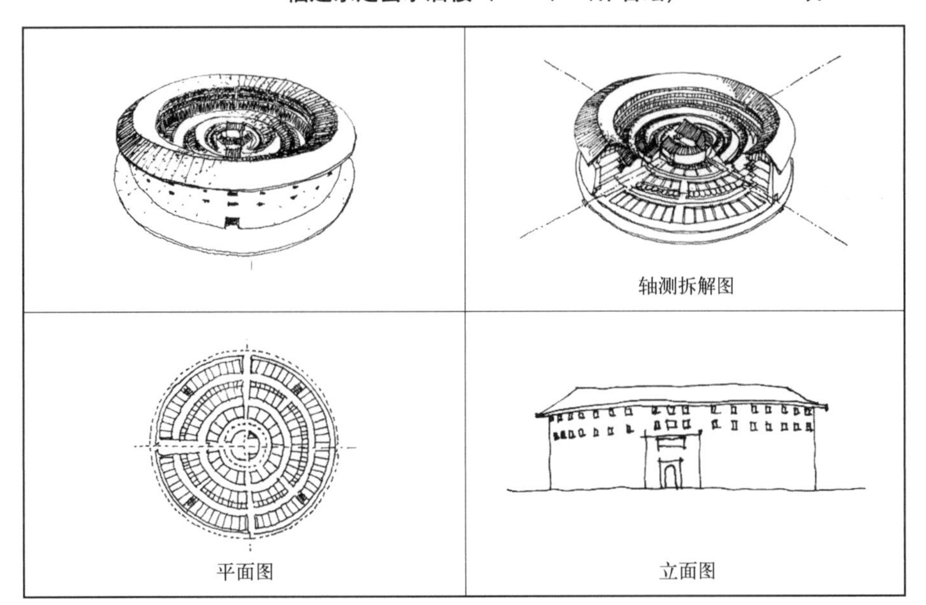

参考资料：刘敦桢．中国古代建筑史（第二版）．北京：中国建筑工业出版社，2000:328

在西方，城市住宅大范围、高质量营建的兴起始于文艺复兴时期，由于经济的发展，带动城市建筑活动频繁，除了一些表明城市力量的大教堂，人们将兴趣更多地转向了民居建筑。住宅与人的关系最为密切，在人本主义思想很时髦的那个年代，业主们均想通过宅邸的建造来表明人生的追求，表明对古典艺术的热爱，因此城市新兴资产阶级和贵族的府邸便成了建筑创作的主要对象。为了显示家族经济和势力的强大，往往设计得较为规整威严，代表作有佛罗伦萨的鲁切拉府邸、美第奇—吕卡第府邸和维琴察的圆厅别墅。

阿尔伯蒂设计的鲁切拉府邸（Palazzo Rucellai，1451）是自古以来西方古典风格第一次被运用于私人住宅的表皮。阿尔伯蒂尝试将建筑的主题（如柱子、拱券等）以及其他母题以大理石镶嵌的方式对表皮进行拼贴处理，从而将建筑的物体性转化为以表皮来组织的视觉秩序。鲁切拉府邸的立面被严格地设计成古典三段式，层层叠加，每层都有壁柱和水平线脚，并采用不同式样的石柱来分割各层窗子，这些柱子分别设计在各层楼的墙壁上，形成半面壁柱。采用粗面石工工艺，上层石材略小，整个立面比例把握了很好的视觉平衡关系（表 2-8）。

佛罗伦萨鲁切拉府邸（Palazzo Rucellai，1451）（作者绘）　　表2-8

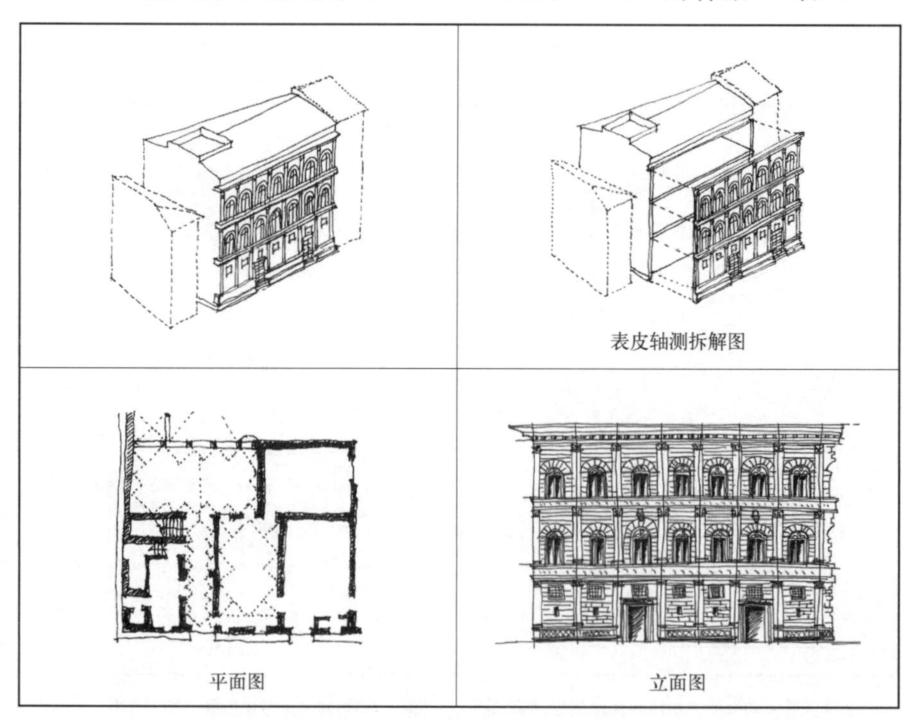

美第奇—吕卡第府邸（Palazzo Ricardi，1444-1460，图 2-2）是建筑师

米开罗佐(Michelozzo)的作品,立面构图也是古典三段式,为了追求稳定感,三层墙面处理各不相同。严格按照古典风格设计，整个檐高约占立面总高度的十分之一，与古典柱式的比例关系基本相同。住宅表皮因此并未能很好地反映出内部的使用功能，而是更注重追求古典秩序、比例和韵味，以及与大家族相适应的端庄华贵的气派。表皮是可以撕脱的外层，自成体系，掩饰着内部建筑结构和功能的真实面目。这种被称之为“屏风式立面”的设计手法，成为后世大家族府邸设计的范本。

图 2-2　美第奇—吕卡第府邸（Palazzo Ricardi，1444-1460）（作者绘）

文艺复兴后期建筑大师帕拉第奥（Andrea Palladio）从古希腊、古罗马建筑引出古典美的建筑比例关系，发现了和谐的尺度，并具有哲学上的意义。他认为建筑的美来自整体与局部，以及局部与局部的比例关系，而这种比例关系正如一个单纯而完美的人体。因此，他进一步提出了建筑形式与人体之间相互联系的观点，即生物形态主义：建筑物应该中轴对称，正如人的身体沿脊柱左右对称一样；重要的部分应该位于轴线之上，正如人的头、鼻子和嘴等部位的排布一样；建筑物的外侧部分与建筑内部的关系，正如人的皮肤和骨骼、内脏的关系一样。帕拉第奥的代表作：圆厅别墅（Villa Capra，1552）最大的特点就在于绝对对称。从平面图来看，围绕中央圆形大厅周围的房间是对称的，甚至希腊十字形四臂端部的入口门厅也一模一样。建筑的四个立面几乎完全对称一致，每个立面上都有一个突出的爱奥尼式门廊，三角形山花的三个角上都有人像雕塑。虽然这种严谨的四面对称并不符合居住的功能要求，但其形象上主宰四方的庄重感和由此表现出的令人叹为观止的力度、比例、秩序感和纯粹性，本身就体现了其所追求的永恒的艺术魅力,成为秩序在住宅形制中完美体现的典范（表2-9）。圆厅别墅代表着帕拉第奥对建筑的定义，对古典的解释，柱式的应用规则，立面构成法则及比例尺度的标准等，在现代建筑运动之前，是欧洲建筑设计所遵循的标准。

圆厅别墅（Villa Capra，1552）（作者绘）　　表2-9

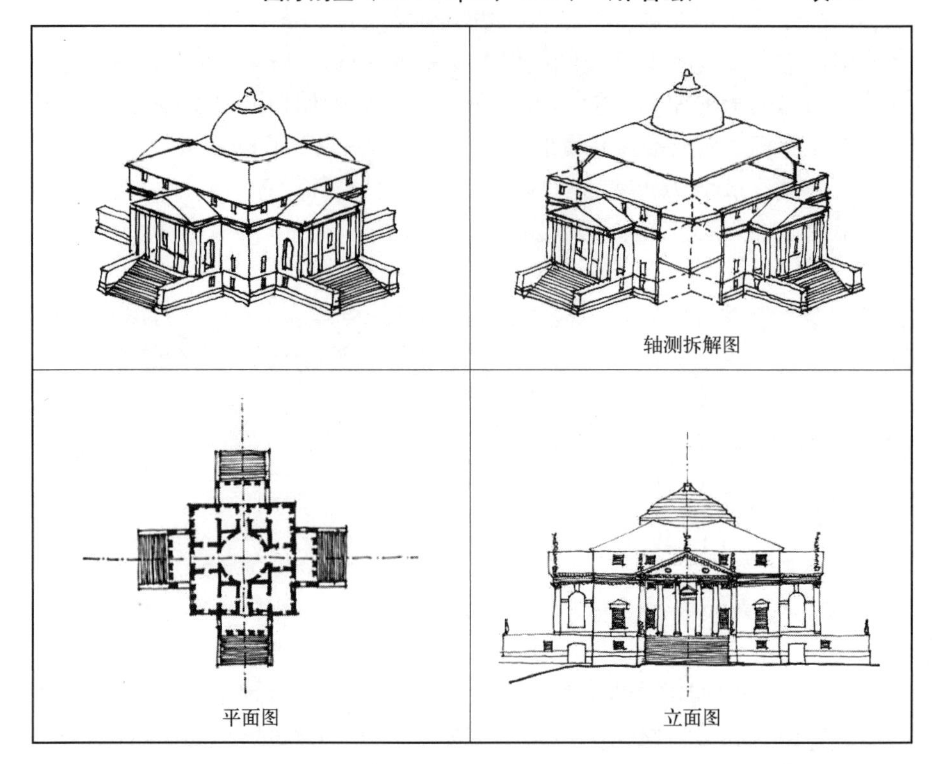

2.3.3　古建时期住宅表皮的特征

从原始社会到古建时期，住宅表皮虽然已经从为了生存的原始自然遮蔽物，进化到了具有多重功能的人工合成表皮，但此时的表皮仍然没有独立和解放出来，它除了承担围护的功能之外，还同时肩负着承重或结构的重任，被视作结构的附属。这一时期，住宅表皮形态对外多呈现封闭和厚重的特点，装饰的运用也是直接附着在承重体之上，重视立面的节奏感和比例关系，并直接体现社会的等级、尊卑、伦理等。由于较为单一的材料选择（主要为石材和木材）和有限的技术手段，表皮往往与建筑的承重结构合为一体，而直接显现材料的自然特性和受力逻辑。比如西方传统砖石住宅，其住宅表皮本身就是结构的主体，承担着主要的结构受力功能，因此表皮上的开窗、开洞都要受到结构所限。再如中国传统住宅中梁、柱、台基等表皮上的可见构件都表达了一种清晰的结构传力，展现出真实的材料特性和结构逻辑，简洁而明晰。

古建时期的美在当时与认识上的真、道德伦理上的善是彼此不分的。在住宅中要求表皮形式必须表现秩序，符合伦理，顺应结构及材料的倾向，可以说是源于对“真”的追求；而对于居住功能合理的要求，是源于对“善”的向往，虽然居住功能常常让位于表皮完美比例和形制的需要。可见，秩序感才是古典表皮形式的终极追求。在文化审美层面，形式与内容相统一是古典文化评价美的标准。住宅表皮直接“再现”材料特性和结构受力等自然逻辑，是材料的真实体现，它充分表现了建筑的内容，无论在审美的教化作用，还是物质实体的自然逻辑和使用特性，都是一种对于自然和现实的表现和再现，强调对现实的指涉和对伦理关系的表现。于自然和谐、条理清晰中体现建筑、材料和建造逻辑的真实、自然之美。住宅表皮形式与功能、结构、形制等内容相统一的综合评价最终是建立在当时社会所推崇或遵循的秩序控制之下的。

总结起来，古建时期的住宅表皮具有以下特征：

1）表皮作为结构的附属而存在，表现结构的逻辑；

2）传统手工艺生产，顺应材料特性，体现材料本身的质感和纹理；

3）受结构和材料所限，以及防护的要求，住宅表皮对外多封闭、厚重，开口小；对内开敞；

4）社会、文明和工具的进步促使表皮厚度由薄变厚，表皮热工和防护性能极大提高；

5）强调立面的节奏感和统一性，强调比例、秩序对表皮的绝对控制；

6）表皮形式与使用功能关系不大，独立于功能之外自成体系，是社会价值体系的直接体现，强调对权力、等级、伦理、尊卑的敬畏，严格遵循比例、尺度和规制，即形式追随秩序。

2.4 现代主义——形式追随功能

2.4.1 表皮的解放和独立

19 世纪的工业革命催生了欧美各国社会、政治、经济、文化的巨大变革，并迅速地改变了普通民众的生活方式，同时确立了艺术、工业产品以及建筑的新的美学标准。技术的发展，生产手段的进步，改变了人类生存的物质生活环境。钢铁、玻璃的出现及其他新材料的大规模应用，促进了全新建筑形式的产生。新技术、新材料、新结构的突破奠定了表皮解放和独立的物质基础，并由此创造出了崭新的建筑表皮形式。

在工业革命之前，泥、瓦、石还是主要的建筑材料，这导致了建筑的空间被结构所限制。当铁和钢的建筑时代到来以后，西方建筑历史上第一次有可能把结构的元素与空间构成元素分割开来。1851 年，园艺师帕克斯顿（Joseph Paxton）在海德公园（Hyde Park）的万国工业博览会上以玻璃和铁作为表皮材料，用预制装配化的方法建造了里程碑式的“水晶宫”(Crystal Palace)，创造出了一种前所未有的建筑形式。有别于手工艺时代，这种工业化、装配式的技术美预示着新时代建筑表皮设计发展的方向，因此也是建筑表皮发展史上的一次重大革命。

1868 年一位法国园丁发明了钢筋混凝土，从此为建筑设计打开了一扇世纪之门。1872 年，世界第一座钢筋混凝土结构的建筑在美国纽约落成，人类建筑史上一个崭新的纪元从此开始。法国人埃内比克（Franoois Hennbique）在 19 世纪 90 年代用钢筋混凝土为自己建造住宅，是采用钢筋混凝土材料建造的第一栋住宅。然而，最早将混凝土作为建筑表皮，并将其展示出来的则是法国著名建筑师奥古斯特 · 贝瑞（Auguste Perret）❶。他主张不把材料本身及其特点掩盖起来，也不让它去适应历史风格的要求。1903 年，他设计的巴黎富兰克林大街 25 号住宅（25, Rue Franklin Apartment）开创了钢筋混凝土建造集合住宅的先河，住宅表皮超前地区分了建筑支撑结构和围护结构，并显示出框架结构大面积开窗的特征，这在住宅建筑中达到了前所未有的程度。填充墙体由混凝土壁板构成，并饰以时尚的花饰图案。“这种赤裸裸地表现结构在当时看来似乎是‘伤风败俗’，但拿今天的眼光看，倒是一种真理的坦然表露，因而值得钦佩”❷。大幅的玻璃开窗保证了内部的每个房间都享有明亮的光线。屋顶上是露天平台，栽有少量花木，预示了屋顶花园的到来。该住宅对之后的现代建筑设计力量柯布西耶、包豪斯等产生了巨大的影响，成为后来国际式风格的探索基础（表 2-10)。

1920 年起，现代主义建筑大师勒 · 柯布西耶发表了一系列鼓吹建筑创新的文章，后来汇集出版《走向新建筑》(Vers une Architecture, 1923) 一书，明确提出了“房屋是居住的机器”，强调机械美学，认为必须创造新时代的新建筑，建筑要走工业化的道路。在《走向新建筑》里，建筑被划分为体量、表面和平面（mass, surface, plan）这三个要素。他把它们称作给建筑师的三个备忘❸。这是表面（表皮）第一次被特别提出，并被赋予了独立的意义。“体块和表面是建筑借以表现自己的要素。体块和表面由平面决定。……体块被表面包裹……建筑师的任务是使包裹体块之外的表面生动起来，防止它们成为寄生虫，遮没了体块并为它们的利益而把体块吃掉。”❹

---

❶ 奥古斯特· 贝瑞（Auguste Perret , 1874-1954），是 19 世纪末、20 世纪初法国重要建筑师，对钢筋混凝土框架在现代主义建筑中的发展起到了重要的作用，并且将材料和结构与古典理性主义思想相结合，使混凝土从原先的普通工业化的材料被改造成为艺术化语汇的材料。

❷ (英)尼古拉斯·佩夫斯纳．现代建筑的先驱者——从威廉·莫里斯到格罗皮乌斯 [M]．王申祜译．北京：中国建筑工业出版 ,1987.

❸ (法) 勒· 柯布西埃．走向新建筑 [M]．陈志华 译．天津：天津科学技术出版社 ,1991.

❹ 同上

巴黎富兰克林大街25号住宅

（25, Rue Franklin Apartment，1903）（作者绘）　　表 2-10

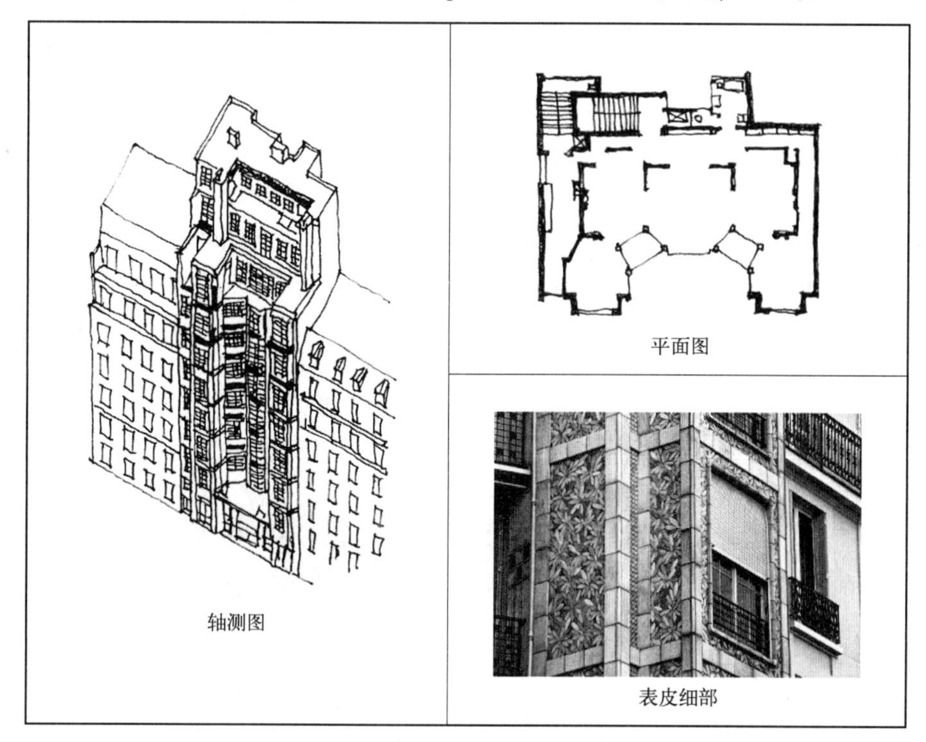

轴测图　平面图　表皮细部

其实，这里柯布西耶想要强调的是：体块是主体，平面是沟通体块与抽象功能之间的桥梁，同时在设计过程中与体块相互牵制，表面（表皮）是体块由抽象世界转入现实世界所凭借的手段，是实现体块的必由之路。虽然表皮被给予了足够的重视，但是其实际上并没有获得真正独立的地位，“它充其量只是为了体量服务的”[1]。1926年，柯布西耶以多米诺住宅("Dom-ino" House）和雪铁龙住宅[2]（Citrohan）为原型，提出了“新建筑五点”:1）房屋底层采用独立支柱；2）屋顶花园；3）自由平面；4）水平带形窗；5）自由立面。其中，“自由平面”和“自由立面”都是表皮解放和独立的直接反映，而“水平带形窗”则突出地表达了表皮摆脱了承重的束缚可能具有的形态，与古典建筑的竖向窗洞口形成了强烈对比。

第一个将住宅表皮完全向光线敞开的建筑是皮耶·夏洛（Pierre Chareau）1932年在巴黎城区设计建成的达尔萨斯住宅（Dalsace House），

---

[1] 王群．空间构造表皮与极少主义 [J]．建筑师．1998,84.

[2] “雪铁龙”（Citrohan）住宅，1920年柯布西耶设计的住宅标准单元之一，可以是独立式或联立式，也可以层叠地放在多层公寓中。房屋两边为实墙，当中有一上下贯通两层的起居室。以“雪铁龙”来命名这种单元意即它可以像汽车那样大量生产。

也常被后世称作“玻璃屋”(Maison der Verre)，堪称为划时代的建筑作品，同时也是住宅表皮形式发展历史上的转折点。得益于生产和制作技术的长足进步，特别是玻璃砖制作技术的日臻成熟和钢结构支撑体系的逐步完善，玻璃屋朝向内院的住宅表皮几乎完全由整片的玻璃砖墙组成，通过展现新材料（钢、玻璃）的可能性，直问古典住宅表皮的真正本质。尤其是夏洛对于玻璃砖这种半透明材料的探索与表现，开发了玻璃的多重价值。功能上的透光而不透视，观感上的朦胧与暧昧，空间上的层次与暗示，住宅表皮由此获得了史无前例的明亮和轻薄，开创了住宅半透明表皮形式的先河(表 2-11)。

“玻璃屋”（Maison der Verre，1932）（作者绘）　　表2-11

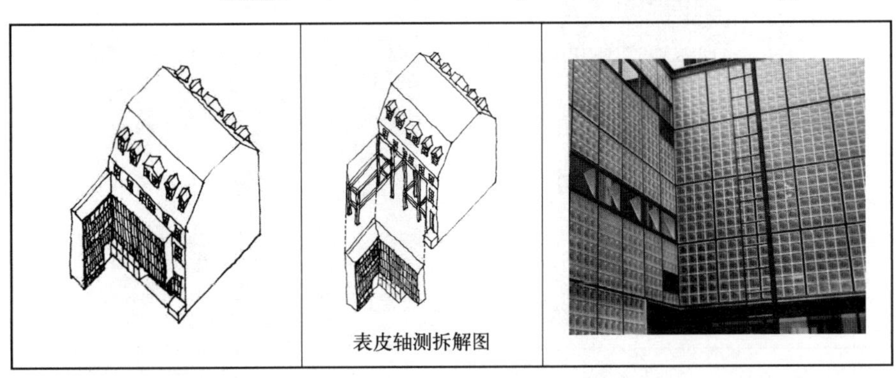

表皮轴测拆解图

这一时期的表皮其实还处在立面（facade）和表面（surface）阶段，确切的表皮（skin）一词是在密斯的“皮包骨”(skin and bone）理论中出现的。密斯是第一个以“皮肤”与“骨头”的关系来比喻建筑设计中的外墙与支撑结构关系的人，这明确体现了建筑中支撑与界面分离的概念。但此时的表皮仅是强调其脱离空间而开始走向独立，显然还不具备“皮肤”可进行呼吸调节等复杂的生态功能。对其“皮包骨”概念进行精确阐释的实例之一是芝加哥湖滨大道公寓（Lake Shore Apartments，Chicago，1948-1951)。这是一对在 20 世纪具有深刻影响的高层住宅，比例修长，平屋顶，全玻璃墙面，成为新型摩天楼的原型。住宅表皮是由基本钢面、柱子的外表面、简单地被漆成亚光的黑色地板和屋顶面、有着可开窗的铝制玻璃框架以及纯粹的玻璃片所共同组成的。立面外侧，工字钢被垂直地焊接在钢框架上，完全没有承力作用，只作为加固玻璃和强调整个建筑挺拔向上的垂直构图之用。工字钢与玻璃的精确组合构成标准化的幕墙构件，使建筑立面形成一种模数化的构图 (Modular Composition)，钢构件自身也成为一种装饰主题，以此来强调技术精神和工业感。密斯借用了玻璃与标准工字钢构件的工艺美，使钢构件本身成为一种表达工业时代特色的装饰主题，这样做的初衷是出于对美观的追求而不是结构的需要，实际上意味着将技术手段升华为建筑艺术的重要象征（表 2-12）。

密斯这种“皮与骨”的概念和勒·柯布西耶所提出的“新建筑五点”都表达了现代建筑自由立面的概念，在思想概念上使得建筑表皮获得了彻底解放。结构支撑与表皮界面完全分离，外墙转换成大致确定空间轮廓的轻薄表皮，不再受支撑功能的约束。表皮与空间都获得了极大的自由。但其实，真正获得独立和解放的是空间，这个时期的表皮仅仅只是空间独立和解放的副产品。

芝加哥湖滨大道公寓（Lake Shore Apartments，Chicago，1948-1951）（作者绘） **表2-12**

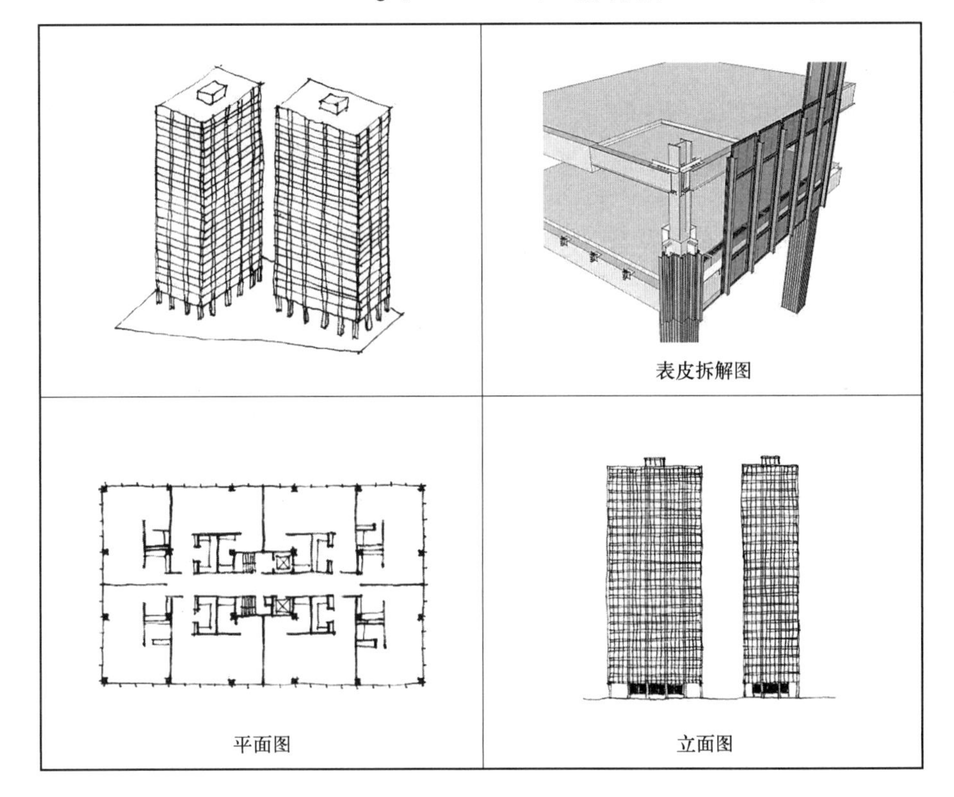

2.4.2 工业化大生产痕迹，为更多的人服务

大工业生产时代，古典建筑艺术丧失了存在的物质基础，建筑的实用要求和建造手段发生了根本的变革，建筑功能、材料、结构、经济被提到建筑的主导地位，建筑也成为机械化工业生产的一部分，于是建筑的艺术

特性遭到了前所未有的质疑。

早期的现代主义建筑大师大都具有鲜明的民主思想和强烈的社会责任感，现代主义之前繁杂的建筑装饰基本是依赖于手工业制造，这必然造成建筑成本的增加和建筑速度的减慢。基于当时的社会背景，工业革命带来的大量劳动力涌入城市，这些新增的城市人口急需住房，同时他们又都属于穷苦的无产阶级，没有经济能力负担传统的、存在很多装饰的、造价昂贵的住宅，因此，房屋的经济性和快速大量兴建的特性成为建筑师必须面对的首要问题。对经济性和高效性的追求，成为了20世纪现代主义新住宅的重要特征。现代主义在建筑史上第一次提出了建筑师的社会责任问题：建筑肩负有关心社会、改变城市的重要作用，要为更多的人服务。

1908年，阿道夫·路斯（Adolf Loos）发表了"装饰是罪恶"（Decoration or Crime）的主张，反对虚假、冗繁的装饰，成为现代主义的宣言之一。由于现代主义的社会主义特点，主要为普通大众考虑，因此造价低廉成为首要的考虑要素。任何不必要的装饰都会增加造价和使用者的经济负担，所以装饰便成了一种罪恶。为了造价低廉，住宅表皮的形式趋于简单化，立方体、白色系都曾经是这一要求的直接反映，后来逐渐发展成为一种审美的需求。基于这样的思考，路斯设计出了不仅没有装饰，甚至连檐口都没有的箱式住宅。现代主义建筑师这样旗帜鲜明地提出反对装饰的立场，这是建筑史以及美学史中具有重要意义的一次革命，它代表了当时进步的建筑思想和审美倾向，更是表皮形式发展史上的一次重要转折。

1925年，面临着急需住房和经济状况急剧恶化的问题，为了推广现代主义建筑和设计经验，德意志制造联盟开始计划组织一次重要的建筑大展——魏森霍夫试验住宅区 (Weissenhof Siedlung, Stuttgart)，是现代建筑史上一个重要的里程碑。在密斯的领衔主持下，聚集了柯布西耶、格罗皮乌斯、陶特、夏隆等17位当时世界著名的现代主义建筑师，代表了当时欧洲最新、最前卫的设计组合。这次展览一共建成独立式、联排式和多层住宅33栋，每个作品都反映出强烈的、时代的建筑技术，体现出新的建筑思想和现代造型原理。这次展览会的标杆作用表现在：1）标志着从手工操作到工业化建造方法的转变；2）住宅表皮形式统一，平屋顶、白墙面、外观简洁无装饰，标志着十分符合工业化生产特征的"国际式"（International Style）风格的确立，其影响迅速遍及整个世界，成为此后世界住宅建筑表皮的标准模式。（图2-3～图2-5）

图 2–3　密斯设计的魏森霍夫住宅（作者绘）

图 2–4　柯布设计的雪铁龙住宅（作者绘）

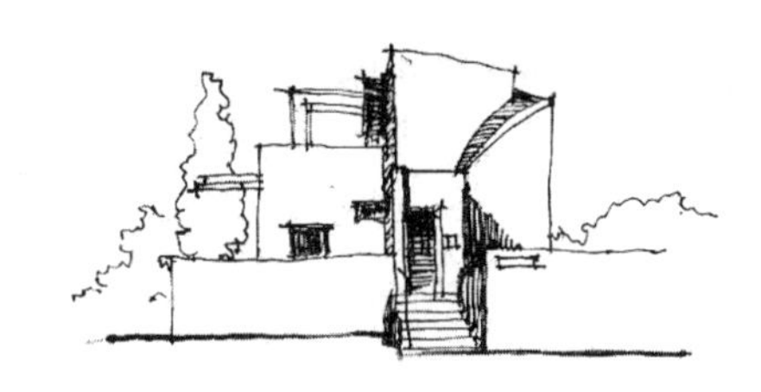

图 2–5　夏隆设计的住宅（作者绘）

格罗皮乌斯设计的丹莫斯托克小区（Osiedle Dammerstock，1927-1928，图 2-6）和西门子城（Siemensstadt，1929-1931），以及之后被炸毁的日裔美籍建筑师山崎实（Minoru Yamasaki）设计的帕鲁伊特·伊戈住宅区[1]（Pruitt-Igoe，1952-1955，图 2-7），都是后来蔓延全球的大规模现代主义住宅的典型代表。反映了现代主义住宅表皮的基本特质：大工业生产的痕迹，摒弃任何装饰，服务于更多的人，讲求效率、体现均质性和可复制性等。这种表皮风格迅速地经欧洲扩展到了全球，并彻底改变了世界各地大量性新建住宅甚至城市的面貌。

---

[1] 帕鲁伊特· 伊戈住宅区（Pruitt-Igoe,1952-1955）是按照当时 CIAM（国际现代建筑协会）最进步的理论为黑人居民设计的住宅区，拥有完善的公共福利设施、群众活动场所和绿化布置，完全体现了勒·柯布西耶所倡导的城市三大要素“阳光、空气和绿化”，并曾在当时获得 AIA（美国建筑师协会）的嘉奖，却在 20 年后被美国密苏里州圣路易斯（Saint Louis）市政当局认为不适合居住，易滋生犯罪，因而炸毁重建，这个炸毁的时刻（1972 年 7 月 15 日下午 3 点 23 分）被英国后现代主义建筑理论家查尔斯· 詹克斯（Charles Jencks）称作“现代建筑死亡的时刻”。

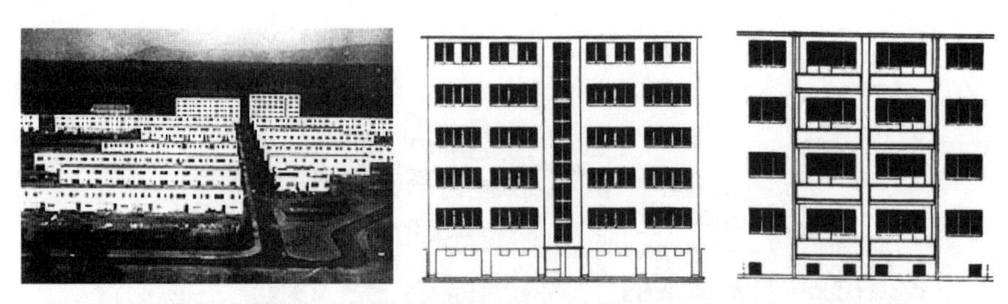

图 2-6　丹莫斯托克小区及住宅立面（Osiedle Dammerstock，1927–1928）

图片来源：《大师》编辑部．沃尔特•格罗皮乌斯 / 建筑大师 MOOK 丛书．武汉：华中科技大学出版社．2007：141

图 2-7　帕鲁伊特•伊戈住宅区及住宅立面（Pruitt–Igoe，1952–1955）

图片来源：Leonard, Mary Delach . Pruitt–Igoe Housing Complex. St. Louis Post Dispatch, January 13, 2004.

2.4.3　"形式追随功能"

现代主义建筑的基本理论之一就是反对建筑在实用功能和建造技术以外的一切附加物，否认建筑的艺术性，主张建筑就是实用的构筑物（"房屋是居住的机器"）。1907 年，美国建筑师路易斯•沙利文提出了"形式追随功能"（Form follows function）的现代主义口号。沙利文口中的"功能"虽然包含了相当广泛的内容（建筑与环境的关系、建筑本身的表现、建筑形式的象征性功能等等都被视为功能的范围），但是这句宣言式的口号随后迅速被现代主义功能运动者狭义化，在他们看来，功能是建筑的使用者提出的使用要求，对于功能的考虑是从原始建造行为之初就存在的。表面看来，对功能的强调主要是针对古典主义建筑，以及后来的古典复兴以及折衷主义建筑风格中把对建筑形式的追求作为设计的出发点和目的，有时甚至为了形式需要不惜牺牲使用功能的现象。而实际上，现代主义的最终目的是为了反对包括古典主义在内的所有历史形式，他们需要创造出属于新时代的新的建筑形式。将传统建筑形式的元素肃清，象征与传统的彻底决裂，打破了文艺复兴建立起来的形而上的形式美原则，呼唤人们对大工业生产的情感，表达现代生活的审美趣味。他们大力宣扬建筑美的客观性，认为功能是建筑美的基础甚至全部，尽量表现结构力学的逻辑性和材料性能的刚韧性，这实际上是把建筑美归入了功能美和技术美的范围。现代主义这种对功能的强调也直接影响了住宅表皮形式的发展，首先，住宅表皮必须反映内部空间的使用情况；其次，表皮自身承担的功能必须诚实地表达。这从根本上颠覆了传统建筑风格中以先验的形式美的原则处理表皮的设计方法，同时，使表皮具有了一定程度的理性、科学和诚实的属性。

2.4.4 典型实例分析

阿道夫•路斯在维也纳建造的斯坦纳住宅（Steiner House，1910）是现代主义国际式建筑的先驱，住宅表皮完全没有任何装饰，而是强调建筑物的体量、比例、墙面和窗子的关系。表皮自身没有任何表现的意识，是采光或通风等功能需要的直接体现，唯一的变化来自住宅体形变化产生的圆弧状屋顶。简洁的立面、内部空间布局和开窗方式都预示着几何学形态的支配力量和现代主义住宅表皮的发展方向（表 2-13）。

斯坦纳住宅（Steiner House，1910）（作者绘）　　表 2-13

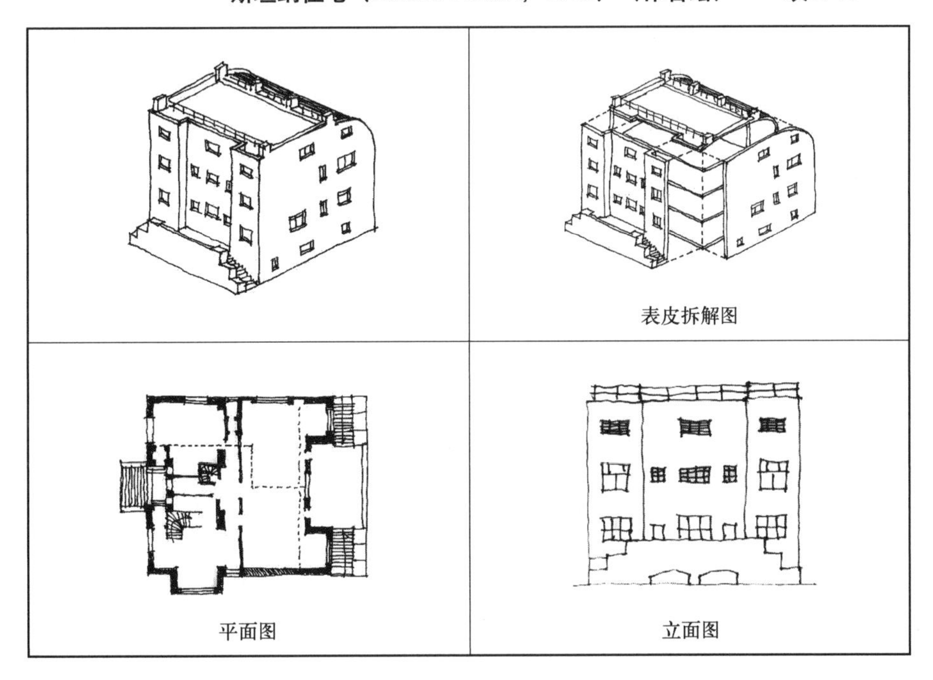

表皮拆解图

平面图

立面图

萨伏伊别墅（Villa Savoy，1928）是柯布西耶“房屋是居住的机器”，以及“新建筑五点”的集中反映。住宅表皮没有任何装饰，轻薄干净，完全脱离了结构的束缚走向自由。底层架空柱和屋顶花园的出现将绿色空间导入住宅内部，从而与自然建立起了一种更加紧密的新关系。屋顶作为第五立面也被赋予了更多的自由度、功能性和创造性。自由平面的内部空间配置了规则的柱网，表皮由此从承重结构中解放出来，可以自由地划分和包裹空间。表皮上的横向长条窗是对表皮摆脱承重束缚的直接显示，自由的立面不再像传统砖石结构建筑那样厚重繁复，而表现为单纯、轻质。住宅表皮的围合、开口等形式变化是功能需要的直接反映（表 2-14）。

萨伏伊别墅（Villa Savoy，1928）（作者绘）　　表2-14

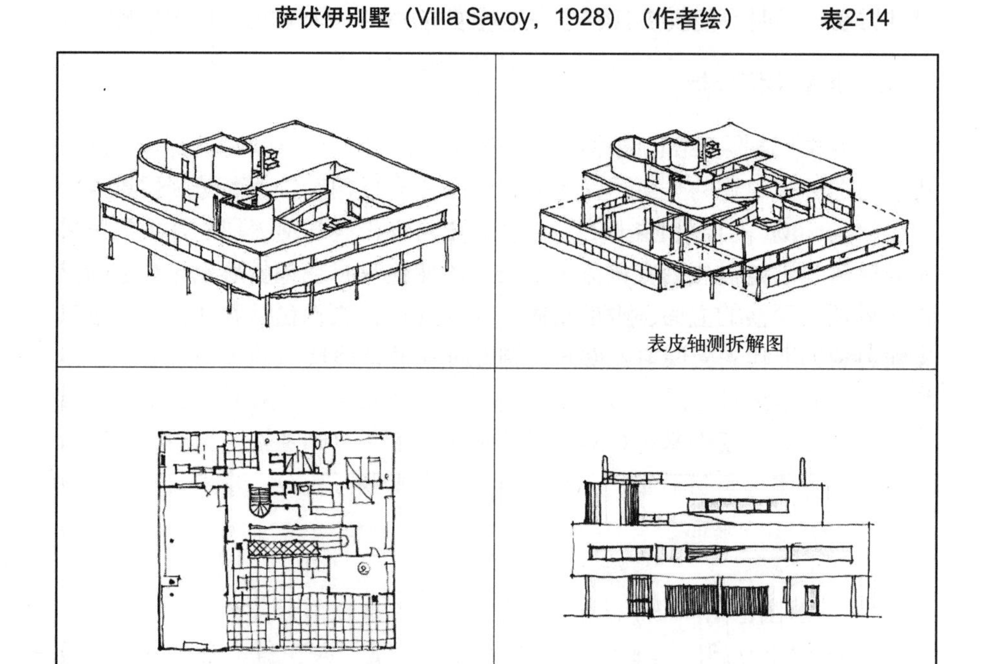

2.4.5 现代主义住宅表皮的特征

现代主义建筑发端于 19 世纪，成熟于 20 世纪，这一百年中建筑变化之大，发展之速，是先前任何一个世纪都无法比拟的，这是因为近代以来科技进步、社会生产方式和生活方式发生巨大变动，由此带来了建筑领域方方面面深刻而广泛的变化，住宅表皮也迎来了历史上最重大的一次建筑转型。

由于工业化、城市化的快速发展，不可避免地带来了如何为涌入城市的劳动者提供良好品质的住宅，这样一个巨大的社会问题。另一方面，钢筋混凝土、钢铁、玻璃等新型材料大量用于住宅建筑，标准化、预制件使住宅的批量、快速建设成为可能。与以往不同，住宅表皮表现出强烈的工业化大生产痕迹，利用最少的人力、物力、财力造出适用的房屋，把建筑的经济性和高效性提到十分重要的高度。

另一方面，新技术、新材料、新结构的突破奠定了表皮解放和独立的物质基础，并由此创造出了崭新的住宅表皮形式：框架结构的出现和工业化的生产，使得住宅表皮彻底从承重的功能中解放出来。失掉承重墙的空间在取得自由的同时，也宣告了不再承重而只起围护作用的表皮取得了自身的独立与自由。然而，虽然技术的革新带来了表皮的革命，这种表皮形态的进步又导致了建筑空间的解放，带来的结果却是空间随即被提高到了前所未有的高度，空间意识的觉醒和空间形态的革命占据了整个现代建筑最光辉的舞台。表皮虽然得到了革命性的发展，却仍只是建筑内部空间与功能的反映，作为限定空间的界面而存在，是现代建筑对空间自由不断探索和追求的副产品。它虽独立于结构，却依然附属并服务于空间。

玻璃和钢的大面积使用，打破了传统表皮的封闭感，住宅表皮变得越来越轻薄，限定性也逐渐减弱，实现了由暗到明、由厚到薄的转变，并获得了前所未有的轻快和通透。使住宅不再消极地应对其周边的外部空间，室内外空间可以进行重新组织和引导。这是住宅表皮从古典立面到现代表皮的一次重要转换，是表皮形态的一次革命性进步，意味着表皮不再依赖于结构体系，而成了独立的主体概念和建筑语汇。从此，住宅表皮摆脱了承重功能及重力主导的形式法则，演变成了围绕整个建筑的自由连续的外皮(skin),弱化了古典外立面(facade)的概念。表皮形态得以由厚向薄转变，同时，其灵活性和可操作性也有了本质性的改变。室内外空间关系因此发生了很大变化，厚重的传统表皮不再成为居住内外空间的阻隔，现代的新型表皮成为存在于建筑室内外之间的一种介质，使得内外空间可以有封闭、开敞、透明、半透明等多种关系。

现代主义建筑师沉浸在钢铁、玻璃、混凝土等新材料带来的兴奋之中，对表皮的认识也只是局限于使用新的材料覆盖，以及表达新的结构或空间形式，对空间的兴趣完全压倒了对表皮进行更加深入和系统研究的愿望。范斯沃斯住宅中密斯的“skin”在气候调节功能上体现出的明显不足，表明了表皮还处在形式的演变和建构阶段，还没有真正地具有皮肤所应有的多项复合功能。另外，科技的发展、空调等机械设备的使用，使得室内舒适度对表皮性能的依赖性逐步减到了最低点。建筑的施工和建造技术以及预制件的工业化生产也获得巨大发展和改变，人们的生活方式也开始发生改变，对设备和能耗的依赖性逐渐加大。对室内空间开放和流通的兴趣掩盖了表皮最基本、原始的物质功能，住宅表皮的生态价值和能源价值未获得应有的重视，造成能源和资源上的浪费。

现代主义打破了传统的审美原则，反对包括古典主义在内的所有历史风格，创造了属于新时代的崭新建筑形式，体现出新的建筑审美观。住宅表皮形式趋向简洁、轻快、净化，摒弃了折衷主义的复古思潮和繁琐装饰，强调建筑的几何体形。同时提倡建筑的表里一致，在美学上反对外加装饰，拒绝任何传统的风格样式，认为住宅形象应与建造手段和建造过程一致，建筑的形式美是建立在反映建筑功能、空间、结构的合理性与逻辑性上。然而，现代主义反对装饰的立场也不可避免地带来了对于表皮多义性的抹煞。表皮由解决使用功能的材料和构件，按照所谓最优的使用功能原则组成，必将呈现出千篇一律的单一化和局限化，使表皮的处理丧失了多义性。

综上所述，现代主义住宅表皮具有以下特征：

1）表皮获得解放，独立于结构，却依然附属并服务于空间；

2）工业化大生产痕迹，表皮具有均质性和可复制性，讲求经济、效率，为更多的人服务；

3）新材料、新技术的运用和表现，表皮实现由封闭到透明、半透明，由厚到薄的转变；

4）表皮作为“皮肤”应该具有的生态价值和能源价值未获重视；

5）反对装饰的审美立场；

6）表皮形式是对居住功能的直接反映，以及表皮自身承担功能的诚实表达，即形式追随功能。

2.5 后现代主义——形式追随多元

2.5.1 批判与多元化

二战以后，现代主义的思想和实践在西方建筑界得到广泛传播。现代主义主张割断历史和传统，抹杀民族性和地方性，从而导致了超越地域时空的国际式风格的盛行。20 世纪 60 年代后期开始，人们对千篇一律的现代主义“合理”的住宅建筑模式提出了质疑，战前现代建筑单一、纯净的风格受到了严重的冲击，各种新的建筑流派纷纷揭竿而起，一个多元化的时代由此发端。建筑表皮也在成为客观世界中的一个独立主体后，向着自治的方向不断发展。正如现代主义住宅表皮是工业文明的反映一样，后现代主义住宅表皮也鲜明地反映了后工业社会、信息社会、能源危机和新技术革命给人类带来的精神、文化与价值观的变化。

1977 年美国建筑评论家彼得·布莱克（Peter Blake）出版了《形式

跟从惨败——现代建筑何以行不通》(Form Follows Fiasco: Why modern architecture hasn't worked) 一书，对现代主义进行了全盘的批判和否定。同年，英国建筑理论家查尔斯·詹克斯（Charles Jencks）出版了一本《后现代建筑语言》(The Language of Post-Modern Architecture)。他在该书第一部分即宣告现代建筑已经死亡。由此引发了业界对现代建筑基本理论的质疑。此后的发展，造成了自从现代主义运动开始以来，半个多世纪的第一次重大的设计发展调整，产生出后现代主义设计和其他一些新的探索和尝试，开辟了一个多元化的建筑发展新时期。

1966年，后现代主义的代表人物，美国建筑家罗伯特·文丘里（Robert Venturi）质疑现代主义建筑倡导的“流动空间”，认为表皮不能一味暴露内部空间和功能。针对密斯“少就是多”（Less is more）的原则，提出了“少则厌烦”（Less is bore）的看法。他在其著作《建筑的复杂性与矛盾性》（Complexity and Contradiction in Architecture）的开篇，指出建筑的媒体功能和复杂的使用功能使得建筑学进入了一个复杂的境地。文丘里试图将内部功能空间与外部环境的矛盾通过表皮（envelope）的包裹面积相互隔开，建筑的外表皮上可以书写文脉（context）[1]的抽象形式符号。表皮在这里体现了外界与历史的关联、对话、协调、甚至对立。基于复杂的功能需求以及相应的建筑内外的冲突，他认为建筑的“内”和“外”应该分别对待，并可以有所不同而无需一致，因而内外之间的表皮可以自由地表现。在该理论引导下，美国后现代的建筑出现了一股建筑表皮自我表现，并对古典建筑语言高度模仿和回溯的潮流。同时，他还认为包裹空间的表皮应该具有层次和逻辑，突破了把建筑表皮单纯理解为包裹整个建筑外表的单层实体的看法，把“表皮”概念引入了建筑本身，使之成为与“空间”相对的概念。表皮本身就具有空间厚度，室内外表层之间存在一层脱开的空间，即“残余空间”。文丘里赋予了这个空间以使用功能，这使得表皮在尺度、维度和意义上有了质的飞跃。

1972年，文丘里又与丹尼丝·斯科特·布朗（Denise Scott Brown）和史蒂文·艾泽努尔（Steven Izenour）合作出版了他的另一部后现代主义教科书——《向拉斯维加斯学习》(Learning from Las Vegas)。在这本书中提到在高速运动和复杂的功能需求之下的环境里，信息传达具有举足轻重的地位。标记或者符号在这种情况下将变成空间的主宰。符号与社会空间的密切关系使建筑表皮与抽象含义产生关联[2]。文丘里更明白地表露出对建筑

[1] 文脉，英文即 context，原意指文学中的“上下文”。设计中译作“文脉”，更多地应理解为文化上的脉络，文化的承名关系，强调历史文化即所谓的“文脉主义”。在语言学中，该词被称作“语境”，就是使用语言的此情此景与前言后语。更广泛的意义上引申为一事物在时间或空间上与其他事物的关系。

[2] 冯路．表皮的历史视野 [J]．建筑师，2004, 8 : 9.

表皮中加入装饰，以及赋予建筑象征意义的观点，并提倡使用一些富于时代象征意义的装饰物。在文丘里看来，一些富于时代感的装饰形象就是代表着一种时代精神的符号，也是人们识别不同时期建筑的重要参照物，而在现代建筑中使用这些特定的符号，可以有助于人们对建筑的理解。

在此背景下，出现了各种各样的建筑风格，住宅表皮也呈现出多元的局面。比如，后现代主义大多建筑师热衷于以古典建筑语言和符号来反映住宅表皮的象征性、隐喻性和文化性等，表皮由此具有了叙事性，被赋予抽象的意义，用以作深层次的文化和意义表达；罗西则从类型学的角度，以原型唤醒城市的集体无意识；高技派以夸张的表皮形式来达到突出科技是社会发展动力的目的；解构主义对正统原则和正统标准提出了否定和批判；极少主义以简约的形式、诗意的建构和对材料的关注，试图反映表皮的本质等等。无论各流派之间有着何种的差异，它们都再一次赋予了住宅表皮崭新的形象和更丰富的意义，使得住宅表皮也进入了一个多元化的发展阶段。

2.5.2 典型实例分析

母亲住宅（Vannia Venturi House，1960-1962）（作者绘） 表2-15

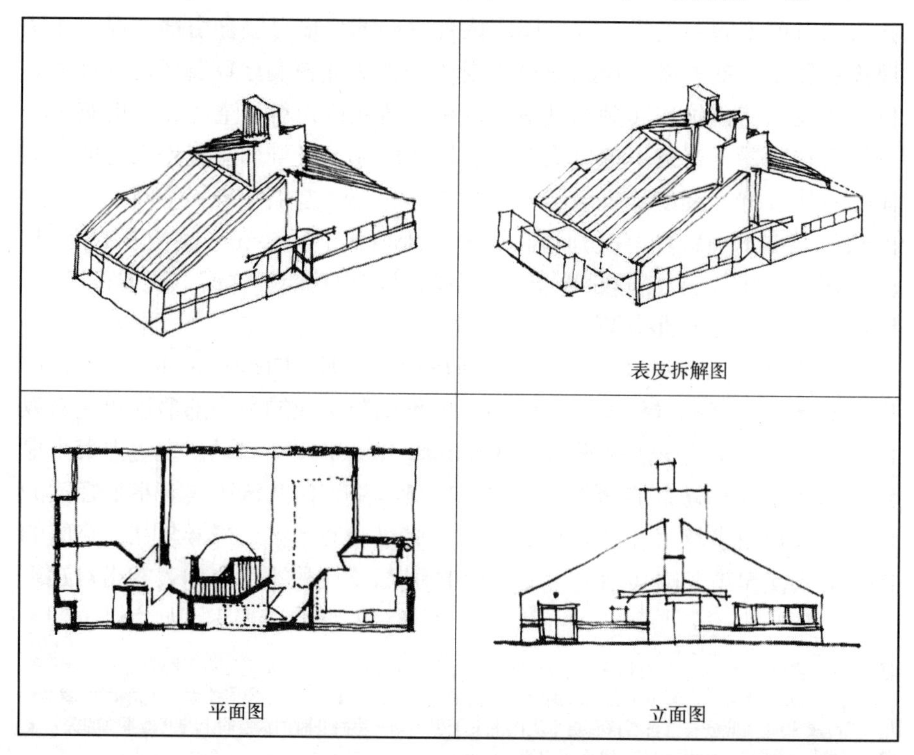
表皮拆解图
平面图
立面图

文丘里利用历史建筑符号、戏谑的方法设计和建造的母亲住宅（Vannia Venturi House，1960-1962）是后现代主义最早的代表作，在建筑史上具有里程碑的意义。住宅表皮包含了多种古典元素，构图介乎对称与不对称之间，坡屋顶、断开的山墙、偏离中心位置的烟囱、入口上方的券线等，都在暗示传统的建筑语汇，这种以非传统思路借用传统符号的手法，体现出一种反现代建筑逻辑的非理性之意趣。建立在对现代主义的批判基础之上的后现代主义住宅表皮，出现了向古典建筑语言靠拢的倾向，以此来表明与现代建筑的彻底决裂，并借助古老建筑词汇的深刻寓意，使住宅表皮重新具有了意味深广、发人深思的寓意。（表 2-15）

英国建筑师马尔丁·约翰逊（M. Johnson）以传统形式的象征性设计的乡村画家欧文登的住宅（Ovenden House，1975，图 2-8），住宅表皮上突出醒目的飞扶壁和尖顶形象会使人误把这座奇特的住宅当作维多利亚时代色彩鲜艳的教堂。表皮各部分的材料、细部或面砖均有变化，来自中世纪的、维也纳分离派，以及维多利亚式的历史模式以似是而非、新旧结合的方式重现了传统风格[1]。

图 2–8　欧文登的住宅（Ovenden House，1975）（作者绘）

而在西班牙，建筑师理查德·博菲尔（Ricardo Bofill）设计的阿布拉克塞斯住宅区（Les Espaces d’Abraxas，1978-1983，图 2-9），将古典设计理念发挥到了极致，三座住宅形象来自三个不同的历史时期，住宅表皮形式采用稳重的古典风格。组群中部是凯旋门形式的住宅，在两座转角建筑

[1] 刘先觉 . 现代建筑理论：建筑结合人文科学自然科学与技术科学的新成就 [M]. 北京：中国建筑工业出版社 ,1999.

的尽头，对称设置了更加明显的古典标识。断裂的山墙、三角形与半圆形山花的组合，底部粗石的地基，都显示出明显的巴洛克风格，而这正与当地的传统巴洛克建筑历史相呼应。中部的柱式贴面是纯粹的装饰元素，既丰富了建筑立面，又与另外两座建筑中强调柱式的做法如出一辙。

图 2-9 阿布拉克塞斯住宅区（Les Espaces d'Abraxas，1978–1983）（作者绘）

后现代主义住宅表皮注重对各种古典建筑语言和历史符号的运用，但大都对其进行了改造，使之具有非常强烈的现代感。而作为一种与国际主义单一、纯净的表皮相对抗的形式，后现代住宅表皮以一种多释义的混杂语言形式呈现，提倡使用更加大众化的词汇来表达，以使表皮的隐喻意义能被广大民众所理解和接受。

20 世纪 80 年代，以埃森曼（Eisenman）和屈米（Tschumi）为主要代表的建筑师把德里达（J. Derida）的解构哲学理论引入建筑创作，提出了所谓的解构主义建筑（Deconstruction）[1]。反映在住宅表皮上，表现为将现代主义简单、光滑、平整的表皮进行拆解，分散成碎片，然后再用一种神秘的超现实主义手法进行堆砌，从而形成一种看似偶然和无序的表皮形式。当然，这种对现代主义的"解构"由于方法和程度不同，而形成了不同的形式与风格。其中，埃森曼通过长期对住宅形式的研究和实验，以一种深层结构理论、语法学规则和形象构成手法来实现表皮的生成和转化过程。表皮材料和色彩的交叉、叠置和碰撞成为设计的过程和结果，虽然住

[1] 解构主义 (Deconstruction) 这个字是从"结构主义"（Construction）中演化出来的。因此它的形式实质是对于结构主义的破坏和分解。从哲学上来讲，解构主义早在 1967 年前后就已经被哲学家贾克•德里达 (Jacques Derrida) 提出来了，但是作为一种建筑设计风格的探索，兴起于 20 世纪 80 年代晚期，它的特点是把整体破碎化（解构）。主要是对外观的处理，通过非线性或非欧几里得几何的设计，来形成建筑元素之间关系的变形与移位，运用相贯、偏心、反转、回转等手法，具有不安定且富有运动感的形态的倾向。解构主义的主要特征是反中心，反权威，反二元对抗，反非黑即白的理论。

宅表皮上呈现出某种无序状态，但是其深层的逻辑和思辨过程却是清晰统一的[1]。他在20世纪初至70年代设计了一系列住宅，对句法结构进行的研究深化了形式语言的探索。比如位于柏林的IBA社会住宅（IBA Social Housing，1987），埃森曼紧紧围绕该场地所具有的历史文化主题，试图运用抽象的建筑语言将建筑深层结构所隐藏的含义在其表层结构中表示出来，两套偏离了3.3º的交叉网格系统作为设计依据，在住宅表皮上清晰地表现出来，并且运用不同的色彩加以区分，产生一种图案化的对比，强化了分裂与异化的特质，其交替错位隐喻着当时东西柏林分裂的异化现象，这也使得住宅表皮本身从历史的提炼中建立起了自己的尺度、比例和秩序。（表2-16）

埃森曼设计的IBA社会住宅（IBA Social Housing，1987）（作者绘） 表2-16

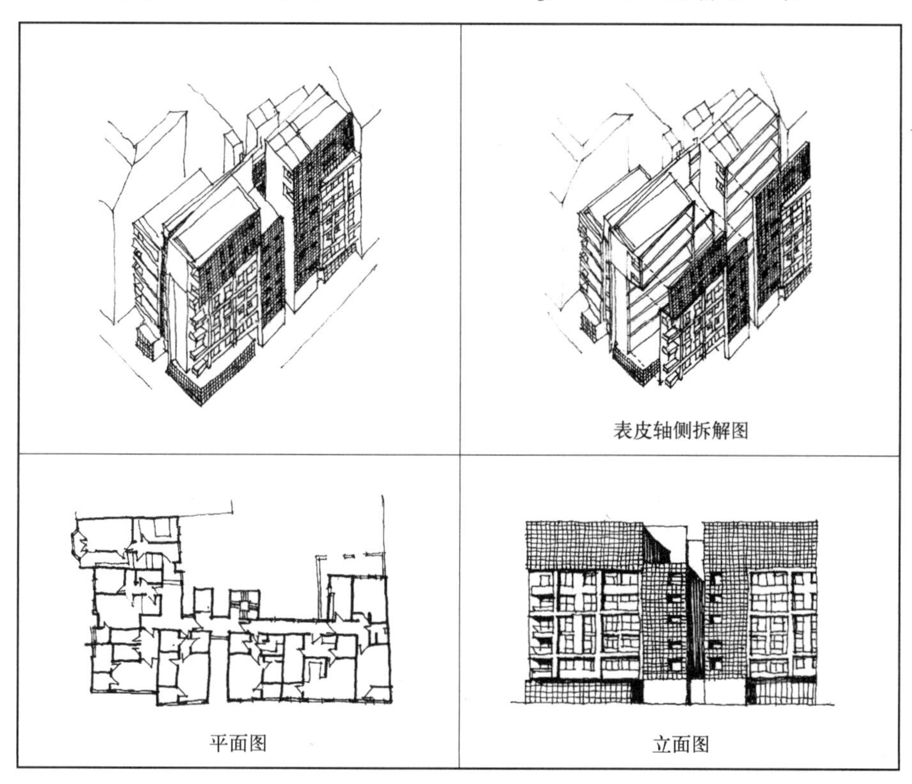

建筑师弗兰克·盖里的自宅（Gehry House，1978），原本是一座荷兰式的小住宅，经过改造成为著名的解构主义住宅代表作。新建部分形体极

[1] 刘先觉．现代建筑理论：建筑结合人文科学自然科学与技术科学的新成就[M]．北京：中国建筑工业出版社，1999.

不规则，所用材料也极其多样，有瓦楞铁板、铁丝网、木条、粗质木板等。不同材质、形状强行拼接，造成强烈的支离破碎的效果，充满了反叛的色彩。充分体现了没有次序、没有固定状态、反对二元对抗方式的解构主义建筑思想。消失、分裂、分离、拆散、位移、拼贴、扭曲等形式的出现和盛行体现了解构主义对住宅表皮发展的影响，也开辟了建筑审美的新视野，美学信码产生了变形与分裂，用变形、错位、叠加、拼贴等出人意料的方式来加强表皮的信息的作用。（表 2-17）

弗兰克·盖里的自宅（Gehry House，1978）（作者绘）　　表2-17

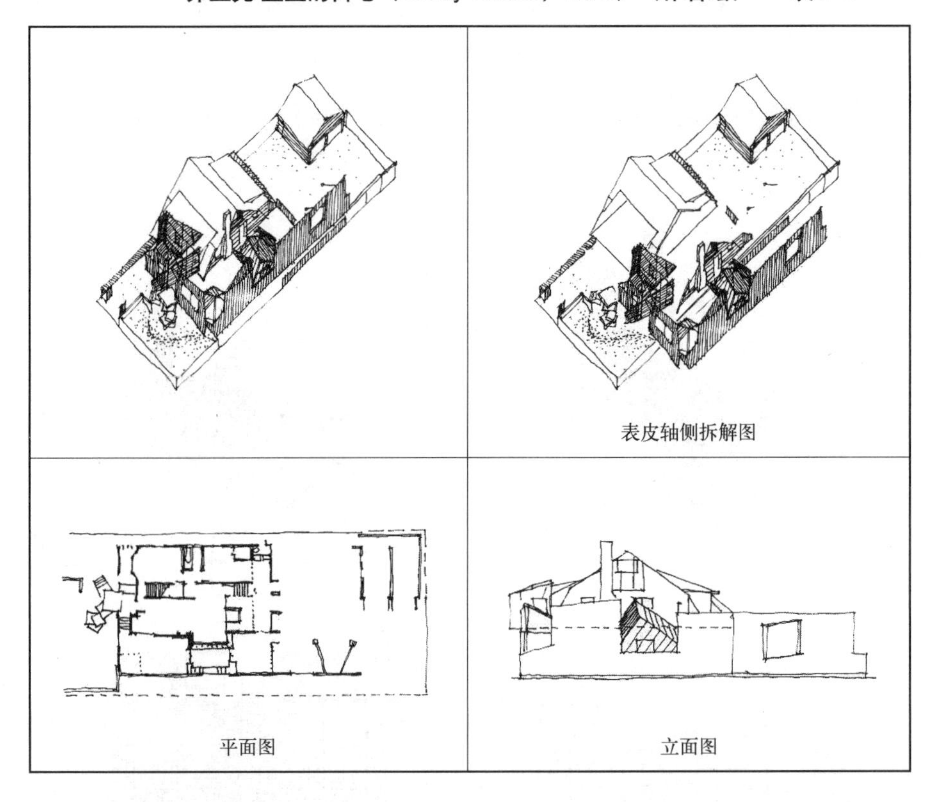

表皮轴侧拆解图

平面图

立面图

建筑师皮埃特·布洛姆（Piet Blom）设计的立方体住宅（Cube houses，1984）以倾斜的立方体作为住宅单元，依靠其间的“枝桠”相连排列，高架于粗大的混凝土柱之上。或伸或张的倾斜表皮、不同方位的采光、非标准化的室内家具等虽然并不十分符合实际的居住功能需要，但却为都市人的日常生活提供了充满新奇创意的个性化空间。布洛姆试图通过富于想象力的表象性形式语言来揭示人们内心深处的记忆。住宅表皮由于其按户居住的现实，必然呈现单元式的特性，建筑师将住宅表皮的单元式特性夸张放大，以集群的方式表现出来，具有很强的城市意义。（表 2-18）

立方体住宅（Cube houses，1984）（作者绘）　　表 2-18

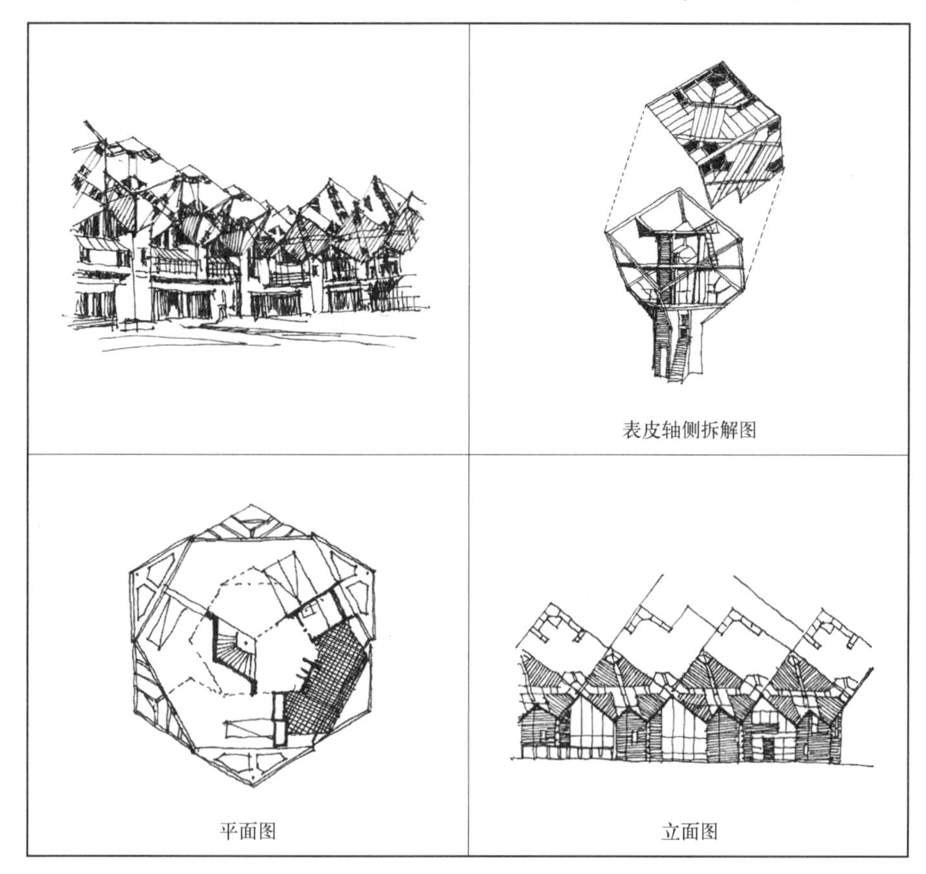

表皮轴侧拆解图

平面图

立面图

2.5.3 后现代主义住宅表皮的特征

进入 20 世纪 60 年代，表皮形式再次发生转变。一统天下的国际式风格日趋式微，建筑界陆续出现了对于正统现代主义有力的、具有深远意义的批判和挑战。后现代主义重新确立了传统历史的价值，承认表皮形式独有的联想及象征的含义，使之摆脱了技术与功能逻辑的束缚，并恢复了装饰在住宅表皮中的合理地位，最重要的是树立起了兼容并蓄的多元文化价值观，弥补了现代主义住宅表皮的不足。

这一时期西方建筑审美观念也再次发生转变，现代建筑美学的正统观念受到了强大的冲击，传统的美学观念不再具有权威性。后现代主义思潮带来了建筑美学观的变化，是对长期以来传统的、和谐美学观的反叛和超越，揭示了建筑的复杂性和矛盾性，更加关注建筑丰富而多义的内涵。然而，在文化发展的大背景下，各种纷繁复杂的新风格又不能够统一天下，每个流派也都努力以各自的美学理论证明自己的艺术价值和存在价值，表现为不受任何法则约束的多元和折衷，既体现出新技术的时代性，又满足了多样化的审美需求。新的美学观念扩展了建筑的美学范畴，使建筑艺术的道路更加宽广多姿，多元化的价值观和审美观由此而生。这一方面表现为功能与形式二元对立的突破，两者之间的界限日趋模糊，建筑开始重视和强调人的生活，关心对建筑的真实体验，建立人与建筑、建筑与自然的对话关系，形成了一种新的、综合的功能主义美学。另一方面，建筑的审美增加了新的维度，建筑不再把功能和形式，或空间和视觉的美作为设计的终极参量。功能已经丧失了对建筑形式的绝对制约意义，建筑的时代性、地域性和文化性成为建筑审美欣赏和评价内容之一，而建筑美感的模糊性、复杂性、错乱性、不稳定性和不确定性也拓展了建筑美学研究的新视野。

综上所述，后现代主义住宅表皮具有以下特征：

1）建立在对单一、刻板的现代主义住宅表皮的批判基础上，呈现出多元发展的主要特征；

2）重视表皮内容的装饰性，大量运用装饰性符号，以表征建筑的意义，表皮装饰全面回归；

3）表皮内容、形式和功能的增加使得表皮的厚度从单层皮向多层、复合层转变；

4）表皮不再反映功能，更多的是为了体现意义；

5）强调表皮的多元文化价值和审美价值，住宅表皮的形式意义和范围被扩大，即形式追随多元。

2.6 新世纪——形式追随生态

2.6.1 能源危机后的生态反省

工业革命以来，全球经济空前繁荣，建筑朝机械化、设备化的方向迈进。以廉价化石能源为支撑的空调设备技术使得建筑不管面对地域气候冷暖的巨大差异，还是四季更替的变化，都可以保证室内的舒适要求。玻璃幕墙、空调设备等的大范围运用使得舒适居住空间的营造可以脱离建筑所处的自然环境，依赖能源的消耗而独立存在，整个社会的运行完全基于对各种资源和能源的无节制汲取。在1964年“未来主义建筑宣言”（Conrads U.，1964）中，更鼓励人类建立最浪费的都市形式。他们不断的告诉大家：未来的都市就像一座造船厂，住宅就像一座巨大的机器一样，所有建筑物之间全部用金属步道和高速车道来连接，钢和玻璃所做的电梯就像蛇一样爬满了建筑物表面。甚至还有幻想给都市设计喷射引擎及移动的四肢，以任意走动或飞上火星[1]（图 2-10）。芬兰结构工程师马蒂·苏罗恩（Matti Suuronen）1968 年发明了外形酷似 UFO 的未来住宅（Future House，1968，图 2-11），它重量很轻，能够用直升机带到任何地方，完全采用预制件，方便组装。但其价格却相当昂贵，不是普通民众所能承受，也不适于大批量生产。

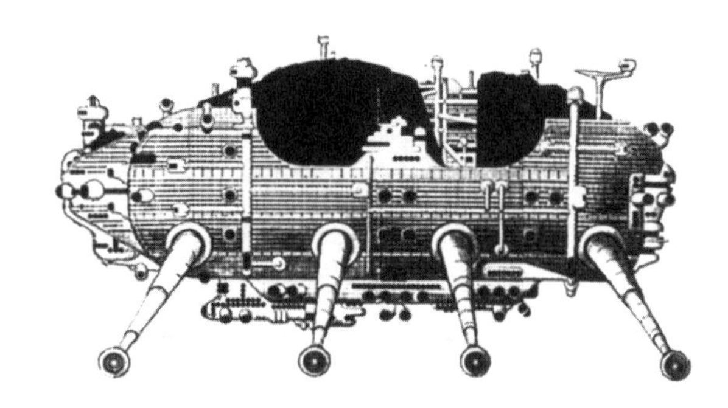

图 2-10　可以自由走动的未来派幻想都市（Ron Herron，1964）

图片来源：Philip Drew，1972. 转引自：林宪德 . 绿色建筑：生态 • 节能 • 减废 • 健康 . 北京：中国建筑工业出版社，2007: 4

图 2-11　未来住宅（Future House，1968）

图片来源：紫图大师图典丛书编辑部 . 世界不朽住宅大图典 . 西安：陕西师范大学出版社，2004:159

20 世纪 70 年代以后，大规模的能源危机爆发，终于使人们意识到了能源效率的问题。能源的恣意消耗下建筑表皮不但失去了适应当地的地域气候的能力，还提高了现代人工环境技术的要求，对更多舒适度的追求使得气候环境日益恶化，环境的恶化又促使人们只有通过大量采用现代化的

---

[1] 林宪德. 绿色建筑：生态• 节能• 减废• 健康 [M]. 北京：中国建筑工业出版社 ,2007.

采暖、通风、空调和照明等系统来满足居住微环境所提出的新的调控要求。以牺牲基本功能为代价的表皮形式，其保温隔热和通风等基本功能在很大程度上依赖于空调设备。盲目的耗费资源和能源投入局部的环境改造往往忽略了环境生态的整体效应，建筑表皮与环境的关系逐渐陷入恶性循环之中。人们要求建筑表皮能够对气候环境的变化做出反应，在最低限度消耗能源的情况下，达到既定的室内舒适度。

2.6.1.1 生态住宅表皮初现

早在20世纪30年代，美国建筑师兼发明家巴克明斯特•富勒（Richard Buckminster Fuller）就曾非常关注人类的发展目标、需求与全球资源、科技的结合，思考如何逐渐减少资源的消耗来满足不断增长的人口的生存需要。富勒第一个提出“少费多用”（more with less）原则，也就是对有限的物质资源进行最充分和最合宜的设计和利用。1927年富勒设计的迪马克西昂住宅（Dymaxion Dwelling Machine，1927，图2-12）是名副其实的“居住的机器”，由富勒1927年研制的可移动式汽车住宅（the Dymaxion House）发展而来的。采用预制构件，重量很轻，便于大批量生产，并且能够在任何地方快速组装。地板是气垫，墙体是透明塑料。顶棚是由电缆拉撑的铝皮，电缆由固定在基础上的中心桅杆引出，而基础是一个密闭良好的化粪池。可以产生沼气能量。此外，门窗也由光电系统操作。迪马克西昂住宅是最早应用于工程构造技术的生态住宅探索之一。

图2–12 迪马克西昂住宅（Dymaxion Dwelling Machine，1927）

图片来源：http://www.flickr.com/photos/wichitahistory

1974年，刚刚经历了第一次能源危机的美国明尼苏达州建造了一栋名为“欧伯罗斯”(Ouroboros[1])的生态住宅(图2-13)。设有太阳能热水系统、风力发电、废弃物及废水再利用系统等生态设计，还采用了植草覆土屋顶、温室、浮力通风等自然诱导式设计。住宅希望如同自食尾巴而长生不死的Ouroboros一样，不需要额外的能源和资源消耗，建立起一套自给自足的生态循环系统，是目前建筑界所推崇的零能耗住宅的原型。

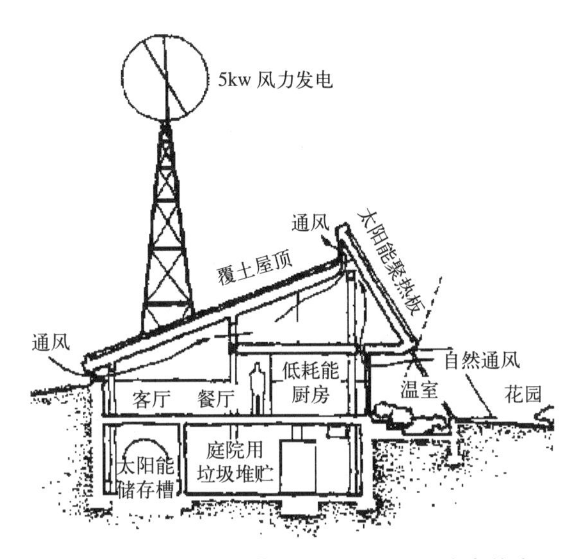

图2-13 美国明尼苏达州Ouroboros生态住宅

图片来源：Steadman P.，1975:146，转引自：林宪德.绿色建筑：生态•节能•减废•健康.北京：中国建筑工业出版社，2007.

自此，住宅表皮不再是作为建筑立面的物质反映或装饰而存在，作为能源获取与利用，以及防止热能消散的主要途径，其物理功能越来越突显，并被提升至主要功能。

2.6.1.2 高技术的生态化与适宜技术的地域性和本土化表现

在发达国家和地区，科学技术的突破与生态意识的觉醒齐头并进。在经历并认识了由于盲目信仰技术而带来的社会、环境、能源与人类生存危机的种种问题以后，西方的技术乐观主义有所降温。从对高技术的盲目推崇开始转变为冷静地看待高新技术对于住宅表皮发展的影响，从带有形式表现色彩的风格化彰显倾向，向更加实效地运用新技术手段解决生态和能

[1] 古西洋神话中有一种名叫欧伯罗斯(Ouroboros)的怪兽，可以吞食自己不停生长的尾巴而长生不死.象征不断改变形式但永不消失的一切物质与精神的统合，也隐喻着毁灭与再生的循环。以Ouroboros命名，顾名思义，就是希望能达到完全与环境共生而自给自足的住宅设计.

源问题转变，强调新技术影响下建造方式与建筑美学转变对生态住宅表皮发展的影响与探索。

对生态的高度关注促使技术化的住宅表皮肩负上了新的目标和任务，希望借助科技力量，实现表皮“皮肤”功能的完善，以节约能源，促进自然资源和生态环境的保护等。同时，高科技被视作一种实现住宅表皮生态化的手段之一，利用高技术来协助并实现人与环境的协调发展，拓展了住宅表皮的创作语言。高技术生态住宅表皮形式表达的是科技美、技术美与生态美、环境美的完美结合。

另一方面，在现代主义建筑机械化、设备化的推进过程中，第三世界国家欠发达地区，本身就无力负担玻璃塔楼里空调所需的巨大能源耗费。基于国情，这些国家和地区的建筑师在进行设计时，不再把高能耗的机械通风和制冷系统作为室内微气候调节的必要手段，而是从生态传统出发，通过对适应当地气候的适宜建筑空间和表皮的积极探索，来达到调控室内微气候的目的。住宅表皮自身的物理功能和生态性能得到了进一步挖掘。

埃及建筑师哈桑• 法赛（Hassan Fathy）从埃及本土出发，致力于为发展中国家的贫民建造住宅，以最低的耗费创造最原生态的环境，以此促进乡村的经济发展和提高居民的生活水平。他坚持建筑设计研究的根本出发点应当是对当地传统建筑设计方法和策略的再发现和提高。法赛认为建筑师必须对周围环境负责,应该充分考虑周围的“环境脉络”[1]。他还指出，由于现代形式和材料的方便性，使得很多建筑放弃了解决当地气候对人体影响的传统设计策略，转而采用一些国际式的建筑设计策略，例如使用大面积玻璃窗，配以钢筋混凝土遮阳构架和遮阳等。虽然这些措施对气候的调节有一定的改进，但当遮阳构架处于阳光暴晒之下时，具有较高热容量的混凝土被慢慢加热后，热量会随着空气的流动传导到建筑室内。因此，法赛重新评价了埃及传统建筑中的很多适应气候的表皮设计策略，如用灰泥代替水泥的土坯表皮、木板帘（Mashrabiya，图 2-14，图 2-15）、捕风窗（malqaf，图 2-16 ~图 2-20）和穹顶等，将其运用到现代住宅设计中去。比如高纳新村、Al-Naseif 住宅（图 2-15）、Androli 住宅等等。从他的大部分设计中我们都可以发现，与现代技术手段相比，这些传统的表皮设计策略往往能够同人体的生物舒适要求相协调，并与生态环境保持协调。

---

[1] H. Fathy. Nature Energy and Vernacular Architecture: Prineiples and examples with reference to hot arid climates [M]. Chicago: The university of Chicago Press, 1986. 法赛认为，所谓“环境脉络”，简单地说，就是围绕着地球上这一个场地周围的一切——包括景观，无论是沙漠、峡谷、山脉、森林、海边还是河边，和覆盖地球上的 7 个地域表面的所有物体和人 .

图 2-14　传统木板帘
图片来源：http://www.trekearth.com/gallery/Middle_East/Saudi_Arabia/East/Makkah/jeddah/photo1004898.htm

图 2-15　哈桑·法赛设计的 Al-Naseif 住宅木板帘
图片来源：http://photo.zhulong.com/renwu/myphoto470_48885.htm

图 2-16　海德拉巴的捕风
图片来源：Prof. em. Dr. rer. nat. Nachtigall, Werner: Bau-Bionik, Springer-Verlag, Berlin, 2003

图 2-17　捕风窗
图片来源：eigene Zeichnung, nach Mc Carthy, Battle: Wind Towers – Detail in Building, Academy Ed., UK, 1999

印度建筑大师查尔斯·柯里亚（Charles Correa）根据印度的气候和建筑现状，对建筑的通风、遮阳和视野做统一的考虑，提出了“形式追随气候”（Form follows climate）的建筑观，成为生态建筑研究史上的经典语录。在印度，柯里亚面临的状况是经济落后、气候条件苛刻，这些促使他在充分考虑经济条件的前提下，通过建筑上的处理来有效地改善建筑的微气候。他认为不能仅从经济角度来看能源危机的危害，更重要的是人类怎么才能做到可持续发展[1]。

---

[1] 汪芳. 外国著名建筑师丛书：查尔斯·柯里亚 [M]. 北京：中国建筑工业出版社，2003.

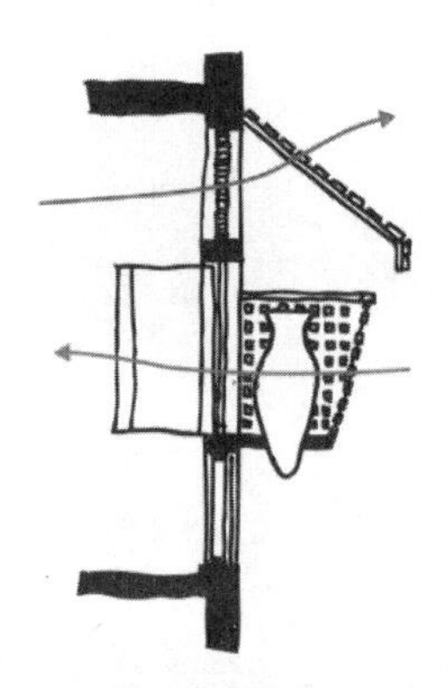

图 2-18　在没有捕风窗的条件下，可以在窗口设置一湿的黏土罐，冷却窗口进来的热空气

图片来源：eigene Zeichnung, nach Konya, Allan: Design primer for hot climates, The Architectural Press Ltd., London 1980

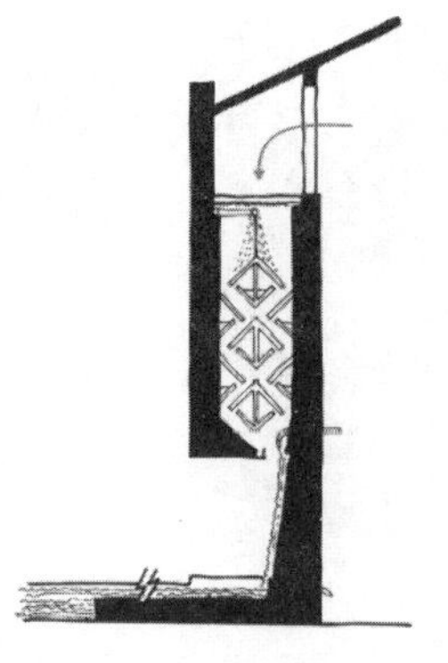

图 2-19　在空气流通过程中借助水体降温空气

图片来源：同上

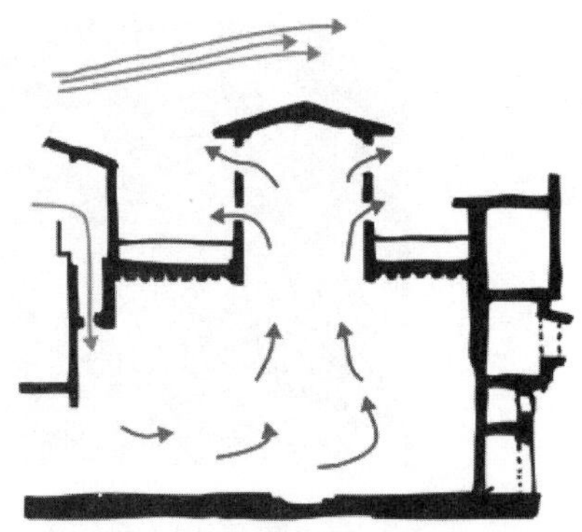

图 2-20　无需借助任何空调设备的冷热空气流通示意

图片来源：eigene Zeichnung, nach Fathy, Hassan: Arch+ Nr.88, Februar 1987

被称为“人民建筑师”的柯里亚把自己大量的精力投入到社会低收入者住宅的建设中，他认为住宅比其他建筑类型更易于受到气候的影响，因为大多数居住者都负担不起办公建筑和其他公共建筑所采用的空调系统。因此，柯里亚从对传统住宅和印度气候的分析入手，发展了一系列适应气候的设计策略。他设计的管式住宅（Tube house，1961-1962，图 2-21）被视作早期生态建筑的经典实例，采用双坡屋面，剖面形成奇妙的通风口，利用“烟囱效应”原理，既能挡住烈日的暴晒，同时又将住宅作为横向的通风口，起到通风的作用，解决了印度当地平均风速、室内通风量不足的问题。空气通过管式住宅被发散加热，然后沿着双坡屋面，向着断开的屋脊散发出去，特别适合炎热干燥气候条件的类型，不需使用空调，有效的节省能源消耗。这种通风设计手法更是成为后来生态建筑设计的常用手法之一。

图 2-21　管式住宅（Tube house，1961–1962）（作者绘）

马来西亚建筑师杨经文（Ken Yeang）长期致力于从生物气候学的角度研究建筑设计，运用被动式低能耗技术与场地气候和气象数据结合，通过住宅表皮形式的塑造、材料的选择等来实现降低能耗，提高生活质量，而不是依靠机械设备来完成。他将建筑看作是环境的过滤器，鲁夫 - 鲁夫住宅（Roof-Roof House，1984，图 2-22，图 2-23）白色的表皮有利于阳光的反射，屋顶是一个类似百叶窗的穹形结构，根据太阳从东到西各季节运动的轨迹，将遮阳格片设计成不同角度，以控制不同季节和时间里阳光的进入量。上下层之间有通风竖井，利用自然风能带走热气，可明显改善居住环境和节省能耗。门廊两端有通风窗，墙上开有可滑动的孔洞，通过调整这些装置而达到调节室内微气候的效果。高层建筑的生态设计更是杨经文的研究重点，MBF 大厦（MBF Tower，1990-1993，图 2-24）是其中高层住宅的典范。局部阶梯退台式楼层和切片状开放的平面形式，给居住空间提供了放大的观景视野，也实现了空气的被动式对流。两层高的大型空中庭院可获得并引导自然通风，阶梯状的绿化单元被布置在住宅的主立面，交通通道引入凉爽的空气，像饰带一样镶嵌在建筑之上，同时降低了交通与住宅部分的热负荷。竖直景观的加入不但美化了住宅表皮，还提供了充足的自然荫翳，营造出生机盎然的居住环境。

图 2-22　鲁夫 - 鲁夫住宅（Roof-Roof House，1984）（作者绘）

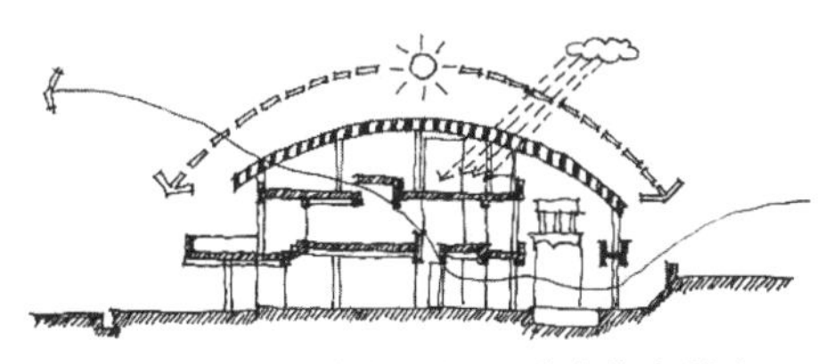

图 2-23　阳光和通风示意（作者绘）

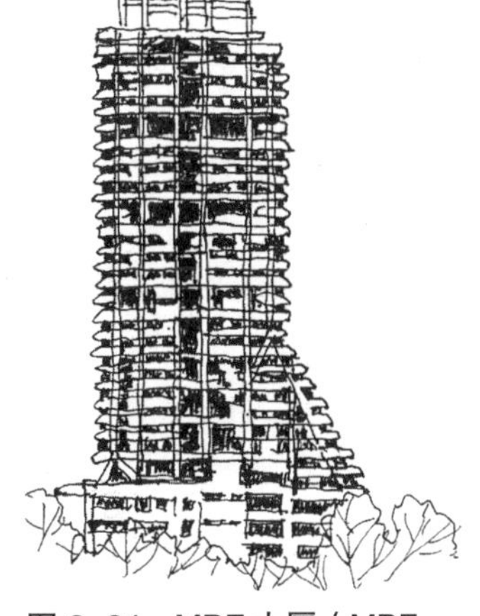

图 2-24　MBF 大厦（MBF Tower，1990-1993）（作者绘）

杨经文常用的生态住宅表皮处理手法是：在住宅表皮设置绿化，结合各种不同深度的凹入空间，使人即使在高层也能接触更多的自然；"双层皮"的外墙，形成复合的空气间层，并常与上下贯通的中庭空间相连，形成自然通风系统，还能起到保温隔热作用；外表皮还可以利用水雾喷淋蒸发降温；在屋顶上设置固定的不同角度的遮阳格片，以控制不同季节的阳光量；屋面设置屋顶花园及游泳池；把交通部分布置在建筑两端遮挡东西日晒。通过上述设施，既可使运转能耗节省 40%，又创造了十分具有生态特色的住宅表皮形式。

第三世界国家欠发达地区，受其基本国情、气候和经济所限，反而在生态住宅的探索上率先找到了一条适应性与可持续性都很强的道路，为发达国家的生态探索提供了思考和启示。其宗旨是采用相对简单的技术手段，寻求最佳设计方法使建筑能直接利用当地的自然资源、解决气候与人体舒适度之间的矛盾。这样，在没有额外“主动式”机电设备支持的条件下，整个住宅表皮系统能够以一种低能耗的方式运营，强调“被动式”系统的经济和能源优越性。

进入 21 世纪生态文明时代，生态和可持续发展成为全球建设的主旨。如何合理利用能源和资源，以满足生态的终极要求，为人类创造更为健康、阳光和绿色的住宅及环境，成为各国住宅建设关注的重点。生态理念在住宅表皮中的引入强化了对高性能、具有较强适应性的表皮系统的持续需求，这使得住宅表皮从固定的单层或复合层系统转变为具有可调节性的多层系统。它如同具有生命力的生物体“皮肤”一样，成为建筑与外界环境进行能量和物质交换的界面，并且具有逐级深入的分形特点和基于这种机制的自我调节和修复能力。住宅表皮的生态化是对生物圈中生物表皮的一种参照与引申。自然界的生物通过表皮与外界交换物质和能量、信息，以维持自身的生态平衡，同时通过表皮来保护自己、隐藏自己，来适应周围的环境。因此，住宅表皮也可以通过人为的设计使其功能具有类似生物体表皮的保护、呼吸、吸收、调节体温等功能，使住宅表皮获得动态的灵活性，以达到保护自然环境和主动适应外界环境、改善人居环境的目的，最终实现整个生物圈的平衡与协调发展。这就要求可调节的住宅表皮在引入环境生态因子后，不能单一地考虑能耗节约这一方面要求，而必须全面衡量表皮在材料、构造以及控制等诸多要素，以及它们之间的协调关系。

2.6.2 表皮材料的革新与回归

生态时代，以节约能源和最大效益地利用可再生资源为目的的革新型、复合型材料的研发和使用，使得住宅表皮从单层向多层、复合层发展，其功能愈加完善的同时，表现力也得到了极大的扩展。住宅表皮材料的革新与研发使得原来单一材料的构筑模式逐步被热工性能优良，适应气候变化的复合式墙体所取代。由半透明热阻材料和蓄热材料复合而成的新型墙体材料 TWD 墙体（图 2-25）与普通外保温墙体相比，不但可以在夏季阻挡太阳辐射，还可以在冬季高效地吸收太阳能，大大地提高了建筑对环境的适应能力。慕尼黑的“现代家庭住宅”样板项目外墙（图 2-26）使用了相变储能材料（PCM），不同于一般的热储能材料，相变储能材料拥有自身存储功能。当环境温度升高时，材料状态产生变化开始存储热能，直到其整体从固体到液体的相位转换过程完成之后温度才会升高。所存储的冷或热能将以延时的形式释放出来，用以平衡温度波动及负荷峰值，对于夏季降温措施来说尤有意义。再如，位于墨尔本的城市住宅（图 2-27），外表面由半透明的印刷聚碳酸酯表皮所包裹，这种表皮材料具有良好的透光性、抗冲击性和耐紫外线辐射等性能，同时还具有优良的热稳定性。还有，位于英国肯特（Kent）的克洛斯卫零碳房（Crossway-Zero Carbon House，图 2-28），采用了加泰罗尼亚传统建筑拱顶的形式，由当地黏土砖制成。颜色和质地与当地盛产的雪松一致，保持了这一地区的乡村符号。还使用了集成的 PVT 系统设计与生物质颗粒锅炉补足热量；MVHR（机械通风和热回收）用于捕捉和分发余热；相变材料（PCM）的热缓冲储存热量，以保持室内居住空间的温度适宜。这些技术大大降低了空调和采暖设备的能源负荷。

图 2–25　德国科堡市太阳能住宅

图片来源：Oberste Baubehörde im Bazerischen Stattsministerium des Innern/ Technische Universität München, Energieeffizientes Planen und Bauen, 2009: 50

图 2–26　慕尼黑"现代家庭住宅"

图片来源：Technische Universität München, Energieeffizientes Planen und Bauen, 2009: 103

图 2–27　墨尔本城市住宅聚碳酸酯绿色外墙

图片来源：'Haus Polygreen', AIT:7/8 2008: 112

图 2–28　克洛斯卫零碳房

图片来源：http://www.jobingco.com/crossway-zero-carbon-house

在革新材料研发的同时，尊重地理气候、地域环境和乡土文化的呼声和越来越成熟的材料加工处理技术也极大地促进了原生态材料以及地方性材料的回归。德国巴伐利亚州就鼓励使用木材做为建材，因其不仅是理想的可再生建材，具有很高的生态平衡价值，还有利于发展可持续的材料循环机制。州政府投资建设了许多木质住宅样板项目（图 2-29），这些住宅还使用了叠加式木顶，木顶下侧不加隔板，用户在住宅里可以体验到木头的结构，亲切环保，充分表明了木材作为建材的生态优势。如图 2-30 所示，慕尼黑两升节能房（Zweiliter-Hauses）住宅表皮采用了具有高保温及密封性能的纤维保温实木材料、三层玻璃、可灵活调节的热回收通风设施，使得该住宅的供暖需求量仅仅为 20（kW•h）/（m^2•a），相当于每平方米居住面积每年的燃油耗油量仅为 2L[1]。

图 2–29　德国木住宅（作者摄）

图 2–30　慕尼黑黎母区两升节能房（作者摄）

由此可见，革新型、复合型材料的研发和使用在显著增强住宅表皮热工性能的同时，也极大地提高了表皮对于自然资源的利用，以及与环境空间的协调，住宅表皮的表现力也得到了扩展。而原生态、地域性材料的回归使用可以增加建筑与基地的联系，强化人们对地域文化和环境的感受，大大降低对高能耗不可循环利用建材的依赖，同时还可以反映出不同地域人们的生活模式和社会意识形态，是生态住宅表皮发展的必然趋势之一。

2.6.3　可调节式遮阳技术及其美学价值

人类所处的环境气候是随四季、朝晚不断变化的，这必然会对住宅表皮的适应性和应变性提出更高的要求。随着建筑节能和太阳能利用意识的增强，可调节式遮阳因其可以根据气候、太阳角度的变化以及使用者的要求自由调节，以满足室内光热环境的需要，因而得到了越来越多的广泛运用，可

[1] Oberste Baubehörde im Bazerischen Stattsministerium des Innern, Technische Universität München, Energieeffizientes Planen und Bauen [Z], 2009: 78.

以综合满足环境适应性、采光控制和热舒适要求，同时其美学潜力也不断得到开发。荷兰阿姆斯特丹的城市住宅（Kavel 37 House in Amsterdam，2000，图 2-31），利用可调节的铁锈色金属穿孔遮阳板，暗示了该区域原来曾经辉煌的工业港历史。半透明状的穿孔板保护住户隐私的同时也使室内外空间建立起某种联系，住宅的使用时间和状态直接影响着街道立面的表情。德国卡塞尔城市住宅（图 2-32）的活动折叠百叶遮阳板由落叶松原木制成，可以通过室内的手柄由住户自由控制，使得整个住宅在不同时段获得多变而生动的立面效果。慕尼黑某住宅（图 2-33）的滑动遮阳板采用与外墙相同的材质和划分，凸显了立面的整体性和节奏感。西班牙沙巴德尔（Sabadell）城市住宅（图 2-34）立面由深色石材、木质板条以及同样材质的木质滑板遮阳构成，窗被掩藏在墙面肌理的秩序之内，随着室内的需要而变换。

由此可以看出，形式多样、材料丰富、造型新颖的可调节遮阳除了其显著的热工效果，同时也因其自由多变的特征而成为住宅立面造型的主要手段之一，对于地域文化的彰显也起到了很大作用。

图 2-31　阿姆斯特丹城市住宅金属穿孔遮阳板

图片来源：in Detail: Building Skins. Birkhäuser, 2006:75

图 2-32　卡塞尔城市住宅折叠百叶遮阳板

图片来源：同上：114

图 2-33　慕尼黑城市住宅移动遮阳（2010 作者摄）

图 2-34　沙巴德尔城市住宅木质滑动遮阳

图片来源：Carles Broto, Innovative apartment buildings, 2007: 229

2.6.4 双层皮系统的扩展和运用

这里的双层皮系统并非特指双层玻璃幕墙系统，而是泛指具有立体空间特质的双层立面系统。同普通外墙相比，双层皮系统在天然采光、自然通风和节能、降噪等性能方面有相当的优势和发展潜力，受到了越来越多的青睐，尤其是在许多办公建筑中得到成功运用。在住宅领域，利用其双层结构的基本原理和被动手段也获得了许多扩展和运用，为住宅表皮系统的设计提供了一种新类型。例如阳台和外廊的设置，可以取得放大的双层皮效果，除了其良好的遮阳效果以外，还可以利用外廊及构造细部形成风压差，从而引导气流的运动方向，促进室内自然通风。

建筑师赫尔佐格 / 德默龙 (Herzog / de Meuron) 在巴黎设计的城市住宅 (图 2-35)，外廊附有一层金属穿孔折叠板，当金属板完全关闭时，整个玻璃立面被封闭在呈半透明状的穿孔板后面，用户可以根据室内光热需要进行自由调节,使得整个住宅立面生动而和谐。奥地利因斯布鲁克 (Innsbruck) 的节能住宅（2000）（图 2-36），住宅表皮外圈环绕一层布满绿锈的活动金属铜板，大进深加环外廊的设计可以形成对通风有利的风洞效应，廊式空间的延续性对室外气流有汇集和引导作用，同时由于其遮阳效果所形成的风凉区又可以降低室外的空气温度，从而有效的改善了室内的热舒适效果。西班牙沙巴德尔（Sabadell）的城市住宅（图 2-37）南向外廊配以活动木帘进行遮阳，形成温度缓冲区，另外木帘不同的开启方式可以获得不同的采光和通风效果，木制界面的亲和也同时唤起了这一地区传统院落的集体记忆。这种放大的双层立面效果可以有效的利用双层皮的基本原理提高住宅的气候适应能力，控制经济成本，减少不可再生能源的消耗，具有很高的实践价值。

图 2-35 外廊金属穿孔折叠板

图片来源：Carles Broto, Innovative public housing, Gingko, 2005:108

图 2–36 奥地利因斯布鲁克节能住宅外廊

图片来源：Christain Schittich (Ed.). in Detail: Building Skins. Edition DETAIL. Birkhäuser, Basel, 2006: 120

图 2–37 沙巴德尔城市住宅外廊遮阳木帘及其不同开启方式

图片来源：Carles Broto, Innovative apartment buildings, 2007: 505

2.6.5 可再生能源的开发和利用对住宅表皮形式的影响

可再生能源（renewable energy resources），指在自然界中可以不断再生并有规律地得到补充或重复利用的能源。例如太阳能、风能、水能、生物质能、潮汐能、地热能等。能源危机以后，对可再生能源的有效利用越来越受到重视。早在 1976 年，诺玛•斯库尔卡（Norma Skurka）和约翰•耐尔（Jon Naar）就完成了《为有限的星球而设计》（Design for a Limited Planet）一书，总结回顾了各种使用替代能源的住宅。进入 21 世纪，对可再生能源的进一步开发和利用，以及结合住宅表皮的一体化设计更是成为影响生态住宅表皮形式的主要因素之一。

西方发达国家的太阳能建筑已经发展了将近半个世纪，逐步形成了一套成熟的太阳能利用系统，创新的太阳能材料和技术使得建筑表皮同时得到了能源和美学意义上的整合发展。对于住宅建筑而言，从建筑整体出发开发和利用太阳能意味着把传统的建筑围护结构从损失能量转换为吸收能量，并且实现住宅内部空间与外部环境的气候适应。建于瑞典马尔默西部旧工业码头区的“明日之城”（Bo01），是瑞典第一个零碳社区，也是目前世界上最大的 100% 使用可再生能源的城市住区。整个住区的能源需求完全由可再生能源满足，小区用电 99% 依靠风力发电；供热则主要依靠太阳能和地源热泵，展现了现代城市如何实现低能耗、低排放且宜居的生活方式（图 2-38）。

图 2–38　瑞典马尔默“明日之城”住区实景

图片来源：Jon Andersson．City of Tomorrow．Project MEELS – IEA，2003: 2

荷兰阿默斯福特（Amersfoort）的太阳能住宅区采用了多种太阳能收集形式，住宅屋顶和墙面覆盖有 $2832m^2$ 的太阳能光电板，依靠阳光可以产生 215000（kW•h）/a 的电量[1]。住宅通过自身的太阳能系统不但可以获得自身所需的能源，而且多余的能源甚至可以转入市政能源网中，体现出极大的经济和能源优势（图 2-39）。再有英国最大的零碳住区切尔斯特 Graylingwell Park 社区，利用太阳能光伏板和热电联产系统实现二氧化碳零排放，燃气热电联产设备不仅提供大部分的暖气和热水供应，而且能够将剩余电量能输送到城市电网或邻近的地块（图 2-40）。伦敦南部的贝丁顿生态节能住宅（图 2-41），运用了雨水收集系统、自然通风系统以及太阳能利用系统等多项可再生能源利用技术。还有曾获得住宅设计展望未来奖的英国彭林（Penryn）朱比利码头社区（图 2-42）等，这些住宅都完美的将太阳能、风能和地热能等可再生能源利用技术与住宅表皮相融合，充分发挥其能源利用价值的同时，展现出住宅表皮的极具能源价值的现代美

---

[1] Christoph Gunsser．Energiesparsiedlungen, Konzepte- Techniken- Realisierte Beispiele [M]. München：Verlag Georg D.W．Callwey, 2000.

学观，预示了未来生态住宅表皮的发展方向。

图 2-39　荷兰阿默斯福特住区

图片来源：C. Gunsser. Energiesparsiedl-ungen, Konzepte- Techniken-Realisierte Beispiele, 2000:95

图 2-40　英国切尔斯特 Graylingwell Park 社区

图片来源：http://www.calfordseaden.co.uk/news/300/Graylingwell-Park-Wins-Sustainable-Housing-Award

图 2-41　伦敦贝丁顿生态节能住宅屋顶太阳能和通风系统

图片来源：Hegger, etc.. Energy Manual: Sustainable Architecture. Edition Detail, 2008:252

图 2-42　英国彭林生态小区

图片来源：Zedfactory. Practiceprofile, 21 Sandmartin Way, Wallington, Surrey, 2010:2

2.6.6　典型实例分析

帕里克住宅（Parekh house，1966-1968）是印度建筑师柯里亚继管式住宅之后，针对气候进行设计的又一力作，充分反映对气候环境的思考。为了减少住宅表皮的阳光直射，南北立面大部分面积采用厚重的墙体，而在东西立面上开很大的窗洞，解决采光问题。阳台所形成的有阴影的半室外空间为干热地区提供了良好的活动空间，也成为室内外气候调节的缓冲区。针对不同季节气候选用不同的居住使用空间，从而改变了不同季节时的住宅表皮的位置和面积，使住宅对印度夏热冬冷的地区气候产生了动态的适应性。夏季住宅剖面呈金字塔形，既加强了室内通风的“烟囱效应”，又使居住使用空间与室外热空气保持最小的表皮接触面积，减少了住宅表皮的外接触面，而屋顶上覆的遮阳格架也减少了太阳辐射对室内环境的影响。相反，冬季住宅的剖面呈倒金字塔，最大限度地扩大了住宅表皮对太阳辐射的直接受热面积。（表 2-19）

帕里克住宅（Parekh house，1966-1968）（作者绘） 表 2-19

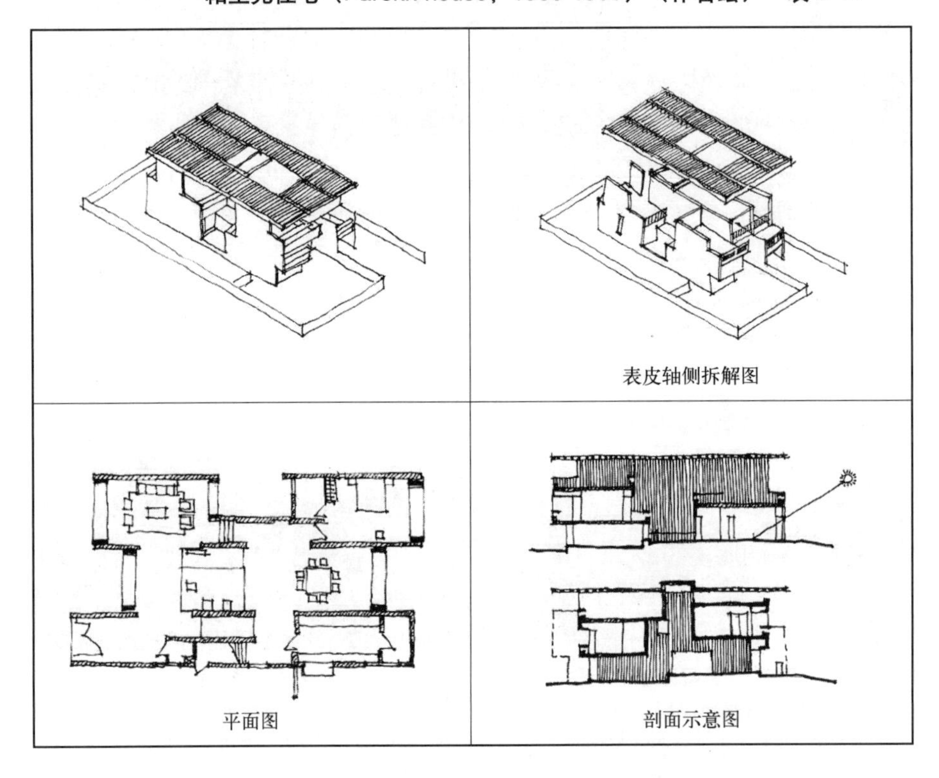

1992 年，日本大阪煤气公司（Osaka Gas Company）建造的“21 世纪试验楼”（NEXT21）是高科技生态住宅的一个尝试。对于 NEXT21 来说，一个重要的任务就是利用先进的节能技术，在不消耗更多能量的情况下让生活变得更加舒适。可以通过更加有效的利用自然资源与能量达到目标。为了实现能源的高效利用和生活的舒适性，引进开发了 106 种住宅设备和新技术，并进行了使用测试评价。根据评价结果，其中，24 小时换气空调系统、自动清洗浴盆系统及遥控淋浴系统等 36 种设备和技术实现了商品化[1]。住宅表皮的生态技术性体现在：1）太阳能利用。

[1] 王宝刚．日本高科技城市生态节能住宅实验——以日本大阪市未来型实验住宅 NEXT21 为例 [J]．建设科技，2007,10:49.

通过住宅底层设备层的专门设备，将屋顶太阳能装置收集的热能转换成电能，向全楼提供照明、热水、采暖等用电。2）墙体保温隔热。外墙采用新型隔热板（铝合金）提高外墙保温隔热效果，降低室内温控能耗。（表 2-20）

"21世纪试验楼"（NEXT21，1992）（作者绘）　　表2-20

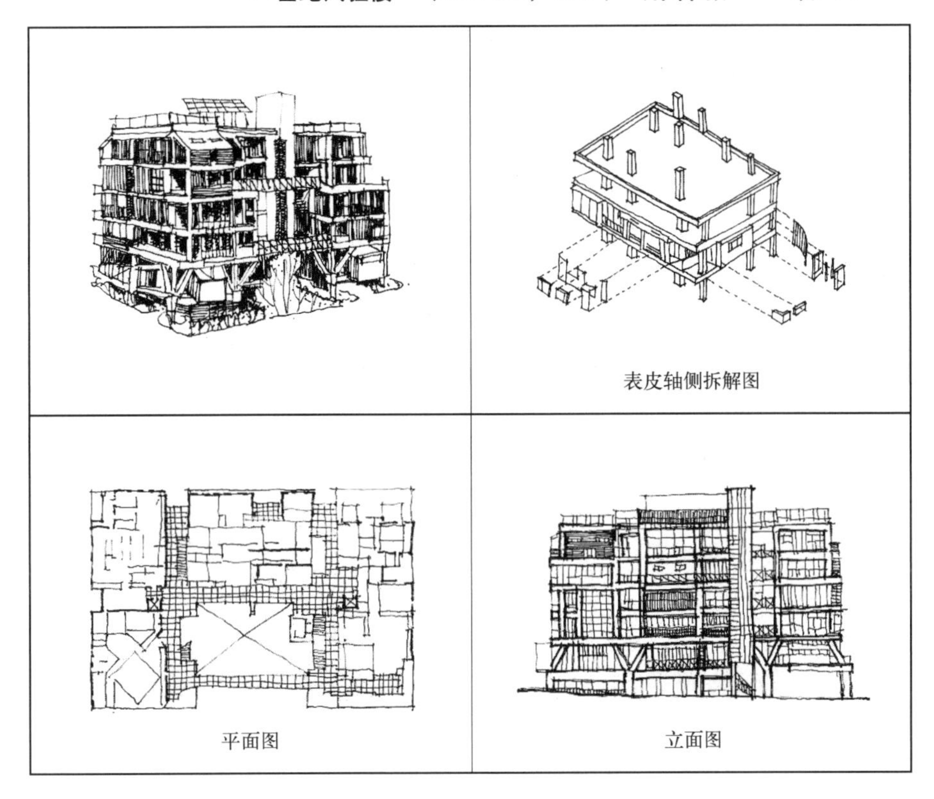

德国建筑师洛夫• 迪西（Rolf Disch）在弗赖堡设计的向日葵住宅（Heliotrope，1994）是世界上第一栋"正能源"（positive energy）建筑，即房屋创造的能源大于其所消耗的全部能源，开拓了太阳能住宅的一个新纪元。整栋住宅借鉴了向日葵的趋光性原理，可以跟随太阳的轨迹旋转 360° ，应对室外气候的变化。屋顶上的"太阳帆"（solar sail）由可独立旋转的巨大光伏板构成，可以产生所需量 5 倍之多的居住电力需求。围绕住宅表皮的阳台栏杆，同样是由太阳能集热管组成，可以提供热水，同样可以太阳照射角度调整方向、位置，地面还配备了地热转换器。整个住宅表皮就像是一个精密配置的太阳能收集器，并且可以根据环境变化做出应对反应，将表皮的生态技术化发挥到了极致。（表 2-21）

向日葵住宅（Heliotrope，1994）（作者绘） 表2-21

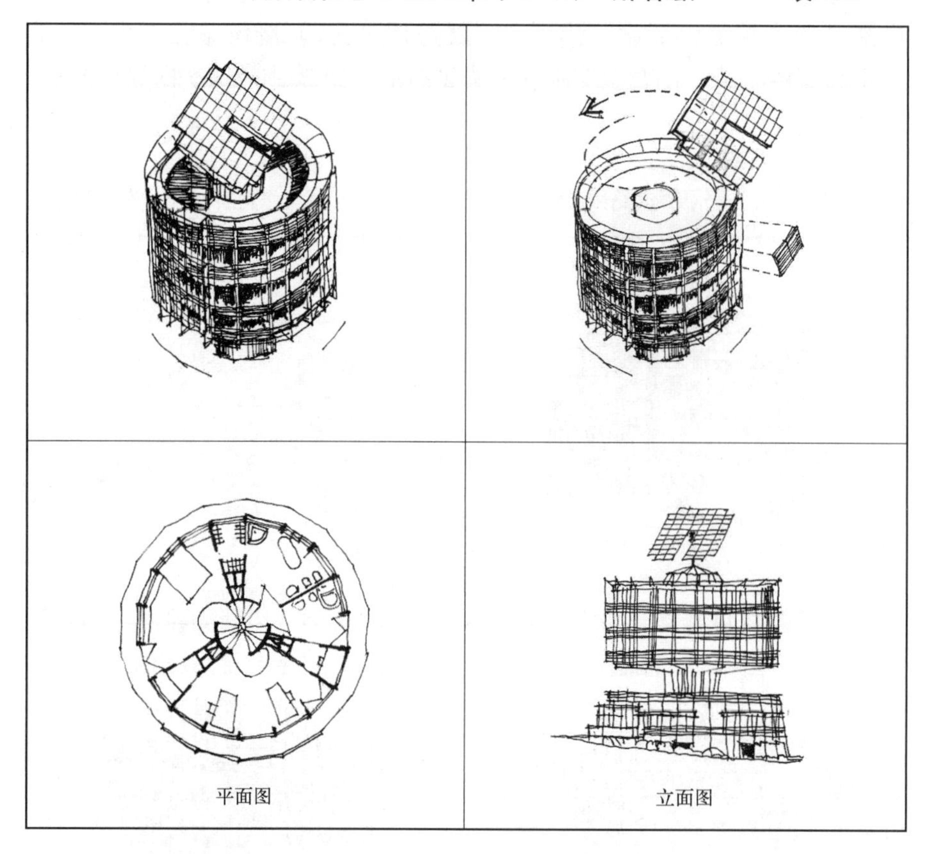

Baumschlager & Eberle 事务所设计的位于奥地利因斯布鲁克（Innsbruck）的生态节能住宅（Lohbach Residences，2000），高度紧凑的集中式布局有效地减少了住宅体表面积；绝缘墙体和三层玻璃窗的采用最大限度地减少了表皮的热损失；表皮四周设有一圈环廊，并设有折叠金属遮阳板，形成双层皮效果；遮阳板的随机性开合赋予了立面手风琴节奏般的生动表情；磨砂玻璃栏板可保护私密性并增加采光率；大进深加环外廊的设计可以形成对通风有利的风洞效应，并对室外气流有汇集和引导作用，可有效改善室内的热舒适效果；每间公寓都配备一个紧凑型热回收通风装置，以及为空气加热和热水锅炉的小型热泵。中庭覆玻璃顶利于引导采光通风；屋顶设有太阳能光伏、光电板，每年可提供 70% 的热水需求，在冬季，太阳能还可被用来预热进入通风系统新鲜空气；屋顶雨水利用系统收集到的雨水可用于冲洗厕所，占每年生活用水需求量的一半以上。住宅表皮所采取的这些生态措施使得该住宅在不增加住宅建设成本的前提下比当地普通住宅更加节能，并能有效减少二氧化碳排放量。（表 2-22）

因斯布鲁克生态节能住宅（Lohbach Residences，2000）（作者绘） 表2-22

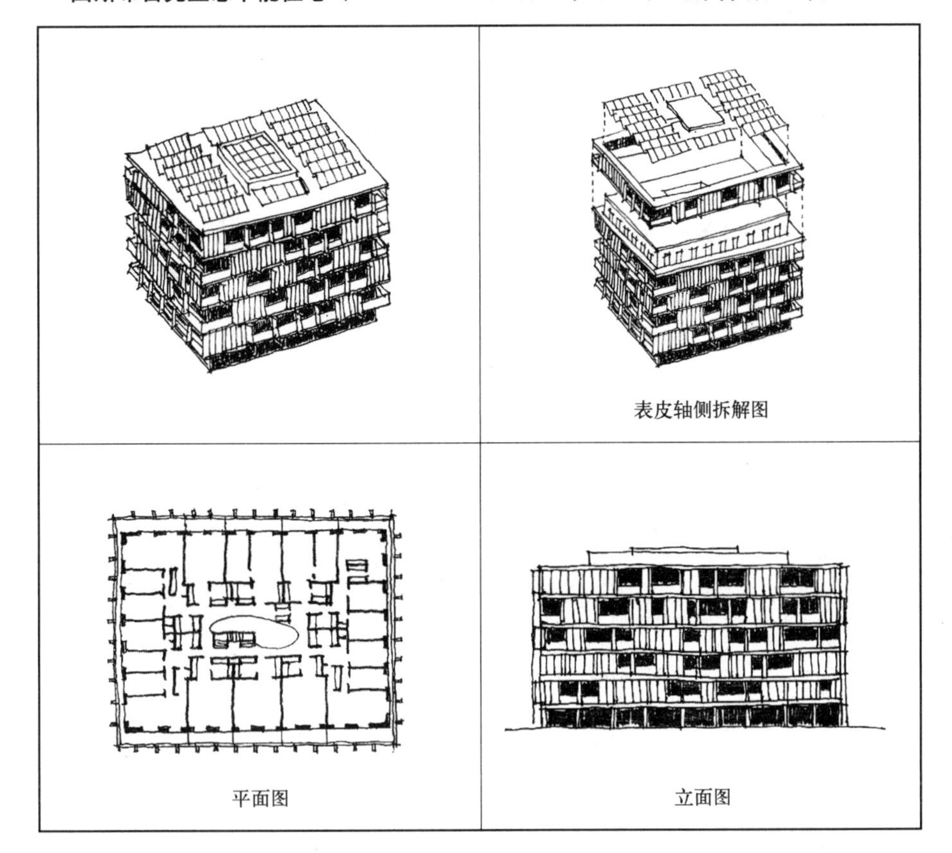

由英国著名的生态建筑设计事务所 ZEDfactory 设计的英国北安普顿住宅发展计划中的 D1 基地住宅（Upton Site D1, Northampton Housing Development，2007），该项目开始之初就被视作英国政府推出的可持续住宅守则（the Code for Sustainable Homes , CfSH）的示范项目，可作为新建住宅的一种参考模式。为减少住宅表皮的热损失，屋顶、外墙和楼板都采用 300mm 厚的超级绝热外保温层；窗户选用内充氩气的三层玻璃窗；窗框采用木材以减少热传导。每户朝南的玻璃阳光房是其重要的温度调节器：冬天，阳光房吸收了大量的太阳热量来提高室内温度；而夏天将阳光房打开变成敞开式阳台，利于散热。采用自然通风系统将通风能耗最小化。风力驱动的换热器可随风向的改变而转动，一边排出室内的污浊空气，一边利用废气中的热量来预热室外寒冷的新鲜空气。在此热交换过程中，70% 的通风热损失得以挽回。屋顶设有小型风力发电设备，利用风能与风对流的中央空调设计，营造舒适的自然通风环境，可源源不断地将新鲜空气导入到每个房间。还设有太阳能光电和光伏设备等，最大限度地利用可再生

能源，将住宅表皮的生态效用发挥得淋漓尽致。（表 2-23）

北安普顿住宅（Upton Site D1, Northampton Housing Development，2007）（作者绘） **表2-23**

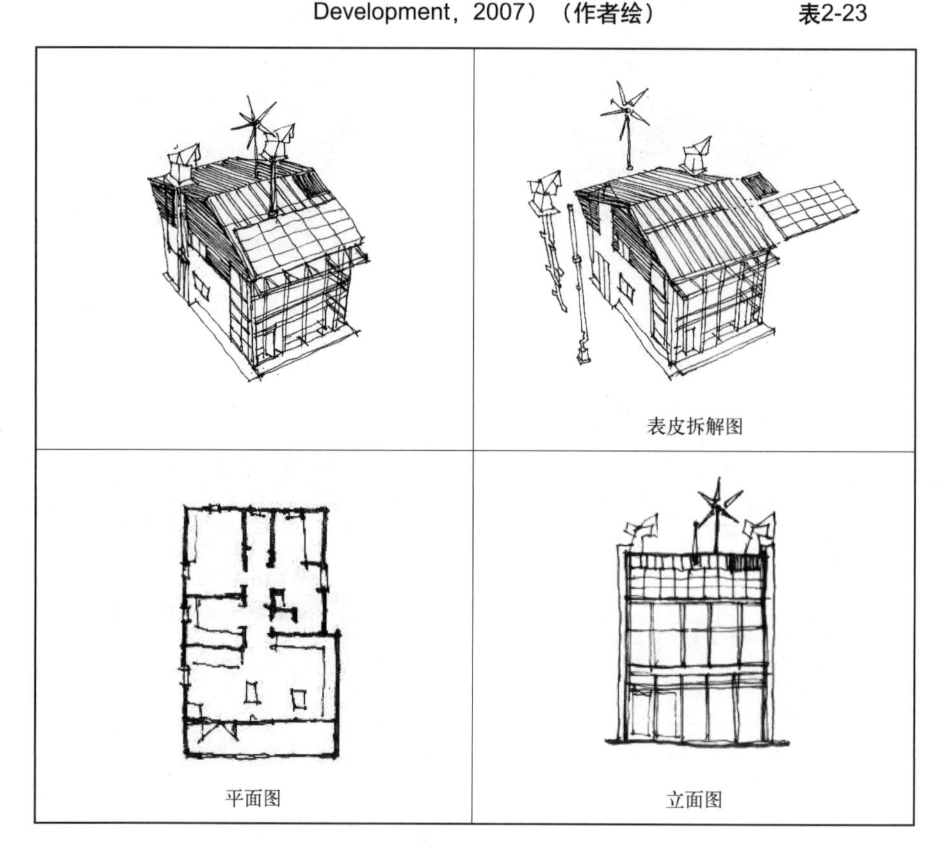

表皮拆解图

平面图

立面图

2.6.7 新世纪住宅表皮的特征

经历了能源危机以后的生态反省，进入 21 世纪全球推崇可持续发展时期，随着自然环境危机对人类的警示，面临人类日益提高的生活质量要求和复杂的生态环境问题，一种新的生态价值观正逐渐成为规范我们社会行为的指导原则，一方面受到当代全球性生态运动的影响，另一方面受到修复极度恶化的环境的使命感的感召，当代建筑师开始把人与自然共生的生态意识当成一种普遍的设计准则，生态思维逐步进入建筑领域。生态美学的适时介入促成了建筑审美向生态美转变。生态思想成为建筑美的评判标准之一，生态的建筑审美观由此形成，并将成为未来建筑审美的主要倾向。建筑观念的生态变革必然导致建筑形式的发展进入一个新的历史时期，即“形式追随生态”的趋势已经形成。

住宅表皮从原始时期为了生存而形成的原始遮蔽物，由薄到厚，再到薄，再到厚，发展到现在可持续思想指导下，为了子孙后代能够更好地生存的生态表皮，产生了物质上和观念上的质变，经历一个否定之否定的螺旋上升过程。新世纪的生态节能住宅表皮系统的发展已经从单项技术和产品的运用逐渐走向集成的技术系统，新能源、新材料，以及生物工程等高新技术仍然占有相当重要的地位，而原生态、地方性材料和适应性技术的回归和运用也已成为发展的趋势之一。另外，可调节式技术处理手段也受到越来越多的重视，可以通过表皮外部活动构件构造变化实现诸如合理遮阳、引入阳光、组织通风、加热或冷却空气等一系列截然不同的目的，这种可调节性为住宅表皮提供了以最少能耗实现最佳舒适度的最大可能性。与此同时，对可再生能源的有效利用也成为住宅表皮的主要任务之一，太阳能利用与住宅建筑已经逐渐摆脱两套系统各自为政的局面，整体性一体化的技术日趋成熟。

总结起来新世纪的住宅表皮具有以下特征：

1）新型材料的研发使用为表皮形式提供了更多的可能性，材料物理性能和生态性能的提升，使得材料数量和体积得到大幅节约，住宅表皮也因此实现了由厚到薄的再次转变；

2）原生态、地方性环保材料得到重新的认可和回归，注重住宅建筑与周边环境、文化协调的双重效应；

3）强调表皮的应变性能，采用可调节措施和技术，提高住宅表皮应对气候和环境的适应和调节能力；

4）双层皮的推广和运用使表皮自身的空间概念被强调，表皮的空间厚度增加，由二维的材料厚度向三维的立体构造厚度转变，由此产生的缓冲空间成为住宅微气候的控制和调节利器；

5）注重可再生能源的利用与住宅表皮的一体化设计，开发能源利用设备的美学潜力，将能源价值与生态价值、美学价值有机融合；

6）技术和材料的多样化选择，以及表皮成为信息和文化的表征形式，使得住宅表皮形式呈现出个性化、信息化、集成化和多元化特点；

7）生态成为表皮形式的主要设计条件、影响因素以及评判标准，即“形式追随生态”的趋势已经形成。

2.7 小结

住宅表皮形式的历史发展及其特征（作者制） **表2-24**

时间	发展模式	表皮形式	人与自然的关系	审美倾向	厚度	住宅表皮特征
原始社会	渔猎生产 农耕生产	形式追随生存	屈从于自然	原始性自然美	薄	1）住宅表皮的坚固性和安全性是建筑的出发点和重点； 2）就地取材，突出反映其所处环境的地域性特征； 3）被动式的能源平衡模式，合理引导和利用自然资源； 4）住宅表皮的审美价值还未被开发，反映材料真实的自然美； 5）表皮形式是对生存需要的直接回应
古建时期	农业生产 手工业生产	形式追随秩序	与自然抗衡	古典美	由薄到厚	1）表皮作为结构的附属而存在，表现结构的逻辑； 2）传统手工艺生产，顺应材料特性，体现材料本身的质感和纹理； 3）受结构和材料所限，以及防护要求，对外多封闭、厚重，开口小；对内开敞； 4）表皮厚度增加，热工和防护性能极大提高； 5）表皮形式是社会价值体系的直接体现，强调对权利、等级、伦理、尊卑的敬畏，严格遵循古典比例、尺度和规制
现代主义	大工业机械化生产	形式追随功能	征服、改造自然	技术美 功能美 机械美	由厚到薄	1）表皮获得解放，独立于结构，却依然附属并服务于空间； 2）工业化大生产痕迹，表皮具有均质性和可复制性，讲求效率，为更多的人服务； 3）新材料、新技术的运用和表现，表皮实现由封闭到透明、半透明，由厚到薄的转变； 4）表皮作为“皮肤”应该具有的生态价值和能源价值未获重视； 5）反对装饰的审美立场； 6）表皮形式反映居住使用功能，以及表皮自身承担功能的诚实表达

续表

时间	发展模式	表皮形式	人与自然的关系	审美倾向	厚度	住宅表皮特征
后现代	多元化发展	形式追随多元	自然的报复（生态危机、能源危机）	多元化的美	由薄到厚	1）批判与多元化； 2）装饰的回归； 3）强调表皮的多元文化价值和审美价值，住宅表皮的形式意义和范围被扩大； 4）表皮不再反映功能，而是为了体现意义； 5）表皮美感的模糊性、复杂性和不确定性开拓了建筑美学的新视野； 6）表皮从单层向多层、复合层转变
新世纪	可持续发展	形式追随生态	人与自然和谐相处	生态美	亦薄亦厚	1）新型材料的研发使用提升表皮的物理性能和生态性能； 2）原生态、地方性环保材料的回归； 3）强调表皮的应变性能，采用可调节措施和技术，提高住宅表皮应对气候和环境的适应和调节能力； 4）双层皮的推广和运用使表皮自身的空间概念被强调，由此产生的缓冲空间成为住宅微气候的控制和调节利器； 5）注重可再生能源的利用与住宅表皮的一体化设计，开发能源利用设备的美学潜力，将能源价值与生态价值、美学价值有机融合； 6）技术和材料的多样化选择，以及表皮成为信息和文化的表征形式，使得住宅表皮形式呈现出个性化、信息化、集成化和多元化特点； 7）生态成为表皮形式的主要设计条件、影响因素以及评判标准，即形式追随生态

3　求善——当代生态住宅表皮形式与功能的完善

生态住宅是住宅建筑由传统高消耗发展模式转向高效节能及环境友好型发展模式的必由之路，也是21世纪全球住宅的发展趋势。住宅表皮作为住宅应对气候和环境最直接、最关键的部分，其物理和生态性能直接影响着住宅整体的生态性能。

本章运用类型学方法，将住宅表皮按其所处的位置不同，分为墙体、门窗、屋顶、阳台及外廊等4个部分，针对生态住宅表皮的基本要求，分别对应住宅表皮的不同功能属性及其作用，从保温隔热、采光、通风、遮阳、能源利用，以及对住宅造型的影响等6个方面来分析解读完善当代生态住宅表皮形式与功能的设计方法和技术措施，由此提出了实现住宅表皮生态化的20条策略，以期为我国未来的生态住宅建设提供一些有价值的参考和启示。

实现住宅表皮生态化的20条策略（作者制）　　表3-1

住宅表皮	设计策略	保温隔热	采光	通风	遮阳	能源利用	造型影响
外墙	1. 保温隔热措施	●	—	⊙	⊙	⊙	⊙
	2. 外墙遮阳	●	—	⊙	●	⊙	●
	3. 革新材料的使用，提高墙体物理性能	●	⊙	⊙	●	●	●
	4. 原生态、地方性材料的回归	●	⊙	⊙	⊙	⊙	●
	5. 太阳能利用（主、被动）	●	●	⊙	●	●	●
外窗	6. 适宜的开窗位置、形状和开窗面积	●	●	●	●	●	●
	7. 提高门窗保温、隔热和密封性能	●	●	⊙	⊙	●	⊙
	8. 强调可调节式外遮阳的运用	●	●	●	●	●	●
	9. 合理利用自然采光	●	●	⊙	●	●	●
	10. 有组织通风以及热回收	⊙	⊙	●	⊙	●	●
屋顶	11. 保温隔热与防水	●	⊙	⊙	⊙	●	⊙
	12. 屋顶通风	●	⊙	●	●	●	●
	13. 种植、蓄水屋面	●	—	—	●	●	●

续表

住宅表皮	设计策略	保温隔热	采光	通风	遮阳	能源利用	造型影响
屋顶	14. 太阳能利用	●	●	●	●	●	●
	15. 雨水回收利用	—	—	—	—	●	⊙
阳台、外廊及空调板	16. 太阳能利用（主动）	●	●	●	●	●	●
	17. 充分发挥微气候调节作用（被动）	●	●	●	●	●	●
	18. 空间的外延	⊙	●	●	●	●	●
	19. 空调板的合理设置	⊙	⊙	⊙	⊙	⊙	●
	20. 充分发挥其形式要素功能	⊙	●	●	●	●	●

注：●关系紧密；⊙相关；—无关

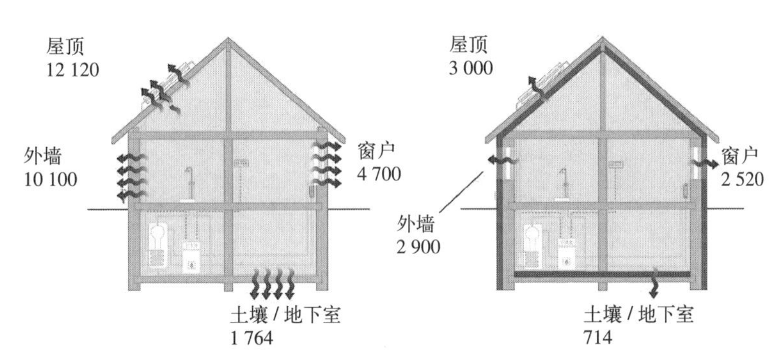

图 3–1　没有保温隔热层的情况下每年的热量损失（左）和有保温隔热层的情况下每年的热量损失（右）　单位：W/（m^2·K）

数据来源：dena 德国能源署、中华人民共和国建设部建筑节能中心．中国建筑节能手册．2007: 44

3.1　外墙设计策略

外墙是住宅表皮的主体，即主要构成部分，占住宅表皮的绝大部分实体面积，因此，外墙的热工性能和生态性能直接影响到住宅表皮整体的生态性能。

3.1.1　保温隔热措施（1）

外墙的保温隔热是住宅表皮节能的核心。保温隔热的主要功能是在夏天减少热量的导入，以及在冬天减少热能损失。外墙的保温隔热性能直接影响到整个住宅的耗热量，提高墙体的保温隔热性能，能够最直接地减少维持室内舒适温度的能源消耗。保温隔热的基本作用原理是根据室内需求和室外自然环境情况来调控墙体热阻，控制外墙的导热系数。通常的途径是采用导热系数小、低放射性的绝缘材料，以减少辐射造成的热能损失，外表面则通常以高反射表面来反射热辐射。传统的用重质单一材料增加墙体厚度来达到保温的做法已不能适应当前住宅建筑造型及生态节能和环保的要求，而复合墙体越来越成为墙体的主流。

1）分类：当前保温构造的类型根据地区气候特点及房间使用性质，可分为多种保温构造方案，比如：保温与承重相结合的墙体自保温（对墙体材料要求高）；单设保温层（外保温、内保温或夹芯保温）；封闭空气间层保温；利用实体保温层、空气间层等多重复合方法的混合型构造保温等（图3-2）。其中，单设保温层，可以充分发挥出轻质保温材料的绝热性能和结构材料的强度，并且施工比较方便，是当前住宅建筑中应用最多的保温构造类型。单设保温层的构造可以根据保温层设置位置的不同分为外墙外保温、外墙内保温以及夹芯保温等，保温层所在位置不同，直接导致室内温度及舒适度的不同（表3-2）。

蒸压加气混凝土自保温

瑞士库尔私人住宅（Chur，2003）

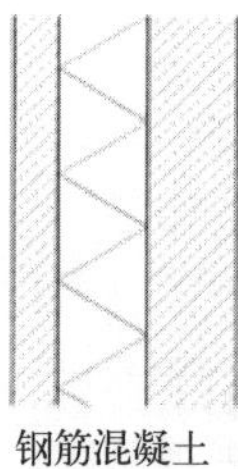

钢筋混凝土
保温夹芯层
钢筋混凝土

德国梅舍德住宅（Meschede，2001）

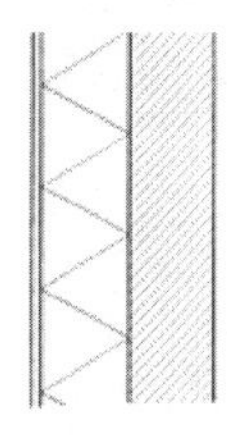

复合外保温
系统
砌石墙

德国茨维布吕肯私人住宅（Zweilbrücken，2006）

涂料
木结构
内保温
石膏板

德国康斯坦茨私人住宅内保温改造（Constance，2003）

图3–2　住宅墙体保温示例

图片来源：Hegger, Fuchs, Stark, Zeumer．Energy Manual: Sustainable Architecture．Edition Detail, Birkhäuser．Basel, Boston, Berlin, 2008:89.

保温层设置不同位置时室内温度及舒适度变化（作者制）　　表3-2

	无保温	外保温	内保温	夹芯保温
保温形式				
温度波动示意图	室外 室内	室外 室内	室外 室内	室外 室内
室内温度变化	大	小	小	小
室内舒适度	不舒适	舒适	舒适性受室温变动影响	舒适
内墙面结露可能	易结露	可能性很小	易结露	可能性较小
热桥可能	热桥问题严重	避免热桥	局部热桥（内外墙交接处需加设楔子，以避免热桥）	避免热桥

目前国内较多采用的是外墙外保温，外保温的优越性体现在：(1) 绝热材料层复合在建筑物外墙的外侧，并覆以保护层，使得建筑物的整个外墙表面都被保温层所覆盖，可以有效抑制外墙与室外环境的热交换，避免热桥的产生，在采用同样厚度的保温材料条件下，比内保温的热损失减少约 1/5；(2) 外保温更有利于住宅室内的热稳定和热舒适，因而更有利于节约能源；(3) 由于采用外保温，结构主体墙受到保护，避免了因室外气候不断变化而引起的主体墙较大的温度波动，有利于延长建筑寿命；(4) 增加房屋使用面积；(5) 更有利于室内装修和已有建筑的保温改造。因此综合来看，外保温具有更多的优越性，既能明显改善室内舒适性，又有良好的节能效果和综合经济效益，是效果更加良好的保温方式，具有很好的应用前景。

以上海为例，由于冬季气温高于北方寒冷地区，住宅外墙采用夹心墙的比较少，单排孔小型砌块墙体已被限制使用，而双排孔、三排孔砌块孔洞厚度较小，在孔洞中放置保温材料作用不大，故上海地区住宅外墙复合保温的主要措施是外保温和内保温，并以外保温为主。

2）外墙外保温系统（EIFS）：欧美发达国家的建筑节能工作开展得比较早，长期以来普遍认为在实行建筑节能的各项措施中，保温隔热是其中最主要的节能环节，新建住宅全部要求必须采取相应的保温隔热措施，其中外墙外保温为主要方式。建筑师必须按国家相关规定进行设计和选用材料，对人体和生态环境产生不良影响的材料被严格禁止使用。外墙外保温装饰系统（EIFS，即 Exterior Insulation and Finish System）技术与应用起源于 20 世纪 50 年代的德国，在欧洲被称为外墙外保温复合系统（ETICS，即 Exterior Thermal Insulation Composite System），随后这一技术被引入北美，得到迅速的发展和推广。20 世纪 70 年代石油危机以后，EIFS 保温系统开始在德国建筑市场大规模使用，并形成了一整套不断完善的建筑标准，1977 年约 3/4 的房屋根据第一代节能规范进行节能改造。从 1973 ~ 2004 年，德国有大约 6.5 亿 m^2 的外墙使用了 EIFS 技术，每年节约的能量相当于约 100 万 t 燃料油所产生的能量。根据德国保温协会（WDVS）的统计，EIFS 保温投入的资金一般通过 4 ~ 7 年可以得到偿还。在保温材料的使用上，膨胀型聚苯板（EPS）几乎占据 80% 以上的市场，挤塑型聚苯板（XPS）主要用于底层来提高抗冲击强度，占 2.8%。超过 22m 的建筑物根据防火要求采用岩棉作保温层，占 14% 左右。聚氨酯（PU）及其他保温材料仅占 0.5% 左右。从德国的使用经验来看，EIFS 的耐久性不仅取决于所使用的材料，同时还取决于专业的施工和维护。另外，EIFS 是一个系统，各个组成单元之间如绝热板、粘结和保护层砂浆、玻纤网、饰面层等应相互匹配，才能使整个系统达到最高的可靠性。德国多年的实践证明 EIFS 系统的使用寿命平均可达 30 年以上。其中保温板厚度的确定经过长期的研究和测算得出，在德国经济性能比最佳的保温板厚度为 20cm[1]。而我国在实施节能 50% 的地区外保温体系 EPS 的厚度普遍为 3 ~ 5cm，实行节能 65% 的城市 EPS 厚度刚刚增加到 8 ~ 10cm。另外，在施工工艺和节点处理，以及材料性能等方面我国也存在一定的差距，这些差距造成了我国的保温系统在最终节能效果上与欧美同类建筑之间的差距。

---

[1] 李娟，隋同波，周春英．中德外墙外保温体系的发展及对比 [J]．新型建筑材料，2008, 4:63.

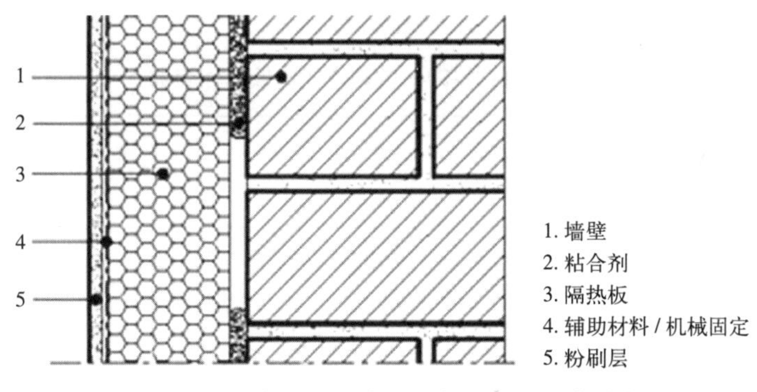

图 3–3　外墙外保温装饰系统 EIFS（作者绘）

3）保温材料：主要指导热系数小于等于 0.2W/（m• K）的材料。其主要特点是材料内部包含了大量空气，空气的状态决定了其保温隔热性能的高低。分为天然系列（羊毛、碳化木、纤维板等）和化工系列（玻璃纤维、岩棉、聚苯乙烯泡沫、酚醛泡沫等）两类。常见保温隔热材料的种类和特点见表 3-3。天然材料在发达国家的单体住宅项目或低层建筑中被广泛使用，当今生态环保的建筑理念下，将越来越具有市场优势。但相对来说其产量有限，因此在大范围推广使用中受限。化工系列中聚苯乙烯泡沫板 (EPS) 和挤塑型聚苯乙烯泡沫板 (XPS) 是目前市场上使用最多的外墙保温材料。EPS 板保温体系是由特种聚合胶、EPS 板、耐碱玻璃纤维网格布撑和饰面材料组成的，集保温、防水、装饰功能一体的新型建筑构造体系。在欧美国家已经发展使用了多年，技术成熟，保温效果显著，耐候性强，正确安装使用年限可达 30 年，且价格便宜，是目前运用最广的外墙保温材料。XPS 是以聚苯乙烯树脂为原料加上其他原辅料与聚合物，通过加热混合同时注入催化剂，然后挤塑压出成型的硬质泡沫塑料板。具有完美的闭孔蜂窝结构，极低的吸水性、低导热系数、高抗压性和抗老化性，但几乎没有透气性，且价格高于 EPS 板，因此常在用于地下室、屋面等对防水、防潮或抗冲击性要求较高的部位。但值得注意的是 EPS 和 XPS 材料的燃烧等级为 B2 级，都是可燃材料，在施工使用的过程中尤其需要注意防火安全。应在窗口上方增设挡火梁和防火隔离带，更应加强施工管理和规范操作。

近年来，新型保温材料的研发和使用在有效改善建筑表皮的保温隔热和隔声性能的同时也因其高效的保温性能极大地减少了材料的自重和体积，节省了建筑空间，为建筑表皮提供了更多的可能。德国最近研制出了一种添加了石墨的聚苯乙烯板，即在聚苯颗粒生产中加进石墨后发泡制成，可以有效地提高材料的保温隔热性能。还有将石蜡制成分散的极小颗粒掺入保温材料中，抹于外墙内侧，利用石蜡变相吸收或释放热量的特性，实

保温隔热材料的种类和性能比较（作者制） 表3-3

	材料	导热系数（W/（m·K））	防火性能	防水性能	生产能耗（kW/m^3）
天然系列	羊毛	0.040	用硼酸难燃处理	吸湿排湿性大	30
	纤维板	0.039	用硼酸难燃处理	吸湿排湿性大	14
	碳化木	0.041	—	吸湿排湿性大	90
化工系列	岩棉	≤0.044	A不燃	吸湿性大	100～700
	玻璃纤维	0.038	A不燃	吸湿性大	100～700
	酚醛板	0.022～0.040	B1难燃	吸湿性小	750
	聚氨酯泡沫	0.034～0.041	需难燃处理/B2可燃	吸湿性小	1585
	聚苯乙烯泡沫板(EPS)	0.035～0.041	B2可燃	吸湿性小	700
	挤塑型聚苯乙烯泡沫板(XPS)	0.028～0.035	B2可燃	吸湿性极小	800～1000

数据来源：班广生．建筑围护结构节能设计与实践．北京：中国建筑工业出版社，2010 年 8 月；《绝热用玻璃棉及其制品》（GB/T 13350-2000）；《绝热用岩棉、矿渣棉及其制品》（GB/T-11835-1998）；《绝热用模塑聚苯乙烯泡沫塑料》（GB/T 10801.1-2002）；《绝热用挤塑聚苯乙烯泡沫塑料（XPS）》（GB/T 10801.1-2002）。

现调节室温的作用。另外，利用真空保温是保温最有效的方式，如图 3-4 至图 3-6 所示，慕尼黑 Seitztrasse 的节能样板房，外墙整体采用 2cm 的真空绝缘板（VIP）进行保温处理，这种材料的核心板为烟制二氧化硅，导热系数 λ=0.004W/（m·K）（图 3-5），导热性能相当于普通聚苯乙烯泡沫塑料（λ=0.035W/（m·K））的 9 ～ 10 倍，即相同的保温效果下可以显著地减少保温材料的重量和厚度，并节省建筑面积。

・核心板（烟制二氧化硅）
・保护层
・密封膜

图 3-4　真空绝缘板（作者摄）

图 3-5　慕尼黑 Seitstrasse 节能样板房（作者摄）

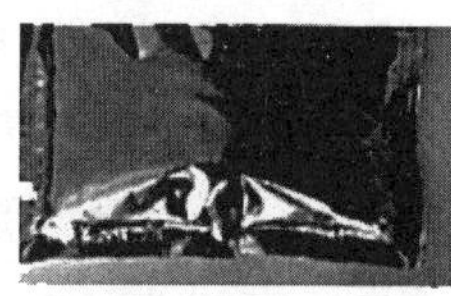

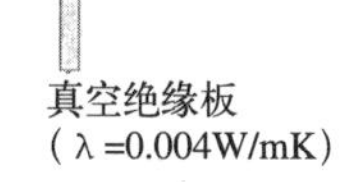

真空绝缘板
（λ =0.004W/mK）

聚苯乙烯泡沫塑料
（λ =0.035W/mK）

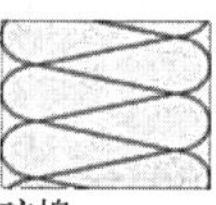

矿棉
（λ =0.045W/mK）

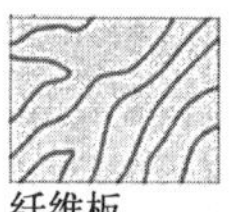

纤维板
（λ =0.045W/mK）

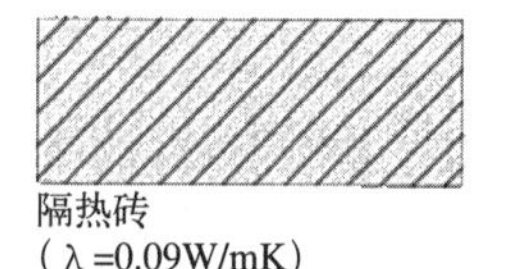

隔热砖
（λ =0.09W/mK）

图 3-6　保温材料的导热性能对比

图片来源：Gerhard Hausladen, Michael de Saldanda, Petra Liedl. ClimaSkin: Konzepte für Gebäudehüllen, die mit weniger Energie mehr leisten. Callwey, München, 2006:37.

外保温与装饰一体化的做法也是保温材料的发展趋势之一，即在保温材料层外贴面砖或做其他饰面处理，在工厂预制成成品块体，施工现场用锚固件固定在外墙上，修补好预留和错开的接缝后，外保温与外饰面即可一次完成，大大减少了施工难度和施工工序，在实际建筑工程里可以极大地提高施工效率和品质，减少施工对环境的二次影响，还能够很好地杜绝外墙线脚等部位热桥的形成。国内目前已有同类产品研发成功并投入使用，将经过高温蒸压处理的中高密度无机树脂板作为基板，表面采用特殊工艺处理、工厂化加工覆装饰涂层或装饰板，与保温芯材复合而成的外墙保温装饰一体化板材，是集保温隔热、防火、防水和装饰为一体的绿色环保节能建材。

4）中国 EIFS 体系于 20 世纪 80 年代中期才开始起步，目前在国家技术政策和节能标准的推动下，EIFS 技术迅速发展，已成为我国的一项重要的建筑节能技术，是中国建筑节能的主要发展方向之一。上海地区由于地理和气候原因，建筑节能起步较之北方采暖地区更迟一步，外墙外保温的开发与研究也相对较迟。从20世纪90年代开始起步，1995年首次采用美国专威特技术与材料完成了上海第一幢高层建筑经纬大厦（22层）的外墙外保温，并取得了良好的效果。近年来，随着节能工作的逐步展开，上海先后开发了以挤塑聚苯板、砂加气块、聚氨醋保温板、矿棉板、和泡沫玻璃保温板为保温材料的外保温系统。迄今为止，外保温在上海节能住宅中的应用率已接近80%。

目前上海市推进的住宅表皮外墙外保温系统措施主要为膨胀聚苯板薄抹灰体系和胶粉聚苯颗粒体系，两者的市场占有量分别为62%和15%左右[1]。由于聚苯板具有良好的保温性能，EPS板的导热系数≤0.042W/(m•k)，XPS板≤0.030W/（m• k)，使用该系统作为住宅表皮外墙外保温技术在上海地区厚度只需3～5cm就可以满足或超过国家节能标准，但这是建立在要求并不高的节能标准之上的。在现行的规范中，上海居住建筑外墙传热系数值基本控制在不大于1.5W/（m^2• K)（JGJ 134–2010)，而德国现行标准EnEV2009将居住建筑外墙传热系数控制为0.28W/（m^2• K)。因此，理论上按照德国标准设计的住宅取暖所需能耗应该仅为上海常见住宅的20%左右，不仅可以大大地提高居住的舒适性，而且可以大幅度降低取暖和制冷所需的能耗。

以德国著名的AS&P公司主持规划设计的上海嘉定安亭新镇为例，始建于2005年的安亭新镇在住宅表皮设计中采用了许多德国的新技术、新材料和新工艺，所有住宅外墙都采用了德国“Sto经典”无水泥基外墙外保温技术，取得了良好的保温隔热效果，其每m^2建筑造价控制在100元人民币左右，而冬夏可以节省一半以上的用电费用。在确定外墙保温层材料及厚度时针对安亭新镇的每一种住宅类型、朝向、尺寸、南向窗户的比例以及屋顶、地板、外墙类型等，进行个性化的技术分析，然后根据分析的结果选定保温材料及相应的厚度。外墙墙体采用了7cm厚的EPS保温板，屋面保温采用了9cm厚的XPS保温板，远远超过当时普通上海住宅3cm厚的保温做法，使外墙传热系数降至0.42W/（m^2• K)，可使室内常年温度保持在18～28℃，因此，理论上安亭新镇的住宅能耗只有上海普通住宅的1/3。[2]但是我们应该特别注意的是，住宅的实际使用能耗受多种因素的影响，其中生活方式和居住行为也是影响住宅最终实际能耗的关键。安亭新镇的实际使用能耗并不像德方专家预测的那样乐观，因为小区东西朝向房型过多，虽然经过严密的能源设计可以保证室内的热舒适环境，但是却

---

[1] 王宝海．上海地区住宅建筑围护结构外保温系统技术现状和发展建议[J]．上海建材，2007, 3:12.

[2] 陶化花．安亭新镇的德国节能技术应用[J]．建筑装饰材料世界，2006,12: 46.

并不符合上海人的居住和生活习惯，因此小区整体入住率并不高，这样又给集中能源供应的效率性带来很大的压力，导致实际能源消耗远高于设计估算。由此可见，住宅的能耗控制是一个复杂而多变的系统，除了提高住宅本身的热工和生态性能以外，还与当地的气候环境、城市文化、居民的生活习惯、使用方式以及居住和消费理念息息相关。因此必须综合的进行考虑，并不是单纯的增加保温层厚度就能一蹴而就的。

安亭新镇住宅表皮传热系数与当时国家标准比较（作者制）　　表3-4

部位	当时国家标准 $W/m^2 \cdot K$	安亭新镇住宅标准 $W/m^2 \cdot K$	材料
外墙	2.00	0.45	普通EPS
窗	6.40	2.00	双层中空Low-E玻璃
斜屋顶	1.26	0.42	高密度EP
平屋顶	1.26	0.40	XPS
地板	0.70	0.56	XPS

数据来源：陶化花．安亭新镇的德国节能技术应用．建筑装饰材料世界，2006（12）:46.

图 3–7　安亭新镇住宅实景（作者摄）

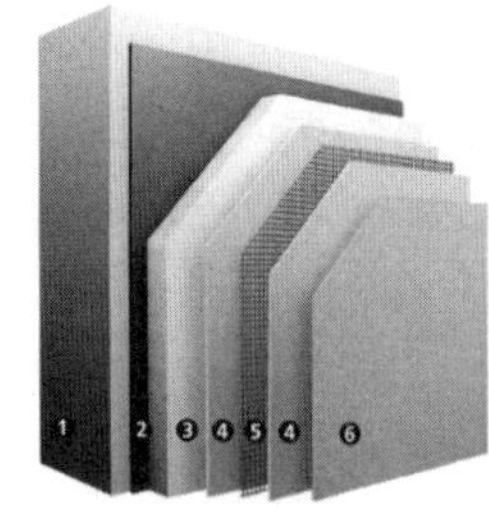

图 3–8　外墙保温示意（上海国际汽车城置业有限公司提供）

5）减少热桥，控制热损失：在住宅表皮中有不少传热较为特殊的构件和部分，在室内外温差的作用下，形成热流相对密集、内表面温度较低的区域。这些部位成为传热较多的桥梁，故称为“热桥”（Thermalbridges）。如外墙与外墙、外墙和内墙、外墙与屋顶、外墙与门窗阳台等交角部位，结构内部导热系数较大的构件（钢或钢筋混凝土骨架、圈梁、过梁和板材肋条），以及金属玻璃窗幕墙中和金属窗中的金属框和框料等。图 3-9 是楼板和外墙结合处的剖面，可见，尽管在楼板的外断面增加了一定的保温层，通过这里传到室外的热流仍然大于主体外墙部分，这不仅造成附加的热损失，而且由于这些部位的室内侧表面温度低于其他部位，有可能形成凝结水，引起卫生问题和损害内表面装修或内部结构。

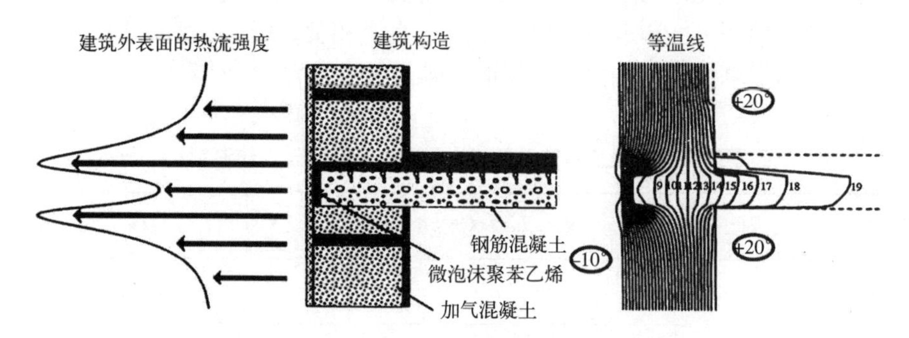

图 3–9 楼板和外墙结合处形成的热桥

图片来源：张神树、高辉 编著．德国低 / 零能耗建筑实例解析．中外可持续建筑丛书．北京：中国建筑工业出版社，2007:27.

热桥的形成原因一般有：(1) 对围护结构主体而言其材料的导热系数太大，热阻小，而传导热的路径短（类似于电路短路）；(2) 由于局部的受热面积远小于其散热面积而形成失热过多，内表面温度过低。热桥形成的危害主要表现在：使外墙内表面局部温度降低，对人体造成冷辐射，甚至造成内表面结露、霉变、淌水，严重影响室内的使用环境和美观。

在我国现行的建筑规范中对热桥的处理以及对其传热系数的限定都有明确的要求。我国住宅建筑节能设计标准（DGT J08-205-2000）5.2.9 规定：围护结构的热桥部分应采取保温措施，以保证其内表面温度不低于室内空气露点温度并减少热损失。规范所给定的传热系数指标均为外墙平均传热系数，就是考虑到热桥的影响。但是在实行过程中，由于没有严格的检验措施，一般只要主体部分达到要求就算是节能建筑了，而实际上热桥的影响非常大。如图 3-10 所示，对于某轻型结构来说，如果不考虑龙骨的热桥效应，其平均传热系数为 0.38W/ (m^2• K)；如果考虑到龙骨的热桥效应，其实际的平均传热系数可以达到 1.69W/ (m^2•K) [1]。可见，热桥的存在不仅直接影响住宅的实际能耗，同样也对室内的热舒适环境带来影响。因此，在具体的结构构造措施中，应该尽量减少热桥的影响，如采用木龙骨、塑料龙骨替代传热大的金属龙骨；尽量避免贯通式的龙骨；热桥部分加强保温措施；采用连续的外墙外保温（包括基础部分）；非采暖部分结构脱离（如阳台等）；附加功能构件（如外遮阳、空调板等）置于保温层外侧，热工上

[1] 付秀章．低能耗住宅的建筑技术与方法 [J]．华中建筑 ,2004,4:76.

完全分离等措施，可以很好地解决墙角和结构搭接点的热桥问题，获得良好的保温效果图 3-11。

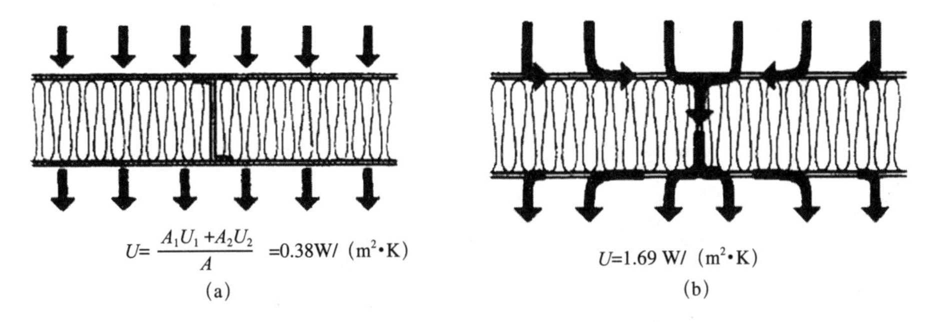

图 3-10 热桥对平均传热系数的影响

图片来源：付秀章．低能耗住宅的建筑技术与方法．华中建筑，2004(04):77.

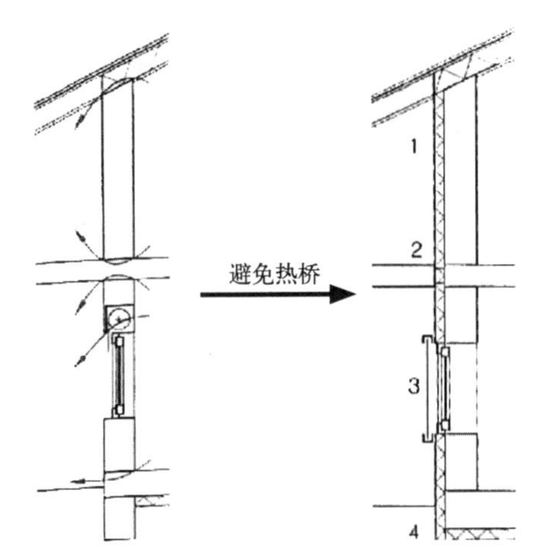

1. 连续的外墙外保温
2. 非采暖部分结构脱离（如阳台等）
3. 功能构件置于保温层外侧
4. 基础外保温

图 3-11 易产生热桥的部位及避免的措施

图片来源：Hegger etc.. Energy Manual: Sustainable Architecture. 2008:91.

热桥是热量传递的捷径，不但会造成相当的冷热量损失，而且还会产生局部结露现象，特别是在建筑外墙、外窗等系统保温隔热性能大幅度改善之后，热桥问题会愈发突出。因此在设计施工时，应该对诸如窗洞、阳台板、突出圈梁、构造柱等位置采取一定的保温方式，将其热桥阻断，对于实现较好的保温节能效果并增加室内舒适度事半功倍。热桥阻断技术在国外已有十分成熟的技术和产品，并得到广泛的应用。德国常采用消除阳台楼板热桥构造的钢筋 / 绝缘保温材埋件产品，在施工中预先埋入混凝土楼板，施工简便，对材料技术的要求并不高端，却能够起到十分良好的热桥阻断效果图 3-12。但是在国内，这种看似低技的产品开发尚处空白，在对住宅表皮的保温隔热要求越来越高的未来，具有很好的能源和市场前景。

图 3–12　德国城市住宅阳台与外墙脱离做法，避免热桥（作者摄）

一般来说，将温度降低 1℃所需的能耗是将温度升高 1℃所需能耗的 4 倍，最主要的原因就是制冷需要耗电，而燃烧燃料来发电的能耗损失要比直接燃烧燃料进行制热的能耗大很多，因此，夏季隔热的节能效果尤其明显。但是，外墙保温并不完全等于隔热，隔热的目的是尽量减少围护结构吸收的太阳热辐射向室内传递，主要是控制墙体内表面的温度，因此要求外墙应该具有一定的衰减度和延迟时间，以保证内表面温度不至太高，以免向室内和人体辐射过多的热量。比如：(1) 加强墙体的蓄热性能来获得室外热能；(2) 利用材料本身的热惰性来达到隔热的目的；(3) 采用双层墙，即在墙体中设置通风间层，这些间层与室内或室外相连通，利用风压和热压的作用带走进入空气间层的部分热量，从而减少传入室内的热量；(4) 墙体外表面采用浅色平滑、对太阳辐射热吸收率小的饰面材料等措施。

3.1.2　外墙遮阳（2）

暴露在阳光下的外墙需要设置一定的外遮阳措施，以减少墙体的太阳辐射，降低吸热量，达到降温目的。考虑到城市空间大环境的生态效应，应该尽可能地在维持住宅单体建筑自身室内热环境良好的情况下，减少对城市环境空间的生态影响。常用的方法有三种：1）利用构件遮阳，构件与外墙主体间形成空气间层，遮挡热辐射的同时，利用自然通风带走热量；2）利用墙体攀爬垂直绿化实现生态遮阳与隔热；3）结合构件和攀爬植物的综合遮阳（图 3-13）。

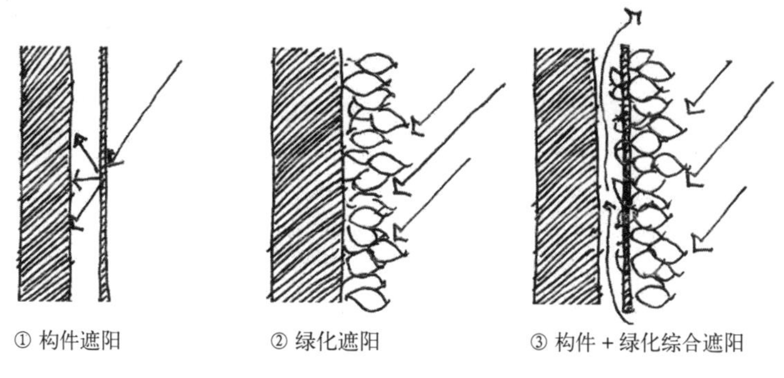

图 3–13　外墙遮阳方式（作者绘）

1）构件遮阳：外墙的遮阳构件能够保护住宅表皮不受阳光照射，但各种遮阳构件在遮挡阳光的同时也成为了太阳能集热器，吸收了大量的太阳辐射，使得构件本身的外表面温度大大高于空气温度，从而形成对环境空气较强的热作用，会继续向其后的外墙表面和环境空间辐射热量。这是因为隔热材料和构件本身只具有转移热量的功能，在建筑密集，植被稀少的城市空间，这些热空气滞留在城市中会加强城市的热岛效应。

2）绿化遮阳：与构件遮阳相比，绿化遮阳的效果更好，因为植物具有温度调节、自我保护等功能。利用植物遮阳的外墙，其外表面温度与空气温度相近，而直接暴露于阳光下的外墙，其外表面温度最高可比空气温度高 15℃ [1]。植物覆盖层所具有的良好的生态隔热性能源自于它的热反应机理。太阳辐射投射到植被表面后，约有 20% 被反射，80% 被吸收 [2]。当夏季太阳辐射很强时，覆盖有绿色植被的建筑外墙平均温度可以比无植被的外墙平均温度低 3℃左右（图 3-14）。在日照下，植物把根部吸收的水分输送到叶面蒸发，日照越强，蒸发越大，犹如人体排汗，使自身保持较低的温度、而不会对它的周围环境造成过强的热辐射。在被吸收的热量中，通过一系列复杂的物理和化学过程后，很少部分被储存起来，大部分被转移出去，其中很大部分通过蒸腾作用转变为水分的汽化潜热，即植被与环境的热交换中，潜热交换占绝大部分，显热交换占少部分。潜热交换的结果是增加空气的湿度，显热交换的结果是提高或降低空气温度。因此，采用绿化覆盖建筑表皮进行遮阳，外墙表面温度远低于利用构件遮阳的墙面温度，是一种更加生态的隔热方式，能够达到良好的表面隔热效果，具有隔热和改善室外热环境双重热效益。为了不影响住宅冬季争取日照的要求，宜选用落叶植物。冬季叶片脱落，墙

---

[1] 付祥钊．夏热冬冷地区建筑节能技术 [M]．北京：中国建筑工业出版社 ,2002.
[2] 杨京平，田光明．生态工程技术丛书：生态设计与技术 [M]．北京：化学工业出版社 ,2006.

面直接暴露在阳光下，成为太阳能集热面，有利于吸收太阳能，并将热能缓缓向室内释放，节约常规采暖能耗。住宅表皮可随季节的更替呈现出对自然气候的回应，体现生态价值。

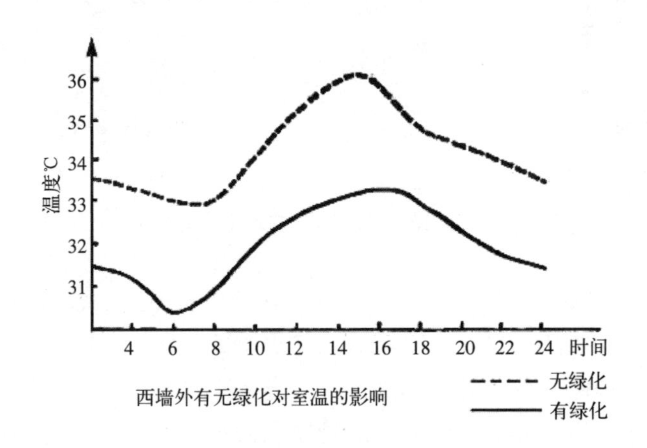

图 3–14　垂直绿化遮阳对表皮温度的影响

图片来源：房志勇等编著．建筑节能技术．北京：中国建材工业出版社，1999: 168.

3）构件 + 绿化综合遮阳：利用墙体上直接攀爬垂直绿化遮阳隔热的效果与植物叶面对墙面覆盖的疏密程度有关，覆盖越密，遮阳效果越好。但是植物覆盖层一定程度上也妨碍了墙面的通风散热，因此墙面平均温度略高于空气平均温度。另外，植物攀爬也会对墙体保温层带来一定的破坏。而将构件遮阳与绿化遮阳相结合的组织方式，由于构件与外墙表面之间存在一定距离，比墙面直接攀爬植物的通风情况好，因此墙面平均温度几乎等于空气平均温度，是生态效应更高的外墙遮阳方式。如赫尔佐格和德梅隆（Herzog & de Meuron）设计的巴黎城市住宅（Rue des Suisses，2000，图 3-15）泥灰砖表皮外设置了一层金属丝网，提供植物攀爬。上海生态建筑示范工程生态住宅示范楼的东西墙（图 3-16），距离外表皮 0.6 ～ 1m 设置植物攀爬网，以冬季落叶藤本植物形成“绿化幕墙”，遮挡夏季东西晒，同时还可防止植物攀爬对墙体保温层造成的破坏。近期意大利还推出一种高密度原生聚乙烯垂直绿化格栅 Wall-y（图 3-17），其特殊的形状保证了彼此间的完美契合，具有轻质、耐用、模数化、安装简单等优点，同时还能抗紫外线、天气和温度变化及微生物侵蚀等作用。底部特殊的托盘容器帮助植物扎根，而几何单元的特殊形状则有助于增强植物的攀爬抓力，同时还可以保护墙体保温层免受城市污染和雨水的腐蚀作用，具有不错的推广前景。

图 3–15　巴黎某城市住宅墙体绿化

图片来源：Carles Broto, Innovative public housing, Gingko Princ, 2005: 109.

图 3–16　上海生态住宅示范楼外墙垂直绿化

图片来源：汪维，韩继红．上海生态建筑示范工程（生态住宅示范楼）．北京：中国建筑工业出版社，2006:8.

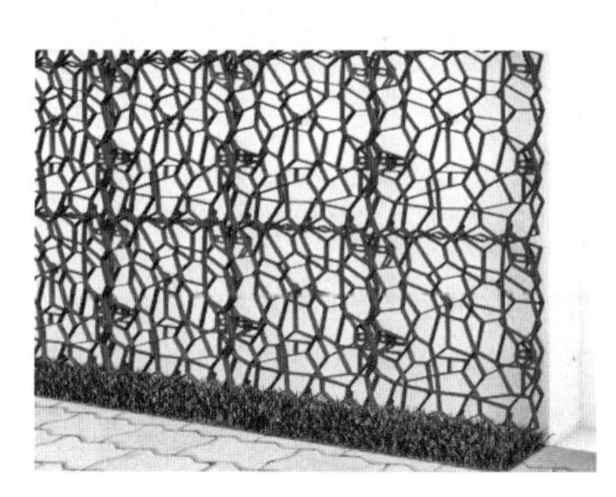

图 3–17　Wall–y 高密度原生聚乙烯绿化格栅墙

图片来源：2010 special green worlds．domus<Miliano>, 2010.15.02.

东京大学建筑历史教授藤森照信（Terunobu Fujimori）设计的东京蒲公英之家（Dandelions House Kokubunjl Tokyo，1995）（图 3-18），将蒲公英呈带状种植在建筑的外墙上和屋顶上，使其成为住宅表皮外的有机组成部分。在钢筋混凝土结构上固定着饰面板以及放置土壤的钢构架。为了解决土壤排水、通风及减轻结构自重等问题，特地选用了穿孔金属板。据测算，建筑外墙绿化后，可使冬季热损失减少 30%；夏季，住宅的外表面温度比邻近街道的环境温度低 5℃ [1]。再有越南建筑师 Vo Trong Nghia 在胡志明市（Ho Chi Minh）设计的城市住宅（图 3-19），住宅前后两侧的外表皮设置有经过特殊设计的混凝土花槽，并配有自动灌溉管道。根据种植的植物种类

---

[1] 主要责任人．东京蒲公英之家 [J]．世界建筑 ,2001,4: 44.

不同，设计了不同高度的花槽间隔，阳光透过植物的间隙照入室内，形成美丽而斑驳的光影，同时还能阻挡街头噪音和污染，净化室内空气，好似城市中的一片绿洲。

图 3-18　东京蒲公英之家（Dandelions House Kokubunjl Tokyo，1995）东京蒲公英之家

图片来源：世界建筑，2001（04）：44.

图 3-19　胡志明市城市住宅外墙绿化

（摄影 by Hiroyuki Oki）

利用自然通风和垂直绿化的生态遮阳技术可以实现住宅外表皮过强的太阳辐射热的自我化解，减少其向室内及室外城市环境释放辐射热的有效措施，在视觉艺术上也体现出住宅特别的绿色生命迹象，同时还体现了住宅表皮应对自然环境的生态协调机能。

3.1.3　革新材料的研发和使用，提高墙体物理性能（3）

新型墙体材料的研发和运用已经取得了许多突破性进展，原来单一材料的构筑模式逐步被热工性能优良，适应气候变化的复合式墙体所取代。从由半透明热阻材料和蓄热材料复合而成的新型墙体材料（TWD-Transparente Wärmedämmung）[1] 的使用，到相变储能建筑材料（PCM - Phase Change Material）的开发，再到透明混凝土、绿色混凝土等各种特种混凝土的研发使用等。材料性能的不断改进和功能的不断复合增加，使得住宅表皮的物理性能不断提高，功能也愈加完善。

---

[1] 英文称作 :TIM——Transparent Insulation Material

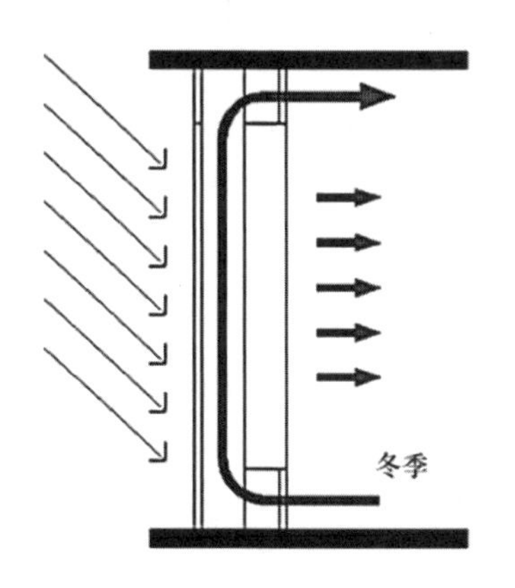

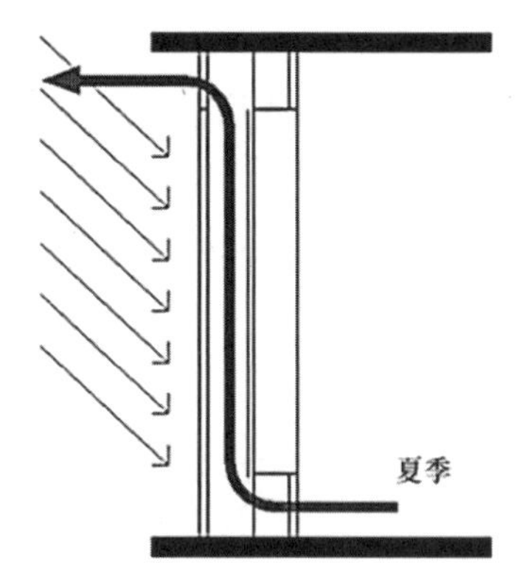

能够通过构造的变化，以被动的方式实现冬季太阳能采暖（左）和夏季通风降温（右）的双极控制

图 3–20　特隆布墙（Trombe Wall）

图片来源：Richard L．Crowther．SUN/EARTH．New York: Van Nostrand Reinhold, 1983.

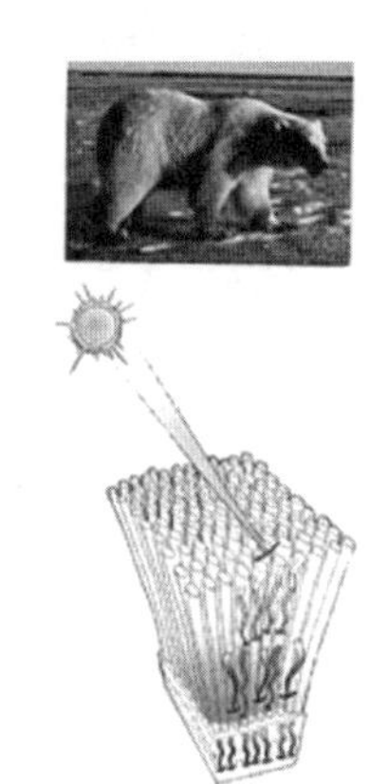

图 3–21　TWD 材料模拟北极熊皮毛蓄热原理

图片来源：Hegger, etc.. Energy Manual: Sustainable Architecture, 2008:92.

TWD（Transparente Wärmedämmung）是对特隆布墙（Trombe Wall，图 3-20）的改善，由半透明热阻材料和蓄热材料复合而成的新型墙体构造，与普通外保温墙体相比，可以在提供保温的同时高效的吸收太阳能，这种材料还能够提供良好的透光性和绝热性，可以大大的提高建筑对环境的适应能力。

TWD 墙的原理是建立在对仿生学的研究基础上的。北极熊的皮毛，白毛黑皮，毛密且中空，可以高效地吸收锁定有限的太阳辐射，每一根毛都是紫外光热量的导管，直接传入体内，不断增加体温，加上皮厚、毛密，还有厚厚的脂肪层隔热，而其体内的长波辐射却无法逸出，能够极好地适应寒冷的自然环境。TWD 材料就是一种模拟北极熊皮毛的特性的透明绝热塑料，由聚酯薄膜制成的透明蜂窝板或硅气凝胶，可与高蓄热性外墙复合，冬季可以阻止吸热面向室外散热。夏季，外层玻璃内的遮阳卷帘（卷外表面为高反射面）可调节抵达墙面的太阳辐射量，以避免室外过多的热量进入室内（图 3-22 至图 3-24）。德国科堡市（Coburg）的太阳能房（图 3-25），南向外墙的窗下墙里用水泥砌入了有集热功能的管道系统，并在其外侧加装了半透明的 TWD 隔热层，可以最大效地利用吸收太阳能。阳光透过南向立面的大块玻璃照进宽敞的走廊，其后坚实的实墙体也担负起了蓄热的作用。这种保温材料也可直接用于窗户上，将其安装在两层玻璃之间，不仅可以提高玻璃面积的保温性能和太阳能的利用率，还可以改善室内自然光的分布。其传热系数可小于 1.3W/（m^2• K），可见光的透过率可保持在 50% ~ 70%[1]。在德国冬季严寒的气候条件下，玻璃面积的总得热可大于热损失。

在德国，由于 TWD 墙体的使用，每年可节约能耗约 200kW·h/m^2，[2] 可以满足零能耗采暖对墙体材料的要求，同时，这种透明保温材料已经成为德国对外技术和产品出口的一个优势项目。

图 3-22　TWD 复合外墙

图片来源：Thomas Herzog, Solar Energy in Architecture and Urban Planning, 1998: 200.

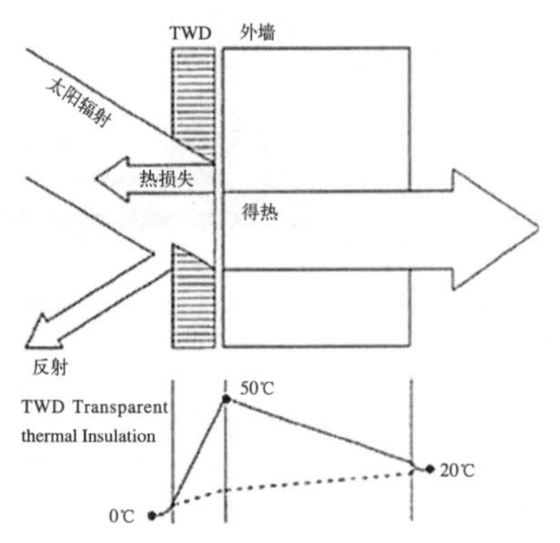

图 3-23　TWD 墙的功能示意

图片来源：Hegger, Fuchs, Stark, Zeumer. Energy Manual: Sustainable Architecture, 2008:92.

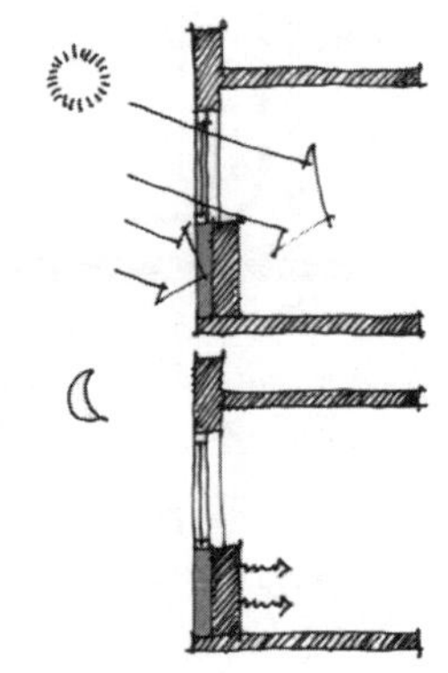

图 3-24　TWD 墙体设置及作用（作者绘）

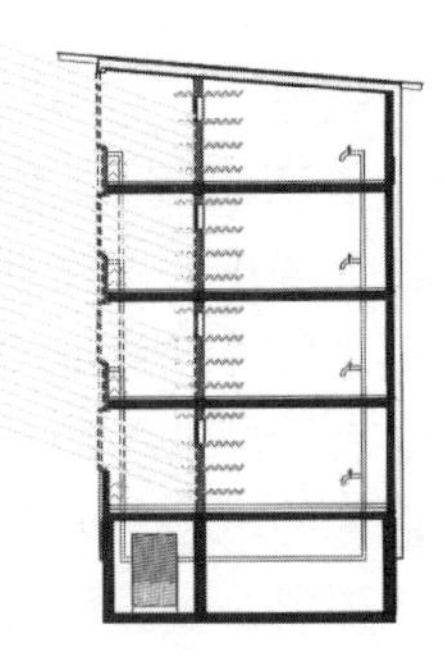

图 3-25　德国科堡住宅 TWD 外墙

图片来源：Oberste Baubehörde im Bazerischen Stattsministerium des Innern/ Technische Universität München, Energieeffizientes Planen und Bauen, 2009: 50.

PCM (Phase Change Material) 是指随温度变化而改变形态，并能提供潜热的相变材料。绝大部分的蓄热过程发生在聚合物的状态改变的过程中（从液态变为固态，或从固态变为液态），且从结晶到全部材料结晶完成，

[1] 张神树，高辉 编著．德国低 / 零能耗建筑实例解析 [M]．北京：中国建筑工业出版社，2007.

[2] Hegger, Fuchs, Stark, Zeumer．Energy Manual: Sustainable Architecture[M]．Edition Detail, Birkhäuser, 2008.

其温度都能够保持相对的稳定（图 3-26）。并且这一过程完全可逆，可以双向多次重复。相变储热建筑材料在其相变化过程中，可以从环境中吸收热量，或向环境中放出热量。在能量最少的前提下，将冬季日间的热量储存起来到夜间使用；或将夏季夜间凉爽的气温维持到白天，从而达到能量储存和释放及调节能量需求和供给的目的，有利于维持适宜的室内温度，具有显著的节能降耗效应。

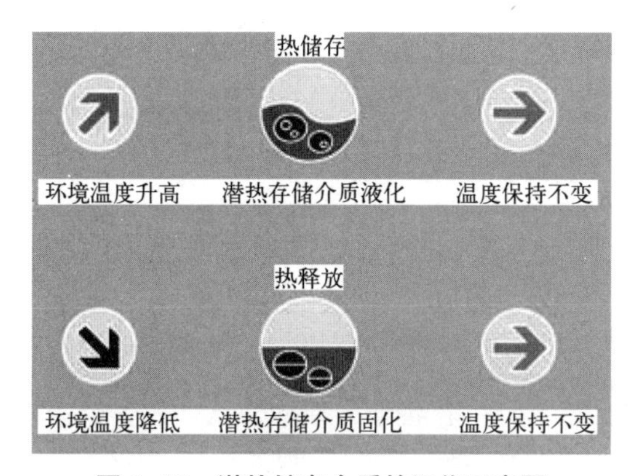

图 3–26　潜热储存介质的运作示意图

图片来源：Ritter Separata．energy-exchanging smart materials. pdf/ glassx.ch:2.

图 3–27　封装于不同基底材料中的 PCM 材料

图片来源：同左

与传统的蓄热材料木材、石材、砖材或混凝土相比，PCM 材料还具有许多的优势。如图 3-27、图 3-28 所示，相同体积的 PCM 材料拥有更大的显热蓄热容量 cp（kJ/L・摄氏度）；通过熔化焓提高的蓄热容量也更高；相同的蓄热容量所需的墙体厚度最薄。仅 30mm 厚度的材料就能够达到 288mm 轻质砌块墙体所达到的蓄热容量，能够十分显著地节省空间，减轻材料自重，大大减少了材料的数量和体积，可以复合在各种墙体构造组合系统之中使用，具有显著的生态应用前景。

2000 年，瑞士建筑师 Dietrich Schwarz 为位于 Ebnat-Kappel 的独立住宅（图 3-29、图 3-30）开发了一款半透明的 PCM 立面样品，由填满石蜡的塑料部件构成（图 3-31）。与 TWD 半透明热阻材料结合设置，在夏季，住宅表皮外部的棱镜玻璃把高角度入射（> 40°）的太阳光线反射出去。此表皮功能和传统的半透明隔热层功能一致。在冬季，平直入射的太阳光（< 35°）能够没有阻碍地穿透整个表皮空间，直至表皮后部，在此过程中阳光将使填充其间的石蜡融化；在夜间温度降低时，石蜡将再次凝固并将其在日间熔化过程中吸收的热量传入室内（图 3-31）。经过实测分析，在夏季室外环境温度过高，或者冬季室外环境温度过低的情况下，住宅室内表面温度能够基本维持舒适温度稳定不变。

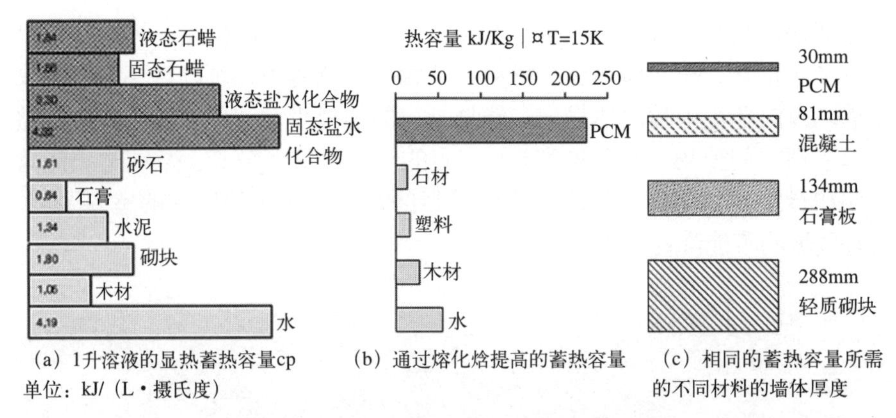

（a）1升溶液的显热蓄热容量cp
单位：kJ/（L·摄氏度）

（b）通过熔化焓提高的蓄热容量

（c）相同的蓄热容量所需的不同材料的墙体厚度

图 3–28　PCM 材料的蓄热容量优势比较

图片来源：Frank Kaltenbach．PCM-Latentwärmespeicher – Heizen und Kühlen ohne Energieverbrauch?. Zeitschrift für Architektur + Baudetail • Review of Architecture • Revue d' Architecture/ DETAIL, 2005 (06) :664.

图 3–29　Ebnat–Kappel 独立住宅，2000

图片来源：Ritter Separata. energy-exchanging smart materials. pdf/ glassx.ch:8.

图 3–30　石蜡 PCM 住宅表皮室内

图片来源：同左

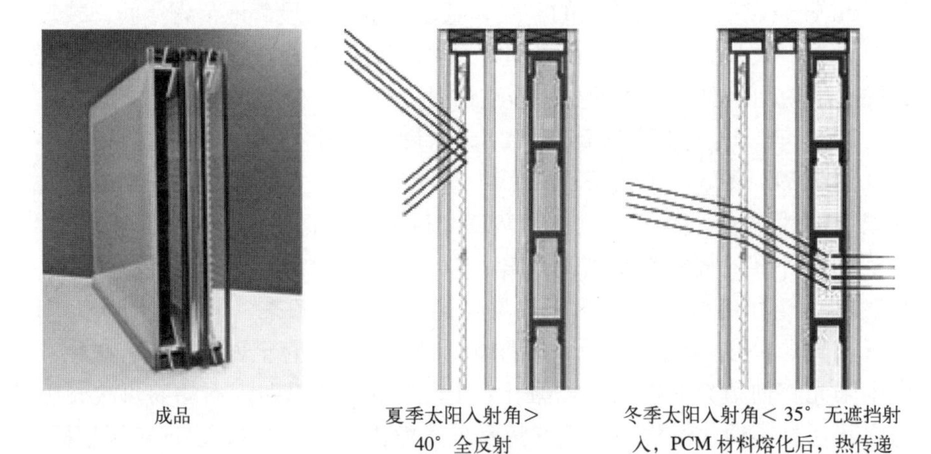

成品

夏季太阳入射角＞40°全反射

冬季太阳入射角＜35°无遮挡射入，PCM 材料熔化后，热传递

图 3–31　PCM 建筑表皮及其原理

图片来源：Ritter Separata. energy-exchanging smart materials. pdf/ glassx.ch:5.

目前该原理被运用适宜组装生产的立面系统中，并于2004年在位于瑞士阿尔卑斯山脚下的Domat/Ems生态节能住宅项目中（图3-32、图3-33）首次得以大面积的应用。该住宅表皮材料包含了：防止室内过热、半透明隔热材料、蓄热介质、能量转化等4个系统组成部分。其中，三层的隔热玻璃保证了住宅的U值低于0.5W/（m^2•K）[1]。由于防火原因，先前惯用的石蜡被盐水化合物所取代，被封装在具有防腐蚀能力的聚碳酸酯中空板中。中空板被涂成灰色，以便于增进热吸收效果。住宅表皮的内表面含有一层带有压制花纹的钢化玻璃，玻璃花纹的印制密度可按设计要求进行调整。介于26～28℃的玻璃表面温度以热辐射的形式进行传递，这确保了室内空间的热舒适度。由于材料板的光透射率在熔化过程中将不断增大，所以太阳能转化为热能的过程不仅可以被感知，还可以被明确地观察到，十分的直观有趣[2]。

图3–32　瑞士Domat/Ems生态节能住宅（2004）

图片来源：Hegger, Fuchs, Stark, Zeumer．Energy Manual: Sustainable Architecture．Edition Detail, Birkhäuser．Basel, Boston, Berlin, 2008:93.

图3–33　PCM潜热储存介质墙室

图片来源：Ritter Separata．energy-exchanging smart materials．pdf/ glassx.ch:8.

---

❶ Frank Kaltenbach．PCM-Latentwärmespeicher – Heizen und Kühlen ohne Energieverbrauch?[J]．Zeitschrift für Architektur + Baudetail • Review of Architecture • Revue d’Architecture/ DETAIL, 2005（06）:85.

❷ 同上

在昼夜温差较大的地区，利用夜间通风结合住宅表皮蓄冷可以调节室温，提高室内舒适度，并降低空调能耗，是实现可持续发展的住宅室内环境控制的一条有效途径。通过这种方式所存储的能量有限，可以采用复合PCM相变材料，但是，潜热蓄热介质熔化后的还原只能通过无碍通风和自然冷却来实现。在夏季夜间室外平均温度过高的北京、上海等地区，如果夜间的温度仍然保持很高，潜热蓄热介质就很难被激活，相变墙体房间的室内舒适度则提高相对较少。因此，在这些地区仅用相变墙体并不能很好地解决热舒适问题，这时就必须借助主动系统，通过额外的能量来控制潜热蓄热介质的散热时间和速度。熔化状态的PCM材料可以通过主动方式在最小能量消耗的前提下实现主动凝固（降温）。比如在材料内部接入循环冷水管，或安装小型风扇，在构件表面加速冷空气流动（图3-34）。尽管主动降温系统会增加部分额外的费用，但却能显著提高PCM材料总的工作效率，实现整体能源消耗的平衡甚至节省。目前在公共建筑中已经有很多的尝试和使用，但在住宅领域，还有待更进一步的探索和实践。上海生态示范建筑工程公寓楼中就采用了纳米石墨相变储能材料制成的蓄能罐安放在吊顶层，用作空调相变储能装置（图3-35）。夏季在电力低谷时段开启空调器制冷功能，冷量便直接传入相变蓄能罐中蓄冷，待相变材料相变完全后，空调器停止运转。在电力需求高峰时段需要制冷时，仅需启动风机，利用空气循环换热，将蓄热罐中的冷量逐步释放到室内空间；而在冬季，相变材料可以发挥蓄热功能，从而实现电力调峰和节省电费支出的目的。

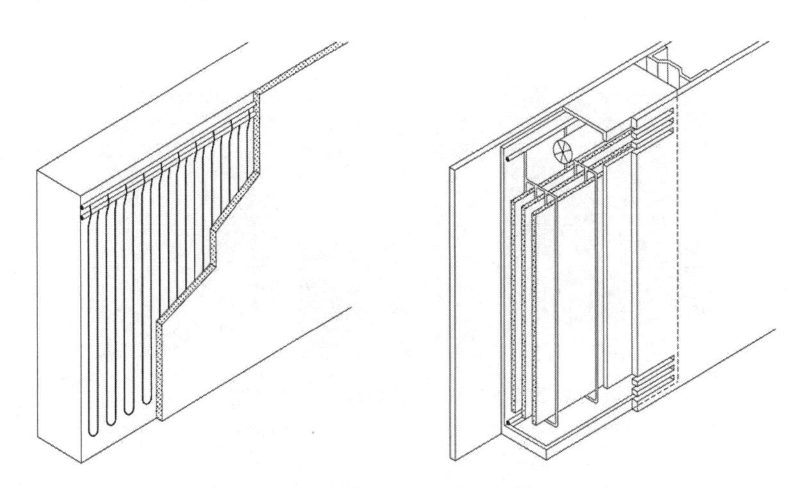

图3–34　采用水冷的主动墙体PCM系统

图片来源：Frank Kaltenbach．PCM-Latentwärmespeicher – Heizen und Kühlen ohne Energieverbrauch. Zeitschrift für Architektur + Baudetail • Review of Architecture • Revue d' Architecture/ DETAIL, 2005(06): 663.

图 3-35 上海生态示范建筑工程公寓楼相变储能材料顶棚

图片来源：汪维，韩继红．上海生态建筑示范工程（生态住宅示范楼）．北京：中国建筑工业出版社，2006: 96.

3.1.4 原生态、地方性材料的回归（4）

在革新材料研发的同时，尊重地理气候、地域环境和乡土文化的呼声和越来越成熟的材料加工处理技术也极大地促进了原生态、地方性材料的回归。不同的气候环境和地域文化塑造出不同的居住形式，材料受到自然环境与自身性能的限制，在不同的地理环境与气候环境下产生出不同的建筑形式，不仅满足了人类最基本的使用功能需求，同时也形成了明显的地域性特征。原生态、地方性材料本身经过了多年当地气候和环境的检验，不仅具有很高的生态能源价值，同时还能彰显地域文化，具有很强的亲和力。对地域性原生态、可再生材料，如木材、竹材、石材等的利用，可以大大降低对高能耗不可循环利用建材的依赖，也可以反映不同地域人们的生活模式和社会意识形态。

竹材是速生森林资源，也是一种典型的地方性生态材料，地域性较强。以竹材为原料结合先进的加工工艺可制成新型的建筑材料，作为建筑材料具有广阔的应用前景。日本建筑师隈研吾（Kengo Kuma）在北京长城脚下设计的竹屋（图 3-36），住宅表皮利用了粗质的竹子这一可持续性环保材料，具有自重轻、表面肌理突出的特点，光线和微风能够轻易地穿过竹墙在室内流通。位于贝桑库尔的生态节能住宅（图 3-37）是法国的节能冠军，整体造型简单干净，住宅二层表皮是由未经处理的竹竿排列组成，固定在实木框架之上，形成一种均质的二层表皮界面，好像整栋住宅穿上了竹质的外衣。光线经过竹竿的过滤，形成柔和的室内氛围，其设计灵感来自于当地传统的谷仓，北向封闭，南向可大面积开启，利于室内微气候的调整，随着时间的推移，原先新鲜的竹色渐渐退变为土灰色，与周围环境融为一体，该住宅还是第一个荣获欧洲被动节能证书的法国住宅。

图 3-36 长城公社——竹屋

图片来源：Alanna Stang, Christopher Hawthorne. The Green House : New Directions in Sustainable Architecture. Princeton Architectural Press, 2005:100.

图 3-37 贝桑库尔生态节能住宅竹格栅表皮

图片来源：domus 2010/ 01:67.

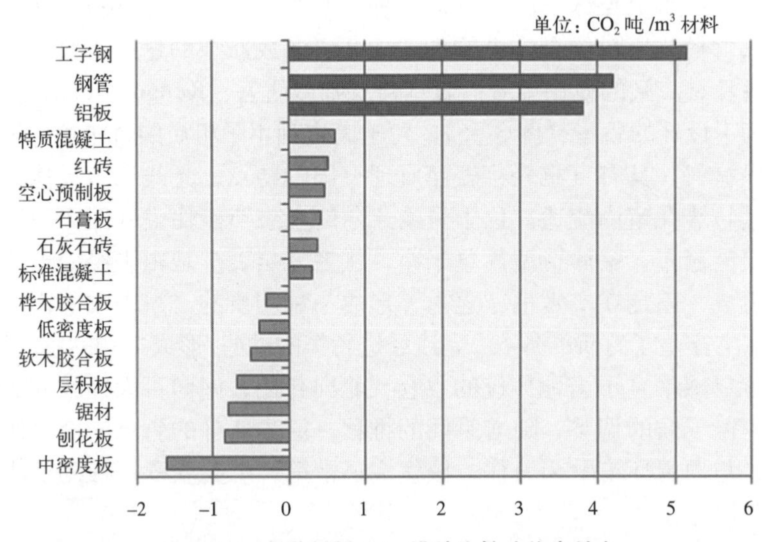

图 3-38 多种材料 CO_2 排放比较（作者绘）

数据来源：William Henry Brown. Timbers of the World. Timber Research and Development Association, 1998.

木材作为可持续的建材资源被视作典型的生态建材。木材的获取，包括制造、运输和供应，所需的能量较小，对环境所带来的负荷也较小，如图 3-38 所示，与其他常用建筑材料相比，其 CO_2 排放量为负值。越是自然而未经处理的木材，其可循环利用的能力也就越强。另外，木材还具有良好的隔热性能，低污染、可循环、对环境友善，是低能耗生态住宅的理想材料。因此，在世界范围内木材始终是生态住宅表皮的首选材料之一。日本 a.un architects 建筑事务所设计的 MIE 原生态木质住宅（图 3-40），住宅内外表皮包括室内家具全是由原生木材制成，创造了温暖舒适的家庭氛围。法国巴约纳社会住宅（39 Viviendas Sociales en Bayona，2009，图 3-39）建于一片茂密的树林一侧，由 39 栋独户住宅单元组成，采用统一的轻质木表皮与周围的自然环境融为一体。再如美国的半球形生态住宅（domespace house，图 3-41），半球形的主体结构与住宅表皮均采用木制，可以更好地抵御飓风和地震破坏。采用模板式结构，建造时间仅需 3 个月。底部设置水电管道以及中央吸尘系统的控制中心，由特制的抗运动磨损材料与屋体相连，整体可以旋转，从而在冬天能够最大限度的接收阳光、保持温暖；而在夏季可以避开阳光直射，保持凉爽，屋面太阳能电板还可以有效地转化能量。

图 3–39　法国巴约纳社会住宅（39 Viviendas Sociales en Bayona）
图片来源：domus 2010/ 01: 56.

图 3–40　原生态木质住宅
图片来源：architektur aktuell 03 2011: 53.

图 3–41　半球形生态住宅（domespace house）
（photo by David Fanchon – Project Director）

新时代下，传统材料的运用既有延续传统的构造和使用方法，更有一些创新性运用，使得传统的材料焕发新的时代特色和令人耳目一新的时尚感。比如德国巴伐利亚州的一栋民宅（图 3-42），住宅表皮采用双层木质构成，其玻璃板材表面下是由当地盛产的木材断面堆砌组成的表皮，不仅具有良好的热工效益，同时也体现了该地区传统木质房屋的文化特性，不同于传统的木材构筑方式，具有十分特别的肌理和视觉效果。还有位于俄罗斯特维尔州 Peter Kostelov 设计的贴木住宅（Wood Patchwork House，2009），住宅表皮采用多种形状和色彩的木片拼贴，裁切整齐的板材被喷成深浅不一的棕色并以不同的角度被固定，使得同样的板材能以不同的方式映射阳光。表皮变化丰富，反映了苏联时期的俄式乡间宅邸的立面特色（图 3-43）。类似的还有澳大利亚的谷仓住宅（图 3-44），将当地的可再生木材段堆积在光滑的不锈钢外壳内，带来了强烈的质感对比和视觉冲击力，其地域价值也尽在不言中。再如马清运为其父亲设计的自宅（图 3-45），房子的外墙完全是由从当地河里捡来的石头建造而成的，这些石头安静地在当地的河里躺了几百年，却从来不曾被当地人用来建造过房屋，建筑师意在用传统去颠覆传统，用当地材料建造出最不当地的建筑，当这些石头被堆砌筑成院墙时却意外地与当地环境产生了一种特别的共鸣。

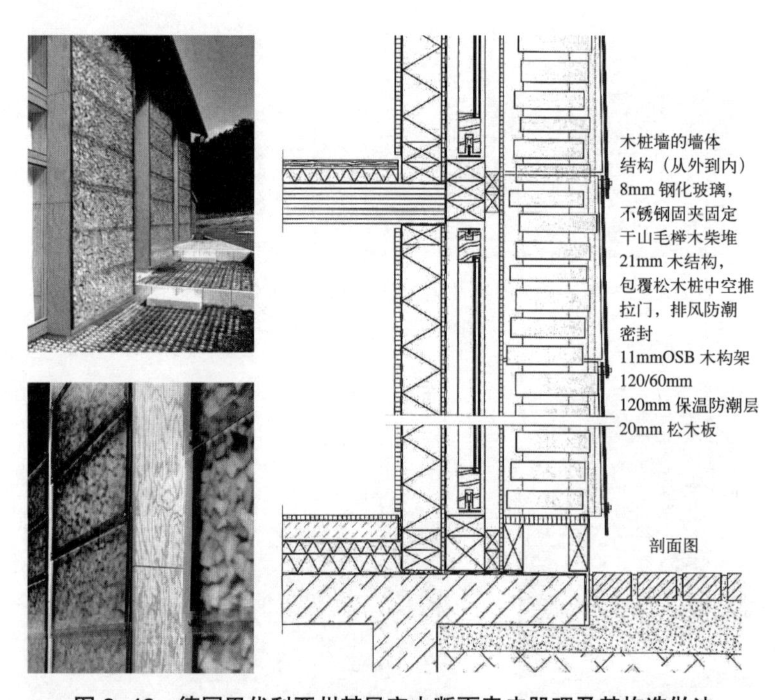

图 3–42　德国巴伐利亚州某民宅木断面表皮肌理及其构造做法

图片来源：Ursula Baus, Klaus Siegele．Holzfassaden: Konstruktion, Gestaltung, Beispiele．db das buch, Germany, 2001：35

图 3-43　俄罗斯特维尔州贴木住宅
（photo by Alexey Knyazev）

图 3-44　谷仓住宅
图片来源：architektur aktuell 03 2011: 72

图 3-45　父亲的宅（陈果摄）

图 3-46　英国山地绵阳的粗羊毛制成的生态、环保保温材料 Thermafleece

另外，一种新型、特别的建筑保温材料 Thermafleece（图 3-46）目前正在英国得到推广运用。这种材料是用英国山地绵羊的粗羊毛制成的生态环保建材，具有很高的可回收率，其密度为 25kg/m^3，相应的 K 值为 0.039W/(m•K)。[1] 羊毛纤维的吸潮特性意味着 Thermalfleece 有助于控制室内湿度。羊毛在吸潮之后会释放热量，释放水汽的时候则会吸收热量，这样可以进一步的稳定空气温度，同时，它还有助于保持建筑物的夏凉冬暖，具有十分优良的声学特性，非常适用于老建筑保温改造，具有相当高的回收利用率，是会呼吸的透气表皮。

英国萨福克的经济适用房 Clay Fields 项目是一个低成本生态住宅项目（图 3-47，图 3-48），借助被动式设计、生物质社区供暖系统和一套创新性麻丝保温气密性结构，使得该住宅可节省 60% 的能源，更接近零碳排放的目标。住宅表皮木框架内部加入了石膏纤维板内芯（Sasmox），墙体用麻

[1] DETAIL 杂志社 编．大量石灰——CO_2 零排放 [J]．绿色建筑细部 / DETAIL Green, 2011:57.

纤维混凝土（Hemcrete）[1]做保温处理，这种材料中混合了粗糙切割的麻和熟石灰，还有起加速固化作用的波特兰水泥添加剂，喷涂在木框架上，形成没有空隙的实心墙体（空隙会影响到住宅整体的通风效率），其U值仅为0.22W/（m^2• K）。由于麻含量较高，而且石灰具有吸收CO_2的性能，因此最终建成的住宅表皮的碳排放为负值[2]。这种廉价且易取的传统材料，经过简单的加工配比，可以取得效果不凡的生态效果，非常适合推广。

图 3–47　麻纤维混凝土住宅表皮

图片来源：大量石灰——CO_2零排放 . DETAIL Green, 2011: 9

图 3–48　使用 Thermafleece 的室内保温构造

图片来源：大量石灰——CO_2零排放 . DETAIL Green, 2011: 57

由此可见，原生态、地方性、可再生循环材料的回归可以增加建筑与基地的联系，强化人们对地域文化和环境的感受，还可以充分利用当地原产资源，节约生产运输和回收成本，实现经济、资源的低投入和生态价值的高回报，是新世纪生态住宅表皮发展的主要趋势之一。

3.1.5　太阳能利用（主动、被动）(5)

20世纪能源危机以后，作为地球上最清洁、无污染、方便易得的可再生能源，太阳能利用技术进入了快速发展的时期。经过了一个多世纪的研究和实践，住宅表皮利用太阳能的技术已经得到了很大的发展。住宅表皮以主动或被动的方式利用太阳能来供暖、照明和提供电力，是太阳能利用的主要方式。在此基础上继续开发出的光伏电池技术、潜热蓄热介质技术以及动态自然采光技术等是当前住宅表皮利用太阳能的主要趋势。这些技

---

[1] 麻纤维混凝土（Hemcrete）是一种麻刀石灰墙体材料，由麻刀石灰和石灰基的黏合剂混合而成，既可以现场浇筑到承重木框架结构中，也可以作为结构材料使用. 这种材料在每m^3墙体中可锁入约110kg的CO_2。一座典型的砖式住宅的CO_2排放量约为20t, 而使用Hemcrete建造的同款住宅可以少向大气中排放约10t的CO_2, 是一种负碳排放混凝土。

[2] DETAIL杂志社 编. 大量石灰——CO_2零排放 [J]. 绿色建筑细部 / DETAIL Green, 2011: 9.

术手段不仅为生态节能住宅设计提供了更多的技术支持，更在一定程度上影响着住宅设计的理念和表达方式，而住宅表皮应对太阳能利用的变化正是这种影响最直接的体现。

对太阳能的利用是由被动式开始的，随着科学技术的进步逐步以主动式利用作为有效的补充和辅助。被动式太阳能利用是指不依赖设备，通过建筑自身的因素利用太阳能来进行采光、通风、采暖和降温等。比如，利用南向窗采光得热、围护结构蓄热以及阳光房得热等。从本质上来说，被动式是对太阳能的收集、储存和能量的传递。按照得热方式不同可以分为直接得热式、间接得热式和隔离得热式(表 3-5)。如尽量增大南向日照面积，缩小东西和北立面的面积，可以争取较多的采热量，同时可使得能量的流失量最小；有效组织阳光进入室内的途径；还有特隆布（Trombe）墙和附加阳光间；以及革新墙体材料 TWD 和 PCM 相变材料的运用等措施都是对太阳能的被动式利用。这种利用建筑设计本身的规律获取能量的方式是最有效、最绿色、环保的方式，技术上也较为简单、经济可靠，能够更充分地利用自然气候资源，符合生态住宅的发展方向。

主动式太阳能利用，是指利用光电或光热转换设备，将设备收集到的太阳能转化为电能或热能，再以一定方式输配出来，提供建筑所需能源。这种方式要以一定的能源消耗为代价，实现太阳能的收集、储存、转化和输配，最终达到调节室内光、热环境，维持室内环境舒适性的目的。常见的方法比如，利用集热器、蓄热器以及管道、风机、水泵等设备“主动”地收集、储存和输配太阳能等。

在太阳能建筑发展的初级阶段，被动式太阳能利用是太阳能建筑设计的主要方向。太阳能的利用在住宅表皮上的表现，更多是配合建筑对于太阳能热量的被动接收而产生的形体和材质上的变化，并没有真正的成为住宅表皮的表现。然而随着生态观念的加强和审美意识的改变，无论是被动式还是主动式，太阳能与住宅表皮的一体化设计正逐渐成为当前太阳能利用的关注重点之一。因此，在住宅设计伊始即应将太阳能系统包含的所有内容作为住宅表皮本身不可或缺的元素加以考虑，使之成为住宅表皮的有机组成部分，并减少传统太阳能结构对住宅表皮形态的影响，实现整体外观与设备功能的统一，以及与周围环境的和谐统一。只有这样，才能使太阳能利用在住宅表皮中发挥更大的艺术、生态和能效作用。

太阳能光伏发电系统是利用太阳能电池半导体材料的光伏效应，将太阳光辐射能直接转换为电能的一种新型发电系统。光伏建筑一体化技术 BiPV（Building-integrated Photovoltaics）是太阳能建筑设计的新趋势，它是直接在建筑表皮上铺设光伏阵列（电池板）提供电力。在发达国家，越来越完善的 BiPV 示范系统和应用系统正呈现出强大的生命力。

被动式太阳能住宅得热方式分类（作者制）　　表3-5

分类		示意图	说明	优点	缺点
直接得热		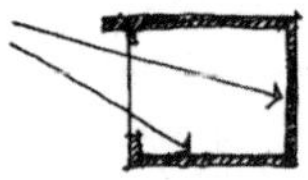	阳光通过较大面积的南向玻璃窗直接导入建筑内部得热，属于低成本、效果明显的太阳能利用系统	景观好，费用低，系统简单，效率高，形式灵活，有利于自然采光	易引起眩光，可能发生过热现象；温度波动大
间接得热	墙蓄热型	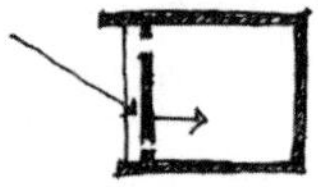	建筑南面接受太阳能，经蓄热墙为建筑供热（Trombe墙、TWD墙等），随着材料的发展，有着乐观的发展前途	保温性能好，室内热环境稳定，热舒适度高，温度波动小；易于旧建筑改造，费用适中	视线有阻挡；不利自然采光；阴天效果欠佳；系统复杂，价格高，可能造成系统本身过热现象，需结合遮阳
	屋顶蓄热型		屋顶作为蓄热体，日间蓄热，夜间间接向室内供热	集热和蓄热量大，且蓄热体位置合理，能获得良好的室内温度环境	构造复杂，造价高
间接得热	阳光房型	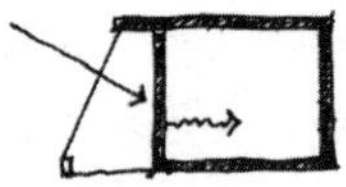	南面设置阳光房，通过蓄热墙为室内供热。既可在白天供给主体房间热量，又可在夜间作为缓冲区，减少房间热量损失	作为起居空间的放大有很强的舒适性和很好的景观性；产生附加使用空间，可结合植物种植，提高空气湿度	对夏季降温要求高；效率低；可能出现过热，需注意遮阳和通风
	双层外墙型		设双层外墙，利用空气间层中的空气对流，热量经热压循环供热	热舒适度高，温度波动小	构造复杂，造价高
隔离得热	热虹吸型	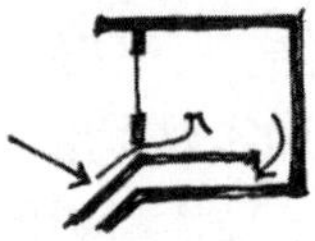	从其他地方获取太阳能，并经过设计控制将其导入室内的方法，利用自然对流分配热量	集热和蓄热量大，且蓄热体位置合理，能获得较好的室内温度环境	构造复杂，造价高
	温室型			作为起居空间的放大有很强的舒适性和很好的景观性	对夏季降温要求高

太阳能光伏建筑一体化的优势体现在：1）光伏组件可以有效利用住宅表皮，如屋顶、墙体等，无需额外用地或增建其他设施，适用于人口密集的城市；2）可原地发电，原地用电，在一定距离范围内可节省电站送电网的投资，避免传统电力输送时的电力损失；3）除保证住宅自身生活用电以外，可以向电网供电，从而舒缓高峰电力需求，解决电网峰谷供需矛盾，具有极大的社会效益；4）作为住宅表皮的一部分，吸收太阳能，转化为电能，大大降低了室外综合温度，减少了墙体得热和室内空调冷负荷，既节省了石化能源，又有利于保证室内的空气品质；5）一体化设计减少住宅表皮构件组成和构造层次，简化施工过程，快速、高效。

住宅表皮的太阳能一体化设计在欧美等发达国家已经发展了多年，有十分丰富的经验和成熟的技术体系，不仅在能源和环保方面占尽先机，更是在建筑艺术、美学和社会价值上体现出其优越性。美国纽约索莱尔大楼西立面上 1000 多 m^2 的光伏面板可以在整个白天甚至黄昏吸收太阳辐射，使得整栋大楼在用电高峰时段的用电量比相邻的建筑节省 67%（图 3-49）。美国 2003 年度十大绿色工程之一，加利福尼亚圣莫尼卡的科罗拉多庭院住宅（图 3-50），由 199 块太阳能光伏面板构成的网格覆盖在住宅表皮上，将太阳能装置转变为一种美学上的视觉焦点，通过这些太阳能光伏面板创造出的能量超过了整栋住宅能源需求量的 90%，使太阳能技术与建筑整体得到了能源和美学意义上的整合发展。

图 3-49　索莱尔大楼西立面

图片来源：Alanna Stang,etc.. The Green House : New Directions in Sustainable Architecture. 2005: 28.

图 3-50　科罗拉多庭院立面及太阳能面板细节

图片来源：Alanna Stang,etc.. The Green House : New Directions in Sustainable Architecture. 2005: 49.

图 3–51　杜塞多夫 Gladbacher 大街 89 号住宅立面的太阳能光伏板（作者摄）

图 3–52　慕尼黑 D ü elferstra β e 住宅区山墙上的太阳能光伏板（作者摄）

图 3–53　楼下入口处的太阳能利用电子标识（作者摄）

再如图 3-51 所示，德国杜塞多夫 Gladbacher 大街 89 号住宅是北莱茵——韦斯特法伦州 50 个太阳能住宅区示范项目之一，证明了在传统城市结构环境中，通过对当地日照和太阳方位的计算分析，有效利用太阳能的可行性。慕尼黑丢福尔大街（Düelferstraße）住宅区山墙附有大面积太阳能光伏板，楼下入口处还设有太阳能利用电子标识，清楚的显示当前该太阳能光伏发电系统的运行功率、累计输出电量以及相应的 CO_2 减排量等指标，以清晰直观的方式向居民和来访者展示了采用新能源的意义，以提高新能源的市场接受度（图 3-52，图 3-53）。

3.2　门窗设计策略

门窗设计是住宅表皮中生态节能设计的重要环节之一，由于门窗本身具有多重特性，使得针对外门窗的生态节能设计也最为复杂。不同季节和气候条件对外门窗的性能要求也不一样，冬季，要求外门窗具有良好的密闭性和保温隔热性能，同时还要求更高的太阳能透过率，以便最大限度地利用太阳能，减少采暖负荷；而夏季，则要求能够阻挡过多的太阳辐射进入室内，减少室内空调负荷，这时，合理的遮阳设计就显得尤为重要。另外，采用高能效的玻璃，适宜的开启扇面积，以及合理的通风设计等也是实现外门窗生态节能控制的必要策略。

3.2.1　适宜的开窗面积、位置和形状比例（6）

在保温良好、外表皮热负荷占主导的住宅内，热量散失的主要原因是空气渗透和窗户散热。窗户的大小、数量和朝向极大地影响室内热舒适度。在冬季，一方面窗户向室外散失热量，另一方面，也透过玻璃接受直射或散射的太阳辐射。如果通过窗户获得的热量大于散失的热量，住宅采暖的能耗就相对减少。开窗面积是外墙节能的重要因素之一，降低开窗面积率是节能的基本手段，但是降低开窗率必须确保适当的自然采光以防止空间的封闭感，并且兼顾景观、通风等要求。

窗墙比对住宅能耗的影响取决于窗与外墙之间热工性能的差异，相差越大，影响越显著。此外，窗墙比对住宅的影响还与不同地区、不同朝向的太阳辐射强度有关，不仅影响能耗，也直接影响住宅的立面、造型、室内采光和通风等。窗墙比过小，住宅通风不良，自然采光不足，会增加空调与照明能耗；窗墙比过大，则有可能导致夏季室内过热，或冬季热能散失过多。因此，合理的开窗位置、形状和面积与住宅表皮的生态性能以及能耗息息相关。住宅窗墙比一般在 30% ~ 90%，不同窗墙比与窗户朝向、遮阳构造和玻璃质量共同作用，直接影响室内采光和被动式太阳能利用。通常情况下，非南向的窗户失去的热量比获得的热量多，因此，过大的非南向窗会增加住宅的冬季采暖负荷。而南向窗则是住宅冬季被动得热的主要来源，因此，外墙的南向窗在满足夏季遮阳要求的条件下，面积应适当增大，以增加冬季吸收的太阳辐射热；北向窗在满足夏季对流通风要求的条件下，面积应适当减少，以降低冬季的室内热量散失。例如位于柏林的低能耗住宅（图 3-54），采取南北向布置，朝南的弧面非常开敞，采用落地窗和通长阳台朝向阳光面，冬季可以最大化地吸收热量，夏季则可以通过出挑的阳台板实现遮阳；朝北的混凝土实墙面非常封闭，仅开竖向的小窗，结合楼梯间和卫生间设置成为大面积的蓄热体，能在晚上缓缓释放白天吸收的太阳热量。通过不同朝向的开窗设计，住宅所需的能耗每年不超过 40kW/m^2。❶

图 3–54　柏林低能耗住宅南、北向立面开窗

图片来源：Dean Hawkes/ Wazne Forster. Energieeffizientes Bauen; Architektur Technik Ökologie. 2002: 78.

以德国乌尔茨堡测量数据为例，夏季只有当窗墙比≤ 50% 时，室内才

❶ 李振宇、邓丰、刘智伟．柏林住宅——从 IBA 到新世纪 [M]．北京：中国电力出版社 ,2007.

能不需要设备制冷而达到舒适（26℃）要求[1]；而制冷能耗也与窗墙比面积成正比（图 3-55）。另外，当窗户材料确定时，相同面积、不同形状的窗户对室内光热环境的影响也大不相同，如图 3-56 所示，冬季某南向窗，相同面积的窗户，由于形状比例不同，太阳直接辐射的位置也不径相同。当窗户形状比例为横长向时，太阳辐射集中在比较小的区域内；窗户为竖长向时，太阳辐射则分散在比较宽的面积上。由此可见，窗户的面积、比例和形状直接影响着室内空间的得热和采光。

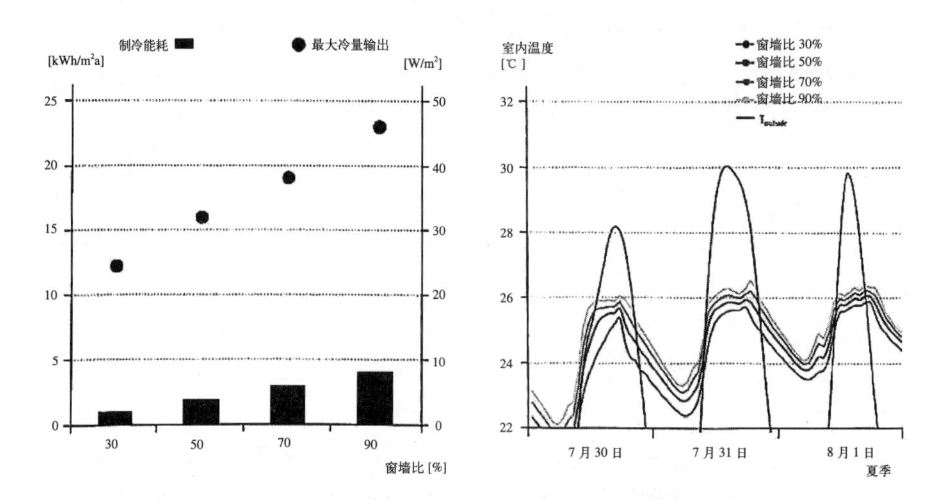

图 3–55 不同窗墙比的夏季制冷能耗及室内温度变化对比

图片来源：Gerhard Hausladen, etc.. ClimaSkin: Konzepte für Gebäudehüllen, die mit weniger Energie mehr leisten. 2006:45.

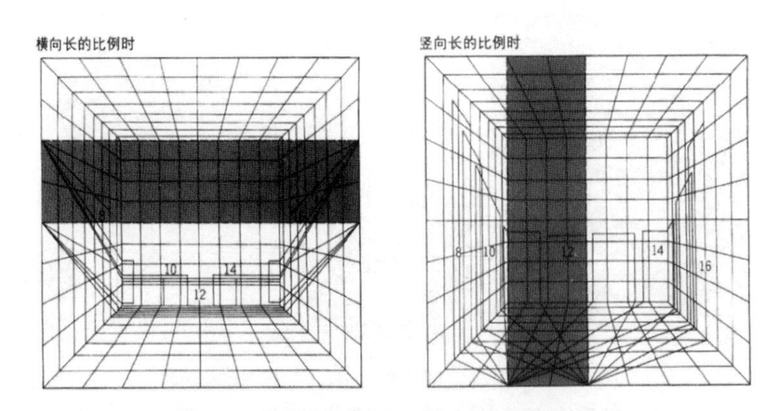

图 3–56 窗户形状与太阳直接辐射面的变化

图片来源：（日）彰国社 编. 被动式太阳能建筑设计. 任子明、马俊等译. 北京：中国建筑工业出版社，2004:25.

[1] Gerhard Hausladen, Michael de Saldanda. ClimaSkin: Konzepte für Gebäudehüllen, die mit weniger Energie mehr leisten [M]. Callwey, München, 2006:168.

3.2.2 提高门窗保温、隔热和密封性能（7）

与住宅表皮的其他组成部分相比较，门窗的传热系数最大。目前我国节能建筑中，单位面积窗户的散热或得热大约为墙体的 4 ~ 6 倍，因此，增强门窗的保温隔热性能，减少门窗的能耗，是改善室内热环境质量和提高建筑节能水平的重要环节。根据季节和昼夜的不同，对窗户的性能有不同的控制要求（图 3-57）。夏季，经窗户传入的太阳辐射量是室内过热的主要原因，也是制冷能耗的主要根源。另外，由于窗户的保温性能差而导致的冷辐射、冷风效应以及可能产生的内表面结露的问题也是造成室内热环境及不舒适的重要原因。因此，改善窗户的保温、隔热性能不仅是最有效的降低能耗的措施，而且对室内热环境舒适程度的改善也极为关键。不同种类的窗户玻璃，其隔热性能相差很多，双层中空玻璃比单层透明玻璃可减少约 1/2 的热散失，而不同配置的中空玻璃其 U 值也相差很大（图 3-58）。采用吸热玻璃、反射玻璃、遮光玻璃，与普通玻璃相比，可分别减少 23%、30% 和 70% 的日照得热[1]。同时，不同开窗面积条件下，玻璃性能对能耗的影响也不同，因此，选择合理的玻璃配置是控制窗户性能的关键。高性能玻璃产品比普通中空玻璃的保温隔热性能高出一到数倍。例如单面镀膜 Low-E 中空玻璃，其导热系数约为 1.7W/（m^2• k），保温隔热性能比普通中空玻璃提高一倍，德国新型的保温节能玻璃 U 值达到 0.5，比普通 36cm 砖墙加 6cm 聚苯保温层保温效果还好。

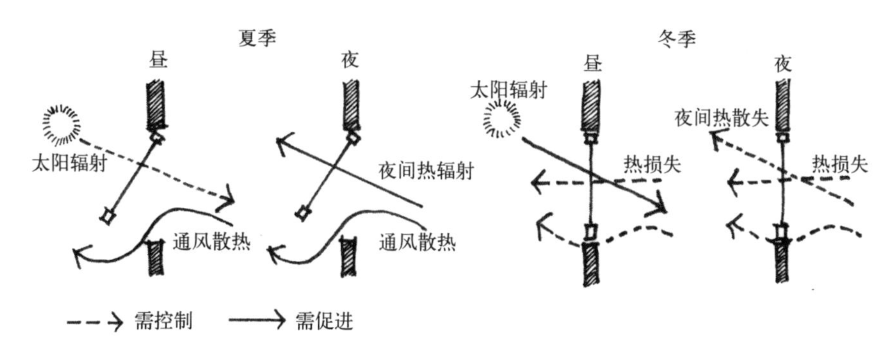

图 3–57 不同季节时间窗户传热的控制（作者绘）

[1] 国家玻璃质量检测中心 .《中空玻璃》标准对建筑节能的意义 [C]. // 专著责任者 . 中国——欧盟建筑标准和节能研讨会 . 北京出版者 :2008.

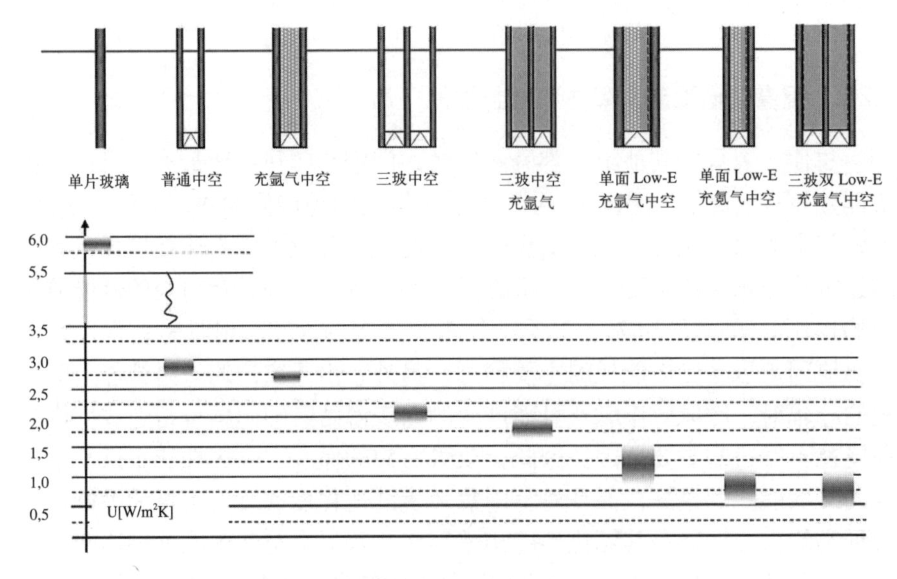

图 3–58 不同配置中空玻璃的 U 值比较

图片来源：国家玻璃质量检测中心．《中空玻璃》标准对建筑节能的意义．中国——欧盟建筑标准和节能研讨会，北京，2008 年 1 月 30 日．

窗户的隔热性能主要是指夏季窗户阻挡太阳辐射热进入室内的能力。采用各种特殊的热反射玻璃或热反射贴膜有很好的效果，特别是选用对太阳光中红外线反射能力强的热反射材料更为理想，如低辐射玻璃等。需要注意的是，选用玻璃材料时还要考虑到窗户的采光问题，不能以损失窗户的透光性来提高隔热性能，否则，其节能效果会适得其反。目前，随着玻璃技术的进步，高能效、高透光、低辐射玻璃得到推广和使用。使用高效完美的低辐射中空玻璃替代单层玻璃或幕墙，U 值 6.0 ~ 1.1 kW• h/（m²• K），意味着每栋房子每 m^2 可节约能源 21%，粗略计算可为中国带来巨大的能源节约：每年节约总共 2700 亿元（448 亿 L 汽油[1]），或 7610 万 t 标准煤，按照高质量中空玻璃 25 年的预期寿命计，总共可以节约 70000 亿元[2]，节能价值相当可观。

如图 3-59 所示是德国目前新建住宅多采用的三层保温玻璃详细构造，这种玻璃可以使窗户的太阳能得热大于热损失，从而使窗户变成一个净得热的建筑构件。三层中空玻璃的总厚度为 28mm，太阳能辐射透过率可达到 58%，进一步提高了窗户在太阳能被动利用中的效率。并可将遮阳卷帘安装在三层保温玻璃内部，玻璃部分的传热系数可控制在 0.7W/（m^2• K）（图 3-60），可

---

[1] 按国际市场价格 6 元 /L 计．

[2] Helmut Hohenstein. High-performance insulating glass used in the short term to achieve sustainable development and improving energy efficiency Rate the best way [C].// 主要责任者 . the EU-China cooperation projects, 2008.01.30.

以满足冬季保暖得热、夏季防晒遮阳的综合要求。由此可见，减小开窗面积，损失日照和景观要求并非是控制窗户热损失的唯一有效方式，玻璃性能的提高为表皮维持室内热舒适环境下的轻薄、亮透提供了支持和保障。

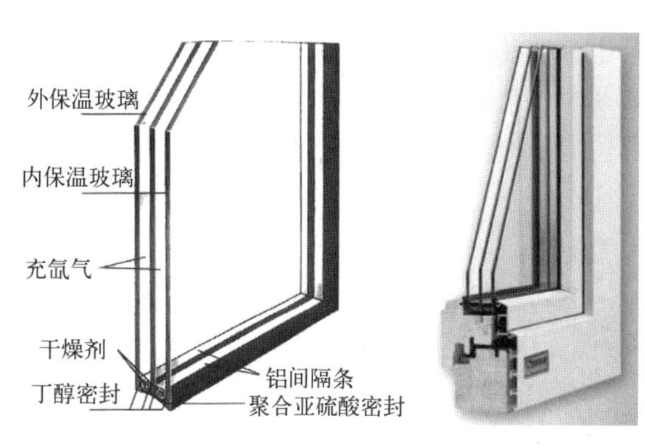

图 3-59　三层保温玻璃构造

图片来源：张神树、高辉 编著. 德国低 / 零能耗建筑实例解析. 北京：中国建筑工业出版社，2007:76.

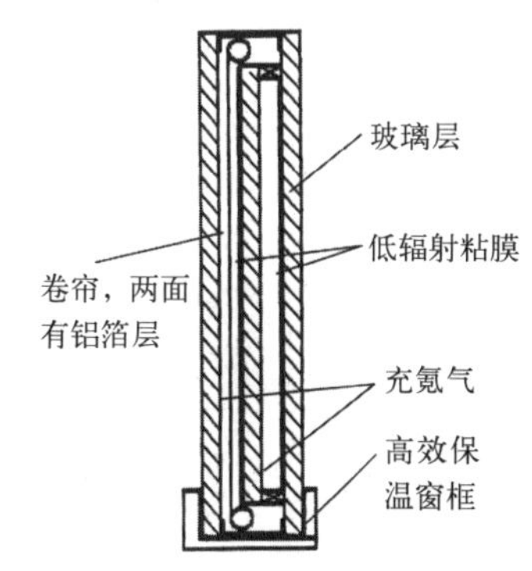

图 3-60　遮阳卷帘安装在三层保温玻璃内部

图片来源：同左

技术的发展让玻璃材料在热工性能和表现力两方面都有所突破。热工性能的提高使得玻璃材质可以在建筑外表面大面积运用，同时还可以节省能源，因而可以更加自由地追求造型上的轻盈和通透。玻璃作为表皮材料也具有了更多的表现力，如低铁玻璃的出现，使得建筑能够更加通透；液晶显示玻璃使建筑表皮能够适时变化；各种不同质感的玻璃，如蚀刻、丝网印刷、贴膜玻璃等，使玻璃的透光效果富有更多的变化，并且呈现出不同的表皮质感。中空玻璃的空隙内也可以根据设计需要进行特殊处理，用以追加各种附加功能，如加入百叶、卷帘等等，提高对太阳辐射的控制能力；加入光电池可以将太阳能收集转化为电能；在空隙内充入传导性更低的惰性气体，以增强热隔绝性；充入硫或六氟化物等气体改善其隔音效果等等。采用 Low-E 玻璃组成的中空玻璃，其传热系数一般可降至 1.5 ~ 2.1W/（m^2•K），不但传热系数低，保温性能优良，而且遮阳系数也可以大幅度降低，隔热性能好，具有很高的能源价值。

另外还有一些特种玻璃的出现，将各种生态控制技术与玻璃集成生产，从而实现玻璃表皮的智能化。如全息分解膜夹层玻璃，是在两片玻璃之间加入了一层带有全息分解结构的薄膜。这种玻璃可以通过预先设定的全息分解结构来实现对太阳光线的完美控制。还有温控或电控夹层玻璃，在夹层玻璃中添加可以根据温度或电压等条件的改变而改变其透光性和隔热性的材料，这种带有趋热性或趋光性的薄膜可以有效地改变夹层玻璃的可控制能力，使得玻璃可以随着温度、光线或电压的升高呈现出透明、半透明或不透明等多种状态。这种智能化的玻璃可以根据室外气温或光线的变化，适时地对玻璃的透光性、隔热性和反射率进行自动调整，可以有效地减少能源消耗，提高太阳能利用率，是表皮智能化的利器。

窗户的节能与整窗性能有关，窗框虽然在全部窗户面积中仅占10% ~ 15%，但对窗户整体的隔热性和气密性也有着直接的影响，保温隔热与气密性能的不断改善使得门窗的综合性能得以提升。改善住宅外窗的保温性能主要是提高窗户的热阻，因此应该选用导热系数小的窗框材料，如塑料、断热铝合金、木质框材和复合框材等（图 3-61）。

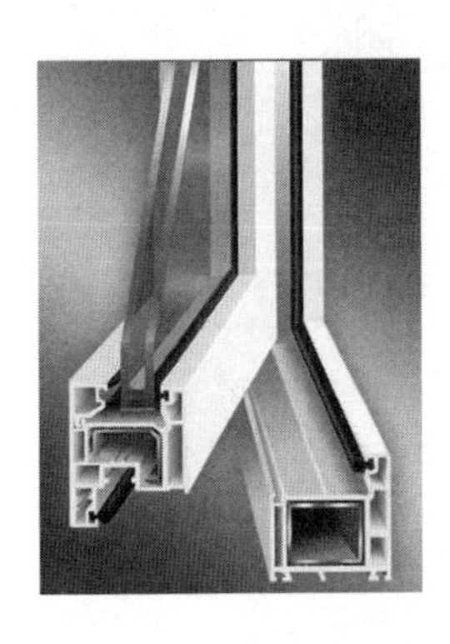
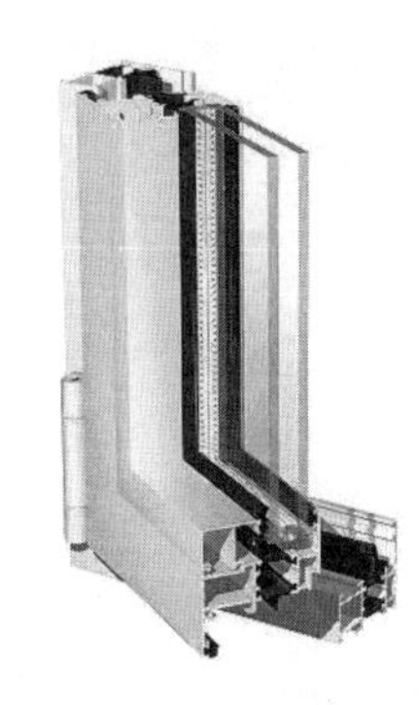

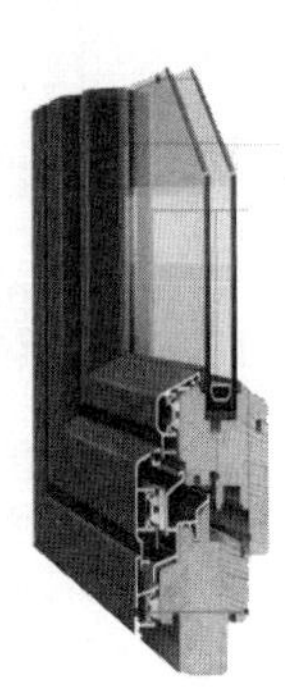

图 3–61　窗框（图片来源：厂家提供）

20 世纪 70 年代隔热（断桥）铝合金型材开始出现，无疑是门窗和幕墙技术的一次革命。为了解决寒冷地区门窗的冬季结露和节省供暖能源等问题，塑料门窗的研制和应用也得到了不断的推广。另外，欧洲发达国家由于其丰富的木材资源，鼓励使用可再生的木质窗框，因其相比金属窗框，可以提高窗户整体的隔热性，还具有生态可循环意义。同时，木质窗框还具有独特的温暖感和舒适效果，是一种值得推广的生态节能材料。不同材料有不同的特性，利用各自的特点，通过材料复合加工而成的门窗框称为复合门窗框，可以充分发挥和利用各种材料的优点，有效减少热损失。例如铝木复合门窗，在保留纯实木门窗特性和功能的前提下，将隔热（断桥）铝合金型材和实木通过机械方法复合而成的框体。两种材料通过高分子尼龙件连接，充分照顾了木材和金属收缩系数不同的属性。这样既能满足建筑物内外侧封门窗材料的不同要求，保留纯木门窗的特性和功能，外层铝合金又起到了保护作用，且便于保养，还可以在外层进行多种颜色的喷涂处理，便于协调住宅表皮的整体色彩，具有很高的环保性、装饰性和节能性。

部分欧洲国家和地区各类门窗所占比例（单位：%）　　表3-6

地区	2001年			2002年			2003年		
	木窗	PVC窗	铝窗	木窗	PVC窗	铝窗	木窗	PVC窗	铝窗
英国	21.0	58.0	21.0	20.0	59.0	21.0	19.0	59.5	21.5
法国	35.5	49.5	24.0	37.0	41.0	22.0	36.5	41.5	22.0
东欧	56.5	38.0	5.5	56.0	39.0	5.0	55.5	40.0	4.5
北欧	56.0	12.5	31.5	56.5	12.5	31.0	56.0	13.0	31.0

表格来源：罗忆、刘忠伟．建筑节能技术与应用．北京：化学工业出版社，2007: 148.

来自门窗的热损失有两个最主要原因，热传导和空气渗漏。门窗的气密性是指门窗在关闭状态下，阻止空气渗透的能力。渗漏空气与通风换气的空气不同，这种非控制流动的空气属于不良空气，其最大的危害是导致对流热损失。因此，窗户的气密性是表征窗户节能的重要性能指标之一，体现在窗扇与窗框、窗扇与玻璃、窗框与外墙之间的密封性。提高外窗的气密性将减少热能损失，如果外窗的气密性差，通过窗缝渗入室内的冷空气量大，采暖热耗量就会增加。尤其在冬季风压较大时，将导致室内温度下降，热环境变差，灰尘增多。因此，改善外门窗的气密性对减少室内热损耗有很大作用。

防止雨水渗透是门窗的另一项基本功能，水密性是衡量雨水在空气压力作用下渗透的重要指标，其定义为：关闭着的外窗在风雨作用下，阻止雨水渗透的能力。目前，随着高层住宅外窗和幕墙的大面积使用，对门窗水密性的要求也不断提高。为提高防水性，常采用等压舱设计，窗框之间不进行密封，在框料下端开泄水孔。同时，要达到预期的保温隔热和隔音的效果，窗户连同所有接口的整体安装状况也至关重要。

门窗性能的不断改善和提高为现代主义以来，以能源消耗为代价的玻璃盒子建筑打了一个漂亮的翻身仗。位于奥地利维也纳的太阳能住宅(2001，图 3-62)，采用了大面积的双层低温辐射热能玻璃，以及太阳能收集等措施，使得这座玻璃住宅的温度能保持在 20 ~ 25℃。双层玻璃板之间还有一层金属夹层，可以传递短波、暖热的光线，同时反射长波、具有伤害性的紫外线，使室内保持舒适的温度范围。

图 3-62 太阳能住宅

图片来源：Alanna Stang, etc.. The Green House : New Directions in Sustainable Architecture, 2005：55.

图 3-63 R128 住宅（photo by Roland Halbe）

建筑师韦纳·索贝克（Werner Sobek）在斯图加特设计建造的玻璃住宅 R128（2000，图 3-63），是继密斯的范斯沃斯住宅之后又一座透明住宅历史上的新篇章。与能耗大户范斯沃斯住宅相比，这座水晶盒是一个完全零能耗的住宅。整栋住宅被玻璃幕墙包裹，幕墙由 2.286m × 1.3462m（90in × 53in）带涂层的三层绝缘玻璃面板组成，包含一层镀锌塑料膜，能将那些可以穿透普通玻璃的红外线反射回去，并且可防止室内温度过高。每层玻璃板之间还充满了惰性气体，使得玻璃幕墙的导热值非常的低，其绝缘性能可相当于 101.6mm 石棉瓦的水平。而索贝克在德国乌尔姆（Ulm）设计的另一栋住宅 D10（2010，图 3-64）更是对范斯沃斯住宅（图 3-65）的全新演绎，屋顶与地板之间同样是四周的玻璃围合，玻璃的物理性能却远远高于密斯时代的玻璃，住宅所需的所有能耗都来自于可再生能源，高效的地热能源系统和热泵提供热水、供热和制冷的能源需求。整个屋顶表面被太阳能光伏电板覆盖，产生的年平均能源大于整栋房屋所需。R128 住宅和 D10 住宅都是韦纳·索贝克三零概念[1]（Triple Zero ®）的全面体现。

---

[1] 三零概念（Triple Zero ®）是韦纳·索贝克提出的节能建筑标准，三零指的是零能耗、零排放、零废弃 .

- 零能耗：由可再生资源产生的能源大于等于整个建筑所需的初级能源，包括采暖、制冷、热水、用电等；
- 零排放：二氧化碳排放量为零；
- 零废弃：所有建筑构件可完全回收，无污染、无残留、无浪费 .

图 3–64　D10 住宅（photo by Zooey Braun）

图 3–65　范斯沃斯住宅

图片来源：http://www.tongimes.com/post/56.html

3.2.3　强调可调节式外遮阳的运用（8）

夏季通过无遮阳窗进入室内的太阳辐射能可占到空调能耗的 23% ~ 40%，因此，窗口遮阳显然是降低空调能耗的重点。窗口遮阳的作用是阻挡直射阳光从窗口进入室内，减少对人体的辐射，防止室内墙面、地面和家具表面因吸收太阳辐射而导致室温升高。遮阳的方式多种多样，遮阳设计需要解决室内采光与室外遮阳的矛盾，以及夏季有效遮挡和冬季避免遮挡的矛盾。

常用的窗户遮阳措施主要包括内遮阳、玻璃及透明材料的本体遮阳（指通过玻璃着色涂膜或贴膜，降低材料的遮阳系数，达到遮阳目的）和外遮阳等几种形式，其中外遮阳又有固定式和可调节式之分。针对不同朝向，太阳的入射角度不同，应该采用不同的遮阳方式。窗户的遮阳效果主要通过遮阳系数来衡量，不同方式和材料内遮阳和外遮阳的遮阳系数不同。同时还要保证窗户玻璃的可见光透过率，以满足窗户采光的基本要求。降低玻璃和窗户的遮阳系数能够降低透过窗户进入室内的太阳辐射得热，达到节能和改善室内热舒适性的目的。

遮阳设施遮挡太阳辐射热量的效果除了取决于遮阳形式外，还与遮阳设施的构造处理、安装位置、材料与颜色等因素有关，不仅形成不同的立面效果，也直接影响着室内的光、热环境和实际能耗（图 3-66，表 3-7）。相比较内遮阳而言，窗口外遮阳是一种更为经济有效的遮阳方式，采用不同遮阳形式室内温度比较，外遮阳方式可直接将 80% 的太阳辐射热量遮挡于室外，能有效降低空调负荷，节约能源，明显降低初始投资和运营费用，更可防止眩光，以确保采光远眺的舒适性。这对于夏季遮阳降耗十分有效，但在冬季却需要让更多的太阳辐射热进入室内，因此，固定不变的外遮阳就具有一定的局限性，而可调节式外遮阳因其可以根据气候、太阳角度的

遮阳系统比较 **表3-7**

	无遮阳	内遮阳	百叶遮阳	玻璃间层内置遮光栅格	外挑遮阳	外遮阳棚	外卷轴遮阳	外百叶遮阳
F_C（理论值）	1.0	0.75	0.75	0.75	0.5	0.4	0.3	0.25
F_C（实际值）	1.0	0.35	0.4	0.15	—	0.1～0.4	0.1～0.3	0.1
维护费用	—	低	低	很低	—	很高	很高	高
操控力	—	好	很好	系统决定	—	很好	好	很好
视线遮挡	无	材质决定	角度决定	角度决定	无	使用决定	材料决定	角度决定
日光	无遮挡 不均匀	减少日光进入	改变光线入射角，阻止直射光	改变光线入射角，阻止直射光	阻止部分直射光线	减少日光直入，利用扩散光	阻止直射光	改变光线入射角，阻止直射光
炫光	高	无	角度决定	角度决定	防止炫光	使用决定	防止炫光	角度决定
使用	阴影面 少窗面	中庭 屋顶 少窗面	迎风面 少窗面	天窗， 多用于办公建筑	南向窗 广泛	广泛	广泛	多用于办公建筑
评论	—	美学价值有限光可从边界射入	—	不受气候限制	通常伴有其他额外措施	配合室内通风	配合室内通风	受室外风影响

数据来源：参见Gerhard Hausladen, Michael de Saldanda, . ClimaSkin: Konzepte für Gebäudehüllen, die mit weniger Energie mehr leisten. Callwey, München, 2006:136.

变化以及使用者的要求自由调节，以满足不同时间室内光热环境的动态需要而得到了越来越多的广泛运用，可以综合满足环境适应性、采光控制和热舒适要求，同时其美学潜力也不断得到开发，正成为住宅遮阳的主要趋势。

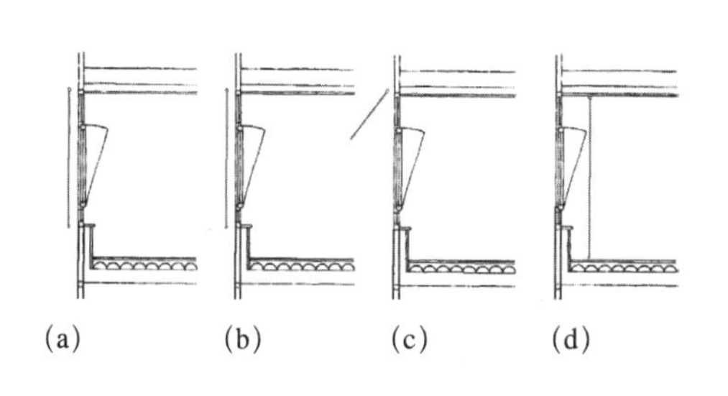

(a)：外置铝合金百叶
(b)：外置织物卷帘
(c)：外置织物卷帘挑出
(d)：内置遮阳

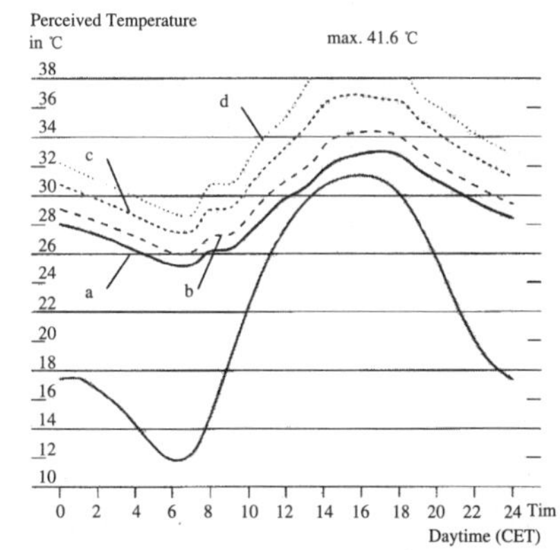

图 3–66 采用不同遮阳形式室内温度比较

图片来源：参见 Klaus Daniels．Technologie des ökologischen Bauens: Grundlagen und Maßnahmen, 1999:270.

如上所述，遮阳的形式多种多这样，遮挡太阳辐射热的效果除了取决于遮阳形式外，还与遮阳设施的构造处理、安装位置、材料与颜色以及居住者的使用操作等因素有关，不仅带来室内光热环境和能源消耗的异同，更直接反映在住宅的立面表情上，是住宅表皮传达信息、展现自我、与环境沟通的主要体现。可调节式外遮阳在欧美国家是住宅表皮的基本组成部分，遮阳方式以及相关配套产品已经非常成熟，但在我国的大量性住宅建设中却还有待进一步的开发利用。(图 3-67)

荷兰阿姆斯特丹城市住宅金属外遮阳折叠板

木质折叠百叶遮阳板

马德里城市住宅竹质折板遮阳

图 3–67 各种可调节式外遮阳形式（一）

林茨住宅织物外遮阳

金属穿孔折叠遮阳板

织物外遮阳卷帘

林茨住宅铝合金百叶水平遮阳

篷布外遮阳

双层皮层间铝合金遮阳百叶

木质滑动遮阳百叶

遮阳卷帘

滑动遮阳板

折叠遮阳板

图 3–67　各种可调节式外遮阳形式（二）

位于德国巴伐利亚阿尔卑斯山脚下的私人住宅（图 3-86），采用矩形节能造型、外包钢骨架、通高窗户以及突出的外部遮阳系统，与当地木质、厚墙、白色镶边窗户的传统住宅大相径庭，成为当地突出的异景。该住宅采用了多项生态节能措施，其中最引人注目的则是其传感驱动自动遮阳系统。住宅正面悬挂着一排可回收纺织品制成的遮阳帘，通过光线和风力传感器，遮阳帘可自动上升或降低，将室内光线和热量扩散调整至最佳状态。在炎热的夏季，遮阳帘可根据主人需要屏蔽过热的阳光，而透过遮阳帘，远处美丽的阿尔卑斯山景依旧一览无余。

米兰高能效社会住宅（Social housing，2004）针对东、西、南不同方位，分别采取了不同的遮阳措施。如图 3-68 至图 3-72 所示，东立面除了铝合金白色卷帘遮阳以外，还设有铝合金水平遮阳百叶，局部配有垂直遮阳板；西立面采用双层皮遮阳，里层为铝合金白色卷帘，外层中段为可开启折叠百叶；南立面同样采取双层皮做法，上部采用下悬式半透明玻璃，可同时引导通风，中部采用可开启扇配以铝合金水平遮阳百叶，下部为半透明固定扇。各种遮阳方式既能分别应对不同方位的气候和阳光需要，又协调统一，操作方便灵活，极大地减少了夏季的太阳辐射，并可在冬季将南向开启扇关闭，作为阳光房吸收太阳热，具有高效的能源利用价值。

图 3-68　德国私人住宅遮阳帘收起及启动状态

图片来源：Alanna Stang, Christopher Hawthorne. The Green House : New Directions in Sustainable Architecture, 2005：91.

图 3-69　米兰高能效社会住宅

图片来源：Robert Gonzalo．Energieeffiziente Architektur: Grundlagen für planung und Konstruktion, 2006: 77.

图 3-70　西立面遮阳

图片来源：Robert Gonzalo．Energieeffiziente Architektur: Grundlagen für planung und Konstruktion, 2006: 79.

图 3-71　东立面遮阳

图片来源：Robert Gonzalo．Energieeffiziente Architektur: Grundlagen für planung und Konstruktion, 2006: 77.

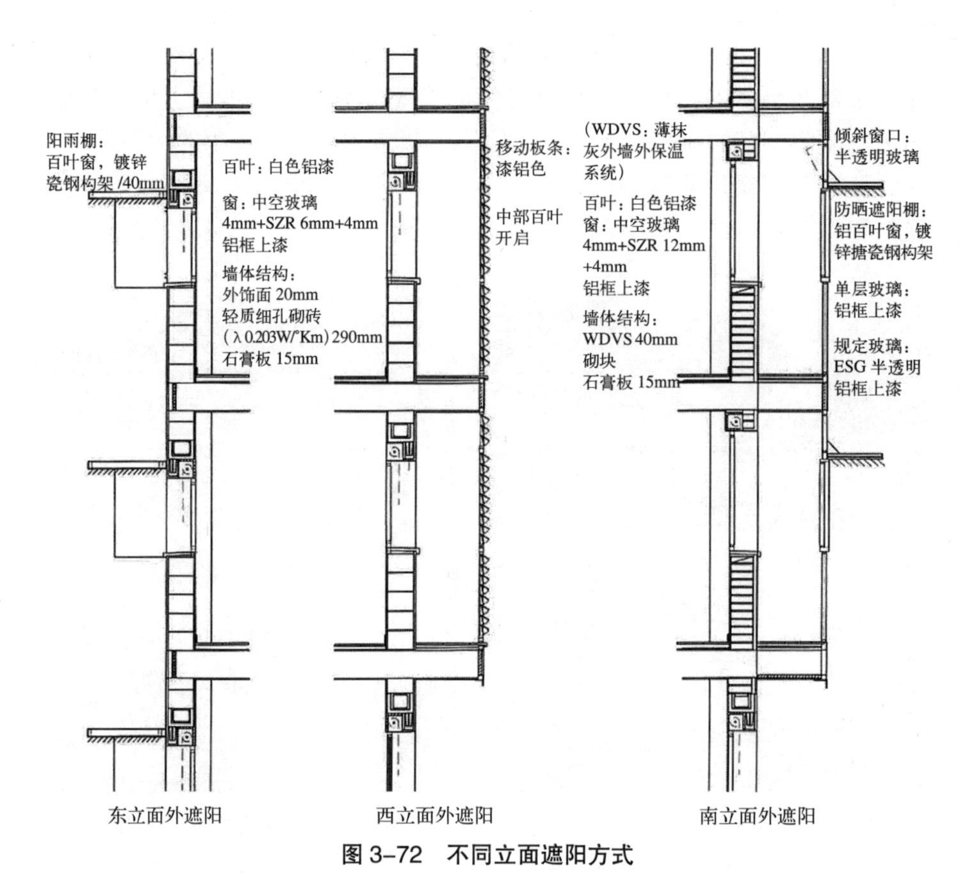

图 3–72　不同立面遮阳方式

图片来源：Robert Gonzalo．Energieeffiziente Architektur: Grundlagen für planung und Konstruktion, 2006: 79.

可见，可调节式外遮阳不只是简单的遮住光线，而是对太阳光的一种合理利用和控制。通过不同情况下对阳光的利用和控制，达到良好的室内光热环境，同时创造特殊的立面效果。使用不同的材料，不同的组织方式而产生的遮阳效果也有所不同。作为一种建筑构件，它是住宅表皮的组成部分；作为一种建筑装饰而处于建筑的最外皮，其表现形式灵活，材料的选择和构成方式多，以多变的形式呈现于住宅表皮；作为调节室内微气候的一种手段，直接调节住宅内部的空间小气候。在满足遮阳需求，实现节能及合理的组织方式的同时，可调节式外遮阳设计还体现了技术、艺术与功能三者的有机结合，这也是现代住宅表皮遮阳设计的目标所在。

3.2.4　合理利用自然采光（9）

天然阳光是大自然赐给人类的宝贵财富，它取之不尽，用之不竭。

从节能来看，照明能耗占建筑总能耗的 40% ~ 50%，合理设计和采用自然采光可以节省照明能耗的 50% ~ 80%。现在全球每年要消费 2 万亿 kW•h 的电力（相当于 24 个三峡电站的发电量）用于人工照明。生产这些电力要排放十几亿 t 的 CO_2，和一千多万 t 的 SO_2。[1] 电气照明在为人类造福的同时，也消耗了大量的能源，并对人类生存环境造成严重的污染。合理利用自然采光可以提供更加健康、高效、自然的光环境，还可以节约大量照明用电。从卫生的角度，自然光还可以起到杀菌、灭毒的作用，并能给人带来心理上的满足感。因此，通过合理的门窗设计，有效利用、控制和分配进入室内的自然光，是实现绿色照明的重要途径之一。

自然采光按采光口形式的不同可以分为侧窗采光和天窗采光两种。我国当前的住宅建筑大都是多层或高层，天窗采光的运用具有很大的局限性，因此侧窗采光是主要的采光形式。侧窗采光应该根据窗户不同高度和位置的不同功能特性，合理引导和分配自然光。单层窗按功能不同在立面不同位置分为不同材料并置；多层窗则将不同功能分层叠加，每层各司其职，协同作用（图 3-73）。如表 3-8 所示，窗户立面分为上、中、下三个区域，上部为日光区，提供日光照明到达房间深部；中部为可视区，提供自然采光和视野，需结合遮阳；下部为安全区，防止热辐射，保护安全和隐私。

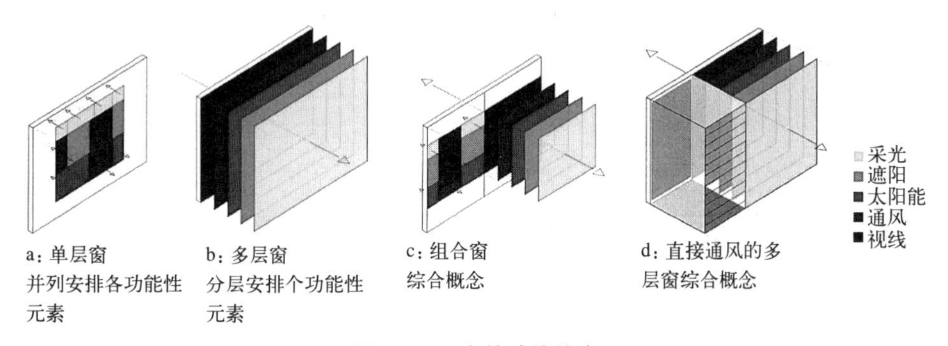

图 3–73　窗的功能分布

图片来源：Gerhard Hausladen, Michael de Saldanda, . ClimaSkin: Konzepte für Gebäudehüllen, die mit weniger Energie mehr leisten, 2006:89.

[1] 詹庆旋．光•建筑•城市——呼唤建筑师关注光环境设计 [M/OL]. http://www.bast.cn.net/ziiy/20010906-03.htm.

窗户不同部位的功能和材料特性（作者制）　　表3-8

位置		视线	遮阳	采光	通风	太阳能
上部	说明	—	适度遮阳	日光利用区，帮助房间顶部以及深部照明	进排风区域	被动、主动
	材料		防辐射玻璃、印刷玻璃、百叶	反光遮阳板、反光百叶、光棱镜等	开启扇、通风口、百叶	玻璃、TWD、光伏板
中部	说明	主要视线范围	主要遮阳	主要采光区	自然通风	被动
	材料	透明玻璃	防辐射玻璃、印刷玻璃、百叶	防辐射玻璃	开启扇	玻璃
下部	说明	隐私视线范围	适度遮阳	—	进排风区域	被动、主动
	材料	透明玻璃、磨砂/印刷玻璃、不透明材料	防辐射玻璃、印刷玻璃、百叶、不透明材料		开启扇、百叶、通风口、通风换气设备	玻璃、TWD、空气集热器、水集热器、光伏板
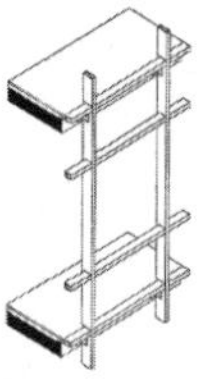		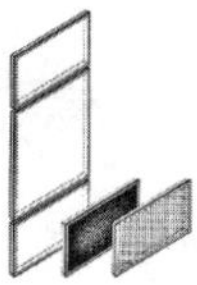	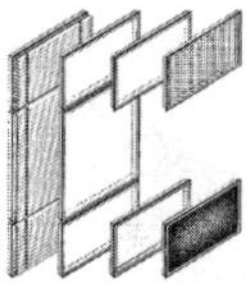		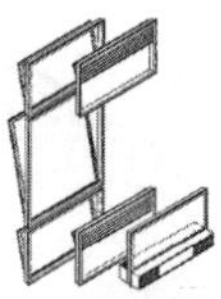	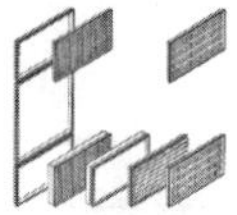

通过合理的窗户及其配件的设计可以充分利用和引导自然光，在避免眩光和室内过热的前提下增加室内均匀照度，节约电力照明，方法有多种，如：1）将窗的横档加宽，位置在窗中间偏低处，以适当遮挡照度高的区域，提高房间照度均匀性；在横档以上使用扩散光玻璃或指向性玻璃，可增加射向顶棚的光线，提高房间深处的照度，可明显改善室内采光效果。2）在窗上半部设置反光遮阳板。既可遮挡直射阳光，避免产生眩光，又可将日光反射至室内顶棚，增加室内均匀照度。3）使用反光百叶进行光照分配，反光百叶可以和遮阳百叶结合用于整个窗面。应根据不同目的分为上下两个区域，上部主要用于采光，下部用于遮阳。如果是可调节百叶，上部和下部宜采用不同的系统，这样可以使上下部分百叶保持不同的角度，更好

地满足采光和遮阳的要求。由于角度不同，上部百叶把光线反射到顶棚，而下部百叶则把直射阳光反射到室外。同时，若把反射百叶板的上表面处理为镜面反射面，下表面为漫反射表面，则更有助于将光线反射至室内顶棚，提高室内照度的均匀度（图 3-74）。

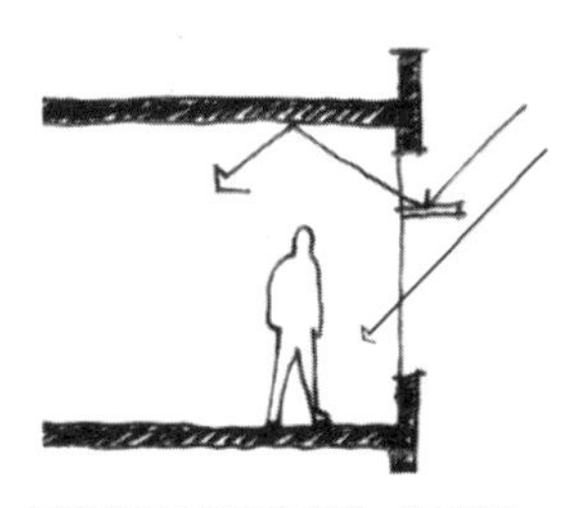

利用遮光板遮挡直射阳光，并反射光照亮室内顶棚，增加室内均匀照度

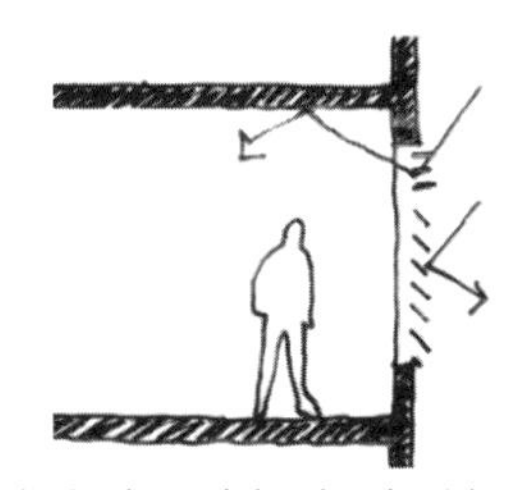

利用上下部不同方向反光百叶，上部将光线反射照亮室内顶棚，下部将直射阳光反射至室外，避免眩光

图 3–74　引导自然光均匀照亮室内顶棚（作者绘）

柯布西耶在巴黎设计的救世军大楼（Armee du Salut , 1932 ~ 1933），建成之初的住宅表皮在当时首次实现了面积达 1000m^2 的全封闭式玻璃幕墙，计划采用会“呼吸”的玻璃幕墙结构，这种幕墙表面是不能开启的双层玻璃，并在玻璃内部安装空调送风系统，使玻璃层间有流动的气流调节冷暖，用以抵挡冬季的寒冷与夏季的太阳辐射。但最终由于大大超出了预算，制冷设备和内层玻璃均被取消。可想而知，这样的削减带来了建成后室内恶劣的热环境。因此，1933 年间又被迫对玻璃幕墙进行改装，安装了可开启的窗扇和固定遮阳板，以缓解室内的微气候压力。值得一提的是改造后的救世军大楼的立面窗系统，开启扇与固定扇各司其职，遮阳板的设置既不影响上部自然光线通过反射引入室内，以增加室内顶棚照度，又可以防止眩光的产生，是具有十分现代和生态意义的功能划分（图 3-75）。

图 3–75　巴黎救世军大楼窗立面划分（Armee du Salut , 1932–1933）（作者摄）

图 3–76　塞维利亚奥斯纳住宅（Osuna Housing，1991）阳光利用示意

图片来源：Thomas Herzog．Solar Energy in Architecture and Urban Planning, 1996:56

另外，高侧窗也是一种非常好的、使日光深入房间内部的方法，塞维利亚奥斯纳住宅（图 3-76、图 3-77）就利用了屋顶高侧窗将冬季和暖的阳光引入室内，通过墙面反射照入室内深部；而在夏季则可以屏蔽阳光的直射，利用屋顶的漫反射增加室内照度。24H architectur 设计的荷兰莱登的住宅（Nieuw Leyden，2011，图 3-78），位于一个密集的街区，为了提供最大限度的日光，采用了所谓的“峡谷”（canyon）方法，峡谷在住宅内部穿行，划分空间，过滤和引进阳光，使日光能够照到较低的楼层和住宅中部，由此产生的表皮形式也极具艺术张力。

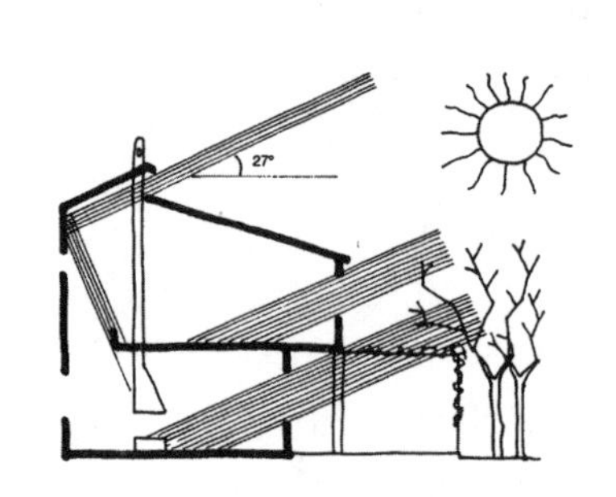

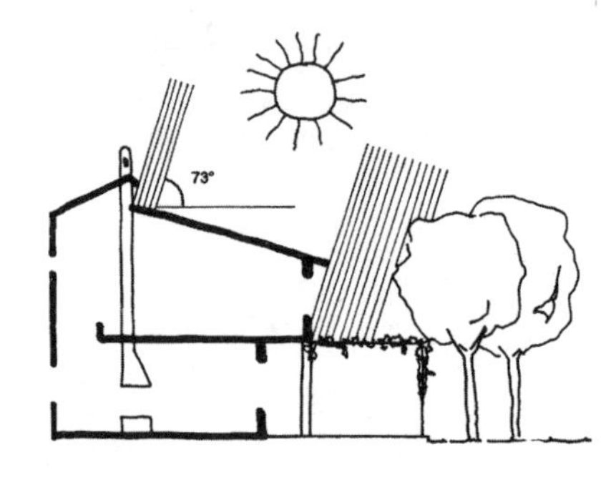

图 3–77　奥斯纳住宅阳光利用示意

图片来源：同图 3-76

图 3–78　荷兰莱登的住宅光峡谷

图片来源：Nieuw Leyden 24h architecture. Makelaar De Leeuw. 16

天窗采光是使光线进入房间，并提供均匀照度最有效的方法。日本建筑师保阪猛（Takeshi Hosaka）非常擅长在住宅设计中运用天窗采光，他近期在神奈川县横滨市（Yokohama Kanagawa）设计的日光住宅（daylight house，2011）就是对天窗采光运用的一次特别的尝试。该住宅坐落在高密度的城区，四周侧墙没有合适的位置可以安置侧窗采光，因此建筑师把如何获得充足的光照视为第一要务，并将采光的任务放到了 5m 高的屋顶之上，通过屋顶的 29 扇天窗（约 70mm 见方），将天光均匀地扩散到圆弧型的丙烯酸（亚克力）顶棚上，从方形天窗照射下来的阳光，在弧形的亚克力顶棚上投射出几何般的阴影。由于天窗之间的距离经过计算，因此整个顶棚都能够被均匀地照亮，而亚克力板的亚瑟以及其距天窗玻璃的距离也都做过仔细的计算研究，能够保证反射出安详、柔和的光线，并覆盖全屋。此外，顶棚与屋顶之间还有一个空气夹层，冬天可以储存白天被阳光照射温暖的空气，用于保温；夏季则能够引导排除热风，保持室内温度稳定。日光始于朝阳，终于落日，甚至是夜间幽暗的天光也能够在室内顶棚上印出幽蓝、美丽的光景，能够在 24 小时在屋内顶棚形成不断变化的美丽的"光影游戏"（图 3-79）。

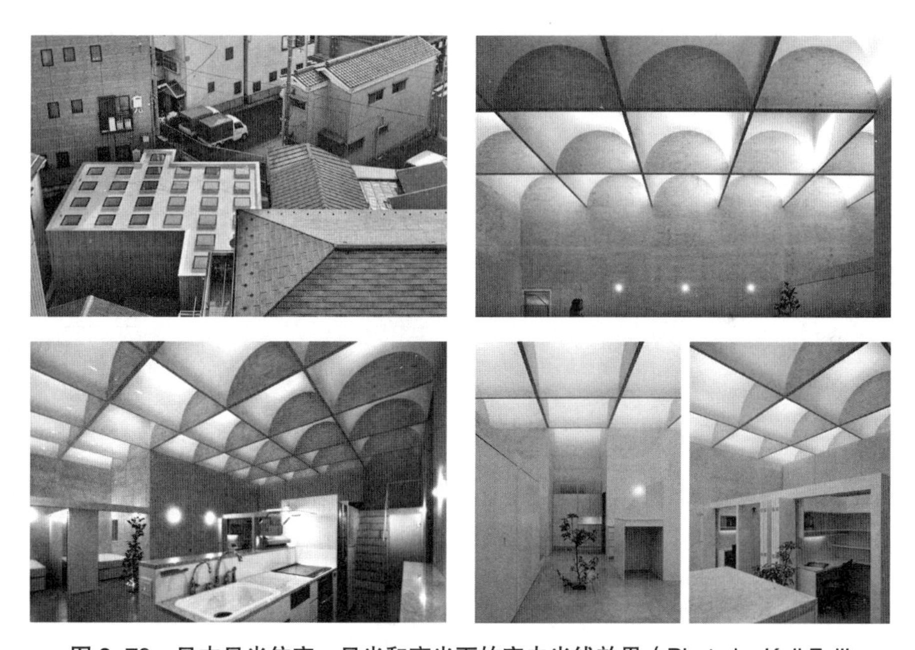

图 3–79　日本日光住宅，日光和夜光下的室内光线效果（Photo by Koji Fujii Nacasa&Partners Inc）

随着建设用地的日益紧张和建筑功能的日趋复杂，住宅的进深不断加大，仅靠传统采光已不能满足室内的采光要求，因此导光管、光导纤维、采光隔板、棱镜窗等新兴的采光方式应运而生，这些采光系统可以通过光的反射、折射和衍射等方法将天然光引入并传输至室内深部需要的地方（表 3-9）。

自然采光技术系统（作者制） **表3-9**

房间	朝向	采光类型	解决方法	系统		
无采光	—	直射光	光传输	定日镜	太阳光导管	光纤导管
采光	北	漫射光	天顶光反射	铝合金光搁板	光定向玻璃	阿尼特光板
	南东西	漫射光	光反射	漫射玻璃	—	—
		直射光	太阳能+光反射	太阳棱镜	太阳能棱镜+反光百叶	反光百叶
			光反射	不同向百叶遮阳	光棱镜	自由旋转水平百叶

图片来源：参见Gerhard Hausladen, Michael de Saldanda．ClimaSkin: Konzepte für Gebäudehüllen, die mit weniger Energie mehr leisten．Callwey, München, 2006: 141

3.2.5 有组织通风，以及排风热回收（10）

风是人类生存空间中的生态因子，可以降低能耗，减少污染，提高室内空气品质和人体的舒适感觉，为居住者提供良好的生活环境。自然通风是一项改善人居环境的重要技术手段。如传统建筑中的穿堂风等处理手法，较之其他相对昂贵、复杂的生态技术，自然通风可以在不消耗不可再生能源的情况下降低室内温度、带走潮湿的空气、排除室内污浊的空气，使人体感到舒适，并提供新鲜、洁净的自然空气，有利于居住者的生理和心理健康，减少对空调系统的依赖，从而节约能源、降低污染、预防疾病，是实现生态建筑的重要手段之一。

自然通风是由于门窗存在压力差而产生的空气流动。按照产生压力差的原因不同，可分为风压自然通风、热压自然通风、风压与热压相结合的自然通风及机械辅助式自然通风。住宅里比较重要的“穿堂风”就是利用风压通风的例子。热压通风即“烟囱效应”（Chimney Domino Effect），是利用热空气上升的原理，通过进出风口的高度差设计使室内产生负压，实现空气流动。对于室外环境风速不大的地区，是改善热舒适的良好手段。

开启扇是风的进出口，开口的位置不同会影响室内风的流场分布，同时窗扇的开启方式与开启角度，遮阳板与百叶的形式，翼墙的位置等对自然通风都有较大影响（图 3-80）。一般情况开窗位置应朝向当地夏季主导风向，并应通过窗扇形式的合理应用以利于将风引入室内；合理的洞口面积比例、形状，和风口位置，可以改变风的流动方向；通过在开启扇及其周围设置相应的导风措施，根据风向、风速的变化，有效控制和引导通风，可以获得良好的通风效果；可调节的开启扇还可以适应风向和风速的变化。依靠室内外的风压和热压差，形成有组织的自然通风，在室外气候适宜时

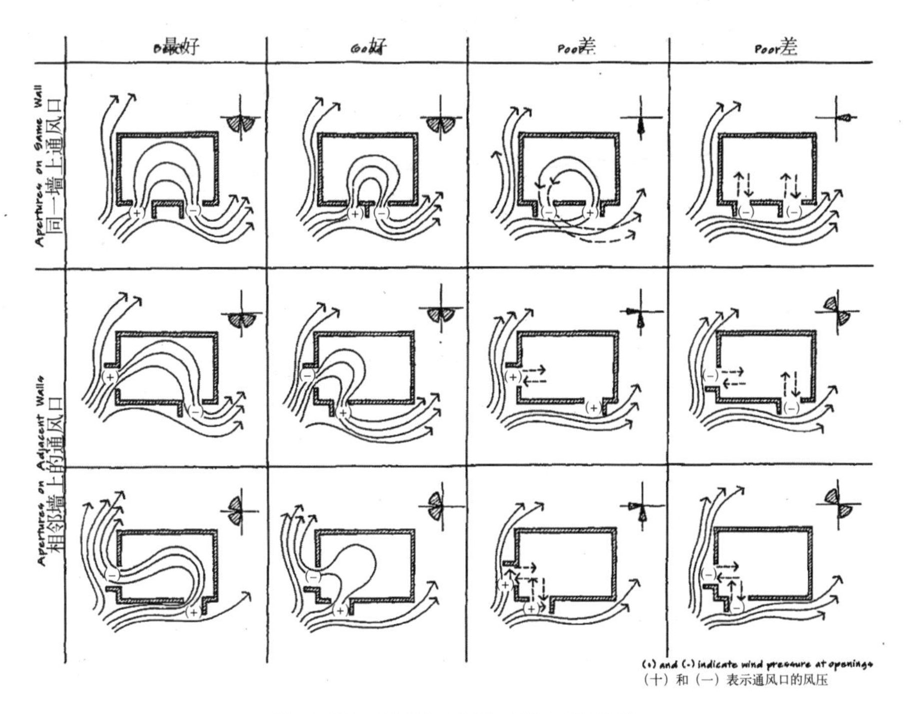

图 3–80　翼墙的设置对通风的影响

图片来源：(美) 布朗．太阳辐射、风、自然光．常志刚 等译．北京：中国建筑工业出版社，2008:184

通过自然通风达到调节室内热环境的目的。

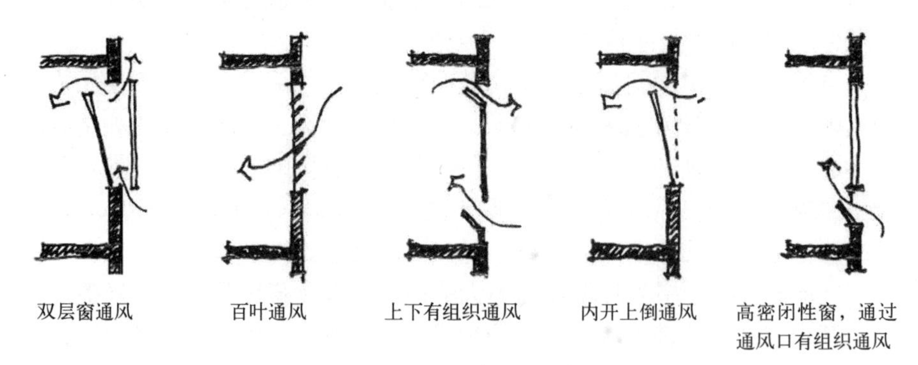

图 3–81　自然通风窗（作者绘）

当无法形成穿堂风，窗口不能朝向主导风向，以及房间只能有一面墙可以开窗时，可以通过设置翼墙，改变住宅周围的正负压区，引导风沿着与主导风向平行的方向流向窗户，得到有效的通风。朝向从垂直于主导风向变化 45° 不会明显减少通风效果。要取得一定的导风效果，翼墙出挑的深度至少应为窗户宽度的 0.5 ～ 1 倍，翼墙之间的距离至少应为窗户的 2 倍[1]（图 3-82）。如果翼墙设置的位置正确，垂直的出挑可以在一个窗户处制造正压，而在另一个窗户处制造负压，从而引导通风。外开窗可以产生类似的导风效果，比如西班牙马德里社会住宅（social housing in Carabanchel，2009，图 3-83），住宅迎风面可利用竖向遮阳板进行导风，遮阳板的角度可以根据风向或阳光进行及时的调节，一举多得。

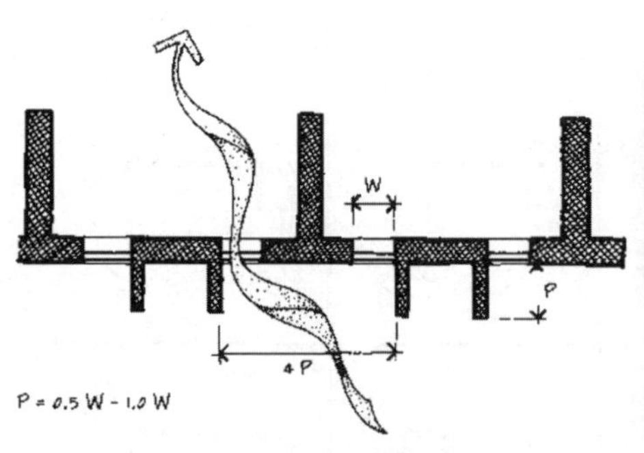

图 3–82　翼墙的推荐尺寸

图片来源：（美）布朗．太阳辐射、风、自然光．常志刚 等译．北京：中国建筑工业出版社，2008:183

图 3–83　西班牙马德里社会住宅（作者摄）

图 3–84　上海虹口区同丰路某城市住宅南向立面开窗（作者摄）

[1]（美）布朗．太阳辐射、风、自然光 [M]．常志刚 等译．北京：中国建筑工业出版社 ,2008.

窗户设置的朝向、尺寸、位置及开启方式，不仅与住宅立面息息相关，更直接影响着住宅室内气流分布。长期以来，服从于采光及立面整体效果的设计出发点，导致了我们在开窗设计上对导风和通风考虑不足。如图3-84所示，上海某住宅立面的开窗设计，开启扇方向明显有悖常理，导致居民无法对固定扇玻璃外侧进行擦洗。同时，由于上海夏季主导风向为东南风，图中右侧房间在夏季逆风开启窗扇时，将无法获得有效的通风。造成这一结果的原因即建筑师在做立面窗设计时没有仔细考虑当地的风气候条件，以及居民入住后的使用情况。

由于以前我国住宅建筑本身的保温隔热性能较差，冬季住宅通风问题的重要性远没有欧洲突出。因此与欧洲相比，在住宅通风控制与排风热回收上存在很大差距。随着建筑节能的发展，我国住宅表皮保温性能和密闭性能不断改进，通风能耗高的问题也越来越显著，仅仅依靠自然通风已经无法满足人们对于室内空气品质的要求，机械通风或自然与机械结合的通风将成为解决室内空气品质的主要手段。

欧洲许多住宅的窗户上部、阳台门上部和外墙上常有不太显眼的进风器（图3-85），这是近二十年来在发达国家推行的住宅送风系统。传统的住宅通风主要依靠开启窗扇来完成，无法控制通风量，室内的热量同时被排出，能量散失，舒适性也得不到满足。从20世纪70年代初期开始，外墙、门窗保温隔热和密封技术得到了推广和加强，同时也使室内外空气的交换问题突显出来；到20世纪80年代初，“智能型房屋呼吸系统”开始进入家庭，室内空气质量得到了进一步优化，住宅能耗进一步降低。这种“房屋呼吸”概念，即通过对通风的控制，形成室内外正负压差，让新鲜空气先进入主要居室，然后经过卫生间和厨房，再将污浊空气排出室外（图3-86）。

采取了保温措施的新建住宅由于建筑围护结构保温效果好，开窗后的热量消耗远大于不开窗时的热量消耗，一次换气时的热损失往往可达到外围护结构热损失的两倍以上，成为冬季采暖主要的热负荷部分。按照室内卫生要求，在采暖时适量换气，而不是无控制的开窗，可以在保证室内空气质量的前提下，使住宅采暖能耗减少一半以上。在欧洲的建筑设计中就非常重视室内的受控通风，可在窗台下设专门的可调式通风窗，或采用上翻式外窗调节通风量，还可在外窗上专门开设用于通风的小窗（图3-87），专供冬季和炎热的夏季的通风换气，既满足改善室内空气品质的要求，又可有效降低开窗换气所带来的热损失。建筑师Rolf Disch设计的德国弗莱堡太阳城正能源住宅，门窗通风系统采用气流阀控制，根据室内需要可控换气，并可在夜间开启，利用夏季夜间的自然风为室内降温（图3-88）。研究和开发这种产品，并在建筑设计规范中强制要求设置这种通风手段，可显著减少过量通风换气导致的能耗。

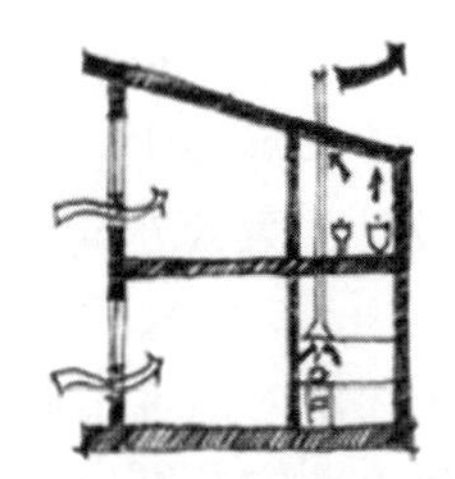

图 3-86　排气扇控制通风（无热回收）（作者绘）

图 3-85　慕尼黑城市住宅外墙上的通风口（作者摄）

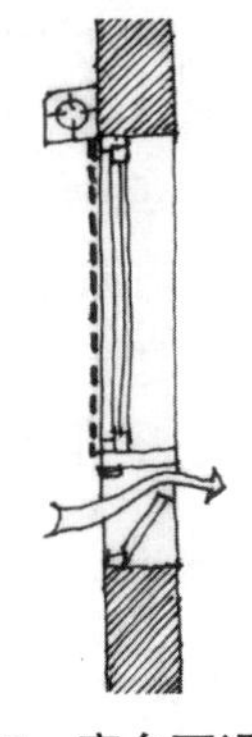

图 3-87　窗台下设专门的可调式通风窗（作者绘）

气流阀在夜间开启，通过自然风为室内降温

图 3-88　德国弗莱堡太阳城正能源住宅门窗通风系统

图片来源：Rolf Disch 太阳能建筑设计所提供

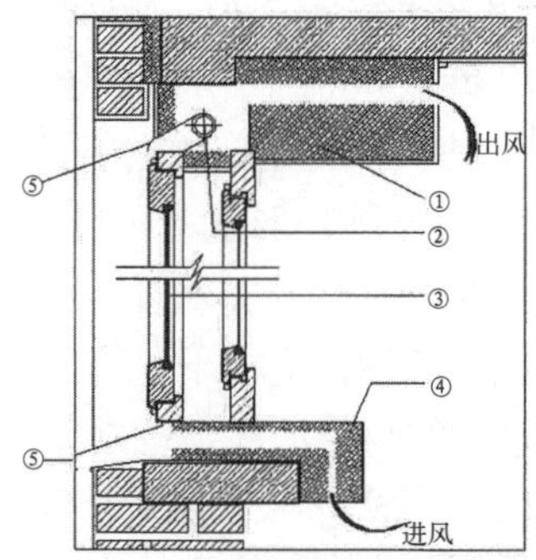

①出风口处吸声材料
②排风设施
③玻璃的厚度不同
④进风口处吸声材料
⑤挡风雨条

图 3-89　通风隔声窗

图片来源：汪维，韩继红．上海生态建筑示范工程，2006:7

这种可控通风措施目前在国内住宅设计中还很少采用，但是由于生态、能源意识和技术的不断提高，针对可控通风的研究和尝试也已经在一部分试点项目中展开，具有一定的示范和启示作用。上海生态住宅示范楼中就安装了双层机械通风隔声窗，包含隔声系统、消声系统和通风系统。风道被设计成阻抗综合式消声器，在满足通风率的前提下，隔离室外噪声，并消减气流噪声；通风系统采用 $135m^3/h$ 的低噪声风机，可以分档控制风量供给，这种排风式通风隔声窗有助于改善室内空气质量[1]（图 3-89）。

随着室内热舒适度的提高，住宅表皮的内外温差日益加大，而卫生要求的提高使得室内的通风换气逐渐成为建筑热损失的主要原因。在隔热性能良好的建筑中，冬季用来加热新风空气的能耗甚至占到总的采暖能耗的一半以上。因此，在寒冷地区通过专门装置有组织进行通风换气的同时，有效的回收排风中的热量或冷量，对降低住宅的实际能耗具有重要意义。测试表明，显热热回收装置回收效率达到 70% 时，就可以使采暖能耗降低 40% ～ 50%。[2] 在这种情况下，理想的住宅表皮应该在热流透过与气流透过之间作出选择，也就是"过滤"掉气流中的热流。一个有效的办法就是在通风系统中安装能量再生轮（Energy Recovery Wheel），即热交换器（图 3-90），从排出的空气中吸收热量，再把热量转移给吸入的新鲜空气，从而尽可能地保证室内的热能守恒[3]。德国汉诺威康斯伯格生态小区住宅窗户采用 3 层玻璃，提供了极好的隔热密封层。室内污浊空气在排出之前，先吸收空气中储存的热量，再释放给进入室内的新鲜空气，使 90% 以上的热量能够保留在室内。当室外温度低至 -8℃时，室内在没有供暖的情况下仍然可以保持在 21℃（图 3-91）。这种热回收装置的设计可以使在德国这样的严寒地区冬天几乎不需要使用暖气及空调设备供暖，极大地节约了能源。

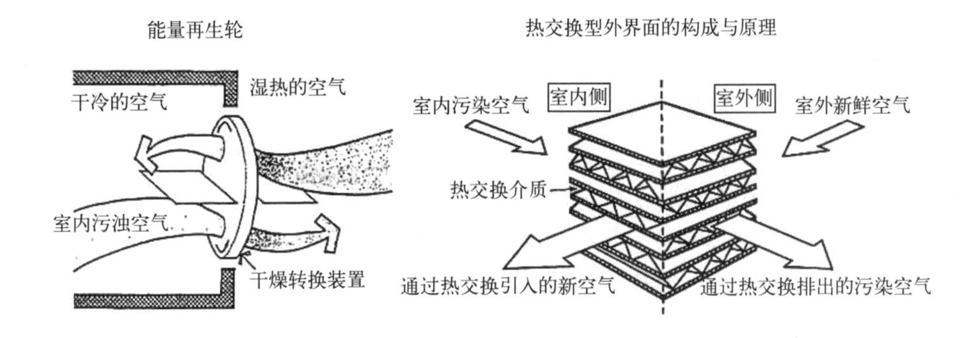

图 3–90　对表皮通风的能量控制

图片来源：1. Laura G. Zeiber. The Ecology of Architecture Complete to Creating the Environmentally Conscious Building. New York: Whitney Library Design, 1996:227.

2.（日）健康住宅促进协会．空气环境与人．彭斌译．北京：科学技术出版社，2000：101．专引自：吕爱民．应变建筑．上海：同济大学出版社，2003：87

---

[1] 汪维，韩继红．上海生态建筑示范工程（生态住宅示范楼）[M]．北京：中国建筑工业出版社，2006.

[2] 江亿，林波荣，曾剑龙，朱颖心．住宅节能 [M]．北京：中国建筑工业出版社，2006.

[3] 吕爱民．应变建筑 [M]．上海：同济大学出版社，2003.

图 3-91　德国汉诺威康斯伯格生态小区住宅窗户带热回收装置的通风口设计（作者摄）

3.3　屋面设计策略

屋顶是住宅表皮的重要组成部分之一，也是承受气候要素作用最强的部分，屋面的能耗在住宅表皮总能耗中占有相当的比例，同时，屋面也是接收利用可再生能源最有利的部位，对太阳能、风能以及雨水的利用有绝对的优势，与绿化的结合也是表皮系统中最方便可行的。因此，屋面的设计对于住宅表皮的生态化，尤其是能源利用的高效化至关重要。

3.3.1　保温、隔热与防水（11）

屋顶的保温隔热性能不仅影响整个住宅的采暖能耗，而且直接影响顶层房间的舒适性。由于受到太阳直接辐射最强，且作用时间也最长，导致顶层房间中屋顶的得热量大约占到住宅总能耗的 5%~10%，占顶层能耗的 40% 左右。因此，强化和改善屋顶的保温隔热能力对于改善住宅，特别是顶层房间的室内热环境具有重要意义。同时，与外墙相比，相同保温情况下，屋顶对室内热环境的影响会更大，其结构通常也可以提供更多设置保温层的可能和方法，材料的选择性也更广泛。另外，加厚屋顶的保温层，不会减少建筑的使用面积。因而，屋顶的保温应该受到更多的重视。

一般情况，屋面的传热系数要优于外墙的传热系数，并且可依据屋面的形式选用不同的保温材料，比如膨胀珍珠岩、玻璃棉和聚苯乙烯泡沫等。在英国有采用回收废纸制成的纸纤维保温材料，这种纸纤维生产能耗极小，保温性能优良，经过硼砂阻燃处理还能防火，是一种生态环保的保温材料。另外还有刷铝银粉或采用表面带有铝箔卷材的反射降温隔热屋顶；或在屋顶铺设铝钛合金气垫膜，形成绝热反射膜，可阻止 80% 以上的可见光；或通过热塑性树脂 / 热固性树脂 + 高反射率的透明无机材料制成热反射涂料来降温；或将增强水泥喷涂于发泡隔热材料上形成节能屋面瓦等多种屋面保温隔热措施。

屋面保温常见的构造措施有正置式和倒置式。这两种保温方式均可在屋面上设置架空通风隔热层或屋顶绿化，以提高屋面的通风和隔热效果。正置式是在屋顶防水层下设置导热系数小的轻质材料用作保温，如膨胀珍珠岩、玻璃棉等；倒置式是将憎水性保温材料设置在防水层之上，这样做的优点是构造简化，不必设置屋面排气系统；防水层受到保护，避免热应力、紫外线等因素对防水层的破坏；屋面检修方便简单。因此，倒置式屋面是一种隔热保温效果较好的节能屋面构造形式。

近年来随着生态节能的深入研究，美国学者提出了一种冷屋顶（cool roofs）概念，指通过在屋面表皮涂刷浅色或高反射率涂料以提高屋顶的日射反射率，减少太阳热量的吸收，从而实现改善室内热环境、减少空调冷负荷、节约空调能耗目的屋顶[1]（图 3-92，图 3-93）。通过反射作用，冷屋顶系统的紫外线辐射、红外线（IR）辐射作用可以减缓材料的老化速率，使得屋顶保持在更加稳定的温度范围内。延长屋顶使用寿命有助于降低维修成本，并降低废弃物的生成量。美国劳伦斯伯克利国家实验室和加利福尼亚戴维斯能源集团的一项研究表明，安装冷屋顶可以有效降低每栋建筑屋顶表面的峰值温度，并且降低制冷设备的能源消费达到 52%[2]；广泛采用冷屋顶还可使城市环境温度降低约 2℃[3]，有效控制城市热岛现象，减少空气污染和温室气体排放量，保护大气臭氧层。因此，冷屋顶是新建住宅和改造项目中实现高能效屋顶的一个简单且有效的方法，是一种非常有前景

---

[1] Urban, Bryan; Kurt Roth (2011). Guidelines for Selecting Cool Roofs [EB/OL]. U.S. Department of Energy. 2011-00-00. http://heatisland.lbl.gov/sites/heatisland.lbl.gov/files/coolroofguide_0.pdf.

[2] Konopacki, Steven J.; Hashem Akbari (2001). Measured energy savings and demand reduction from a reflective roof membrane on a large retail store in Austin [EB/OL]. Lawrence Berkeley National Laboratory 2001-00-00. http://escholarship.org/uc/item/7gw9f9sc.

[3] Konopacki, Steven J.; Hashem Akbari (2001). Energy impacts of heat island reduction strategies in the Greater Toronto Area [EB/OL]. Canada. Lawrence Berkeley National Laboratory. 2001-00-00 http://escholarship.org/uc/item/4w2091fk.

的屋顶节能技术。就中国的建设规模而言，其飞速的建设发展和大面积的炎热南方气候条件都十分适宜于冷屋顶技术，显现出巨大的、降低能源使用和减轻全球变暖的潜能。值得注意的是，在高层高密度城区的多层屋顶上应该谨慎选用，因为反射力强的冷屋面容易对其周边较高的建筑物产生光污染。可见，任何一项生态技术都不是包打天下的，必须与其所处的具体环境息息相关，适宜可行的技术才是真正生态的技术手段。

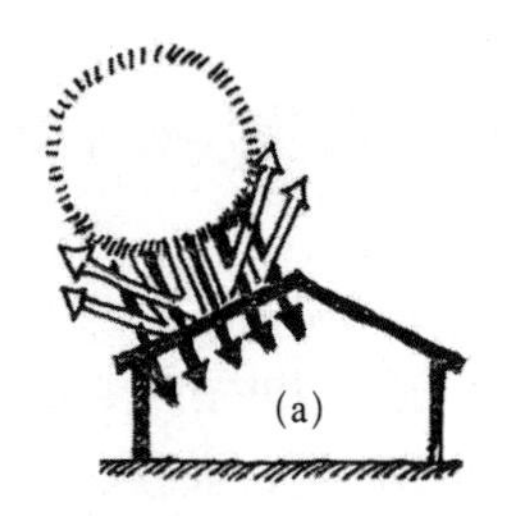

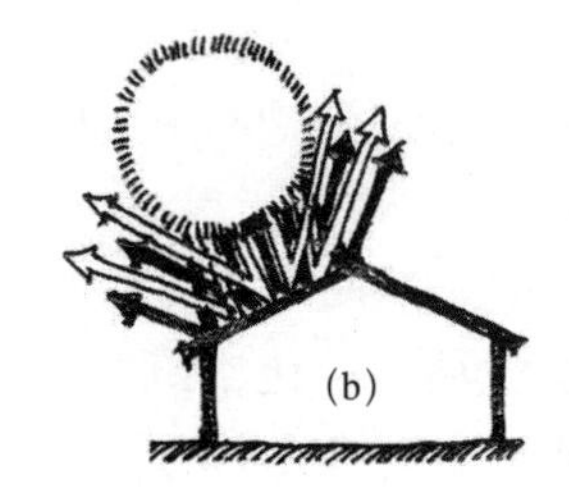

可见光波

不可见紫外线

(a) 传统涂料屋顶，仅反射部分可见光波和不可见紫外线，太阳能反射率为 5%~40%

(b) 冷屋顶，可见光波和紫外线被更有效反射（即使屋顶颜色较深），太阳能反射率为 25%~71%

图 3–92　传统涂料屋顶与冷屋顶的光反射区别（作者绘）

图 3–93　冷屋顶

图片来源：Urban, Bryan; Kurt Roth (2011). Guidelines for Selecting Cool Roofs. U.S. Department of Energy.

3.3.2　屋顶通风（12）

屋顶通风有多种解决策略，如架空屋面、利用功能空间（楼梯间、中庭等）的“烟囱效应”、设置屋顶风帽以及机械风力设备等。其中，架空屋面是指在屋顶设置空气间层，属于双层屋面的构造形式，其上层表面遮挡阳光辐射，同时利用风压或热压产生的动力，驱动中间层的空气流动，带走太阳的辐射热和室内对顶板的传热，从而降低屋顶内表面的温度，减低房屋空调能耗。

屋顶通风方式分为自然通风和机械通风两种，自然通风（或机械辅助式自然通风）是当今生态建筑所普遍采取的一项比较成熟而廉价的技术措施，它具有经济、节能、清洁环保等优点，体现了可持续发展的生态理念。机械通风除易于控制外，其突出的优点是能够使排风通过阁楼排除，使之得到冷却并有助于降低通过屋顶的热传导。但是与自然通风相比，机械通风需消耗风机功率，噪声较大，初期投资较高。因此，在大量型住宅建设中应尤其重视屋顶自然通风的设计。住宅建筑由于其气流通道的有效高度很小，故必须有相当大的室内外温差才能使由热压引起的气流具有实际用途。但这种较大的温差值只有在冬季、寒冷地区才可以实现。因此，在夏季，为了得到实际用途的通风，热压做需要的温度差就显得太小。日常生活中在厨房、浴室和厕所等可应用垂直管道进行排风，通风道向上延伸可通过多层楼层到达屋顶，这样利用进出气流的高度差形成热压，可以有效实现自然通风，即“烟囱效应”。但是，这样形成的风压并不稳定，如果室外温度非常寒冷，或室外风速过大，通风道内的空气易产生回灌现象。解决的方法是在传统的通风道顶端加装一个无动力风机的自然通风器，即使很小的微风也可以使风帽旋转，于是内部会产生负压，促使垂直通风道内部的空气排除，可以很好的解决回灌现象。

墨西哥卡拉松住宅（Camino Con Corazon，图 3-94，图 3-95）突出的特征是用混凝土板覆盖的中部凸出的蝴蝶形桁架屋顶。混凝土板的热容有助于屋顶表皮在天气炎热时保持室内凉爽，而在夜晚释放热量，保持室内温暖。桁架弦杆下为板面水泥抹灰，形成了自循环通风的双层屋顶体系。空气从屋面一侧的格栅进来，通过女儿墙上的排风口和屋顶中心的烟囱排出，消除了屋顶的太阳辐射的影响，使得整个屋面不需要另加隔热层也能够保持凉爽。其蝴蝶般的内凹形状还可以使得屋顶的雨水迅速直接的通过下方的排水孔流入蓄水池，有利于雨水的回收利用。

图 3–94　蝴蝶般的屋顶

图片来源：周浩明，张晓东．生态建筑：面向未来的建筑．南京：东南大学出版社，2002:176

图 3–95　屋顶通风烟囱

图片来源：周浩明，张晓东．生态建筑：面向未来的建筑．南京：东南大学出版社，2002:175

为了加强住宅的自然通风，在建筑设计时结合一些功能空间，如楼梯间、中庭和共享空间等，设置具备“烟囱效应”的屋顶，达到强化室内通风的作用。例如托马斯•赫尔佐格设计的林茨太阳城的霍尔茨大街住宅（图 3-96、图 3-97），每幢住宅楼都带有一个显著的玻璃顶共享中庭，贯穿整栋建筑，并稍稍高出两侧屋面。冬天，阳光透过玻璃屋顶直射进来，中庭屋顶的侧窗关闭，使中庭成为一个巨大的“暖房”；夜晚中庭储存的日间热量又可以向两侧的房间辐射。夏天，开启中庭屋顶的侧窗，将从门厅引进的自然风以及室内热量一起排出，冷却夜间室内温度。

图 3–96　林茨霍尔茨大街住宅内庭及玻璃屋顶（photo by Verena Herzog–Loibl）

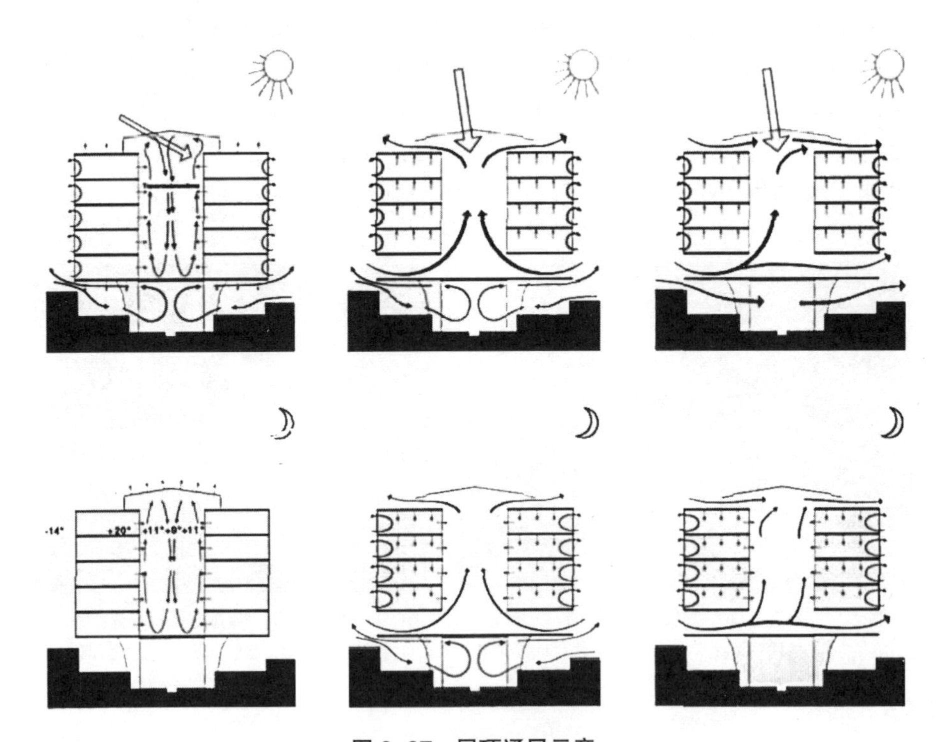

图 3–97　屋顶通风示意

图片来源：World SB808 Melbourne, Project: Sustainability Evaluation of “the solar City Linz-Pichling” in Austria: 2

当建筑内部的竖向空间高度不够形成有效温差时，可以利用捕风器从屋顶上方将干净凉爽的空气导入室内。捕风器的优点之一是它不受朝向、遮阳等影响，可以从任何方向捕捉到风，还可以结合造型做成风塔或风帽等形式，与屋项协调，甚至使其成为整个屋面造型的亮点。如英国伦敦南部的零能耗社区 BEDZED 贝丁顿生态村，住宅屋顶上矗立着一排排五彩缤纷的以风为动力的自然通风烟囱。其中一个烟囱将室内的废气排出，其他烟囱则将新鲜的空气吸进室内，进来的空气可以被排除的空气加热，结合其他生态节能措施，可保证住宅室内无论春夏秋冬都能保持舒适的温度和清新的空气，几乎不需要使用空调设备（图 3-98）。

图 3–98　贝丁顿生态住宅屋顶色彩缤纷的风帽

图片来源：Hegger, Fuchs, Stark, Zeumer．Energy Manual: Sustainable Architecture, 2008:254

3.3.3　种植、蓄水屋面（13）

覆土种植和蓄水屋面是目前比较常见的屋面的保温隔热设计的方式。屋顶是夏季吸收热量和冬季散失热量最多的部分，采用种植屋面或蓄水屋面可以在夏季降低顶板内表面温度 2℃以上，同时，土壤和水良好的热阻性能杜绝了热交换。种植屋面是利用屋面上种植的植物阻隔太阳能，防止房间过热的一种隔热措施。种植层结合防水及承重要求，宜选用喜光、耐旱、根系浅的植物，无需灌溉维护，运行成本低。其隔热原理是：1）植被茎叶的遮阳作用可以有效降低屋面的室外综合温度，减少屋面的温差传热量；2）植物的光合作用消耗太阳能用于自身的蒸腾；3）植被基层的土壤或水体的蒸发消耗太阳能。

主要功能：1）降低城市热岛效应；2）提高水资源利用；3）提高建筑节能效果；4）释放氧气、净化空气、滞尘降噪、改善气候环境，发挥良好的生态功效；5）扩大绿化面积，改善城市和建筑景观。

因此，种植屋面是一种十分有效的生态节能屋面。联合国环境署的一项研究表明，如果一个城市的屋顶绿化率达到 70% 以上，城市上空的二氧化碳含量将下降 80%，热岛效应会彻底消失，城市夏季整体温度可降低

1~2℃ [1]。如图 3-99 所示，强烈日光照射下的夏季不同结构的平屋顶表面的温度变化曲线，不同结构，不同颜色和材料的屋顶温度升高幅度不同，最高可达 80℃以上。由此可见，种植屋面能够有效降低室内温度，减少室内制冷能耗，提高居住的舒适性。

国外已有相当成熟的种植屋面技术，适宜不同条件、不同植物的生长构造。在通常条件下，可种植一些易成活、成本低、无需管理的植物，如草类、苔藓类植物；或种植观赏效果好、需定期维护且对土壤厚度要求较高的植物，使其随季节变化形成不同的景观效果。种植屋面构造，一方面要满足植物生长的不同要求，解决蓄水和通风问题；同时也必须保证建筑顶部防水层不受植物根系的破坏，从而提高居住的舒适性。种植屋面的造价约为 70 ~ 120 元 /m^2，与普通隔热屋面相似，从使用角度分析，改造一个上人活动的种植屋面每 m^2 只需增加 100 元左右。因此，种植屋面的普及和实施是有利于环境、有利于城市、有利于居民的综合性好事，应积极推广。

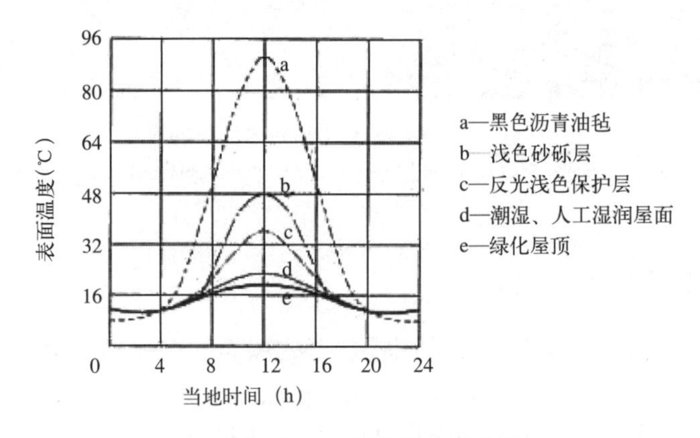

图 3–99　屋顶温度变化曲线

图片来源：朱永康，蔡增杰．对种植屋面的设计探讨．杨惠忠 汇编．建筑节能技术集成及工程应用．北京：中国电力出版社，2008：59.

上海生态建筑示范工程生态住宅示范楼的平屋面（图 3-100）选用耐寒性、慢生常绿草坪做屋顶绿化，既容易人工保养维护，又有提高屋面保温隔热效果和储水功能，能将 50% 的屋面降水保留在屋面上，然后再通过植物蒸发掉，从而改善了微气候环境。与没有屋顶绿化的同类建筑相比，夏季酷热的白天室内温度可降低 3 ~ 4℃，冬季取暖费可节约 1/3。[2] 建于韩国首尔的城北城市住宅（Seongbuk Gate Hills，图 3-101）由 12 栋私人住宅组成，每栋住宅都附带大面积的屋顶绿化，与周围茂密的国家公园山景融为一体，

---

❶ 饶戎 主编．绿色建筑 [M]．北京：中国计划出版社，2008.

❷ 汪维，韩继红．上海生态建筑示范工程（生态住宅示范楼）[M]. 北京：中国建筑工业出版社，2006.

又扩大和延伸了居住的活动空间和景观视野。所有的屋顶都以图案模式种植四种不同的景天科植物，从国家公园的山谷远眺，住宅屋顶绿化的色彩随季节变迁呈动态变化，与四周整个山景的四季更替浑然一体（图 3-102）。

图 3–100　屋顶绿化

图片来源：汪维，韩继红．上海生态建筑示范工程．北京：中国建筑工业出版社，2006:7

图 3–101　首尔城市住宅（Seongbuk Gate Hills）（photo by ChaiSoo Ok）

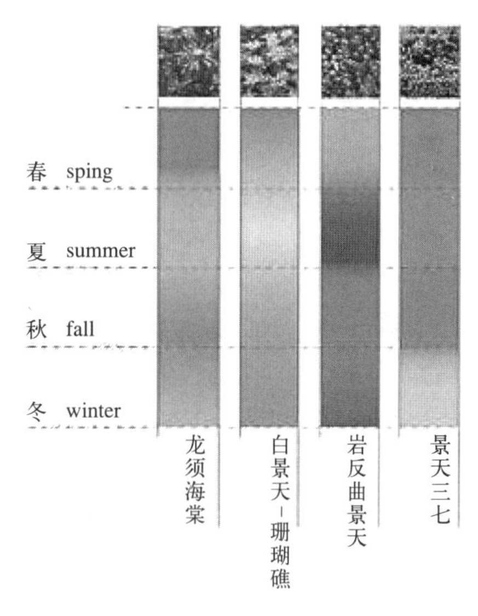

图 3–102　所有屋顶绿化以图案模式分别种植四种不同的景天科植物，随四季更替呈动态变化

图片来源：http://www.archdaily.com/197131/seongbuk-gate-hills-joel-sanders-architect-and-haeahn-architecture

BIG 事务所在哥本哈根设计的 8 住宅（图 3-103，图 3-104）建构了一个三维的城市生活空间，特别之处在其硕大延绵的绿色屋顶在 8 字形的一角向着运河一侧从十层倾斜而下，此举既可以获得良好的景观视野，又可以优化阳光的摄入量。配有自动灌溉系统的屋顶绿化不仅改善了住宅的微气候环境，提升了室内的居住舒适品质，更成为沿河而望的一项特别的景致。该住宅也因此而获得了斯坎迪纳维亚绿色屋顶协会授予的最佳绿色屋顶奖。

图 3–103 BIG 事务所设计的 8 住宅鸟瞰

图片来源：http://www.big.dk/projects/8/

图 3–104 从运河看住宅倾斜而下的绿色屋顶

图片来源：同左

蓄水屋面是利用水的比热较大，蒸发潜热也较大的特性，在屋面顶部蓄存一定厚度的水层，或是保持一层水膜，以便水分不断蒸发，可以起到很好的降温隔热作用。其优点还有：热稳定性好；能够保护防水层，延长防水材料的寿命；可以净化空气和改善环境小气候。对于无法蓄水的屋面可采用定时喷水的方式，促进水汽蒸发降温。在我国南方地区，蓄水屋顶对于建筑的防暑降温能起到很好的作用。如果在水层中养殖一些水浮莲之类的水生植物，利用植物吸收阳光进行光合作用和叶片遮蔽阳光的特点，其隔热降温效果将会更加理想。

蓄水屋顶按照构造和材料不同，主要分为自由水表面被动蒸发冷却屋顶、吸湿被动蒸发屋顶和蓄水种植屋顶三种形式。自由水表面被动蒸发冷却屋面，就是在屋面上蓄一定深度的水，以降低顶层室内温度的屋面构造。按蓄水深度又分为深蓄水屋面和浅蓄水屋面两类。深蓄水屋面的蓄水深度一般为400~600mm，浅蓄水屋面的蓄水深度一般为150~200mm。同时，为了保证屋顶蓄水深度的均匀，蓄水屋顶的坡度不宜大于0.5%[1]。

吸湿被动蒸发屋顶，就是在屋顶防水层上表面覆盖一层吸湿性多孔材料，根据空气湿度的变化规律，白天多孔材料中的水分蒸发散热、夜间多孔材料再吸湿，以此循环，从而达到降温隔热的目的。我国夏热冬冷地区

---

[1] 刘才丰 . 一种新型屋顶被动蒸发隔热技术 [J]. 保温材料与建筑节能 ,2005,5: 57.

空气相对湿度较大，夏季白天室外综合温度高，空气相对湿度比较低，最低可达 50% 左右；夜晚室外空气温度较低，空气相对湿度较大，一般可达 80% 以上，这为吸湿蒸发冷却屋顶的使用提供了基础[1]。另外，由于多孔材料的导热系数相对较小，当保温隔热层厚度适当时，其保温性能可以满足夏热冬冷地区对屋顶保温隔热性能的要求。吸湿蒸发冷却屋顶充分利用了环境自身的变化特点，这为我国夏热冬冷地区屋顶保温隔热构造技术措施提供了一条崭新的思路。

蓄水种植式屋顶，即在蓄水屋面的水中种植绿色植物，将种植屋顶与蓄水屋顶二者结合而形成的一种节能屋面。该屋顶综合了蓄水屋顶和种植屋顶的优点，使屋面既达到保温的目的，又满足隔热能效，还可以结合利用雨水收集、通过循环系统过滤净化，可节约景观用水，在夏热冬冷地区是一种值得推广的生态节能屋面。

3.3.4 太阳能利用（14）

从太阳能利用来说，无论是被动式还是主动式，屋顶无疑都是住宅表皮最直接、最优越的部位。我国的太阳能资源极为丰富，年太阳能辐照总量大于 502 万 kJ/m^2，年日照时数超过 2200h 的地区占国土面积 2/3 以上，所以太阳能的利用有着巨大的潜力[2]。在密集的城市区域，太阳辐射全部到达住宅墙面是不太可能的，但是屋面在整个冬季都可以始终保持太阳的照射得热。因此，利用设置在屋顶的空气集热器使热量在屋顶被高效收集是太阳能被动利用的一种方式，比如瑞典的葛藤贝尔格住宅（Gothenberg，图 3-105 至图 3-107），被屋顶集热器加热的空气在机械通风作用下通过管道传送到外墙中的空气间层中，在通过墙体将热量均匀辐射到室内。空气集热器一般由双层玻璃组成的透明层覆盖，中间有一层很薄的空气，透明层由漆成黑色的波状薄金属片制成的吸热板支撑，吸热板吸收热量，并将热量传递到在其背面循环的空气中去，从而帮助提高室内气温。

在太阳能主动利用方面，从《2006 年可再生能源报告》中可看出，2005 年我国在太阳能热水器方面居世界首位，但太阳能在光热和光电的发展上很不均匀，太阳能光伏发电系统发展缓慢，且太阳能与建筑一体化技术实现程度还不高。另外，在太阳能热水器利用方面也存在诸多问题，如目前家用太阳能热水器市场主流产品真空管太阳能热水器，由于集热采用热虹吸循环，用水采用落水式，结构采用水箱高置、真空管直插式，热水器只能被高高地架在屋顶。居民在屋顶上架设太阳能热水器，充分反映了

---

[1] 唐鸣放，孟庆林．蓄水屋面强化隔热研究 [J]. 建筑技术开发，2000,3:35.

[2] 黄云峰．太阳能在住宅中的运用现状与建筑一体化设计 [J]. 住宅科技，2008,7:14.

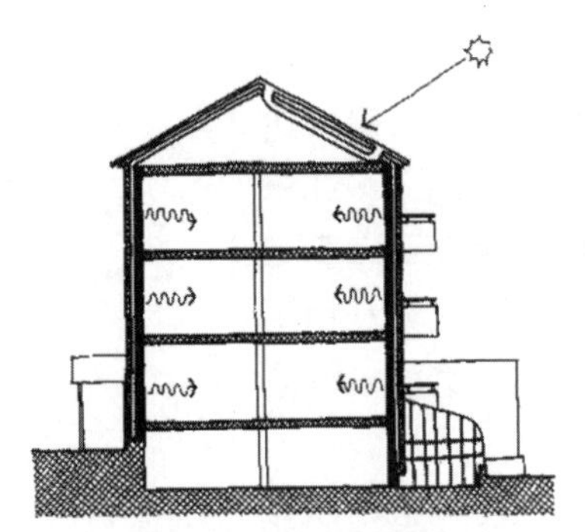

图 3-105　瑞典的葛藤贝尔格住宅屋顶空气集热器

图片来源：(美) 布朗．太阳辐射、风、自然光．北京：中国建筑工业出版社，2008:179

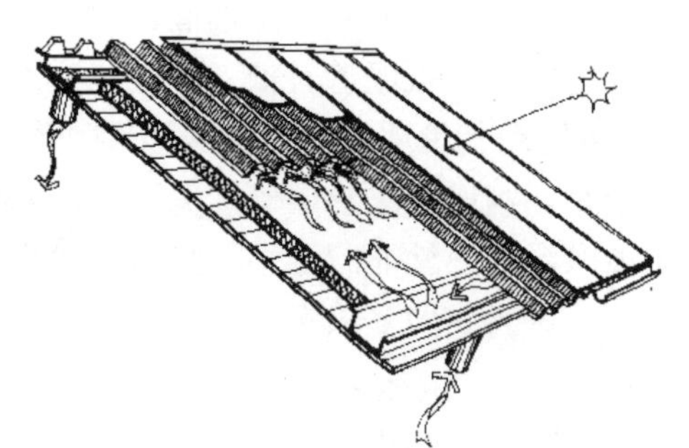

图 3-106　空气集热器细部

图片来源：同左

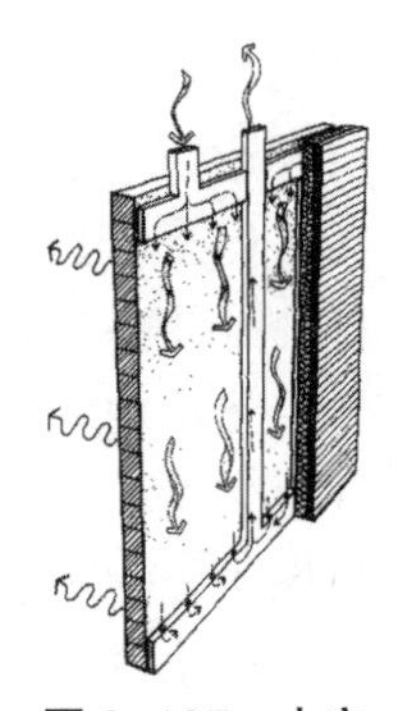

图 3-107　中空墙体

图片来源：同左

居民对太阳能热水器的普遍接受。然而，在具体运用中由于事先并未纳入住宅整体设计，也没有参与整栋建筑的集体用水系统，仅仅是顶层居民的个人装修行为，因此缺乏统一管理，摆放零乱无序，影响了建筑与城市的整体景观效果。近年来，随着我国的太阳能光热技术的基本成熟，以及对城市建筑及景观的审美意识的普遍提高，太阳能集热器与住宅屋顶的一体化研究也逐步深入，并取得了较大进展。

太阳能热水系统与住宅的一体化要求在设计之初时就要考虑太阳能热水系统的布置外，太阳能热水系统自身的体系和形式也将作进一步改进，传统的真空管太阳能热水系统已不能满足日益变化的住宅布局和造型的需要，普通太阳能热水器除了前述美观因素以外，安装困难，对屋面有影响，从质量和性能方面都不能满足太阳能与建筑一体化的需要。取而代之的是适应性更大的平板式太阳能集热系统，太阳能集热器的安装可以比较好地与建筑实现完美结合。

另外，与欧美发达国家相比，太阳能光伏系统在我国的发展和普及则相对滞后。欧洲于 1997 年宣布百万屋顶计划，德国政府在 1998 年在欧洲计划的框架下提出了“十万太阳能屋顶计划”，将于 2005 年底安装 10 万套光伏屋顶系统，总容量达 300 ~ 500MW，每个屋顶约 3 ~ 5kW；日本政府预计到 2000 年要安装在屋顶上太阳能电池组件的户数达 16.2 万户，总容量达 185MW_p（峰值发电功率），至 2010 年前安装 5000MW 屋顶光伏发电系统，推进万户家庭住宅屋顶安装太阳能设备；印度在 2002 年执行了 150 万套太阳能屋顶电池组件发电系统计划；美国前总统克林顿在 1997 年于联合国环境与发展特别会议上宣布实施“百万太阳能屋顶”计划，到 2010 年将在 100 万个屋顶或建筑物其他可能的部位安装太阳能系统（图 3-108）。

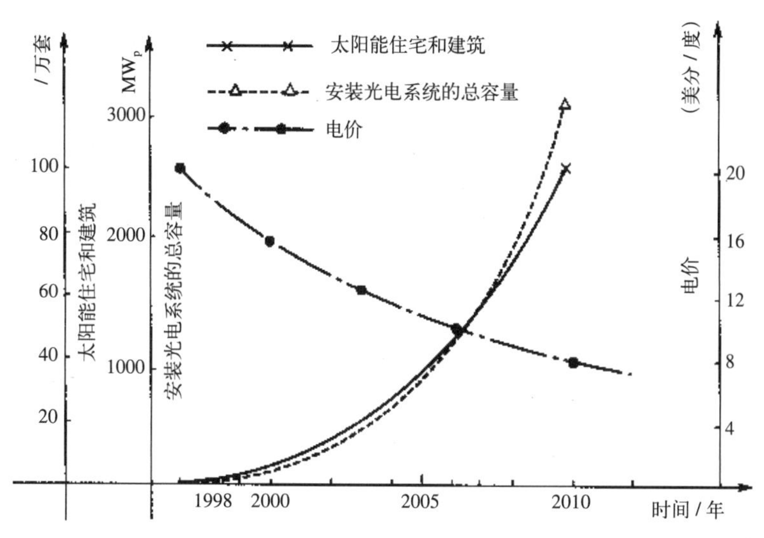

图 3–108　美国“百万太阳能屋顶计划”的主要指标

图片来源：邹惟前．太阳能房与生态建材．北京：化学工业出版社，2007: 63

近日，我国财政部、住建部联合下发了《关于组织实施太阳能光电建筑应用一体化示范的通知》（财办建〔2011〕9 号）。上海、杭州等长三角经济发达地区已经率先启动。根据《上海市 10 万个太阳能屋顶计划》，未来上海计划利用十年的时间，将现有 2 亿平方米平屋顶的 1.5%，约 300 万 m^2，即十万个屋顶用作太阳能发电，相当于新建一个 30 万 kW 的电站，而且是峰值发电[1]。杭州也将适时启动太阳能“阳光屋顶”计划，在新住宅小区和公共建筑屋顶上安装太阳能发电系统，初步计划 2009—2013 年，全市实施阳光屋顶 70 万 m^2（即安装太阳能电池板总面积达到 70 万 m^2），累计装机容量 70MW[2]。但是，参考国外太阳能屋顶计划成功推广的经验，国家政策的支持和补贴，甚至为此所采取的强制性规定是太阳能等新能源利用得以大规模成功推广和运用的关键和保障（表 3-10）。

部分国家和地区太阳能屋顶发展计划及政府资助情况表（作者制）　　表3-10

国家	推广计划	目标（MW）	时间至	政府资助
美国	100万屋顶计划	3500	2010	35%~40%
澳大利亚	1万屋顶计划	20	2004	50%
德国	10万屋顶计划	300~500	2005	38%

❶ 中华人民共和国国家发展和改革委员会．上海十万个太阳太阳能屋顶计划．2005-12-28.

❷ 杭州市人民政府办公厅．杭州市太阳能光伏等新能源产业发展五年行动计划（2009-2013 年）.

续表

国家	推广计划	目标（MW）	时间至	政府资助
意大利	1万屋顶计划	50	2003	75%~80%
日本	新阳光计划	5000	2010	33%~50%
上海	10万屋顶计划	300	2015	50%
杭州	阳光屋顶示范工程	70	2013	50%

数据来源：

1. 杨洪兴 周伟．太阳能建筑一体化技术应用与技术．北京：中国建筑工业出版社，2009
2. 邹惟前．太阳能房与生态建材．北京：化学工业出版社，2007
3. 中华人民共和国国家发展和改革委员会．上海十万个太阳太阳能屋顶计划．2005-12-28
4. 杭州市人民政府办公厅．杭州市太阳能光伏等新能源产业发展五年行动计划（2009-2013年）
5. 财政部办公厅、中华人民共和国住房和城乡建设部．关于组织实施太阳能光电建筑应用一体化示范的通知（财办建〔2011〕9号），2011-01-27

将太阳能光伏阵列安装在屋顶板上部或嵌入屋顶板内部，使之成为建筑组成之一，部分或者完全取代屋顶覆盖层，承担屋顶功能的同时，还成为一种具有能源标志性的装饰性材料，既可以做建材，还可以发电，进一步降低了光伏发电的成本，能给住户提供热水、采暖以及生活用电。也可采用结构设计的方法把太阳能光伏板方阵自身形成一个整体屋顶建筑构件，并以此来替代传统住宅的南坡屋顶，实现太阳能发电和住宅表皮的一体化，将建筑技术和美学融为一体，保证了住宅表皮视觉上的完整性和统一性。结构简单、功能完善、安装快捷高效、形式简洁美观，是一种真正意义上的一体化建筑结构件，真正地实现了BIPV，替代传统的南坡屋顶，可减少成本，提高效益，具有极高的能源、经济和生态价值。

德国弗莱堡（Freiberg）是德国最主要的太阳能研究基地，德国最大的太阳能生产商太阳织造公司（Solar-Fabrik AG）和德国最重要的能源研究所弗劳恩霍夫协会太阳能系统研究所（Fraunhofer THM）均位于弗莱堡，因此高科技的太阳能利用产品在弗莱堡得到了广泛的利用，并积累了很多经验。建筑师Rolf Disch设计的太阳城Schlierberg（图3-109至图3-112），所有住宅均是正能源住宅（Plusenergiehaus），朝南的每一寸屋顶上都布满了太阳能光伏系统模块，出挑的光伏电池板屋顶还可以作为走廊的遮阳屋面。住宅每年能制造5700kW•h的能源，远远超出了住宅自身的能耗，将剩余电力卖给公共电力公司，每年可收益3000欧元。由于住宅良好的保温、隔热、通风系统，它所需的热能仅为传统住宅的1/10。因此，即使户外冬天-20℃、夏天50℃，该住宅的室内却能常年保持在15～20℃，完全不需要使用城市集中供暖或空调。

图 3-109　南向屋顶全部覆盖太阳能光伏发电板

图片来源：Rolf Disch 太阳能建筑设计所提供

图 3-110　光伏屋顶（作者摄）

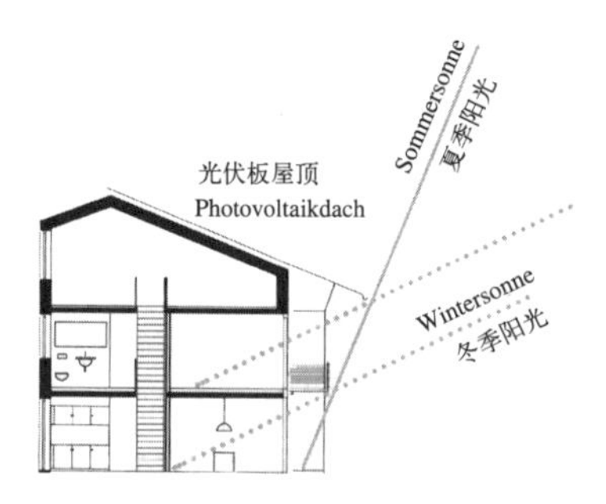

图 3-111　太阳能利用策略

图片来源：Rolf Disch 太阳能建筑设计所提供

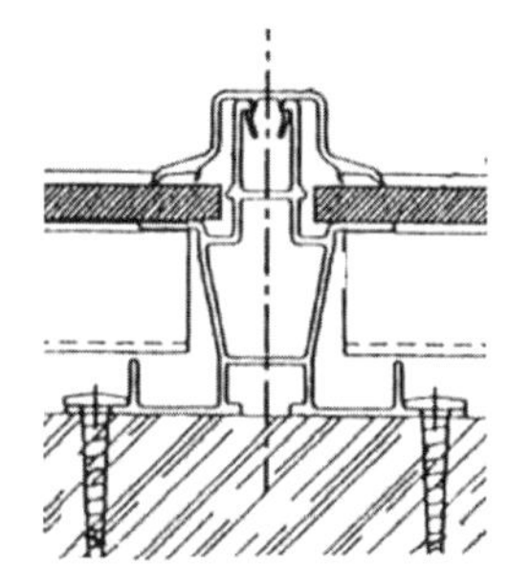

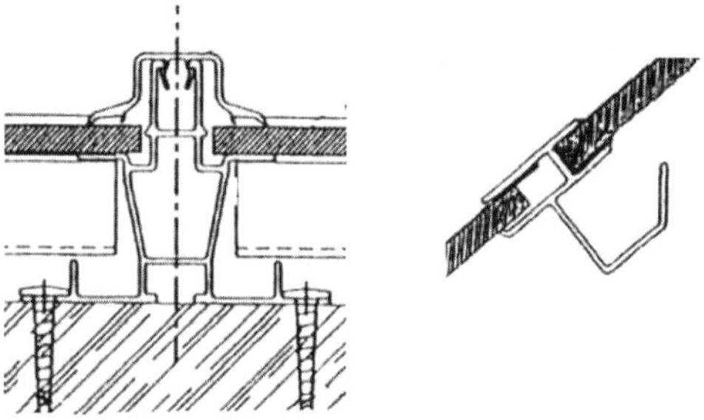

图 3-112　太阳能光伏板安装示意

图片来源：Rolf Disch 太阳能建筑设计所提供

荷兰阿默斯福特（Amersfoort）的太阳能住宅区（图 3-113），采用了多种太阳能收集形式，住宅屋顶和墙面覆盖有 2832m^2 的太阳能光电板，根据房屋所在位置不同，朝向东南或西南方向，倾斜角度在 20°~90°，用以替代屋盖和遮阳，依靠阳光可以产生 215000kW•h/a 的电量 [1]。住宅通过自身的太阳能光伏系统不但可以获得自身所需的全部能源，而且多余的能源甚至可以转入市政能源网中，体现出极大的经济和能源优势。

[1] Christoph Gunsse. Energiesparsiedlungen, Konzepte- Techniken- Realisierte Beispiele [M]. Verlag Georg D.W. Callwey, München, 2000.

图 3-113　荷兰 Amersfoort 太阳城

图片来源：Energiesparsiedlungen, Konzepte- Techniken- Realisierte Beispiele．Verlag Georg D.W. Callwey, München, 2000: 95

3.3.5　雨水收集利用（15）

雨水是一种宝贵的淡水资源，我国淡水资源总量 28000 亿 m^3，占全球水资源的 6%，人均水资源占有量 2300m^3，只有世界平均水平的 1/4，被联合国列为世界上最缺水的 13 个国家之一，面临严重缺水的局面[1]。雨水的收集利用不仅是指狭义的利用雨水资源和节约用水，它还具有减缓城区雨水洪涝和地下水位的下降、控制雨水径流污染、改善城市生态环境等广泛的意义[2]。随着生态建筑的实施和推广，雨水作为一种优质的水源进行开发利用势在必行。

屋面雨水较为洁净，有机污染物较少，只要经过简单的过滤净化处理即可用于小区绿化、洗车、道路喷洒、景观水体补充及循环等，可以减少物业管理费的支出，具有良好的环境效益和经济效益。住宅屋面雨水积蓄利用系统以瓦质屋面和水泥混凝土屋面为主，常用金属、黏土和混凝土材料等材料，不能采用含铅材料。屋面雨水积蓄利用系统由集雨区、输水系统、截污净化系统、储存系统及配水系统等几部分组成，有时还设有渗透系统，并与贮水池溢流管相连，当集雨量较多或降雨频繁时，部分雨水可进行渗透。另外，屋顶雨水收集技术还可与屋顶绿化技术结合，相互促进关联。屋顶绿化可以涵养水分，反过来雨水可以灌溉绿化，两者结合起来可以形成有效的屋顶花园雨水利用系统，一举多得。屋顶花园雨水利用系统可削减城市暴雨径流量，有效地削减了雨水流失量，是控制非点源污染和美化城市的重要途径之一，也可作为雨水积蓄利用的预处理措施。为了

---

[1] 汤民，戴起旦．绿色建筑设计中节水技术的应用与探讨 [M]. // 杨惠忠 汇编．建筑节能技术集成及工程应用．北京：中国电力出版社，2008.

[2] 车武，李俊奇等．对城市雨水地下回灌的分析 [J]. 城市环境和城市生态，2001,4: 14.

确保屋顶花园不漏水和屋顶下水道通畅，可以考虑在屋顶花园的种植区和水体中增加防水和排水等措施。

雨水收集利用技术不受规模和技术的限制，对环境影响负作用小。我国传统民居如新疆的“坎儿井”和北京北海团城的“倒梯形方砖、集水涵洞”等，都是雨水收集利用的典型事例。屋面雨水收集在发达国家已经有很丰富的运用经验了，许多国家建筑规范强制要求必须对雨水进行收集利用，雨水收集和利用设备已经集成化，形成了一套完善的屋面雨水利用系统。例如丹麦每年能从住宅屋顶收集 645 万 m^3 的雨水，用于冲洗厕所和洗衣物，占居民生活总用水量的 22%[1]。德国的雨水收集利用技术还可同其他生态技术很好地相互结合。例如，屋顶绿化的培养基采用多孔的矿渣和土壤按比例混合，能够很好地涵养落到屋面上的雨水并供给植物；而选用的植物也是那些叶囊较厚，蓄水能力强的品种，利用雨水就可以存活。另外，德国还制定了一系列的雨水利用法规，对雨水利用给予支持，新建小区必须设计雨水利用设施，否则政府将征收高额的雨水排放费等。弗莱堡的生态试验住宅区因为规模较小，采用单户雨水收集利用技术，每户都将屋顶的雨水利用定型的管道收集到专门的蓄水桶中进行过滤和净化，溢出的雨水通过绿地可渗透地面回渗入地下。而每户储存起来的雨水可以在平时用来洗车或浇灌各家的花园。雨水收集设施十分的简单可行，并不需要高新集成技术的支撑，可见，生态推行的关键并不是技术问题，而是全民生态意识的普及和提高（图 3-114）。

图 3–114　德国弗莱堡瓦邦（Vauban）生态居住区简单易行的雨水收集措施（作者摄）

图 3–115　富有艺术气息的雨落管

图片来源：http://ww3.sinaimg.cn/

---

[1] 王立红 . 绿色住宅概论 [M]. 北京 : 中国环境科学出版社 ,2003.

另外，雨落管作为一种功能性的部件，长期以来属于住宅表皮的附属配件，其存在除了满足排水的功能需要以外，对立面整体的破坏性却极大。普遍的做法是将其设置在立面隐蔽处，尽量避免视线的集中，更别提研究和发挥它的美学价值了。但是德国德累斯顿的艺术家却将雨落管的美学价值开发放大，把我们常见的雨落水管道加工制作成了一片极具艺术性的音乐漏斗墙，每到下雨天就会发出滴滴答答的撞击声，演奏出一曲曼妙的交响乐，让以往丑陋的雨落水管焕发出视觉上和听觉上的艺术美感，成为住宅立面表情的主演（图 3-115）。

英国贝丁顿零能耗生态住区（BedZED，图 3-116）日常用水量的 1/5 来源于雨水和中水，最大限度地利用了水资源。每栋住宅屋面都设有雨水收集措施，雨水通过过滤管道流到地下的蓄水池，用于冲洗马桶。冲洗后的废水经过生化处理，一部分用来灌溉植物和草地，另一部分重新流入蓄水池用于补充冲洗用水。雨水的利用功能被充分发挥，居民的自来水消耗量因此降低了 47%[1]，极大地节省了生活用水量。

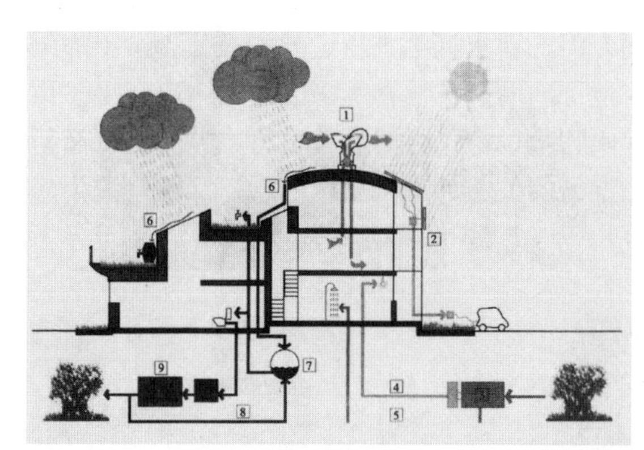

1. 具有热回收功能的风压通风系统；
2. 用于给电动车充电的 PV 电池；
3. 生物燃料 CHP 装置；
4. 电能；
5. 热水；
6. 雨水收集；
7. 雨水储存；
8. 污水处理；
9. 生活机器

图 3–116　英国贝丁顿生态住宅能源策略示意

图片来源：Hegger, Fuchs, Stark, Zeumer．Energy Manual: Sustainable Architecture．Edition Detail, Birkhäuser．Basel, Boston, Berlin, 2008:254

因德米克建筑事务所（Endemic Architecture）设计的雨水收集农舍（Canteen Farm House，图 3-117）在 2011 年 d3 明日住宅竞赛（d3 Housing of Tomorrow 2011 competition）中获胜。该住宅奇特的屋顶造型是专为收集、分散和储存雨水和雪水而设计的。住宅表皮所收集和储存的雨水可以提供旱季时用水。每片屋顶的储水量最高可达 64352 升，共可储存 128704 升的水，足够在农忙时节供给将近 20、30 公顷（50 英亩）农地一个月的

[1] Hegger, Fuchs, Stark, Zeumer．Energy Manual: Sustainable Architecture [M]．Edition Detail, Birkhäuser. Basel, Boston, Berlin, 2008.

灌溉用水量[1]。其几何式叶片状屋顶可以随着季节的改变而收缩或膨胀，当储水槽开始储装雨水时，屋顶叶面会随之伸展，伸展的状态直接反映其储水的多少和过程。在住宅表皮膨胀或收缩的过程中，可以同时追踪自然环境的变化，并成为水资源搜集的指标，将原本临时性的建筑，转变为永久式的水资源利用系统和侦测追踪系统。

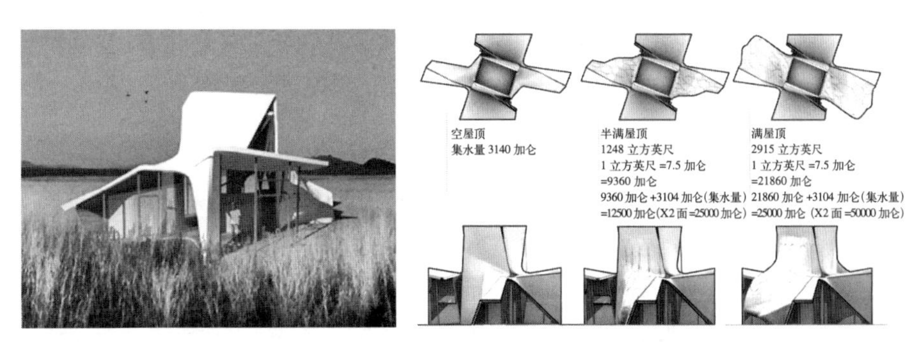

图 3–117　雨水收集农舍屋顶，可以根据雨水量变化

图片来源：http://endemicarchitecture.com

3.4　阳台及外廊设计策略

3.4.1　太阳能利用（主动）（16）

对于多层和高层住宅而言，要使得更多的住户能够有效利用太阳能一体化产品，利用阳台安装太阳能设备是一个有效的解决途径。阳台壁挂式产品是分体式太阳能热水器的新品，可设置在住宅的阳台栏板或凸窗位置，较适于局部热水系统的管理和维护。集热器、贮热水箱、空调室外机等设备可利用阳台空间集中统筹布置，应处理好阳台造型，以及与空调机位的关系。在设计之初应作日照分析计算研究，保证集热器布置在南侧 4h 日照线以外，并宜有适当的倾角，使集热器更有效地接受太阳照射。除了实现节约能源、减少 CO_2 排放、增强建筑的美观度外，还具备全天候供应热水，自动控制功能以及使用舒适等特点，从多方面解决了太阳能与住宅阳台一体化的各种难题。集热面积和水箱的容积可以根据住户阳台的不同形状设计组装，能够满足用户的不同需求。其优势在于大大拓宽了太阳能热水器的使用条件，使得非顶层的住户也可以安装使用，解决了高层建筑太阳能产品的安装问题，而且可以与建筑整体形象融为一体，更加适合在大中城市的太阳能推广应用。

---

[1] 因德米克建筑事务所（Endemic Architecture）http://endemicarchitecture.com/

德国建筑师 Rolf Disch 设计的弗莱堡太阳追踪住宅 Helitrope，阳台上的栏杆为太阳能真空集热管，环绕安装在圆柱形结构的外围，是分体式太阳能热水器的集热部分，该太阳能集热器可以给室内提供除被动式采暖以外的其余所需热量，并且作为整体栏杆的一部分，与建筑形式完美结合，融为一体(图 3-118)。奥地利的泰尔夫斯城(Telfs)位于阿尔卑斯山的脚下，这里拥有充足的阳光资源，建筑师彼得·洛伦茨（Peter Lorenz）设计的社会福利住宅，南向设计为波纹交错起伏的宽大阳台，并且结合栏杆设置了大量的太阳能光伏板，最大限度地利用了这里的阳光和景观资源，阳光下斑驳的太阳能板也为住宅立面注入了更多的活力（图 3-119）。

图 3–118 弗莱堡太阳追踪住宅的太阳能真空集热管阳台栏杆

图 3–119 奥地利泰尔夫斯阳光住宅阳台板

图片来源：Carles Broto, Innovative apartment buildings, 2007: 201

3.4.2 充分发挥微气候调节作用（17）

阳台或者外廊是住宅内部使用空间与外部自然环境之间的缓冲空间，能够调节和控制自然环境对建筑内部使用空间的影响。就建筑热环境而言，阳台或外廊封闭以后可以形成阳光室，该空间介于室内与室外之间，具有中介效应，成为室外和室内两者之间的过渡带和缓冲区，充当着微气候协调者的角色，使自然界的冷热变化不会直接影响居住空间内部，从而改善居住空间的室内热舒适环境。经过测试，利用温室效应，冬季有封闭阳台的房间温度平均高于无封闭阳台的房间温度 2℃以上 [1]。因此，在冬季可以充当阳光房，提供温暖的空气，同时应该注意，在夏季必须合理遮阳和引导通风，避免该区域温度过高，影响室内热环境。另外，利用阳台或外廊

---

[1] 付祥钊．夏热冬冷地区建筑节能技术 [M]．北京：中国建筑工业出版社 ,2002.

空间进行绿化种植，可以改善微气候空气质量，增加湿度，防风降噪除尘。可以有效扩大城市空间的绿化面积，使地面绿化向空间扩展，充分发挥阳台或外廊的阳光优势，满足植物健康生长，使得原来单调生硬的人工空间得以变得生机盎然，使居住者与自然更加亲近。

德国慕尼黑的零能耗住宅（Niedrigenergiehaus，图 3-120），南向阳台全部用高能效折叠玻璃封闭，形成优质的阳光房。冬季储备阳光，有效提升房间温度；夏季则可将折板玻璃打开，引导自然通风，促进室内降温。瑞士的比尔公寓（Biel Apartment Building，图 3-121）每一个居住单元都有一个作为阳光暖房的玻璃阳台，可以提供宽敞的活动空间，其间种植的植物带来居住空间自然的绿色和丰富的氧气含量，还可以最大限度地利用来自太阳的能源。如图 3-122，冬季，可将居室与阳台间的里层玻璃打开，给室内供热。阳台后侧的混凝土实墙将收集到的热量储存起来，并在夜间释放出来为室内供暖，使得用于供热的能量消耗减少了 20%~30%；夏季，则可将玻璃阳台的外层玻璃窗打开，形成通风道，使住宅后部的凉爽空气穿堂而过，利用自然通风有效地降低室温，减少空调负荷。

图 3-120　慕尼黑零能耗住宅

图片来源：Johann Reiß,etc. Solare Fassadensysteme, Energetische Effizienz-Kosten-Wirtschaftlichkeit, 2005: 80

图 3-121　比尔公寓玻璃阳台

图片来源：周浩明，张晓东．生态建筑：面向未来的建筑．南京：东南大学出版社，2002:155

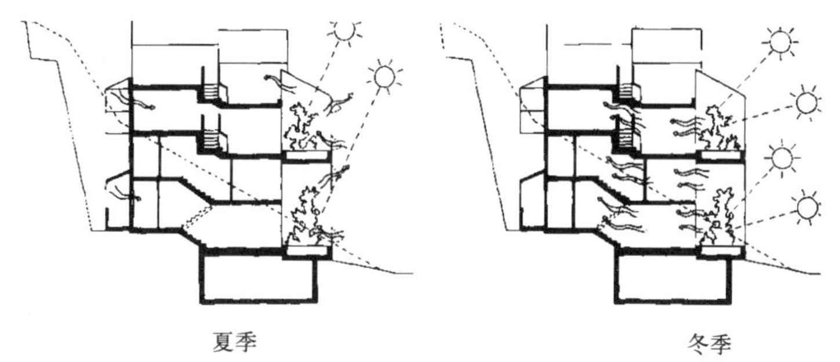

图 3-122　比尔公寓玻璃阳台的能源策略

图片来源：周浩明，张晓东．生态建筑：面向未来的建筑．南京：东南大学出版社，2002:154

斯洛文尼亚 OFIS arhitekti 建筑事务所设计的海滨社会住宅紧邻斯诺文尼亚海湾，因为受地中海气候的支配，室外空间和遮阳成为设计的重点之一，于是住宅的阳台成为提供遮阳、通风以及亲近自然的关键部位。阳台模块被设计成为一个可持续的系统，为公寓提供高效的遮阳和通风。其上色彩鲜艳的可伸缩彩色织物遮阳阻止了阳光的直射，同时使得阳台成为一个空气缓冲区。在夏季炎热时候，通过其两侧遮板上直径为 10cm 的穿孔引导自然通风；而在冬季却能将温暖的空气滞留在这里，为其后的公寓提供额外的热量补充，有效地降低了建筑的能耗（图 3-123）。

可封闭阳台或外走廊的设置还可以取得放大的双层皮效果，除了其良好的遮阳效果以外，还能够利用其构造细部形成风压差，从而引导气流的运动方向，促进室内自然通风，不仅可以调节室内的温湿度，还可以改善空气质量，营造舒适、健康的居住环境。奥地利因斯布鲁克（Innsbruck）的节能住宅（图 3-124），住宅表皮外圈环绕一层布满绿锈的活动金属铜板，大进深加环外廊的设计可以形成对通风有利的风洞效应，廊式空间的延续性对室外气流有汇集和引导作用，同时由于其遮阳效果所形成的风凉区又可以降低室外的空气温度，从而有效地改善了室内的热舒适效果。

图 3-123 斯洛文尼亚海滨社会住宅，阳台侧板上直径为 10cm 的穿孔引导自然通风

图片来源：Carles Broto, Innovative apartment buildings, 2007: 194

图 3-124 因斯布鲁克节能住宅外廊

图片来源：Christain Schittich (Ed.). in Detail: Building Skins. Edition DETAIL. 2006: 120

3.4.3 空间的外延（18）

作为室内与室外之间的过渡空间，阳台和外廊还为住户提供了一种半室外活动空间，用以接触阳光、新鲜空气与和睦的邻居。既能够与自然维持联系，又能够与室内保持接触，有组织空间、交通和交流的作用，体现了空间的层次性和多功能性。

目前，我国大多数的城市集合住宅都是单元式，多层或高层密集，封闭而冷漠。为求得土地资源利用的最大化，居住空间被过度的划分明确和简单化，生活空间离自然环境越来越远，由于缺少让居住者发挥生活情趣以及创造性的环境支持和空间依托，居住的丰富内涵已经被精简到最简单的“住”而已。空间行为相互影响和空间利益的划分，影响了人们对外廊式住宅这种居住方式的接受和认可程度。然而在欧洲，外廊式的集合住宅是一种常见的住宅形式，因为其空间布局和组织都比较高效、简捷，楼、电梯等公共设施也能够高效、经济的被多数人所共同使用，从而节省造价，同时外廊还可以承担交通、交流和延伸室内生活等复合功能。

阳台和外廊能够使视线和行为在室内外进行贯通，这种空间的渗透能够促进交往活动的发生，成为住户聊天、打招呼、休憩和孩子结伴玩耍的活动空间，密切邻里关系。如图 3-125 至图 3-128 所示，慕尼黑城市住宅(Rosa-Aschenbrenner-Bogen 9) 外廊有着明确的功能划分，交通区（廊）与绿化活动区（台）穿插紧邻。外廊空间的合理利用，能够适当地改善集合住宅中公共生活空间与私人生活空间过渡分离的状况。作为一种类似城市街道功能的线性空间，外廊不仅是交通联系的通道，更是一种具备维持空间平衡作用的中介空间，可以发挥并体现类似城市街道的功能。它不仅是城市空间向居住空间的渗透，也是居民个人生活空间的外延。通过使用者的自我改善和美化，原本单一、冷漠的外部公共空间可以体现出更多有意义的信息刺激，承载和呈现更多的生活内容和生活气息（图 3-129、图 3-130）。

图 3-125　慕尼黑尼姆区零能耗住宅封闭外廊内景（作者摄）

图 3-126　我们居住在这里（作者摄）

图 3-127　外廊（作者摄）

图 3–128　英格施塔特某住宅外廊阳台（Adam–Smith–strasse）（作者摄）

图 3–129　慕尼黑城市外廊式住宅（Rosa–Aschenbrenner–Bogen 9）（作者摄）

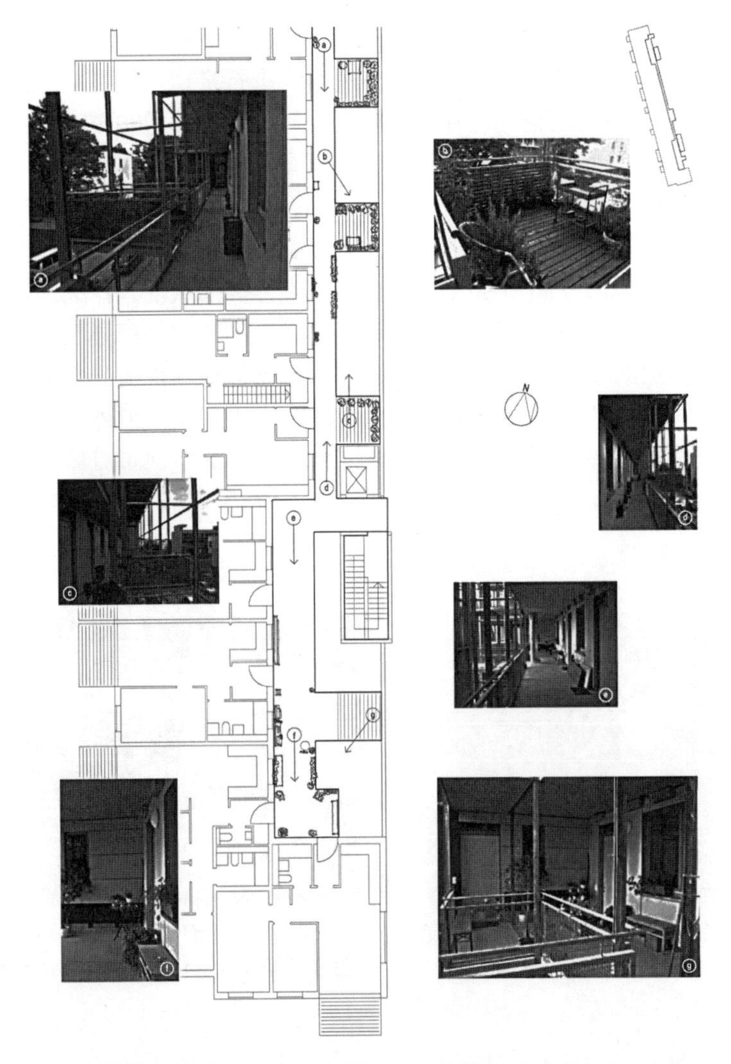

图 3–130　外廊的空间划分和利用分析（作者摄）

为响应法国格勒诺布尔市（Grenoble）建设绿色交通、减少私家车使用的倡导，海鲁尔• 阿尔诺建筑事务所（Herault Arnod Architectes）设计了一栋自行车公寓（Bicycle Apartment，2008）。建筑师根据调查，有大于80% 的居民更愿意居住在独立住宅之中，其中两项重要的原因就是便利的出行方式，以及足够的储存空间。因此，如何将这些强烈的居住愿望与在节省能源和资源上更具优势的多层公寓相结合成为设计的重点。

该公寓层层外挑的宽大外廊可将自行车通过大容量的电梯直接骑行到各户门口。门前的私人储物室由色彩各异的多孔波纹板(可回收材料)镶面，使得住宅表皮 40% 的面积被储存空间覆盖，不仅增补了居住的辅助使用空间，还可将其视为具有储存功能的双层皮，提高表皮整体的保温隔热性能。宽大便捷的外廊分担了部分城市街道空间的使用功能，城市空间被延续至各楼层各户门前。外廊不但成为居住室内空间的外延，更成为城市活动空间向居住楼层的垂直渗透（图 3-131、图 3-132）。

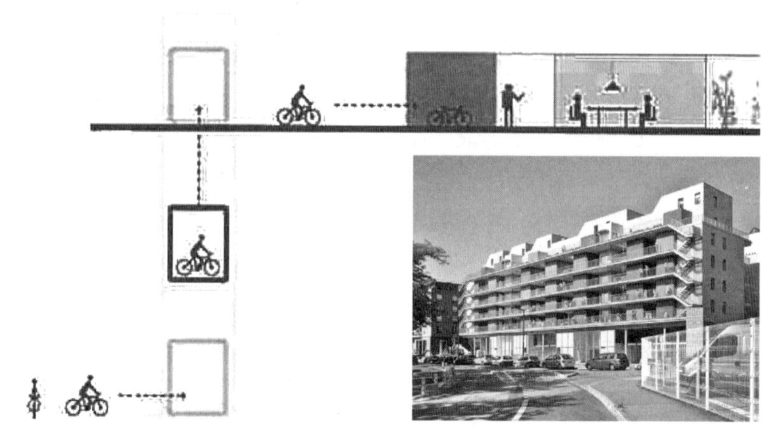

图 3–131　自行侧可通过大容量的电梯和宽大的外廊直达各户门前

图片来源：海鲁尔 / 阿尔诺 建筑事务所. 自然、建筑和外表：生态建筑设计. 武汉：华中科技大学出版社，2009: 156.

图 3–132　可供活动、交通、交流的外廊，促进交流行为的发生

图片来源：同上：148

3.4.4 室外空调机位的合理设置（19）

近年来由于对室内居住舒适要求的不断提高，家用空调的使用越来越广泛，空调室外机的安放也越来越成为住宅表皮的重要影响因素之一。空调搁板、预留穿墙孔以及冷凝水管的设置直接影响着空调设备的安装、使用、运行能耗，以及住宅表皮的整体立面造型等。如果前期设计考虑不周，没有充分了解空调主机的安装尺寸和工作原理，将造成许多设计上的不当，使得有些空调机位尺寸偏小或位置不当，导致空调室外机无法安装，形同虚设。以至于住户只能利用钢架将空调室外机固定于外墙上，这样不但会破坏外墙保温层，影响小区整体环境的美观，同时，空调支架经过长年锈蚀，会留下一定的安全隐患。这就要求建筑师应该充分了解空调机的外形尺寸，合理考虑空调室外机的安装尺寸、位置及工作原理，达到既能保证其正常使用，又满足建筑立面的美观要求。

新建住宅为使空调室外机安放有序，保持建筑外立面的完整美观，常在空调板外侧安装设置遮挡构件，并与住宅整体造型相结合，利用设计变被动为主动，使之成为某些住宅立面形式的主导因素。同时，在局部应考虑可开启设计，以满足安装要求。还应设计预留穿墙孔、冷凝水的集水管道，以减少后期安装破坏外墙保温以及住宅整体立面形象。并将落水管、冷凝水管等附件隐藏于遮挡构件之后，有利于管线的集中布置，便于日常的检修及维护，同时也增强了建筑立面的整体感。但是遮挡构件应该选用透气性高的材料或构造方式，如有一定间距的百叶或开孔率大的穿孔板等。叶片间距或穿孔率应在满足一定的视线遮挡效果的原则下尽量增大。叶片间距或穿孔率太小，会影响空调室外机的散热，使得空调不能正常运行，或运行能力下降，导致不少住户不得已选择自行拆除部分或全部百叶，从而影响住宅立面的整体美观，既导致资源浪费，又达不到预期美观整洁的立面安装效果（图 3-133）。

另外，百叶的安装还应注意叶片的方向，实践工程中百叶的安装结构多为风口朝下（图 3-134），但这却对建筑节能起到一定的反向作用，因为空调室外机散出的热空气是向上流动，如百叶风口朝下，则热空气不仅不会被室外机风扇吹向空气中，反而被滞留在空调室外机上方，并被空气流动原理当作进风利用，形成恶性循环，造成能源损耗的进一步增加。另外，高层住宅还应注意不要形成上下温度场，使上面的机组冷凝器处在高温区，严重影响空调器的工作能效。

冷凝水管的设计在空调搁板设计中也至关重要。设计不妥时对内会使住户生活不便，对外则会影响建筑整体立面效果。根据我国《住宅设计规范2012修订版（中华人民共和国住房和城乡建设部）》8.6.2规定：室内空调设备的冷凝水应能够有组织地排放。（室内空调设备的冷凝水可以采用专用排水管或就近间接排入附近污水或雨水地面排水口（地漏），有组织排放，以免无组织排放的冷凝水影响室外环境）。

图3–133 住户自行将统一安装的遮挡百叶部分或全部拆除（作者摄）

图3–134 百叶方向多为风口朝下，不利于热空气排出（作者摄）

综上所述，空调室外机的设计安装如果不合理，不仅严重影响到住宅表皮的整体美观，而且还会影响到空调器的使用效果，导致耗电量增加，能效比降低，严重时有可能导致高压保护停机。因此，空调室外机位的设置应符合以下要求：1) 室外机安装应选择通风良好的位置，不应安放在建筑凹槽内部，其周围应有足够的进风、排气和维修的空间。宜采用两面或三面开敞设置，有利于室外机排气散热（冷）和维修方便；2) 室外机应尽可能安装在北墙或东墙，避免太阳直射。当安装在南墙或西墙时，必须采取遮阳措施，但不能妨碍空气流通；3) 为维护住宅表皮美观，室外机不宜直接裸露安装于外墙上，宜采用金属透空防护栏，具有安全和装饰双重作用；4) 室外机不应采用全封闭设置，应采用半封闭设置。当采用半封闭设置时，其排风口距遮挡百叶不应小于400mm❶，且百叶方向不宜朝下，宜采用水平百叶，通风率应大于75%；5) 室外机后侧与外墙面之间应有不小于200mm的距离，同时要求左右两侧合计宜留有≥300mm的距离，以便进风，提高空调机能效比❷；6) 冷凝水应采用专用排水管或就近间接排

❶ 前百叶与出风口间距从100mm增加到300mm，制冷量和能效比可分别提高1.9%和4.6%，输入功率可降低2.4%，空调系统的性能明显改善．引自：逯红杰，雒新峰．保持建筑物外观美的空调器室外机安装方法[J]．西安航空技术高等专科学校学报，2009,9: 50.

❷ 室外机的回风受到后墙的影响，离后墙的距离太近，会造成回风不畅．改变室外机与后墙间的距离，能使其回风的空间逐渐增大．随着安装距离的增加，系统的性能有较大改善，当后墙距离由100mm增加到400mm时，制冷量和能效比分别可以提高6.8%和6.9%，输入功率可降低1.1%．来源同上

入附近污水或雨水地面排水口（地漏），有组织排放，以免无组织排放的冷凝水影响室外环境；7) 应尽可能将各户的空调外机隔板或者空调外机预留位置明确化，明确地使用自家房屋结构承接，减少由于位置不明确、自由安装产生的邻里摩擦。合理安装，并在外机固定处加装减振垫，减轻噪声影响。

3.4.5 充分发挥其形式要素功能（20）

随着结构技术的发展，阳台或外廊的空间层次不再受到过多的限制，其规模和形态也得到了更自由的发挥。凸凹的体量造型以及由此造成的光影变化，护栏的多样性，装饰色彩的变化以及绿化种植等，为住宅表皮增添了层次和动感，极大地丰富了住宅建筑的立面表情，对整个住宅造型，甚至局部区域的城市环境都起到了举足轻重的作用。作为住宅造型的形体构成元素之一，阳台和外廊也是构成住宅整体形象视觉特征的重要组成部分，相对于其他住宅表皮元素，其可变性较大，是丰富住宅立面表情的形式要素。由于其独特的空间位置和形体构成方式，往往成为住宅造型中极为活跃的元素，在塑造住宅整体形象的可识别性和标志性方面起着重要的作用，可以为住宅立面处理提供更多创新的可能。

阳台或外廊的空间形态具有明显的符号性和可识别性。作为一种视觉感突出的建筑符号，阳台在形式上受环境地域因素的制约，反映出其所处的气候和地域特征以及文化特征。可识别性表现在阳台或外廊对于所处的地域空间环境的符号意义和其显著的视觉焦点作用上，合理运用这些特点，可以增强住宅整体的可识别性，促进住宅形态的多样化和个性化发展，美化城市景观，协调建筑及城市整体的视觉平衡关系。

总结起来阳台或外廊可以分为以下三种形式，带状、点状以及点带结合状。

带状：以外廊和通长阳台为主，在住宅表皮外围层间呈带状布局，亦可结合折线或弧线交错变形设置，创造立面丰富而动感的形态。例如：努维尔（Jean Nouvel）设计的法国城市尼姆（Nimes）社会住宅（Nemausus Social housing，1987）位于地中海附近，这里的天气大多数时候都十分适合户外活动。住宅两侧被宽大的外廊所环抱，像两艘地中海里乘风破浪的舰艇，为居住者的户外生活提供了最大的可能性，其独特的形象让人过目不忘（图 3-135）。法国巴黎城市公寓（Villiot-Rapée Apartments，2011，图 3-136）每层提供形状各异的私人露台和公共外廊空间，体现一种新的城市公寓起居概念，住宅形象也因此大放异彩。爱沙尼亚塔尔图城市公寓（Tartu Rebase Street, 2011，图 3-137）住宅表皮外围由形状不一的连续阳台所环绕，满足每户私家花园的需要，并提供充足的阳光照射和开阔的景观视野，不规则的阳台和阴影变化削弱了建筑整体的体积感。葡萄牙波尔图城市住宅（Living Foz，2010，图 3-138）连续的折线阳台创造出丰富的立面效果，形成强烈的光影反差，白色混凝土和黑色玻璃更是增强了这种反差。鹿特丹城市住宅阳台（图 3-139）垂直与水平向错位排布的网线网格，配以深色的金属栏杆，形成独特的韵律感。

阳台或外廊的多种形式（作者制） **表3-11**

带状				以外廊和通长阳台为主，在住宅表皮外围层间呈带状布局，亦可结合折线或弧线交错变形设置，创造立面丰富而动感的形态
点状				阳台以户型为单元，或呈点式突出于住宅表皮形成凸阳台；或内陷于住宅表皮形成凹阳台；抑或呈特殊形状张扬于住宅表皮
点带结合状				在带状空间上串联起局部凸出或凹进的阳台或公共交流空间，丰富住宅表皮的变化节奏，同时也创造出不同需要的空间感受

图 3-135 尼姆社会住宅

图片来源：Jean Nouvel, Oliver Boissire, Terrail, Pairs, 1996: 46

图 3-136 巴黎城市公寓

图片来源：http://www.archdaily.com

图 3-137 爱沙尼亚塔尔图城市公寓

图片来源：Thomas Pucher and Bramberger Architects

(a)

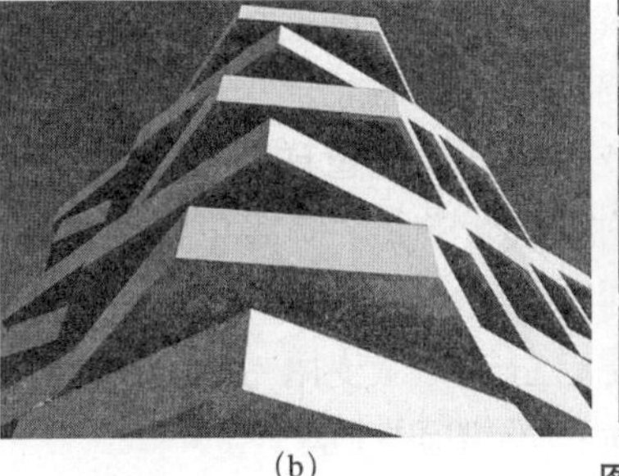
(b)

图 3–138　葡萄牙波尔图城市住宅

图片来源：www.worldarchitecture.org

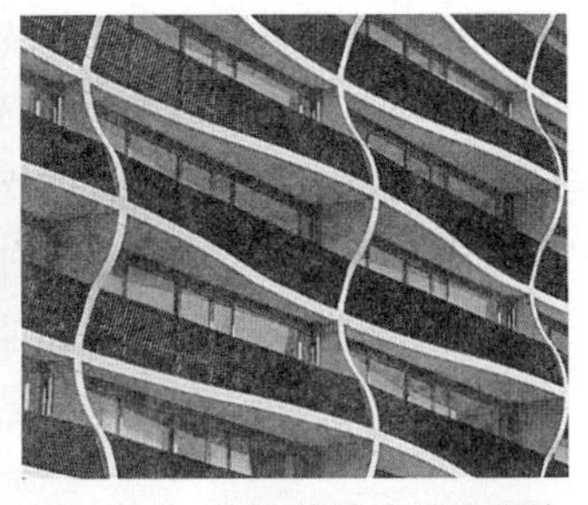

图 3–139　鹿特丹城市住宅阳台

图片来源：Carles Broto, Innovative apartment buildings, 2007:153

MVRDV 设计的位于哥本哈根港口的储料仓城市住宅（图 3-140），通长外阳台的设置使得所有住户都能够拥有充足的自然光，和来自港口良好的景观视野，还可以形成自然的水平遮阳，减少过度的眩光对室内的影响。墨西哥多层公寓（Kiral Apartments, 2011，图 3-141）阳台形成波纹状的动感韵律，这种韵律又被整齐螺旋排列的栏杆所强化，并且随着日光的变化产生光影上的呼应，建立起了一种时间性、跳跃感极强的形式美。中国台北淡水镇的海洋公寓（Ocean Grand Residence，2011，图 3-142）周围是起伏的山川和流淌的河流，阳台形式取材于水的流动，起伏的形态营造出舒缓的线条，并减少了每层间的压抑感，反映出自然与建筑之间的有机联系。

图 3–140　哥本哈根储料仓城市住宅

图片来源：Carles Broto, Innovative apartment buildings, 2007:136

图 3–141　墨西哥多层公寓

图片来源：Arqmov workshop,

图 3–142　中国台北淡水镇海洋公寓

图片来源：www.dndci.com

点式：阳台以户型为单元，或呈点式突出于住宅表皮形成凸阳台，或内陷于住宅表皮形成凹阳台，抑或呈特殊形状张扬于住宅表皮（图 3-143、

图 3–143　荷兰某住宅

图片来源：A.G. Canizares. New Apartments. 2005:168

图 3–144　慕尼黑城市公寓阳台（作者摄）

图 3–145　斯洛文尼亚海滨社会住宅

图片来源：Carles Broto, Innovative apartment buildings, 2007: 194

图 3–146　阿姆斯特丹百户老人住宅（作者摄）

图 3–147　汉堡某住宅（作者摄）

图 3–148　威尼斯朱代卡岛住宅

图片来源：McGraw-Hill. Apartment Buildings. 2008：160

图 3–149　荷兰迪温特黑钻住宅（Het Baken，photo by Torben Eskerod）

图 3-144）。如斯洛文尼亚海滨社会住宅的设计灵感来自于蜂房的有机构成（图 3-145）。看似简单规整的平面布局之外是一系列错列凸起的阳台，其上还覆有颜色各异的半透明织物遮阳，强烈的色彩创造出一种热烈而活泼的气氛。不断变化跳跃的阳台节奏既能保守阳台与公寓内部的私密性，又能使居住者感受到来自海洋的气息。荷兰阿姆斯特丹百户老人住宅（图 3-146）绚丽多样的阳台栏板色彩由各住户自由选择决定，表达了居民参与的乐趣，也由此形成了具有丰富活力的立面表情。汉堡港口某住宅（KAISERKAI 56，图 3-147）以大胆出挑、形状圆滑的阳台鲜明的矗立在河滨，具有很强的可识别性。

再如位于意大利威尼斯朱代卡岛的新建住宅（图 3-148），住宅表皮采用的是当地盛产的石材，阳台和窗户采用三种不同大小和形式内凹，根据室内功能的不同呈不规则状布局。荷兰迪温特（Deventer）的标志性建筑，黑钻住宅（Het Baken，图 3-149），窗户和阳台与住宅表皮石材面齐平，最大限度的保持了表皮面的整体性和统一性。不同于凸起的造型处理，这种表皮处理手法也可被称作为减法。

哥本哈根 BIG 建筑事务所（Bjarke Ingels Group）设计的 VM 公寓楼（图 3-150）立面上的超大三角阳台，给人带来强烈的视觉冲击，具有超强的标志性和可识别性。鳞次栉比、交错凸起的阳台让每个家庭都能享受充足的阳光生活，并且为邻里沟通提供了更自由、更特别的沟通空间平台。柏林防火墙住宅弧线形的阳台（图 3-151）采用了当时还比较大胆的悬挑设计，形似片片飞舞的蝶翼，与花园的自然环境相融合，这种富有诗意的表达引发了人们视觉上的愉悦感。荷兰哈特尔特公寓（Hatert Housing, 2011，图 3-152）住宅四角的阳台自由伸出，栏板由模拟树叶茎脉的穿孔板制成，阳光下倒映出十分美丽的叶茎效果，极大的丰富了住宅的立面表情。

点带结合状：综合带状和点状布局，在带状空间上串联起局部凸出或凹进的阳台或公共交流空间，丰富住宅表皮的变化节奏，同时也创造出不同需要的空间感受。如荷兰阿姆斯特丹大学访问学者公寓（Apartment block at Sarphatistraat，2002，图 3-153），外廊上间隔凸出放大的阳台空间，极大的增加了交流的空间。妹岛和世设计的岐阜北方集合住宅（Housing blocks in Gifu, 2000 图 3-154）打破了传统公租房为了经济性和安全性将住宅阳台连续设置，并开放一侧走廊的单一表情，将串联在外廊上的阳台半室内化，作为室内的延伸或户外活动平台，扩展了室内外空间的接触面积，在大面积的均质立面中植入了透过阳光和空气的亮点。

再如王澍在杭州设计的垂直院宅——钱江时代（Vertical Courtyard Apartments，2007，图 3-155），利用阳台和层间的公共空间作为立面的主要形式要素，在高层住宅表皮中划分出传统的“院宅”空间，可结合绿化

图 3–150　VM 公寓楼立面上极具视觉张力的阳台设计

图片来源：http://www.big.dk/

图 3–151　柏林防火墙住宅弧线形的阳台（李振宇摄）

图 3–152　哈特尔特公寓

图片来源：http://www.24h.eu/

种植，营造出立体的院宅空间，希望引导一种正在消失的传统生活交往方式。不同于常规的处理手法，阳台空间或突出、或凹进于住宅表皮，配合材质和色彩的变化，强调了空间和体量在水平方向的绵延。

由此可见，形态各异的阳台和外廊设计成为住宅表皮造型的活跃元素，具有突出的视觉聚焦感，不仅极大的增强了住宅的标志性和可识别性，促进了住宅表皮形态的个性化发展，同时也提供了新颖独特且舒适的居住体验，带来城市生活居住概念的转变，还极大的丰富和活跃了其所处的城市环境，为城市空间和城市生活注入了活力。

图 3-153 荷兰阿姆斯特丹城市住宅（作者摄）

图 3-154 岐阜集合住宅
图片来源：S. C. Duran. High-Density housing architecture，2009:83

图 3-155 杭州垂直院宅（陆文宇摄）

3.5 小结

实现住宅表皮生态化推荐的50余策略（作者制） 表3-12

	外墙	门窗	屋顶	阳台及外廊等
保温隔热	[1] 保温材料及构造方式的合理选择 [2] 综合考虑确定保温层经济厚度 [3] 减少热桥，控制热损失	[11] 采用低辐射玻璃，减少从窗户进入室内的热负荷 [12] 采用多层窗，提高窗户保温隔热性能 [13] 采用复合窗框 [14] 提高窗户的气密性和水密性	[30] 加强屋顶保温隔热和防水性能 [31] 采用绿化种植屋面或蓄水屋面 [32] 利用双层屋面保温隔热（如架空屋面、阁楼等） [33] 采用冷屋面	[41] 可封闭做阳光房，被动利用太阳能，调节室内热环境 [42] 注意与住宅主体部分的连接，防止热桥产生

续表

	外墙	门窗	屋顶	阳台及外廊等
采光	（玻璃幕墙按照窗户处理）	[15] 合理的开窗位置、大小和形状 [16] 保证玻璃的透光率 [17] 利用遮光板或分层百叶等构件，引导自然光照亮室内深处，增加室内光照均匀度 [18] 利用高侧窗漫反射增加室内照度	[34] 利用天窗采光（结合遮阳与通风，防止室内过热）	[43] 注意出挑方向、尺寸和形状对室内采光的影响 [44] 注意反射光对室内采光的影响
通风	[4] 双层墙控制引导通风 [5] 采用通风格栅，控制引导通风	[19] 合理的窗口位置、大小和开启方向 [20] 利用通风排气窗有组织通风 [21] 注意热回收利用 [22] 开启扇大小和方向，形成导风翼墙 [23] 双层窗控制引导通风	[35] 利用风井或风帽等捕风及通风 [36] 利用天窗形成热压通风 [37] 双层屋面，利用风压或热压通风降温	[45] 注意可控引导通风，调节室内热环境
遮阳	[6] 绿化与构件结合遮阳	[24] 控制玻璃的遮阳系数 [25] 针对不同朝向和大小的窗户，合理选择遮阳方式及其材质、色彩等 [26] 鼓励使用可调节式外遮阳	[38] 屋顶遮阳构件（可结合绿化）	[46] 结合可调节式外遮阳 [47] 结合绿化遮阳
能源利用	[7] 蓄热墙被动利用太阳能 [8] 太阳能组件一体化安装 [9] 革新材料（TWD、PCM等）的使用 [10] 可再生循环材料的使用	[27] 采用多层保温玻璃，提高窗户的太阳能被动利用效率（注意结合遮阳，防止夏季过热） [28] 采用革新材料（特种玻璃、TWD等），被动利用太阳能（注意结合遮阳或棱镜，防止夏季过热） [29] 外窗遮阳构件与太阳能组件的一体化	[39] 太阳能光电或光热组件 [40] 雨水回收与利用	[48] 作为缓冲区被动利用太阳能 [49] 结合太阳能组件一体化设置 [50] 作为室内外空间的外延和中介，发挥综合效益
对造型的影响	-- 墙面材质及色彩 -- 高技、革新材料的使用 -- 原生态、地方性材料的使用 -- 太阳能组件与墙面的结合	-- 开窗位置、大小、比例、形状及开启方式 -- 遮阳方式、材质和色彩 -- 通风口的设置 -- 窗口导风翼墙	-- 屋顶形式 -- 屋顶绿化 -- 太阳能组件与屋面的结合 -- 风帽、烟囱等通风装置 -- 屋顶遮阳	-- 空调板形式、位置及造型处理，既要兼顾整体美观，又要不影响空调机工作效率 -- 利用阳台及外廊形式塑造整体造型

4　生态住宅表皮的表现形式及审美趋势

在当今人类生态意识觉醒，全球倡导可持续发展的生态时代，生态住宅的发展促使我们从全新的视角审视住宅表皮形式的生态、能源、经济、文化和美学价值。关于生态住宅表皮形式的研究，是以当代的生态思维和生态文化观念，对相应建筑审美现象的再认识，把人类历史上自发演变形成的生态审美观提高到了一种理性的自觉，由此形成生态美这一特定的审美范畴。生态意识的觉醒不仅是对人与自然，以及社会发展与环境之间关系的审视和反思，也是当代科学发展的必然结果。在生态理念影响下，当代建筑审美倾向走向生态美是时代发展的必然结果。

4.1　生态的建筑美学观

建筑是人类社会最早出现的艺术门类之一，建筑中的美学问题也是人类审美需求中的重要组成部分。建筑的美总是直接或间接地反映着时代的特征和时代的需求，而时代也深刻地影响着建筑的美学观。每个时代都有属于自己时代的建筑审美观，建筑的审美价值主要是它本身包含和体现的时代所宣扬的伦理价值、政治价值和社会价值。建筑审美是一个动态的过程，它随着时间的变迁而发生改变，没有一个永恒的标准。伴随着社会发展和历史演进，建筑理念不断更新，建筑的审美标准也随之不断变化。审美标准作为人类审美过程中的理性因素，是社会意识的组成部分。社会意识是社会存在的反映，是由社会所处的客观历史条件所决定的。人类在各个历史阶段所形成的审美标准都是各个历史时期社会实践的产物，时代发展，审美标准也在不断改变，建筑的美学观也随之在不断地发展和演变。

面对当今建筑这样一个超越形式与功能的复杂系统，传统的建筑美学及评判标准由于缺乏对环境、生态和与建筑相关的自然的深刻认识，在面临人类越来越高的生活质量要求和复杂的生态问题时表现出越来越多的不足。21 世纪是注重人与环境和谐发展的生态时代，生态观念和可持续发展战略深入人心，使得当代建筑的审美观不再单一地强调建筑的形式美、功能美或技术美，而是向着生态美学影响下的全方位、多视点、注重自然与环境、生态的建筑审美观过渡。

生态的审美观是以生态观念为价值取向而形成的审美意识，它体现了人对自然的依存和人与自然的生命关联，反映了主体内在与外在自然的和谐统一性。它审视的是生态圈内各层级之间的和谐关系，以及生态万物的动态交流过程。审美意识建立在以生态观念为价值取向的基础上，并且超越了审美主体对自身生命的关爱，也超越了役使自然而为我所用的价值取向的狭隘❶。从而开放了人本位的视野，形成兼顾自然与社会生态多样性与丰富性的美学观。生态的建筑审美观就是在生态观念指导下，研究城市环境和建筑审美，所体现的是人与建筑环境、社会环境、自然环境和谐统一的理念。

生态住宅并非是一种崭新的住宅形式，住宅表皮也并不是一种新兴的住宅部件，事实上，它从住宅产生之初就伴随整个住宅发展的历史，在当今可持续发展这一全球性的世界观引发下重新受到关注和重视。从早期仅停留于对气候、生物反应的关注到今天高效利用可再生能源，以及各种建筑生态技术的研发和应用，人们对住宅表皮与生态环境有了更深刻的认识。在此基础上，提出了住宅表皮生态化问题，是将住宅表皮融入整个生态循环圈，从整体的角度考虑能源和资源的流动，将住宅设计、建造、使用和拆除过程中的消耗与产生全都纳入到生态系统整体来考虑，从而改变资源与能源单向流动的方式，形成良性循环的模式。从全球可持续发展的观点来看，生态住宅代表了未来住宅的发展趋向。尤其对于发展中国家来说，加大生态住宅的研究，推进住宅表皮的生态化，无论从环境、能源、经济的角度，还是从城市、居住的角度都将具有深远的现实意义。

生态住宅表皮形式展现了生态美的具体存在，对生态住宅表皮形式的研究也离不开美学的支持。生态建筑美学是生态学、建筑学、美学的有机合璧与贯通，是一种充分体现生态秩序与建筑空间多维关系的、综合的功能主义美学❷。生态的建筑美学观与生态伦理和生态智慧密切相关，这种美学观不再把功能和形式，或者空间与视觉的美感作为建筑审美的终极目标。在生态和共生的框架里，建筑的审美必须将自身置于建筑与自然、城市、环境、人等诸种因素和谐统一的关系之中，将建筑建立在一种超本位、超时代、超人类之上的大审美范畴之中。这种开放、广博的审美维度真正体现了人类利益与自然利益、当前利益与未来利益、局部利益与整体利益的共生❸。

生态观念的发展促使我们从全新的视角审视当前住宅表皮形式的美学价值，建筑的生态观造就了新的美学观，生态思想成为建筑美的评判标准之一。在以生物气候学理论为依据的建筑实践中，住宅表皮形式不再仅仅

---

❶ 马维娜，梅洪元，俞天琦．生态美学视阈下的绿色建筑审美研究 [J]．华中建筑 ,2010,3:174.

❷ 徐恒醇．生态文化丛书：生态美学 [M]．西安：陕西人民教育出版社 ,2000.

❸ 黄丹麾．生态建筑 [M]．济南：山东美术出版社 ,2006.

只是空间的围护，表现比例、尺度等形式美，或是象征隐喻某种文化或情感的表达，而是在全面分析当时、当地的日照、风向、气候、地理、文化、环境等多种因素后的设计对策，使得表皮形式、功能与环境的关系更趋合理、经济，更具备可持续发展的特征[1]。由生态观念派生出来的建筑审美趋势使得建筑的美因此被提升到了更高层次的生命之美。

生态的建筑美学观不仅揭示了现代社会物质生活领域审美活动的必然趋势，并且从审美的角度引导人们审美活动的健康发展，同时也引导了生态时代下住宅表皮形式的建构。比如，太阳能集热板或光电板刚开始出现在建筑表皮时，大众审美意识会认为这种形式语言是对建筑整体形象的极大破坏，因此，如何让这些具有生态特质的“怪异”的技术元素尽量低调地隐匿在常规建筑形式之下是建筑设计时需考虑的重点。然而，由于生态和可持续观念对人们思想意识的逐渐渗透，也带来了思考方式和审美情趣的转变，当人们再度看到这些“怪异”的建筑语言时，首先在脑海中反映出的却是潜藏于其中的生态思想，认为这是生态的、能源利用效率高、环境友好、无污染、绿色的建筑。既然这些建筑的目的是生态和可持续的，那么由此产生的建筑形式便顺理成章地被大众所理解和接受。这些具有典型生态特征的技术元素依托生态建筑思想，也逐渐被公众所接受，并进一步成为生态建筑形式的代言和体现出时代所赋予的生态美感，成为建筑审美的要素之一。太阳能屋顶与墙面、屋顶绿化与垂直绿化、通风管与捕风窗、双层立面、阳光房、可调节式遮阳等等，这些生态措施正是具有典型生态特征的形式语言，逐渐成为我们辨析生态表皮的视觉符号。借由这些具有可识别性的形式语言，为我们实现生态审美提供了可辨别的媒介和可感知的平台。但是这些生态形式语言的运用必须是以认真分析和研究住宅及其所处的环境为前提，综合考虑人、气候、环境、城市、居住和文化等多种因素后所采取的合理可行的设计对策，而不仅仅只是片面的形式上的意象或借用，从而避免只为片面地追求形似，而忽略其形式背后所应具有的生态功能和生态意义的“伪生态”住宅表皮形式的出现。

4.2 从普利茨克奖获奖者及其住宅作品看住宅表皮的发展及趋势

4.2.1 生态观念对建筑评判的影响

对于任何一种文化事业来说，社会对其中佼佼者所取得的成就的奖

[1] 佘正荣．生态智慧论 [M]．北京：中国社会科学出版社 ,1996.

励和认可，与这些伟大成就本身几乎同样重要。如果缺少了社会的关注和认知，这些成就便不会融入人类的历史和文化中，而其本身单独的存在对人类社会的进步和发展来说是没有意义的[1]。因此就建筑界而言，国际上有许多著名的建筑奖项，例如英国皇家建筑师协会（The Royal Institute of British Architects）的 RIBA 金奖和斯特林奖、美国建筑师协会（American Institute of Architects）的 AIA 奖、美国建筑师杂志的进步建筑奖（Progressive Architecture，PA）、国际建筑师协会（International Union of Architects）的 UIA 奖、日本艺术协会的高松宫殿下文化奖（Praemium Imperiale prize）的建筑奖、欧盟现代建筑奖——密斯•凡•德•罗奖（European Union Prize - Mies van der Rohe Award）、法国建筑学院“建筑学金奖”（La Grande Médaille d'Or），芬兰的阿尔瓦•阿尔托奖（Alvar Aalto Medal）、瑞士 Holcim 可持续建筑大奖赛（Holcim Awards）和主要面向亚洲和东非，针对穆斯林世界的阿卡•汗建筑奖（Aga Khan Award for Architecture），还有分量最重、最具权威的私人基金资助的普利茨克（Pritzker）建筑奖等。这些奖项的设立是用以表彰和肯定当代最杰出的建筑师和建筑作品，并借此来增进公众对建筑领域及建筑环境的关注。因此，从这些不同年代的获奖建筑师以及获奖建筑作品可以清晰地看出世界建筑及其思潮的发展状况和发展走向，反映当下的时代精神和价值取向，并暗示建筑设计未来的导向和趋势，被视作世界建筑发展的风向标。

随着生态理念的兴起，建筑理论与创作逐渐从谈形式、谈主义向讲求实效、关注环境、注重社会责任转变。转变最明显的表现在美国《进步建筑》（Progressive Architecture，PA）杂志上，PA 自 1994 年始，办刊宗旨发生了很大变化。自 1994 年第一期刊登第 41 届 PA 进步建筑将获奖作品起，PA 就从过去的只重形式的办刊方针转向对建筑的社会问题、建筑与生态和环境问题、低造价住宅、“可持续建筑”等领域的重视。在那期杂志上有一则编者的话，题为《重新考虑授奖标准》。文中称：“PA”的编辑以及受邀的评委们认为，不能仅用形式来作为衡量建筑的标准。他们认为新时代的建筑标准和规则要比过去那种“建筑选美”复杂困难得多。对于任何一个评委，评价一个度假别墅的美，比之于评审一个低收入住宅的优缺点要容易得多[2]。

与此同时，美国建筑师协会的 AIA 荣誉奖评奖方针也越来越重视对社会有所助益的建筑，而那些单纯卖弄形式的建筑也越来越被冷落。1990 年美国建协成立了环保委员会（Committee on the Environment，COTE），这

---

[1] 杨晓龙 . 金奖启示录：普利茨克建筑奖研究 [M]. 机械工业出版社 , 2006.

[2] 沈克宁 . 绿色建筑运动和“可维持设计”[J]. 华中建筑 ,1995,3:5.

个领域已成为AIA发展最快、最受人重视的领域。1993年美国建协在当时AIA主席苏珊•马克斯曼（Susan Maxman）的主持下，将该年主题定为“可持续设计”（Sustainable design）。COTE还单独设置了每年的AIA绿色建筑奖，表彰在建筑的可持续性设计上的贡献和独到之处。而国际建筑师协会的UIA评奖主题也开始强调与质量和可持续性发展、文化和社会价值相关的建筑的作用和功能。

2005—2006年，瑞士Holcim可持续建筑基金会举办了首届可持续建筑大奖赛（Holcim Awards），旨在激励人们超越传统，积极应对未来可持续发展的挑战。为全球可持续建筑的发展和研究提供了一个展示和交流的平台，也向人们展示了可持续发展理念对建筑领域所产生的深远影响。

由此可以看出，发达国家建筑审美的风向标由20世纪90年代起正式转向了生态和可持续设计。

4.2.2 从普利茨克建筑奖看建筑的时代性

从近年的世界各大著名建筑奖项的获奖建筑师和获奖建筑作品中可以看出，建筑界对于建筑与生态环境的关注越来越偏重于对于纯形式的关注，生态和可持续性越来越成为建筑评判中举足轻重，甚至不可或缺的部分。以其中最具影响力的普利茨克建筑奖为例，该奖是凯悦（Hyatt）基金会于1979年所设立的，至今已有34年的历史，每年评选一次，授予一位做出杰出贡献的在世建筑师，在一定程度上反映了时代的价值取向和时代精神，因其权威性和影响力，有“建筑界的诺贝尔奖”之称。“表彰当代建筑师在其作品中所表现出的才智、想象力和责任感，以及他们通过建筑艺术对人文科学和建筑环境所做出的持久而杰出的贡献”[1]。该奖项一向是当代建筑风潮的指针性奖项，历届得奖的建筑师大都是当代建筑界重量级的代表人物。截至2012年的37位获奖建筑师包括7位美国建筑师、20位欧洲建筑师、5位日本建筑师，1位墨西哥建筑师，2位巴西建筑师，1位澳大利亚建筑师和1位中国建筑师。从获奖名单上看，欧美发达国家的建筑师占绝大多数，表明了西方发达国家的文化角度和价值观对世界建筑问题和潮流的主导性。虽然这些国家确实是世界上建筑发展水平比较高的地区，也比较能够代表世界建筑发展的最新状况，但是2012年中国建筑师王澍的获奖表明了发展中国家快速而大量的建筑发展，及其在世界建筑发展中所起的作用也正越来越受到世界的关注和认同。

---

[1] The Oritzker Architecture Prize. About The Prize. The Pritzker Architecture Prize, 1998 [C]. Los Angeles: Jensen & Walker. Inc., 1998

建筑的时代特性使得建筑本身反映了其所处时代的价值取向和时代精神。普利茨克建筑奖尽可能授予某一时期最优秀的建筑师，他们都是在其所处时代的背景下产生的最杰出的建筑师，其建筑作品在很大程度上反映了这个时代对建筑思潮的认识以及对建筑作品的评价。历届及近期普利茨克建筑奖获奖者们的成就基本上反映了20世纪下半叶的建筑思潮，还在一定程度上代表了21世纪建筑思潮的走向[1]。因此，普利茨克建筑奖在一定程度上展示了世界建筑的发展状况，是我们观察世界建筑思潮及其发展的一个很好的窗口。

20世纪20—50年代，世界建筑发展的主流是现代主义建筑。这一时期建筑活动的主力是第二代现代主义建筑大师，建筑评判的标准也是以现代主义功能性、技术性以及工业化批量生产为其审美偏好。普利茨克建筑奖在1979—1988年度的最初10年间，授奖的对象主要是这一代建筑师，包括第一届的菲利普• 约翰逊（Philip Johnson，获奖时间1979），贝聿铭（Ieoh Ming Pei，获奖时间1983），理查德• 迈耶（Richar Meier，获奖时间1984），丹下健三（Kenzo Tange，获奖时间1987）等。

20世纪80年代之后，当代世界建筑进入了一个比较成熟的发展阶段，后现代主义或新现代主义建筑成为世界建筑发展的主流趋势，建筑评判的标准也随之多元化。建筑审美进入一个空前丰富和多元的时期，审美的范畴被扩大，1989—1999年的获奖者及其建筑理念正体现了这一多元的发展趋势。比如弗兰克•盖里(Frank. O.Gehry,获奖时间1989),阿尔多•罗西(Aldo Rossi，获奖时间1990)，阿尔瓦多• 西扎（Alvaro Siza，获奖时间1992），安藤忠雄（Tadao Ando，获奖时间1995）等。

进入21世纪，建筑界纷纷开始反思20世纪的建筑状况，并对新世纪的建筑发展提出展望。21世纪的建筑必须符合新世纪的时代特征。首先，生态、环保和可持续发展无疑是21世纪无可争议的主题之一。新世纪，普利茨克建筑奖也以多元、环保、生态的姿态来应对新的时代要求。2000年以后的获奖者在建筑思想和建筑风格上比较显著的共同特征就是对社会、对环境，以及对生态环保的深刻思考，他们作为新时代建筑的探索者，表现出极大的社会责任感和历史责任感。除了2003年获奖的约翰• 伍重（John Utzon）以外，其他12位都可以说是先锋类的建筑师，在新的时代背景下，他们在摆脱传统束缚的同时从中汲取所需，积极探索适合新时代、新发展的建筑理论及形式。生态和可持续发展成为建筑评判的标准之一，建筑表皮的生态意义和美学价值也同时被发掘并放大。

---

[1] 杨晓龙．金奖启示录：普利茨克建筑奖研究 [M]．出版地：机械工业出版社 ,2006: 8.

4.2.3 2000 年以后普利茨克奖获奖者住宅作品的表皮特征

从 2000 年以后的普里茨克建筑奖获奖建筑师作品中可以看出，表皮在建筑形式以及建筑的可持续设计中扮演着越来越重要的角色。新千年伊始的获奖者雷姆·库哈斯（Rem Koolhaas，获奖时间 2000）是一位勇于创新的当代先锋建筑师，他的作品不拘一格，形式多变，但始终坚持为当代生活和使用者服务，是一种本质的、思想赋形（ideal gives form[1]）的建筑，反映出他独特的建筑思考。其建筑创新形式，空间流动，功能完善，尤其注重来自现代社会和生活的影响，由此形成独特且具有感染力的空间环境，引领着新世纪建筑形式及理论发展的新方向，并在建筑和文化间建立起了理论与实践的新类型关系。

建筑形式或表皮不是库哈斯关注的重点，但却是他关于建筑思考的自然呈现。1991 年在法国巴黎郊区圣克劳德完成的艾瓦别墅（Villa dall Ava，1991，图 4-1），住宅表皮采用不同纹理和颜色的波形钢板、石墙面、大面积玻璃表面，以及清水混凝土，屋顶设有狭长的露天游泳池。住宅表皮的通透与封闭和居住使用空间完美契合。1998 年竣工的波尔多住宅（法语：Maison à Bordeaux，1998，图 4-2）是一座位于法国城市波尔多市郊的民宅。库哈斯在住宅表皮的一、二层大量运用玻璃幕墙，使得空间开敞通透，波尔多市的美景尽可坐收眼底。三层为私密性较强的主卧室和儿童房，住宅表皮采用混凝土结构外包锈蚀钢板，朝阳一侧根据居住者一家人的视高，设置不同标高的圆形小窗，保证采光的同时又极富趣味性。在日本福冈香椎集合住宅（Nexus World，1991，图 4-3）的设计中，库哈斯运用了大量的对比手法。住宅的表皮采用了封闭、粗犷、颜色深暗、具有重量感的材料，将住宅体量在视觉上尽量压低，向水平方向扩展。而在各户的中央设有大面积玻璃露天采光庭，提供良好的采光，并赋予内部开放的特性。相对基石般沉重的外墙，屋顶则犹如漂浮的帆板，充满着轻盈和自由。表皮及其身后空间的封闭与开放、明与暗、高与低、公与私、具体与抽象等多层次的对比得到了充分的诠释。

表皮虽然不是库哈斯着力想要表现之处，但却已是其设计中必不可少的部分，成为其建筑形式的自然表达。金属、实墙和大片玻璃，强调表皮的多种可能性，以应对不同的需要，并直接反映了其后内部空间的开放性、流动性和不确定性。

---

[1] 孙巍巍，刘松茯．普利茨克建筑奖获奖建筑师——雷姆·库哈斯（中）[J]．城市建筑，2009,6:100.

图 4-1 艾瓦别墅（Villa dall Ava，1991）

图片来源：Living Vivre Leben". Office for Metropolitan Architecture

图 4-2 波尔多住宅（Maison à Bordeaux，1998）

图片来源：同上

图 4-3 日本福冈香椎集合住宅（Nexus World，1991）

图片来源：世界建筑，2003（07）

20 世纪 90 年代以后，当代许多建筑师开始回归建筑本体，把材料及其建构方式当作设计的起点。表皮的分层构造使得各种不同材料和构造方式可以重叠并置，建筑师在选择、表达材料与构造设计上获得了极大的自由，创造出丰富多彩的建筑表皮，开辟了建筑表皮设计的新视野。其中最为突出的是瑞士建筑师雅克· 赫尔佐格和皮埃尔· 德· 梅隆（Jacques Herzog & Pierre de Meuron，获奖时间 2001），他们对于建筑表皮和纹理的研究和探索拓展了建筑领域，在建筑表皮设计中大胆地使用各种材料，以新的手法创造令人耳目一新的建筑形式和效果，并且引领了新世纪建筑领域对于表皮的研究与实践热潮。

赫尔佐格和德 · 梅隆对建筑表皮材料研究的兴趣在他们早期的住宅作品石头住宅（Stone House，Tavole, Italy,1985—1988，图 4-4）中就已经初见端倪，住宅表皮由基地附近废弃的石块组成。混凝土框架与石块以一种不同寻常的方式共同作用，将表皮的填充墙和外饰作用充分混合发挥出来。1997 年，他们设计的鲁丁住宅（Rudin House，1997，图 4-5）全素混凝土外表皮配以原木色门窗框，并重现了传统斜倾大屋顶的现代魅力。另外，他们在新技术和新思维的引导下，重新发掘传统材料的新用途和表现形式，将平常的材料经过加工或重组后变成了史无前例、令人称奇的建筑表皮。修辰马特大街 11 号铸铁住宅（Schutzenmatt housing，1993 图 4-6），采用了巴塞尔市内随处可见的、带有曲线形状的铸铁下水道井盖，作为住宅表皮的母题，营造出一种新奇又迷幻的立面效果。同样，他们在巴黎设计的城市住宅（Rue des Suisses，2000，图 4-7），临街栋外廊由一层可开启的金属穿孔折叠板包裹，而在院内相邻的另一栋住宅的外廊却采用了竹制卷帘，呈有机状展开，完美体现功能的同时，创造出完全耳目一新的表皮效果。

图 4–4 石头住宅

图片来源：ELCroquis．Herzog & De Meuron 2005—2010．125, 2011:39

图 4–5 鲁丁住宅

（Rudin House,1997）

图片来源：同左

图 4–6 铸铁住宅

图片来源：（Schutzenmatt housing，1993）（作者摄）

图 4–7 巴黎城市住宅

图片来源：（Rue des Suisses, 2000）Carles Broto, Innovative public housing, Gingko, 2005:108

他们的建筑作品最大的特点就是建筑表皮的材料表达和构建表现，建筑体量已经变得十分简洁，甚至可以在表皮这一媒介中缺失或沉寂，建筑的表皮从属于形体的关系被颠倒，表皮材料及其构建方式自此成为建筑外在形式表达的主角，新的建筑美学观也由此成型。

基于对 20 世纪建筑经验教训的反思，思考属于 21 世纪的建筑发展，建筑应该具有生态意识，并保护地方传统以应对全球化的意识已经深入人心。2002 年普利茨克建筑奖也顺应这一潮流，将这一荣誉授予澳大利亚建筑师格伦· 莫考特（Glenn Murcutt）。“他设计的住宅能够很好地适应场地和天气。他运用不同的材料：金属、木头、玻璃、石头眼、砖，还有混凝土——而选材的首要原则是制造材料所消耗的能源最少。他利用水、风、阳光、月光来设计出各种细部，使建筑能对环境做出反应。”❶

图 4–8 马格尼住宅

图片来源：Francoise Fromonot. Glenn Murcutt : Buildings and Projects 1962-2003. Thames and Hudson, London/New York, 2005:348

图 4–9 玛丽卡 · 阿尔德顿住宅

图片来源：周浩明，张晓东. 生态建筑：面向未来的建筑. 南京：东南大学出版社，2002: 163

他的作品是现代主义建筑与澳大利亚本土精神的结合，既注重澳大利亚独特的本土传统，适应当地气候条件，又积极考虑生态原则，从当地地形和农舍中获取灵感，就地取材，造型简单轻巧，不需要依赖任何能源设备，仅依靠对阳光和风的精确的控制来满足室内的舒适要求，能够适应各种气候条件。最能体现其设计思想和方法的建筑是马格尼住宅（Magney House，1984，图 4-8）和玛丽卡 · 阿尔德顿住宅（Marika Alderton House，1994，图 4-9）。马格尼住宅倾斜的屋顶可以折射阳光，还可以收集雨水，雨水可以用于饮用，也可以帮助房屋保持凉爽。天窗、屋檐、滑动门让房间远离被太阳灼伤和冬季刺骨的寒冷。波浪形屋顶让自然光覆盖屋子的每个角落。金属外壳、砖墙以及绝缘板在冬季锁住热量，夏季则将热量隔在门外，全年室内温度均衡。玛丽卡· 阿尔德顿住宅则整体架空设置，不仅有利于通风散热，还可以抵御澳大利亚周期性的雨季和各种爬虫。整个表皮没有采用任何玻璃，而是根据房间的朝向和功能采用胶合板或间歇为 8mm 的木质百叶窗构成，四周可以随意开启、任意呼吸，控制室内光照和通风，充分展现了莫考特的生态设计思想。

❶ Jury Citation. The Pritzker Architecture Prize, 2002: Glenn Murcutt [M]. Los Angeles: Hyatt Foundation, 2002.

2004 年的获奖者扎哈• 哈迪德（Zaha Hadid）是一位富有创造性和开拓精神的建筑师。她的建成住宅项目并不多，但却极具扎哈的特质。其早期的住宅作品有德国柏林德骚大街 30 号住宅（Residential Building on Dessauerstrasse 30，1994，图 4-10），住宅表皮向不同角度倾斜，看似无规律地相互交织在一起，体现了哈迪德一贯的整体雕塑感。金属墙面的运用以及特殊的开窗形式使该建筑凸显于整个街区，立面色彩和材质的变化也更加强化了整栋建筑独立、异化的特质。2012 年新建成位于莫斯科郊外的希尔住宅（Capital Hill Residence，2012，图 4-11）由混凝土，钢铁以及玻璃等材料建造，外太空飞行器般的建筑造型奇特、自由而极具未来感和雕塑感。哈迪德的住宅作品具有很强的可识别性，大都运用了独特的建筑语汇，建筑表皮反映空间的组织关系，将角度、曲线、甚至类曲线引入表皮，模糊了屋面与墙面的界限，使表皮具有更强的连贯性、可塑性和可适性，呈现出一种动态、自由和连续的特质。其看似非理性的建筑形式大胆而新颖，极具视觉冲击，潜藏其中的秩序感和完整性，为当代建筑形式的发展注入了创新的活力。

图 4-10　柏林德骚大街 30 号住宅（作者摄）

图 4-11　莫斯科希尔住宅（Capital Hill Residence，2012）
图片来源：Zaha Hadid Architects. www.zaha-hadid.com

图 4-12　罗杰斯住宅（Rogers House，1969）
图片来源：www.rsh-p.com

图 4-13　拉链住宅（Zip-Up，1981-1971）
图片来源：www.rsh-p.com

图 4-14　泰晤士河边住宅（Thames Reach Housing，1987）
图片来源：www.rsh-p.com

后工业化社会以来，技术以其前所未有的巨大能量作用于建筑创作，使当今许多建筑作品呈现出由原生态技术向艺术技术趋近的态势。理查德• 罗杰斯（Richard Rogers，获奖时间 2007）正是一位擅长表达技术形态之美的建筑师，他不断地打破定势从艺术语言中汲取养料，使技术形态产生新的意蕴，赋予建筑表皮强烈的视觉表现力，给人以生动的审美体验和审美感受[1]。从罗杰斯住宅（Rogers House，1969，图 4-12）到拉链住宅（Zip-Up，1981—1971，图 4-13），再到英国伦敦的泰晤士河边住宅（Thames Reach Housing，1987，图 4-14），还有新近建成的位于中国宁波的酒店式公寓（Ningbo Gate Serviced Apartments，2010，图 4-16）正如罗杰斯的大多数公共建筑作品，技术单元在住宅中也作为一种审美对象成为住宅表皮的重要组成部分，引发人们对时代精神的体悟。他对于技术语汇和技术单元的艺术化处理，有效地满足了人们的审美心理，激发了审美情绪，引起人们更多的审美思考，这不仅展现了他独有的技术美学理念，也体现了当代技术审美内涵的变迁。

在创造艺术化技术语汇的基础上，罗杰斯通过精湛的艺术手法使原本属于功能范畴的技术单元实现了向艺术的飞跃，让它们具备了审美特征和艺术韵味，并使技术形象能够迎合当代人的审美心理。身处当今以信息技术为主导，生态技术为前瞻的技术时代，罗杰斯关注的不仅仅是技术，而是人—技术—自然三者之间的和谐关系。在德国柏林戴姆勒 • 克莱斯勒办公楼和住宅楼（Daimler Chrysler Residential，1999，图 4-15）中，他通过现代技术的介入实现了建筑表皮与自然要素的和谐共生。并通过探索技术的艺术表现力，并且关注艺术形式向技术的渗透，以及建筑表皮的自然生态和社会生态效应，体现了当今时代的要求和新时代的技术美学特征。

图 4-15　德国柏林戴姆勒· 克莱斯勒办公楼和住宅楼（Daimler Chrysler Residential, 1999 作者摄）

图 4-16　宁波酒店式公寓（Ningbo Gate Serviced Apartments，2010）

图片来源：www.rsh-p.com

[1] 程世卓，刘松茯．普利茨克建筑奖获奖建筑师——理查德• 罗杰斯（上）[J]．城市建筑，2008,11:109.

自 20 世纪下半叶以来，建筑学的外延已经扩大到人类聚居、城市、社会、自然、经济、哲学、科技、文化和美学等多方面。技术与艺术的高度融合更是成为新时代日益突显的热门话题。法国建筑师让•努维尔（Jean Nouvel，获奖时间 2008）在其建筑创作过程中不仅将现代技术作为一种建造方法,更重要的是通过技术传达一种诗意和情感[1]。他不仅关注建筑的外在表现形式，还深入探索建筑内在的审美意识和精神本源，并且强调建筑与文化相结合。在他的建筑作品中技术与艺术相辅相成，新颖的建筑形式体现了时代文化的特征，这些文化特征提升了技术在建筑创作中的地位和作用，并成为引领技术文化潮流的重要砝码。建于法国尼姆的社会住宅(Nemausus Social Housing，1996，图 4-17)，建筑外侧被宽大的外廊所环抱，像地中海中乘风破浪的舰艇，住宅表皮材料与形式都现代感十足。而在 1999 年建成的巴黎退休公寓（图 4-18）中，努维尔将扩建部分的住宅表皮采用模数化方格网状的肌理分割，玻璃方块与金属框架等现代材料和技术与旧有建筑形成鲜明对比，预示了内部的现代生活。

图 4–17　巴黎退休公寓
图片来源：Thames & Hudson Book. Jean Nouvel Architect. Conway Lloyd Morgan，2000：77

图 4–18　法国尼姆的社会住宅
图片来源：Jean Nouvel, Oliver Boissire, Terrail, Pairs,1996:46

图 4–19　纽约第 11 大街 100 号公寓（100 11th Avenue），Photo by William Heylts

21 世纪，信息的表达方式从没有像现在这样丰富，在相当程度上泛化了的各种信息符号自然也越来越多地侵入建筑的表皮。这个时代的建筑师们正试图通过建筑表皮捕捉来自信息时代的精神，反映信息时代的特征，运用现代信息技术和手段将各种信息符号置入建筑表皮。努维尔是建筑表皮信息化与媒体化的极力倡导者，新建成的纽约第 11 大街 100 号公寓大楼（100 11th Avenue ，图 4-19）马赛克般的玻璃表皮由 1647 片不规则玻

---

[1] 丁格菲，刘松茯，徐刚．普利茨克建筑奖获奖建筑师——让•努维尔（中）[J]．城市建筑，2009,12: 90.

璃框拼贴而成，每块玻璃被赋予了不同的大小、角度以及透明度，在不同观赏点、不同时间，呈现出令人眼花缭乱的光影视觉，犹如蒙德里安的几何抽象画，表皮的视觉性和艺术性被放大。新时代的住宅表皮信息化、媒体化的特质由此明晰。

在以速度、效率和高新技术为标志的现代社会，当代西方的明星建筑师中，彼得·卒姆托（Peter Zumthor）是比较特别的一位，2009 年普里茨克建筑奖决定授予他是对他长期以来执着且与众不同的对待建筑的方式的一种肯定。在一个日益物质化、快餐化和功利化的社会里，作为对大量存在的复制与模仿建筑的抵抗，他独特、精致的建筑作品以自己的语言抵制浪费，崇尚精简，激发人们重新去认识建筑的本质，而表皮始终是其建筑理念最朴素、最直接的表达。

位于瑞士阿尔卑斯山北坡的望月住宅（Gugalun，1991-1994，图 4-20），其加建部分对原有结构表现出充分尊重的同时，也体现了自身的结构形式，外墙采用空箱型木梁，将整个住宅向水平方向拉伸至山体内部。新建住宅木质表皮与旧有表皮和基地环境建立其紧密的联系，又自成一体。而在瑞士切尔的老人公寓（Elderly Housing，1993，图 4-21）设计中，住宅表皮采用混凝土、石灰石、落叶松木三种基本材质，凝结了精炼、谨慎，以及稍显古旧却非常专业的手工艺法，细部处理简明，并具有很强的可读性，给人一种随意而轻松的本土感受。再比如新建成的瑞士莱斯住宅（Leis House，2008，图 4-22）被刨平的实木被一层一层堆叠起来，形成三层高的墙壁，转角用古老且优雅的燕尾榫或指形榫方式交接，随处可触摸的实木，令身体感到温和而亲密。与村里其他年久发黑的木头房子并置，显得轻盈明亮，随着时间的推移，它终将会消融到这片环境中去。

图 4–20　望月住宅

图片来源：（Gugalun，1991—1994，Photo by Helene Binet）

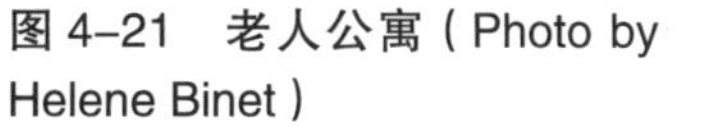

图 4-21　老人公寓（Photo by Helene Binet）

图 4-22　莱斯住宅（Leis House，2008 Photo by Luca Nostri）

卒姆托的作品都深深地根植于本土，强调建筑要与基地环境相融合，反映出人对于建筑物基本元素、位置、材料、空间和光线的感受，体现出一种内省的特质，重视表皮材料、构造与细部的理解。在现代社会中重视那些被现代建筑师所忽略的建筑体验的因素，诸如基地和气候的特殊性、当地传统文化的共鸣、传统的建筑方法和对材质的体验等，让建筑最本质和永恒的价值在价值虚无化和快餐化的今天重新彰显。他注重表皮材料天然的内在特性，细致地考虑材料的触觉、气味和声学等品质，并将其与特定的场所、建筑结合起来，赋予建筑表皮以特定的意义。表皮是建造的结果，是对场地的回应，是材料诗意的表达。

2010 年普里茨克建筑奖的获得者是日本建筑师妹岛和世（Kazuyo Sejima）和西泽立卫（Ryue Nishizawa）。在他们的建筑中，表皮大量运用玻璃等轻盈透明的材质，包裹交错的空间，让建筑呈现出一种轻而飘浮的质感，把人们从对建筑空间的惯有体验和透视观感中解放出来。

当代日本集合住宅正逐步取代独立式住宅，成为在日本占主导的城市住宅形式。由于当前集合住宅的高密度倾向，这些集合住宅也因此趋向于一种仅考虑其内部空间而忽略其周边环境因素的体系。几乎所有的住宅设计方案都只是作为考虑诸如住户数、建筑面积和每个户型布置的结果，而并不是作为考虑城市整体空间问题的结论。妹岛和世认为必须更多地把城市集合住宅作为一个外部空间问题而不仅是内部空间问题来研究，应以其多种多样体量的外部形态来构成城市空间。因此，她将外部空间作为住宅设计的切入点，使室内空间得以重新创造。1995 年，在矶崎新的主持和协同组织下，妹岛和世和其他三位女建筑师共同完成了岐阜北方住宅（Gifu Kitagata public housing，2000, 图 4-23）。所有住户都沿向阳一侧线性排列，并通过一个前部狭长的日光房连接，不同户型在剖面上自由组合，约半数的住户拥有两层通高的共享空间，日常的城市生活画面得以向城市展现，产生了丰富的表皮效果。

而在独立式住宅的设计中妹岛也始终坚持他们一贯轻盈、简洁的设计手法，土桥住宅（Tsuchihashi House，2011, 图 4-24）位于日本东京，住宅垂直的空间布局为居住者创造了一个通高的中庭空间，自然光线从天窗进入室内，开放的设计概念在视觉上将各层空间联系到一起。白色的波纹钢板与钢板焊接在一起，并与混凝土墙面一起浇筑定型。简洁的钢结构，白色墙面和天然木材饰面创造了清新简洁的空间氛围。同样是建在东京的芝浦住宅（Shibaura House，2011, 图 4-25）通过张拉钢结构支撑了巨大的玻璃幕墙表皮，内部空间结构一目了然，使室内充满阳光。“他们以异于常人的眼光探索连续空间、光线、透明度以及各种材料的本质，从而在这些元素间创造出一种微妙的和谐感”[1]。在他们的建筑作品中，表皮是为空间服务的，包裹建筑外层的透明或半透明的表皮直接反映的是内部空间的变化，显得简约而坦诚，并与周边环境及环境中的活动结合在一起。

图 4-23　岐阜北方住宅

图片来源：Sergi Costa Duran. High-Density housing architecture. Loft Publications, 2009:83

图 4-24　土桥住宅

图片来源：www.designboom.com

图 4-25　东京芝浦住宅

图片来源：同左

继阿尔瓦多•西扎（Alvaro Siza）之后，第二位获得普里茨克建筑奖殊荣的葡萄牙建筑师艾德瓦尔多• 苏托• 德• 莫拉（Eduardo Souto de Moura，获奖时间 2011）并非像其他西方明星建筑师那样为中国建筑师所熟悉。普

[1] ITATION J. The Pritzker Architecture Prize, 2010: Kazuyo Sejima & Ryue Nishizawa [M]. Los Angeles: Hyatt Foundation, 2010

里茨克奖授予他的理由是肯定他的建筑与自然、与环境之间建立起来的和谐关系，在当今的必要性和重要性。莫拉的作品是建筑与自然之间的对话，其作品往往通过巧妙地改造基地以适应环境，但这些人工的改造不着痕迹，胜似浑然天成，营造出建筑和自然相互对应、彼此需要的感受[1]。比如他设计的邦热苏斯住宅（House in Bom Jesus，2007，图 4-26），“因其外墙混凝土中的细微条纹而增添了非凡意义”[2]。其他住宅项目还有 2002 年葡萄牙塞拉的达阿拉比达的住宅（House in Serra da Arrábida，2002，图 4-27）和卡斯凯什住宅（House in Cascais，2002，图 4-28）。这些住宅本身都与地形和环境很好地融合在了一起。

图 4-26　邦热苏斯住宅

图片来源：Photo by Luís Ferreira Alves from www.pritzkerprize.com

图 4-27　达阿拉比达的住宅

图片来源：Photo by Luís Ferreira Alves from www.pritzkerprize.com

图 4-28　卡斯凯什住宅

图片来源：Photo by Luís Ferreira Alves from www.pritzkerprize.com

莫拉并不简单地遵循所谓理性的逻辑与一致性，他对细节的诸多巧妙处理，让建筑犹如有机物般获得了生命，与环境一同成长。他善于综合运用各种建材，注重与周边景物的协调，很好地融合了当地的风格、景观、地理，以及更广泛的建筑历史，既延续了历史的脉络，又符合现代观念，而这些特点正是这个时代所格外珍惜的。

2012 年 2 月 28 日，美国洛杉矶——普利兹克建筑奖暨凯悦基金会主席汤姆士• 普利兹克正式宣布中国建筑师王澍荣获 2012 年普利兹克建筑奖。他是第一位获此殊荣的中国建筑师。在此之前还没有来自第三世界国家的建筑师获得过普利茨克奖的如此肯定，在揭晓评委的决定时，普利兹克先生表示：“这是具有划时代意义的一步，评委会决定将奖项授予一名中国建筑师，这标志着中国在建筑理想发展方面将要发挥的作用得到了世界的认可。此外，未来几十年中国城市化建设的成功对中国乃至世界，都将

[1] CITATION J. The Pritzker Architecture Prize, 2011: Eduardo Souto de Moura [M]. Los Angeles: Hyatt Foundation, 2011

[2] CITATION J. The Pritzker Architecture Prize, 2011: Eduardo Souto de Moura [M]. Los Angeles: Hyatt Foundation, 2011

非常重要。中国的城市化发展，如同世界各国的城市化一样，要能与当地的需求和文化相融合。中国在城市规划和设计方面正面临前所未有的机遇，一方面要与中国悠久而独特的传统保持和谐，另一方面也要与可持续发展的需求相一致。”[1] 王澍的获奖既让中国人感到骄傲，也让中国人感到意外，因为他本身并不符合中国“常规”建筑师的定义。在快速城市化和建筑设计产业化的中国，他始终与潮流保持一定的距离，这使他备受争议，更让他独树一帜。他的成功表明了他长期以来对待建筑和传统的坚持和执着让西方建筑师发现了中国建筑的特殊魅力，及其可能对世界建筑发展产生的贡献和影响，更是对他所坚持的建筑价值观的一种肯定。

位于杭州钱塘江畔的钱江时代（垂直院宅 Vertical Courtyard Apartments, 2007, 图 4-29）最大的特点就在于利用阳台和层间的公共空间，在高层住宅表皮中塑造出传统的中国式“院宅”空间。而位于江苏南京的三合宅（图 4-30，图 4-31）则是对中国传统居住形式的另一次探讨。无论是平面构成，还是东西厢房此起彼伏的屋脊、立面素墙、青砖等，都融合了传统的工艺及元素，取其神韵而不拘泥于传统形态和材质处理，向世人传达了谨慎使用资源和尊重传统与历史的信息。表皮用材主要选取自本地，比如产自苏州的水磨清砖贴面，以及切割打磨的大青砖等传统材料。王溯认为材料并不是决定建筑作品成败的关键，更重要的是建筑中所承载的能够唤起人们以往经历和回忆的元素，既包含了对历史的回顾和讨论，也包含了在当今快速和大量建设下对生态或者可持续发展的讨论。

图 4-29 垂直院宅
（陆文宇摄）

图 4-30 南京三合宅内院
（陆文宇摄）

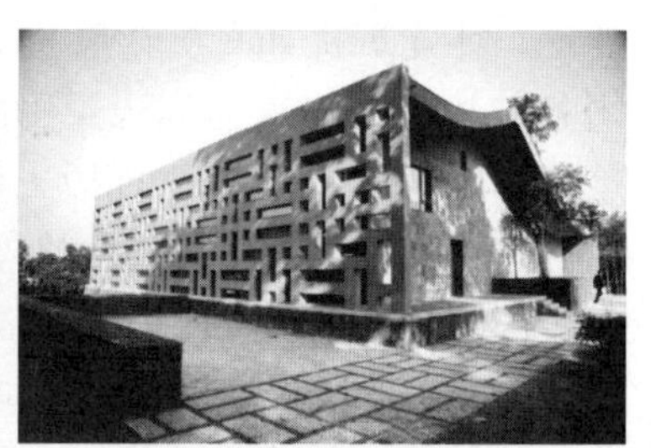

图 4-31 南京三合宅
（陆文宇摄）

纵观 2000 年以后普利茨克建筑奖的获得者及其住宅作品，可以清晰地感觉到 21 世纪的时代特质对于当今世界住宅形式发展，以及对建筑评判和建筑审美的深刻影响。生态和可持续发展思想已经对住宅形式产生了极大的影响，生态的建筑观已经成为设计的依据或是前提，而不仅是使其

[1] 中国建筑师王澍荣获 2012 年普利兹克建筑奖获奖揭晓，来自 http://www.pritzkerprize.com.

完美的附加优势，“形式追随生态”的新趋势已经形成。表皮作为载体，是“形式追随生态”最直接的体现。空间当然仍是建筑的灵魂，但是具有巨大生态潜力的表皮的地位得到了前所未有的提升，作为建筑外在的物化形式，建筑表皮内外兼修，成为生态观物化的表象，表皮的构成方式和表现形式以及其所担负的生态、文化和美学作用是建筑整体生态、文化和美学价值最直接、最显著的体现。

2000年以后普利茨克奖获奖建筑师及其住宅作品表皮特征（作者制）　表 4-1

时间	获奖者	住宅代表作	表皮特征
2000	雷姆·库哈斯 Rem Koolhaas 荷兰	1991，艾瓦别墅，法国巴黎 1991，香椎集合住宅，日本福冈 1998，波尔多住宅，法国波尔多	表皮是建筑形式以及内部关系的自然表达。金属、实墙、大片玻璃的运用，强调表皮的多种可能性，以应对不同的需要
2001	雅克·赫尔佐格 Jacques Herzog 皮埃尔·德·穆隆 Pierre de Meuron 瑞士	1988，石头住宅，意大利Tavole 1993，铸铁住宅，瑞士巴塞尔 1997，鲁丁住宅，法国莱曼 2000，城市住宅，法国巴黎	对于建筑表皮和纹理的探索拓展了建筑领域，注重建筑表皮的视觉效果，大胆使用材料，以新的手法创造令人耳目一新的建筑形式和效果，并且引领了新世纪建筑领域对表皮的研究和实践热潮
2002	格伦·莫考特 Glenn Murcutt 澳大利亚	1984，马格尼住宅，澳大利亚新南威尔士州 1994，玛丽卡·阿尔德顿住宅，澳大利亚北领地	将现代主义建筑与澳大利亚本土精神相结合，适应当地气候和景观条件，积极考虑生态原则，强调建筑表皮的生态性、可调节性和适应性
2003	约翰·伍重 John Utzon 丹麦	1962，fredensborg住宅，丹麦Fredensborg 1973，建筑师之家，西班牙Majorca	认为建筑是艺术，建筑表皮自然也是艺术的表现，是建造和基地有关的有机内容的自然本能
2004	扎哈·哈迪德 Zaha Hadid 英国	1984，德骚大街30号住宅，德国柏林 2012，希尔住宅，俄罗斯莫斯科	建筑表皮反映空间的组织关系，将角度、曲线、甚至类曲线引入表皮，模糊了屋面与墙面的界限，使表皮具有更强的可塑性和可适性，呈现出一种动态、自由和连续的特质
2005	汤姆·梅恩 Thorm Mayne 美国	1989，第6大街住宅，美国加利福尼亚 1995，布拉德斯住宅，美国加利福尼亚 2000，多伦多大学研究生宿舍，加拿大多伦多	把握时代的特征，建筑表皮呈现多样性和复杂性特征，以应对现代社会生活的差异性和复杂性

续表

时间	获奖者	住宅代表作	表皮特征
2006	保罗·曼德斯·达罗查 Paulo Mendes da Rocha 巴西	1960，自宅，巴西圣保罗 1970，雷蒙住宅，巴西圣保罗 1989，格拉斯住宅，巴西圣保罗 1995，马里奥·马斯蒂住宅，巴西圣保罗	建筑表皮明晰而诚实地表现结构和材料本身，大胆运用简单的材料营造诗意的空间，在传达出对地域精神的领悟的同时，展现简洁明快的时代特征
2007	理查德·罗杰斯 Richard Rogers 英国	1969，罗杰斯住宅，英国伦敦 1987，泰晤士河边住宅，英国伦敦 1999，戴姆勒·克莱斯勒住宅综合楼，德国柏林 2010，酒店式公寓，中国宁波	建筑表皮具有强烈的视觉表现力，技术单元作为一种审美对象成为建筑表皮的重要组成部分，使原本属于功能范畴的技术单元实现了向艺术的飞跃，引发人们对当今时代精神的体悟
2008	让·努维尔 Jean Nouvel 法国	1977，迪克斯住宅，法国特鲁瓦 1993，ZAC住宅，法国Bezons 1996，社会住宅，法国尼姆 1999，退休公寓，法国巴黎 2012，第11大街100号公寓，美国纽约	建筑表皮呈现多样化、信息化、网络化、模块化、媒体化等多种特点，传达了他对场所特性化的个人理解，根据建筑所处环境而激发和生成不同的表象，同时也是建筑内部逻辑的外部展现
2009	彼得·卒姆托 Peter Zumthor 瑞士	1986，保障性住房，瑞士库尔 1993，老人公寓，瑞士切尔 1994，望月住宅，瑞士Gugalun 2008，莱斯住宅，瑞士莱斯	强调表皮与环境的融合，注重表皮材料天然的内在特性，细致地考虑材料的触觉、气味和声学等品质，并将其与特定的场所、建筑结合起来，赋予建筑表皮以特定的意义。表皮是建造的结果，是对场地的回应，是材料诗意的表达
2010	妹岛和世 Kazuyo Sejima 西泽立卫 Ryue Nishizawa 日本	1993，Y住宅，日本千叶 2000，岐阜北方住宅，日本岐阜 2003，李子林住宅，日本东京 2011，土桥住宅，日本东京 2011，芝浦住宅，日本东京	表皮是为空间服务的，大量运用玻璃等轻盈透明的材质，包裹交错的空间，直接反映的是内部空间的变化，让建筑呈现出一种轻而飘浮的质感，并与周边环境及环境中的活动结合在一起
2011	艾德瓦尔多·苏托·德·莫拉 Eduardo Souto de Moura 葡萄牙	2002，达阿拉比达的住宅，葡萄牙塞拉 2002，卡斯凯什住宅，葡萄牙卡斯凯什 2007，邦热苏斯住宅，葡萄牙邦热苏斯	注重表皮的细节处理，综合运用各种建材，强调与周边环境的协调，很好地融合了当地的风格、景观、地理，以及更广泛的建筑历史文脉
2012	王澍 Wang Shu 中国	2007，垂直宅院，中国杭州 2008，三合宅，中国南京	建筑表皮充分发掘建筑材料的可再利用和经济实用性，探索传统形式的现代表达方法。传达了谨慎使用资源和尊重传统与历史的信息，探索历史与现在之间的适当关系

4.3 形式追随生态——当代生态住宅表皮的几种表现形式

现代社会科学技术高度发展，生态技术不再仅仅是人们改造自然、创造美好生活的工具，并且内化成了一种设计的文化内涵与品质，技术手段和新型材料的研发使用带来了建筑审美的变迁。在生态的前提下，住宅表皮与生态技术和理念加以整合和贯通，对住宅建筑本体的美学内涵与形式进行富有个性的创造，从而赋予了生态住宅区别以往的一种综合性的艺术范形和文化缩影，总结起来，当代生态住宅表皮具有以下几种表现方式：彰显、本土化、一体化、可变性和消隐。（图 4-32）

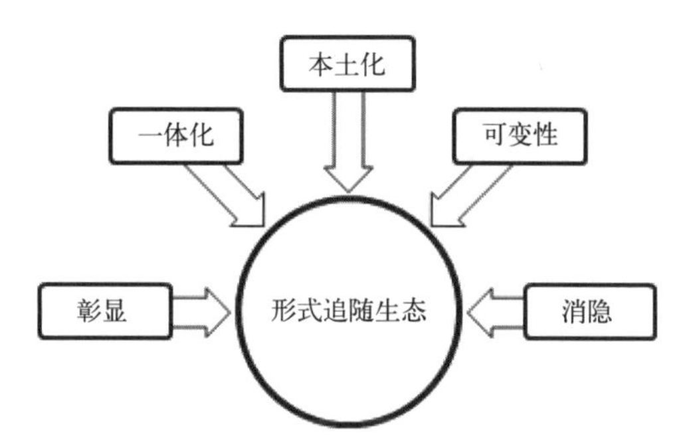

图 4–32　形式追随生态——当代住宅表皮的几种表现方式（作者绘）

4.3.1　彰显

随着工业化进程的发展，科学技术在社会生活中的地位越来越重要。生态住宅要想将自己的生态理念付诸实践、必须借助于各种生态技术，如可再生能源利用技术、节能技术、智能化管理技术、循环再生技术等。技术作为人与自然的中介，在调节人与自然的关系中具有根本作用。如何协调技术与自然的关系，既是生态哲学问题，也是技术美学问题。这就使技术美学与生态美学产生了相互触发的内在联系。技术因素向生活的渗透，不仅改善了人们的生活条件，而且也影响着人们的情感生活和审美倾向。

技术美作为工业文明的产物，在现代生活中产生着日益突出的作用。海德格尔（M • Heidegger 1889—1976）曾有言，技术是对自然的一种展现方式，它带有强制性并受制于人的目的和技术视野[1]。生态美学可以说是技

[1] 徐恒醇．生态文化丛书 : 生态美学 [M]．西安 : 陕西人民教育出版社 ,2000.

术美学在研究人工生态系统领域的拓展。生态技术由于其高效、舒适、节约能源等特点而获得科学与技术的双重美感，作为科学与美学交相辉映的硕果，不仅具有建筑实现手段和方法的物质化属性，其审美属性的价值也日益得到体现。生态技术与艺术的关系愈加密不可分，并逐渐成为新时代的审美取向和艺术表现手段，体现了人们面向未来的文化理想与生活态度。反映在住宅创作中，表现为把生态技术作为彰显个性和强调独特视觉体验的手段，作为一种符号化、形象化的存在来运用，将生态技术与住宅表皮艺术相结合，把技术手段升华为新的艺术。

比如位于伦敦南部的贝丁顿生态节能住宅（图 4-33），运用了雨水收集系统、自然通风系统，以及太阳能利用系统等多项生态节能技术。其造型在生态意识的指导下，充分考虑技术因素，并把技术因素作为造型的要素之一，直接参与住宅建筑形象的塑造。通风系统突出屋面，再配上色彩鲜艳的风向标，坡屋面结合太阳能光伏板进行设置，充分体现和放大技术本身的装饰性，具有新奇的视觉效果和机械美学意向。再如建于荷兰阿默斯福特（Amersfoort）的太阳能住宅区（图 4-34），住宅屋顶和墙面采用了多种太阳能收集形式，体现出极大的经济和能源优势，同时，太阳能光伏板这一技术构件的装饰作用也被放大，成为住宅的立面构成之一。此外还有法国敦刻尔克的装配式零碳房屋（图 4-35）；曾获得住宅设计展望未来奖的英国彭林（Penryn）朱比利码头社区（图 4-36）；还有 ZEDfactory 设计的自给自足的生活方舟（living ark，图 4-37），配有小型离网家用风力涡轮机、太阳能电池板和屋顶绿化等生态技术设施，完全可以不依赖城市能源供给系统而独立存在。这些住宅都是将生态技术与住宅表皮造型艺术放大并融合的典范。

图 4–33　伦敦贝丁顿生态节能住宅色彩鲜艳的屋顶通风系统成为住宅表皮造型的亮点之一

图片来源：Hegger, Fuchs, Stark, Zeumer. Energy Manual: Sustainable Architecture, 2008: 252

图 4–34　阿默斯福特太阳能住区的太阳能屋顶和立面遮阳板

图片来源：Christoph Gunsser. Energiesparsiedlungen, Konzepte- Techniken- Realisierte Beispiele, 2000: 95

图 4–35　法国敦刻尔克装配式零碳房屋

图片来源：Zedfactory. Practiceprofile, 21 Sandmartin Way, 2010: 9

图 4–36　英国彭林生态小区

图片来源：Zedfactory. Practiceprofile, 21 Sandmartin Way, 2010:3

图 4–37　自给自足的生活方舟

图片来源：Zedfactory. Practiceprofile, 21 Sandmartin Way, 2010:14

由此可见，生态住宅的技术构件作为满足生态需求和环境保护的技术支撑并不仅仅只是提供生态的技术保障，其本身的生态效用就具有一种时代的美感，比起纯粹的装饰构件，这些绿色的技术构件更加显得独特而富有韵味。住宅表皮形式在生态意识的指导下，把技术因素作为造型的要素之一，直接参与建筑形象的塑造，充分体现和放大技术本身的装饰性，具有新奇的视觉效果和机械美学意向。

4.3.2 消隐

住宅表皮的消隐体现在两方面，功能上的消隐和视觉上的消隐。以技术为特征之一的生态住宅，生态技术并非时时都是以自我显现为表现方式的，生态技术消隐于住宅表皮也存在多种方式。建筑材料的不断创新和发展是技术得以消隐的关键之一，建筑保温材料的不断改进，以及新型建材的研发，使得住宅表皮的功能也愈加完善。从由半透明热阻材料和蓄热材料复合而成的新型墙体材料 TWD 的使用，到相变储能材料（PCM）的开发，再到气凝胶玻璃板立面构件、集合感温层透光建筑构件、透明混凝土的研发运用，以及各种光敏玻璃、电控玻璃等材料的研发使用，使得住宅表皮可以如同生物般对环境和气候变化作出相应的反应和调整（图 4-38 至图 4-40）。材料性能的不断改进和功能的不断复合增加，使得技术于无声无息间与表皮材料完美融合，看起来其貌不扬、朴实无华的住宅建筑也许正是高效的能源利用机器（图 4-41）。

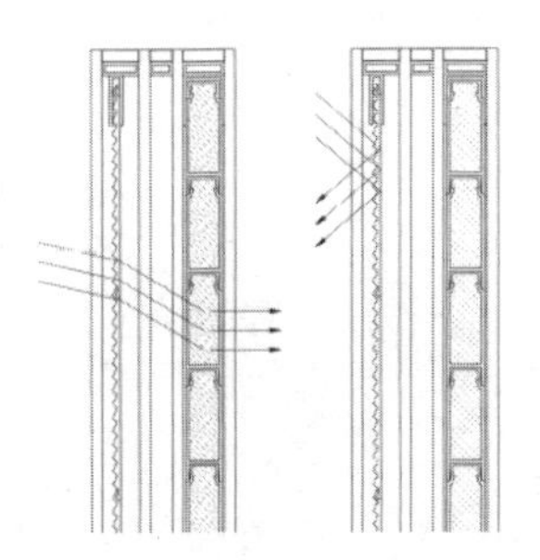

图 4–38 瑞士 Domat/Ems 生态节能住宅 TWD+PCM 住宅表皮

图片来源：Hegger Fuchs. Energy Manual: Sustainable Architecture, 2008: 93

图 4–39 气凝胶玻璃板材立面

图片来源：Ingeborg Flagge. Thomas Herzog - Architektur + Technologiel, 2003:172

图 4–40 集合感温透光玻璃

图片来源：Ingeborg Flagge. Thomas Herzog - Architektur + Technologiel, 2003:199

图 4–41 德国乌尔姆被动节能房（作者摄）

现代主义以来，随着营造技术的发展，建筑的围护结构在很大程度上脱离了承重结构，呈现出“表皮化”的趋势，于是建筑的表现从三维的形态构成向二维的表皮信息转变。伴随着生态理论对自然、环境和场所的重视，早期现代主义和古典建筑所推崇的那种强烈、真实、清晰、永恒的建筑形象和体量也有了消失的可能，部分住宅表皮不再致力于追求视觉的显现和刺激，开始呈现出消隐的特点。

一方面，生态时代对建筑与场所、环境、文脉等要素的关系有了相当的重视。为了降低建筑对环境景观的破坏和影响，建筑不再选择凸显自身的存在，而是谦逊地融于环境之中，也不再依靠体量的变化和光影关系来成就其表现力。美国密歇根州的变色龙住宅(Chameleon House，2006）坐落在一片樱花园地里，远眺可以欣赏到美丽的密歇根湖景色以及周边的农业风光。住宅表皮由一层半透明再生聚乙烯材料包裹而成，可以反射出周围环境、天光和云彩的适时变化，与环境相呼应。双层皮之间还形成了一个微气候调节的缓冲空间，使得整栋住宅能够更加从容地应对气候和环境的变化（图 4-42)。在瑞典北方拉普兰地区风景宜人的哈拉斯村（Harads）树林深处坐落着几间别致的树屋（Treehotel，2008—2010)，静悄悄地隐匿在这片茂密的丛林之中。其中，树屋镜魔方采用了轻质铝合金结构，表皮全部覆盖镜面玻璃，能够映射四周的景物和天空云层与阳光变化，使树屋与天空、树林完全融为一体，难辨难分。为了防止鸟儿撞击到镜面玻璃之上，建造时在镜面玻璃表层覆盖了只有鸟儿的眼睛才能分辨的红外薄膜(图 4-43)；还有表皮被枝桠所覆盖的“鸟巢”客房，形如其名，房间的窗户隐藏在枝桠间，远远望去，就像是只体积稍大的鸟巢，挂在枝繁叶茂的丛林树间（图 4-44)。树屋由此消隐在大自然之中，与环境融为一体。

图 4–42　美国变色龙住宅，住宅表皮可以反射周围环境的景象，跟随环境的改变而改变

图片来源：http://www.archdaily.com/58191/chameleon-house-anderson-anderson-architecture/

图 4-43　瑞典树屋：镜魔方

图片来源：Treehotel/Brittas Pensionat, Edeforsväg 2 A, 960 24 Harads, Sverige

图 4-44　瑞典树屋：鸟巢客房

图片来源：Treehotel/Brittas Pensionat, Edeforsväg 2 A, 960 24 Harads, Sverige

另外，住宅表皮的信息化和虚拟化也有效地削弱了建筑的纵深感和真实感，从而赋予了住宅表皮新的二维美学特征。荷兰自然公园旁的银杏树叶公寓（Gingko Project, 2007），阳台表皮由半透明的印刷玻璃包裹，玻璃上印制着形态各异的银杏树叶，与周围公园的绿化景致融为一体。几乎每块印刷玻璃的银杏图案都是独一无二的，以创造一个自然的有机连续图像，减少建筑对公园环境的影响。从公园望去，住宅表皮完全被弱化，消隐在绿色的树叶中（图 4-45）。

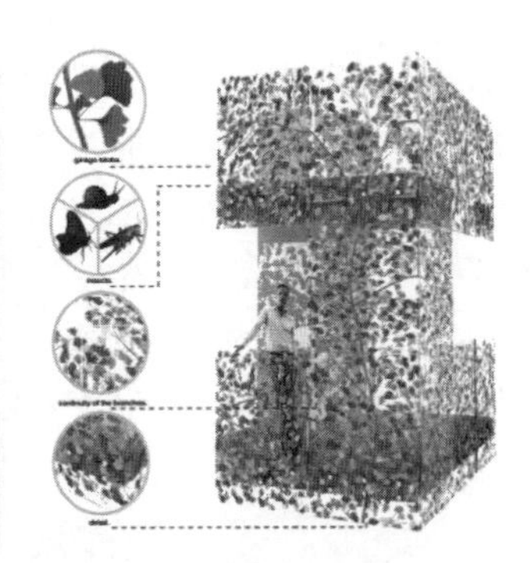

图 4-45　荷兰银杏树叶公寓由银杏树叶图案包裹的半透明阳台表皮

图片来源：http://www.archdaily.com/203792/gingko-project-casanova-hernandez-architects/

另一方面，利用绿色植物在美学、生态学和能源保护等多方面的优势，将绿色植物或地形地貌与住宅表皮有机结合，也可以实现建筑视觉意义上的消隐，进而达到形态与生态共和，以及建筑形体消解的目的。法国巴黎的花塔公寓（Tower Flower, 2004），围绕外廊外延设置了许多填满优质土壤的巨大花盆，种植一种叶片宽大的源自葡萄牙的竹子，住宅表皮以及此间的居住生活由此消失在一片绿色的竹林之后，使得整栋住宅呈现出一种极其独特的生态视觉效果。用自然素材形成的住宅外表皮使人工建材尽可能地从视野中消失，让建筑在人的感官中逐渐成为自然的有机构成（图4-46）。瑞士建筑师 Peter Vetsch 设计的生态覆土住宅 Earth house 以自然作为设计源泉，将住宅的地面、天花和墙面融为一体，由混凝土喷涂在金属骨架上建成，并在混凝土结构表层直接喷涂 25cm 厚的沥青聚合物隔热层（一种由回收玻璃制成的泡沫产品），然后在屋顶覆盖羊皮过滤垫层，最后铺上含有腐殖质的回填土，并种植绿化。利用覆土稳定的热容不仅可以获得良好的室内物理环境，保持冬暖夏凉，减小对外界场地的干预和破坏，还可以抵御风暴和地震（图 4-47）。

图 4–46　巴黎花塔公寓的竹林表皮

图片来源：Ana G. Canizares. New Apartments. Collins Design, 2005:104

图 4–47　瑞士生态覆土住宅

图片来源：Wagner, E./ Schubert-Weller, C., Earth and Cave Architecture Peter Vetsch, Sulgen 1994: 136, 139

住宅建筑部分体量置于地下，或被大面积的绿化及广场覆盖，以此达到对自身存在的削弱，保证近地面层的绿化系统和步行系统的延续。同时，住宅表皮的绿化植被可以起到隔热、防尘，改善微循环的作用，最终实现技术消隐于表皮，表皮消隐于环境，实现建筑与自然物质形态的真正融合，以一种谦卑的态度与自然环境和谐共生。

4.3.3 一体化

生态的观点是把住宅及其周边环境当作一个整体系统来看待。住宅表皮是一个各部分相互联系，有机运作的、复杂而完整的统一体，一体化是指从技术和美学两方面入手，从住宅设计之初就将生态技术融入住宅表皮形式整体设计之中。住宅表皮中的各部分构件、设备形成一体，相互联系，协同工作，表现出结构上的理性和简洁之美，在提升住宅的能源价值和生态价值的同时，保持并促进住宅表皮的美学特性。

随着技术的不断提高，越来越多的太阳能一体化建筑和生态技术一体化应用系统正呈现出强大的生命力。生态技术不再只是附属于建筑的技术支撑，而成为构成并完善建筑形式的要素之一，使得住宅表皮与技术措施同时得到了能源和美学意义上的整合发展。德国科堡市（Coburg）的太阳能房（图 4-48）将太阳能收集系统与住宅墙体结合设置，南向外墙的窗下墙里用水泥砌入了有集热功能的管道系统，并在其外侧加装了半透明的隔热层（TWD），可以最大效地利用吸收太阳能。澳大利亚墨尔本的 K2 住宅北向屋顶及阳台遮阳顶棚被太阳能 PV 板覆盖，造型新颖，每年可以产出能源 25000kW · h（图 4-49）。奥地利布雷根茨（Bregenz）低能耗住宅将太阳能 PV 系统的结构和审美一起整合融入到了住宅表皮之中（图 4-50）。德国弗赖堡的太阳能住区（图 4-51）屋顶采用的是大面积的 PV 太阳能集成屋顶，由这些屋顶创造的能源远远超过了住宅正常所需，剩余电力可以卖给公共电力公司，创造了极高的能源价值和经济价值。同时，太阳能组件的标识性也为这些住宅贴上了一个大大的能源标签，使之具有很强的可识别性。

图 4-48　具有集热功能的 TWD 外墙

图片来源：Oberste Baubehörde im Bazerischen Stattsministerium des Innern, Energieeffizientes Planen und Bauen, 2009: 93

图 4-49　澳大利亚墨尔本 K2 住宅表皮的太阳能光伏系统

图片来源：Simon Roberts．Building integrated Photovoltaics/ a handbook, 2009: 154

图 4–50 奥地利布雷根茨低能耗住宅

图片来源：Christian Schittich (Ed.). in Detail: Solar Architecture. Edition DETAIL, 2003: 33

图 4–51 德国弗赖堡太阳能住区光伏一体化屋顶

图片来源：Rolf Disch 太阳能建筑设计所提供

面对新时代、新技术的挑战，住宅表皮中的太阳能利用构件不应再被理解为冷冰冰的机器大生产的产物，也不再仅仅是作为能源利用的技术构件而出现，同时还是极具现代和生态特征的表皮装饰材料，在住宅改造项目中同样发挥出其显著的能源和美学价值。弗赖堡的住宅表皮能源改造工程（图 4-52）将两栋 20 世纪 60 年代的住宅南侧原有的实墙面用太阳能光伏板覆盖。同样的改造手法也出现在荷兰戴尔福特，不同型号的太阳能光伏板被安装在 1959 年建造的住宅屋顶和墙面（图 4-53）。还有丹麦奥尔堡的黄房子（yellow house，1900）将太阳能组件运用到立面系统改造中，呈现出极强的装饰效果（图 4-54）。这些太阳能组件在提供给住宅能源支持、减少住宅能耗、改善室内居住舒适度的同时，也使整栋住宅的面貌焕然一新，散发出强烈的现代气息。

图 4–52 德国弗赖堡多层住宅能源改造

图片来源：Ingrid Hermannsdörfer, Christine Rüb．Sloar Design．Jovis Verlag, Berlin, 2005: 73

图 4–53 荷兰戴尔福特住宅表皮能源改造

图片来源：Ingrid Hermannsdörfer, Christine Rüb．Sloar Design．Jovis Verlag, Berlin, 2005: 74

图 4–54 丹麦奥尔堡住宅表皮太阳组件

图片来源：Ingrid Hermannsdörfer, Christine Rüb．Sloar Design．Jovis Verlag, Berlin, 2005:79

由此可见，太阳能利用技术对于住宅表皮的影响也已经不仅仅是对建筑物理参数的改变，这种对于充分利用自然环境中的天然能源的表皮已经被赋予了更深层次的内涵。住宅是个复杂而统一的系统，如何将新型太阳能光伏技术融入住宅设计整体中去，同时还须保持甚至增进住宅整体的美学特性，应该从技术和美学两方面综合来考虑，使住宅设计与太阳能利用技术有机结合，就像植物经过光合作用能将太阳辐射转化成供自身生长的能量一样，住宅表皮也能够通过利用特殊的太阳能一体化系统来满足居住者对能量和建筑审美的双重需求。

4.3.4 可变性

从本质上讲，建筑就是人类适应自然气候环境条件的自然产物。然而自然气候并非一成不变的，如何根据自然气候的四季更替和阴晴晨暮的变化来调节和控制住宅室内微气候，提高住宅表皮应对室外气候变化的应变能力，是生态住宅需要考虑的重点问题之一。长期以来，对于不动产的建筑来说，固定不变是其基本的物质特征之一。可变性是建筑对于所处条件及所对应需求的改变做出的积极回应，是其良好适应性的体现。新时代下，随着技术的进步和发展，建筑可变构件的日益成熟，建筑不再只是"凝固的音乐"，也不再是静态的、惰性的和自闭的系统，而是向动态的、可变系统转变。住宅表皮的可变性体现出来的动态美必然将是建筑美学的发展趋势之一。

德国建筑师 Rolf Disch 设计的向日葵住宅 Helitrope（图 4-55，图 4-56）就是借鉴了向日葵的趋光性原理来应对室外气候的变化。整栋住宅被安装在一个圆盘底座之上，由一个小型太阳能电动机带动一组齿轮，使得整栋房屋在环形轨道上以每分钟转动 3cm 的速度随着太阳旋转，可以跟随太阳的轨迹旋转 360° 。冬季可以使起居室、卧室等主要用房朝南以获得尽量多的阳光；夏季外界气温过高时则可以使主要用房背阳，避免过多的阳光辐射。在住宅顶部有一块 54m² 的太阳能集热板，可根据太阳高度和位置的变化在上、下、左、右四个方向转动 400° ，与水平面的夹角也可以随着太阳高度角的变化而变化，以保证最大的集热面积，获得更多的太阳能。它跟踪太阳所消耗的电力仅为房屋太阳能发电功率的 1%，而其所吸收的太阳能则相当于一般固定不动的太阳能房屋的 2 倍。该房屋也是欧洲第一座由追踪雷达和计算机控制的太阳能追踪住宅。

图 4–55　向日葵住宅（作者摄）

图 4–56　住宅底座齿轮

图片来源：Rolf Disch 太阳能建筑设计所提供

图 4–57　英格兰萨福克郡滑动住宅

图片来源：http://www.bestofremodeling.com/blog/odd/suffolk-house

dRMM 设计的英格兰萨福克郡滑动住宅（Sliding House, 2009），整栋住宅的外部罩有一个重达 20t 的木质外壳，底部设有轨道和滑轮，由一台电动机带动外壳底部的滑轮，外层木质表皮可以在 6 分钟内完成伸缩。当外壳收缩以后，住宅的第二层玻璃表皮就会完全暴露出来。住户可以根据需要调整外壳的收缩程度，以控制室内的温度和光线，也可以根据室外的气候变化调整住宅表皮开合的状态，应对光线变化，有效节约能源的同时也能够适时的调节居住者的心情。（图 4-57）

瑞典南部的可伸缩度假屋（Holiday House on Övre Gla，2011）像一个硕大的蚕茧坐落在格拉斯郭自然保护区奥威尔 · 格拉湖畔。受当地政策所限，建筑必须与河岸保持一定的距离。建筑师同样采用了可伸缩的抽屉原理，可将房间从基本结构中拉伸出来。冬季，收缩起来，房屋被两层外壳所包裹，中间还可形成具有保温性质的空气间层，利于节能；夏季，可将起居空间拉伸出来，悬于溪流的上空。立面开窗很小，且开窗位置经过了精心的设计和推敲，以避免从湖面上看到玻璃的反射眩光。由红雪松木覆面板组成的住宅表皮在经过一段时间的风化之后，获得了与周围的灰色花岗岩类似的色彩，十分完美地融入了周围的自然环境之中。（图 4-58）

图 4–58　瑞典奥威尔· 格拉湖畔可伸缩度假屋

图片来源：http://arkinetia.com/Articulos/art350.aspx

其次，性能不断改进的材料结合各种自动或手动的控制系统，也使得住宅表皮的可变性能不断增强，除了其显著的热工效果，同时也因其自由多变的立面特征而成为住宅表皮造型的主要手段之一。奥地利建筑师 Hertl 将一个四方箱形住宅包裹在一层巨大的灰色篷布之下（图 4-59），类似外置的窗帘，起到控制阳光、保护私密的作用，篷布的开闭可以根据使用的需要自由设置，在夜间的灯光作用下也显现出别样的景致，但其窗帘形象被弱化，取而代之的是住宅整体表皮被撕裂的瞬间，在满足生态需要的同时，视觉效果也尤为突出。巴黎巴士底狱广场公寓（Place de la Bastille）表皮由金色的电镀铝板组成，呈现出连续而均质的整体材质，而当住户打开部分铝板折扇时，第二层五彩的窗框表皮就会显露出来，仿佛穿上了五色的衬衣一样，散发着典雅时尚的气质（图 4-60）。

图 4–59　奥地利篷布住宅表皮随性的开口效果

图片来源：http://www.hertl-architekten.com

图 4–60　巴黎巴士底狱广场公寓

图片来源：http://architecturelab.net

外廊或阳台的可调节遮阳措施也为住宅表皮的可变性提供了更多的灵活性和可能性。西班牙马德里的社会住宅（Carabanchel Social Housing，2009 图 4-61，图 4-62）四周由密排的竹子围合而成，造价低廉的竹制遮光格栅不仅对直射阳光提供了必要的保护，也同时增强了安全性和各户的空间独立性，灵活调节的开闭方式使得住宅表皮产生不断变化的动态效果，简洁的建筑形体也因此充满了生机与活力，该住宅也是2010上海世博会马德里馆的原型。另外，可变性和可操控调节也并不是轻质表皮所独有的特征，位于里斯本的石头公寓（Lisbon Stone Block，2011）表皮石材即是可变形和可移动的，能够根据使用要求发生形象上的改变，并可以通过住宅表皮上的孔状结构和可移动板面自由灵活地调节室内的光线吸收，冷静而微妙的变化使住宅表皮极具雕塑感（图4-63）。

图4-61　马德里社会住宅竹制表皮（作者摄）

图4-62　可以自由调节的竹制遮阳板（作者摄）

图4-63　里斯本石头公寓可变化的石头表皮

图片来源：www.lisbonstoneblock.com

可变性的实现使得住宅表皮在应对自然气候的变化时更加游刃有余，满足以最少的能耗实现最佳舒适度的最大可能性，同时也可以满足居住者因生活方式和居住需求变迁而带来的物质与精神两方面的适应性调整。由此产生的不断变化的外部特征也赋予了住宅表皮生动的表情和艺术感染力，强化了建筑的生命特征。

4.3.5 本土化

表皮形成了住宅的外向表征特点，为人感知认识建筑与环境的空间序列提供了物质基础。住宅所处的地域环境必然影响着住宅表皮的趋从，成为住宅表皮的设计本源。事实上，对于大多数生态住宅而言，高新的生态技术并非住宅表皮的主宰，大多情况则是适宜的生态策略与住宅表皮的结合。生态技术的本土化运用是许多本土建筑师关注的重点，更多地强调对地方智慧的关注、与地方的自然环境和文化传统进行创造性结合、使传统的生态智慧闪烁出新时代的光芒，同时也使得新建住宅与本土地域文化建立起某种联系，唤起人们对环境、城市以及文化的共鸣。

本土化的材料和构筑符号往往是该地区多年认知自然、生产实践和艺术创作的结果，也是地方文化的浓缩，在表层的形式意义下蕴含着具有旺盛生命力的地方文化特征。德国拜仁州的一栋民宅（图 4-64）其玻璃板材表面下是由 120mm 长当地盛产的木材断面堆砌组成的表皮，不仅具有良好的热工效益，同时也体现了该地区传统木质房屋的文化特性，其独特的构造手法使得住宅表皮呈现出一种十分特别的肌理和视觉效果。而建在斯洛文尼亚 Cerklje 城镇边缘的社会住宅（图 4-65），这里有着动人的风光和山脉景色，也有着保护完整的 300 年树龄的欧洲椴树。住宅表皮采用当地的木构做法（图 4-66），使得整个建筑具有经济、文化和节能环保等多重效应。

图 4–64　木断面墙身肌理
图片来源：Ursula Baus, Klaus Siegele．Holzfassaden: Konstruktion, 2001：35

图 4–65　椴树住宅体现斯洛文尼亚传统的木构型
图片来源：Aurora Fernández Per, Javier Mozas, Javier Arpa. Density Housing Construction & Costs, 2009

图 4–66　斯洛文尼亚传统建筑
图片来源：Aurora Fernández Per, Javier Mozas, Javier Arpa. Density Housing Construction & Costs, 2009: 64

住宅表皮的本土化不仅仅体现在当地传统材料的运用上，同时也体现在采用与实际相结合的建筑工艺、雇用当地的劳动力方面。这一原则反映的是通过对建造学和材料学富有想象力的掌握，实现其理性实用主义的应用。这些高度本土化的住宅作品不属于任何已知的建筑风格，它们有机并且自然地展示着建造者的聪明才智和精湛技能。而这些都要求建筑师熟悉当地的气候、土地和材料，并通过完全现代的触觉角度将这些知识同当地的建筑技术配合起来，灵活运用。

中国台湾建筑师谢英俊是“永续建筑、协力造屋”倡导者，被称作“人民的建筑师”，他在许多的建筑实践中都借鉴了当地传统建筑表皮的构造体系，并结合当代的技术进行了多种尝试。他将轻钢、木和竹骨架与土结合来探索建筑表皮的气候适应能力。比如，土墙一般较厚，适宜提供恒温机制来耐寒和抗热；龙骨结构的维护系统常被用于湿热地区，利于通风；充当表皮材料的有挂泥墙（细木、竹）、竹墙等。住宅表皮在外观上也常常反映出手工工艺的气质，并可以通过不同的密度和纹理来应对具体的气候要求和功能差异，具有显著的地域特征（图 4-67，图 4-68）。他还致力于各种灾区重建工作，并在中国大陆推动乡村生态建筑，以及村民协力盖房的营建模式。强调建材的本地化，除了建筑的轻钢框架需要外部购进，墙体的填充物主要由本地的泥土和秸秆构成，屋顶主要由秸秆构成，使用少量的水泥、铁丝网和铁板，材料可以回收再利用，甚至可以使用灾区废墟的材料。这样，建筑物拆除后大部分建材仍然能够复归土壤，进入农业生产，而不会产生大量的建筑垃圾。（图 4-69）

图 4–67　轻钢与传统材料结合的住宅表皮骨架做法

图片来源：人民的建筑——谢英俊建筑师巡回展展览资料，2011

图 4–68　河北定州地球屋 001 号

图片来源：同左

图 4-69 汶川地震茂县杨柳村重建全景

图片来源：谢英俊建筑师 + 第三建筑工作室筑，http://www.atelier-3.com

建筑师刘家琨在汶川地震灾区推广的材料项目——“再生砖”（砌块）（图 4-70，图 4-71）也具有深刻的环保意识和社会责任感。利用震后随处可见的破碎废墟材料作为骨料，掺和切断的麦秸作为纤维，再加入水泥、沙等材料，由灾区当地原有的制砖厂，制成轻质砌块，作为灾区重建的材料。就地取材，手工或简易机械就能生产，生产工艺和设备比较简单、成熟，免烧结，快捷，便宜，环保，因地制宜，尺寸随机，适应性强，产品性能稳定，市场需求量大，是灾区人人都能动手生产的低技、低价的建材产品。可用于低层建筑的承重墙及建设工程的非承重结构，对于灾后大量的民房建设尤其适用。据测算，一亿块再生砖可再利用建筑垃圾 37 万 t，既有助于灾后大量建筑垃圾的处理和再利用，又整合和重新凝聚了这些残砖断瓦间所包含的情感。既是废弃材料在物质方面的“再生”，又是灾后重建在精神和情感方面的“再生”[1]。建筑师将住宅建筑设计当作建设美好和谐社会的伦理性行为，并把它提高到了美学的“善”的高度，表现出强烈的社会责任感和历史责任感。

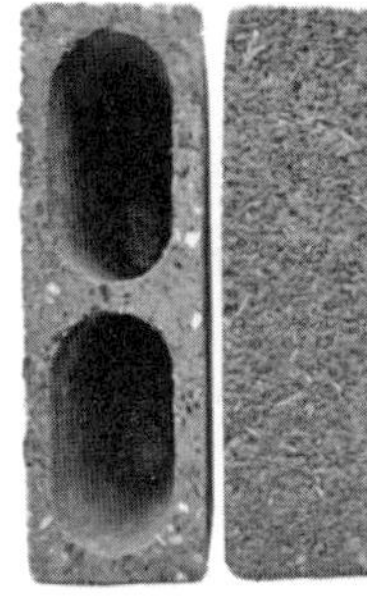

图 4-70 再生砖（家琨建筑设计事务所提供）

图 4-71 由再生砖修建的民宅

[1] 资料来源于家琨建筑设计事务所 .

URBANUS 都市实践设计的土楼公社是一个面向城市低收入人群的租赁住房试点项目，借型于传统客家土楼居住形式（图 4-72），从外形到内部空间都作了全新的演绎。基于对传统土楼和中国城市化进程中社会动态的深入调研，融入高强度、高节奏的现代生活，形成内向型社区空间。（图 4-73~ 图 4-75）外表皮采用预制纤维混凝土花格预制板外挂在外面的阳台上，加上一扇可开启的木质百叶窗，视觉上能够达到完整统一的效果，功能上既满足通风采光的要求，也代替了普遍采用的“丑陋”的防盗网。借鉴并且超越了传统土楼封闭围合的形制，实现了传统形制在当代的本土化适应性运用。土楼公社可以看作是对低收入住宅和转变历史遗产以适应当代居住环境的一次独特试验，这个居住探索实验项目具有十分积极的社会意义，为中国的社会住房建设提供了一种可能，也提供了新的角度和思路，体现了极强的社会责任感和人文关怀。

图 4–72　传统土楼

图片来源：http://pic3.nipic.com/20090605/2566354_212639062_2.jpg

图 4–73　城市中的土楼公社

图片来源：刘晓都，孟岩 . 土楼公社 . 中国建筑装饰装修 . 2010(06): 70

图 4–74　外表皮的混凝土预制花格和木质百叶窗

图片来源：刘晓都，孟岩 . 土楼公社 . 中国建筑装饰装修 . 2010(06)

图 4–75　开阔的内院空间

图片来源：刘晓都，孟岩 . 土楼公社 . 中国建筑装饰装修 . 2010(06)

现代工业文明的负面效应不仅给人类带来了可以直观的生存环境的荒漠，同时也导致了现代人内心世界的荒芜，引发了人文精神和地域文化的衰变，这恰恰是环境问题的深层根源。生态住宅本身对环境和文化问题的关注，负担起了一定的社会历史责任和对文化的继承和发扬。新时代住宅表皮的本土化要求充分考虑居住与环境的互动关系，注重创新，强调继承和保护地域传统，结合传统材料和现代技术手段，形成既符合现代生活要求、又能表现地域特点的住宅表皮。值得强调的是，创新并不是一味地求新出奇，而是符合当地的社会条件和自然条件的适宜的创新。在设计中使用适合于当地的材料与技术，选择适宜的材料表现手法，寻求具体的整合的途径，也就是要根据各地自身的建设条件，对多种材料、技术包括传统的和现代的加以综合利用。在当代这个由于信息流和物质流高速运动而导致世界趋同的社会环境中，本土化的回归是一种趋势，可以增加建筑与基地的联系，强化人们对地域文化和环境的感受。居住建筑只有在精神和物质到达和谐统一的高度，并力图保持本土文化的地域性和适应性，才能实现真正意义上的可持续发展。原生态建筑技术的审美品质借由对生态效用的支持得以传达，适宜的生态技术和策略与住宅表皮系统的完美结合是体现住宅的生态价值、经济价值和文化价值的关键，这对于发展中国家的可持续发展也具有更强的现实意义。

4.4 当代生态住宅表皮的审美趋势

住宅建筑作为一种物质载体和文化现象，其物质形态直接影响着我们对居住本身的理解和认识。作为社会发展的综合产物，当代生态住宅的审美价值趋向具有强烈的时代性和社会性，在其更加强调建筑与自然环境以及人类的和谐并存、将审美情趣和生态技术相结合、关注生态环境的同时，在其建筑形式方面也体现出了极强的生态艺术表现力，创造出了许多高品质的住宅建筑形象。

在“形式”与“功能”的世纪纠结中，生态住宅的发展促使我们从全新的视角审视住宅表皮形式的生态价值、能源价值、经济价值、文化价值和美学价值。而今，全球倡导可持续发展的生态时代，建筑自我实现的方法并不仅仅是建筑外化的形式，而是生态的内容和概念。建筑形式的发展变化追随着生态变化的要求，生态技术的不断发展也促进了建筑形式的不断更新。作为社会发展的综合产物，当代生态住宅表皮的审美价值趋向代表当代生产力水平，反映人们的生活方式、价值观念和审美取向，关注生态环境的同时，在其建筑形式方面也体现出了极强的艺术表现力。住宅表皮作为住宅建筑的外在物化，与生态技术的运用更加密不可分，其表现方式可以总结为：生态技术作为住宅表皮彰显个性和强调独特视觉体验的手段；可再生能源利用技术与住宅表皮的一体化集成；本土文化和生态智慧的继承和发扬借助表皮得以表达；适应气候环境和居住需求变化的可变性与善变性；技术消隐于表皮，乃至建筑本身消隐于环境。

生态住宅不是一种主义或者先锋时尚，而是一种当今住宅发展的必然趋势。生态的建筑观和道德观要求建筑必须克制，减少过度浪费，减少对环境、自然无节制的攫取。只有将建筑这一人工物置于自然环境之中，并与之和谐共处，形成建筑与生态环境之间相互作用、和谐共生的生态系统，才能成为当今价值评判体系下真正意义上美的建筑。建筑的生态观开阔了长久以来人本位的视野，带来了一种还原自然、社会生态丰富性与多样性的建筑观念，造就了新的建筑美学观，生态伦理成为建筑美的评判标准之一，由此产生了新的美学原则。在新的美学原则指导下，当代生态住宅表皮的审美表现出以下几种趋势：1）高效利用可再生能源和资源；2）文化的保护和传承，体现社会和历史责任感；3）革新技术与材料的彰显和体现；4）与自然、环境的和谐共生；5）可变性与适应性展现表皮动态之美。

4.4.1 高效利用可再生能源和资源

能源的合理开发和利用是人类赖以生存和发展的基础。随着生产力的提高，经济的发展，人们热衷于追求舒适的生活空间，在日常生活中过分地依赖现代设施，如空调、人工照明等高能耗的设备，对能源的需求急剧增加，造成相当大的能源浪费，同时也造成了对气候及其他自然环境的恶劣影响。

合理、高效地利用自然资源和可再生能源是住宅表皮应对资源环境危机的积极反应。当代生态住宅表皮对资源和能源的利用已经改变了我们对传统建筑表皮的审美印象，具有能源利用特质的住宅表皮成为建筑审美中极具标志性的特征。屋顶与墙面的太阳能利用系统、住宅表皮的绿化措施、通风管与捕风窗、双层立面、阳光房、可调节式遮阳、雨水收集系统等等，这些生态措施有效地提高了住宅表皮对可再生能源和资源的利用，同时也是具有典型生态特征的形式语言，逐渐成为我们辨析生态住宅表皮的视觉符号。借由这些具有可识别性的形式语言，为我们实现生态审美提供了可辨别的媒介和可感知的平台。这些具有典型生态特征的技术元素依托生态建筑思想，进一步成为生态住宅表皮形式的代言，体现出时代所推崇的生态价值，成为住宅表皮的审美要素之一。

4.4.2 文化的保护与传承，体现社会和历史责任感

住宅表皮自身的文化功能决定了其不可能脱离特定的地域和社会文化环境而独立存在。建筑审美也离不开特定时代背景下文化、经济、生产力

水平、社会制度、道德观念、建筑思潮等因素的影响。20世纪末，千篇一律的现代住宅模式强烈地冲击了各地的地域文化特征，造成了地域建筑特色的消逝和城市历史文脉的断裂。现阶段人们逐渐意识到地域文化对城市社会的重要性，作为社会文明和社会文化的共同体现，当代住宅表皮受生态文化和生态思潮的影响，必应反映出住宅对环境和文化问题的关注，并负担起一定的社会历史责任和对文化的继承和发扬作用。

地域文化对于住宅表皮的塑造具有十分重要的作用，不同的地域文化可以创造出不同的居住形式，借鉴当地建筑文化的传统和技术，注重城市要素之间的关联和脉络，对于重构城市秩序、结构和文化，创造舒适、可识别的居住环境至关重要，并具有很强的亲和力和人情味。因此当代生态住宅表皮强调在充分利用先进的技术和手段的同时，重视传统地域文化，并在继承的基础上加以创新，创造出既符合地域文化需要，又满足现代居住要求的生态住宅表皮，体现出强烈的社会、历史和文化责任感。

4.4.3 革新技术与材料的彰显和体现

建筑发展的每一个阶段都与技术的发展和运用息息相关，革新技术与材料在一定程度上是人类进步和社会发展趋势的体现，更成为一种推动力和催化剂，促进建筑形态的发展。随着工业化进程的发展，科学技术在社会生活中所占有的地位也越来越重要。技术因素向生活的渗透不仅改善了人们的生存状况，而且进入了人们的情感生活，激起了人们的审美兴趣。技术美作为工业文明的产物，在现代生活中作用的日益突出。技术单元作为一种审美对象成为建筑表皮的重要组成部分，引发人们对时代精神的体悟。技术的艺术化处理，赋予建筑表皮强烈的视觉表现力，给人以生动的审美体验和审美感受，能够有效地满足人们的审美心理，激发审美情绪，引起人们更多的审美思考。

当前生态住宅表皮系统的发展已经从单项技术和产品的运用逐渐走向集成的技术系统，新能源、新材料，以及生物工程等高新技术得到很大的发展和运用，由此也带来了表皮形象的革新。住宅表皮革新生态技术和材料的运用在改善居住室内舒适环境的同时，也成为新的审美对象，并以某种特定的、极具象征性的形式语言表现出来。这种技术语言的真实运用可以带来一种强烈的审美愉悦和视觉冲击，彰显并强化住宅表皮的生态特征和时代气质，通过现代技术的介入实现建筑表皮与自然要素的和谐共生，体现了当今的时代要求和新时代的技术美学特征。

4.4.4 与自然、环境的和谐共生

住宅表皮作为组成城市空间环境最大量的要素之一，并非孤立存在，

而是与其所处的城市空间环境息息相关的，住宅表皮必须以“善”的姿态面对其所处的空间环境，并帮助塑造整体和谐的城市环境和城市文化，反映健康的城市生活。住宅表皮与自然生态互惠共生，相得益彰，浑然一体，这就造就了建筑与生态环境的和谐美。对住宅表皮而言，和谐不仅指的是视觉上的融洽，而更应包括物尽其用、可持续发展。因此，对自然、环境的善无疑是当今住宅表皮所面临的大善。

原生态、地方性材料作为可持续资源的回归使用大大降低了对高能耗、不可循环利用建材的依赖，还可反映不同地域的文化的特征和生活模式，并与自然肌理相呼应，增加住宅与周边环境的联系。利用自然植物作为建筑材料参与建筑表皮的构建，构成具有生态气候适应特征的绿色建筑表皮是应对气候环境的另一种策略。自然植物可以帮助吸收辐射热，降低噪音对室内的干扰，夏季可以降低外表面的环境温度，改善视觉环境，而冬季则可以暴露更多的外表面，有利于对太阳辐射的吸收。同时，植物的色彩和肌理可以随季节的变化呈现不同的状态，使建筑本身与自然、环境发生更紧密的关联和适应。

当代生态哲学认为人与自然的和谐关系才是最理想的审美状态。住宅表皮脱离了单纯追求形式感和视觉刺激的束缚，以谦逊的态度让位于环境和自然，体现生态智慧的平实形式，使人的身心获得一种超越感官享受的审美体验，实现与自然、环境的和谐共生。

4.4.5 可变性与适应性展现动态之美

为应对气候环境、生活方式和居住需求的不断变化，要求在仿生学研究的基础上，促进住宅表皮从材质和形态双方面向生物体学习。住宅表皮模拟生物应变的机能，依靠调节自身的状态来实现对气候环境和需求的适应，以满足最少的能耗实现最佳舒适度的最大可能性。由此形成的自由多变的住宅表皮特征，提升了环境空间的品质和趣味性，在赋予住宅表皮生动的表情和艺术感染力的同时，强化了住宅的生命特征，展现出不同以往的动态之美。

TWD 等仿生材料的研发使用使得住宅表皮得以模拟生物表皮，其物理和生态性能得到极大的提高。形态、色彩上的可变性也是住宅表皮对生物机体的模拟，使之可以根据环境、气候的变化作出适时的应变和调整，节约资源和能源的消耗。根据气候环境和太阳角度的变化，表皮系统还可以通过可调节式遮阳系统实现诸如合理遮阳、引入阳光、组织通风、加热或冷却空气等一系列截然不同的目的，以满足最少能耗实现最佳舒适度的最大可能性，同时，还由于其不断变化的外部特征赋予了住宅表皮生动的立面特质，使得住宅表皮在应对自然气候环境的变化时更加游刃有余。住宅表皮的适应性和可变性体现出的动态美将是建筑美学的发展趋势之一。

4.5 小结

住宅表皮的形式美是构成表皮的物质材料的自然属性（材料、色彩、形状、质感等）及其组合规律（构造方式）所呈现出来的审美特性，是表皮美的基本特性之一。然而新的时代必然需要迎合时代审美的创新的美产生，自现代主义以来，传统经典的形式美不再是建筑美的唯一标准。在当代建筑和城市建设中，由于生态学观念和可持续性发展标准的引入，使得我们的建筑审美观从单一的注重建筑形式的美发展为全方位、多视点的注重环境的新型审美观。住宅表皮也不再单纯仅只为了表现比例、尺度、均衡等形式美，而是在分析了当时、当地的日照、风向、气候、地理等多种因素后的设计对策，使得表皮形式、功能与环境的关系更趋合理、经济，更具备可持续发展的特征。由生态观念派生出来的审美趋势使得表皮的美因此被上升到生命之美——生命体的再现，生态观念的发展促使我们从全新的视角审视住宅表皮形式的美学价值。

5 求解——“形式追随生态”的挑战与对策

人类的建筑行为对自然环境所造成的改变影响了生态平衡，建筑与自然需要一种新的关系和形式来协调发展。21 世纪，在探讨当代人、建筑与自然的关系时，尽管不同建筑师所倾向的研究和表现的方式不同，但却都不约而同、或多或少地立足于建筑的生态性和可持续发展。这已成为当代建筑越来越受关注的焦点问题，也将成为未来建筑发展的必由之路。当“生态”、“绿色”、“低碳”、“可持续”开始成为一种流行时尚的时候，其背后真正普适的生态价值和意义却往往容易被忽视。对于住宅设计而言，那些昂贵、高技、新奇、现代化甚至未来化的建筑形式是否就是真正的生态形式，“形式追随生态”将面临什么样的挑战和质疑？

5.1 “形式追随生态”所面临的挑战和质疑

5.1.1 “皇帝的新装”

当今社会，当“生态”成为一种时尚或是前沿，与之相关的昂贵的高新技术和未来技术所表现出来的新锐、前卫的建筑形式远远比社会真正需要的生态建筑更具有表现力和吸引力。一些国家和地区，急于向世界展现自己先锋式的生态观和雄厚的经济实力，将其作为一种潮流的理念而附会在建筑设计中，用以提升社会深度与道德品位，于是，各种各样先进高科的“伪生态”建筑应运而生。然而，这些“伪生态”建筑只不过是“皇帝的新装”，在设计中往往很少顾及其所处的实际气候环境，甚至缺乏对居住者的考虑，一厢情愿地得出空泛而理想化的生态结论；或者以保护环境、节约能源为名，而忽视其可行性和实际的能源和生态回报率；或者出于追赶时髦，利用商业炒作，标榜名牌标签，目的只为实现经济盈利。这些生态形式是解决环境问题的积极探索还是追赶潮流时尚的标新立异？

迪拜旋转塔（Dynamic Tower，图 5-1，图 5-2）是由意大利建筑师戴维·菲舍尔（David Fisher）设计的世界首座风力发电的超高层建筑。高度 420m，共 80 层。大楼的设计充满了生态概念，每两层楼间安装有一套风涡轮机，全楼共 79 套；除了风能发电，大楼每层屋顶都设置了太阳能电池，通过旋转，电池可获得最大的日照辐射，只要有 20% 的屋顶暴露在阳光下，收集到的能量就可达到普通大楼的 10 倍，由此旋转塔自身产生的环保能

图 5–1 迪拜旋转塔（Dynamic Tower）

图片来源：http://www.kaskus.co.id/post/50d81e17562acf2e33000051

图 5–2 迪拜旋转塔平面图

图片来源：同左

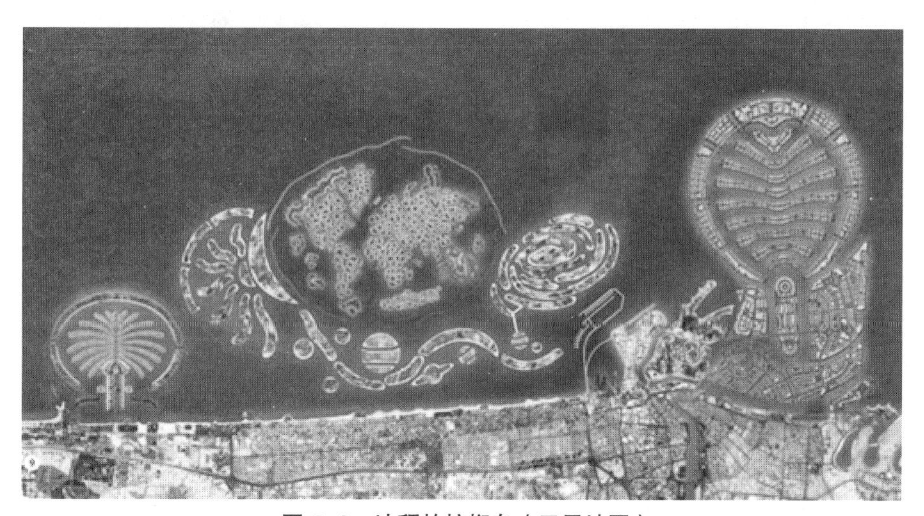

图 5–3 迪拜的棕榈岛（卫星地图）

源，不仅能自给自足，还能提供给邻近的建筑使用。设计师称这对于急需开发新能源的地球是一次具有前瞻性的有益尝试，对于风能、太阳能资源丰富的地区也具备普适价值[1]。另外，大楼每一层都能分别使用声控电脑系统来控制旋转，旋转一圈的速度约为 1~3 小时，每一个房间都拥有 360°的全方位视野。因为每层楼旋转角度的不同，不同时间、天气条件下，建筑的色彩和外观也各不相同，它就犹如一个有机生命体，每一分钟都在变化。这栋大楼光听上去就噱头十足，但是可以想象其建造成功所需要付出的经济和能源代价将是多么庞大，而如此庞大的投资回报期也似乎更是遥

---

[1] Green Construction: Dynamic Architecture [OL]. [2008-08-26] http://www.dynamicarchitecture.net/_GREEN.html.

不可及。原本预计2010年建设完工的旋转塔因为遭遇迪拜的房产泡沫冲击，至今仍未开工。同样在经济力量雄厚的迪拜，棕榈岛（图5-3）是一项规模空前的人工岛修建计划，一个史无前例的人造工程，耗费了巨大的能源、人力和财力，工程预计耗资140亿美元。这座可从月球上看到的大棕榈树岛屿，充分体现了人工制造的美轮美奂。然而这个据称把“可持续性”作为重点目标的项目，却是以对生态极大的不善为代价而实现的，它破坏了自然海湾海洋生物的栖息地，阻止和改变了自然的洋流，也对迪拜的天然沙滩形成了不可避免的侵蚀。现今，随着迪拜经济危机楼市泡沫的爆破，奢华棕榈岛的建设完成更是陷入了遥遥无期中。

生态是那件用很多钱就能编织出来的衣服吗？位于世界上最密集的城区之一孟买的安迪利亚豪宅（Antilia，2013，图5-4，图5-5），是印度首富穆凯什安巴尼（Mukesh Ambani）5口之家的“生态”豪宅，面积37000 m^2，市值约1亿美元，建造成本高达每m^2近2.5万美元。在人均居住面积仅为4.5m^2的孟买，该住宅高173m，相当于60层普通住宅的高度却只建有27层，可以住得下近万人的大楼只为5口之家服务，却依然有当地承包商盛赞其“有效利用土地”[1]。整栋住宅被设计为绿色植被所覆盖，由于采用了大量的绿色表皮、空中花园、屋顶绿化等做法，该住宅也被来自美国的帕金斯威尔（Perkins+Will）设计公司标榜为“生态环保”建筑，甚至打出了“1300万人口大都市中绿色建筑之最”[2]的旗帜，声称该住宅的绿色表皮拥有扩大绿化面积和对抗都市热岛效应的能力。且不论其为这片密集的城区所贡献的实际生态效益究竟是多少，光是这种奢侈本身就违背了环保最本初的要义。

这些“生态住宅”过于重视其所表现出来的形式，将“生态”作为一种标榜或是口号，而不是从建筑所处的实际气候环境出发，也不考虑居住者或是使用者的感受，没有真正研究建筑的可持续发展，以及所处环境和人相协调的原理和机制，只是片面地从形象上或形式上模拟某种生态形制，或是花费高昂代价和高新技术建造出“绿色的”、未来感、科幻味十足的所谓的“生态住宅”。为了建造这些豪华的“生态住宅”，需要耗费比同样功能的普通建筑多出许多倍的资金，消耗更多的能源和资源，排放更多的CO_2，付出更加昂贵的运营和维护费用。在建筑有限的使用年限中，为实现这些建筑所付出的巨大的资源和能源上的浪费比起它们在运营中所节省的能源要多得多。虽然对于开拓建筑师在节能环保方面的设计视野，促进人们对于生态环保的关注，具有一定的探索作用，但在求新求异的建筑理

---

[1] http://archrecord.construction.com/news/daily/archives/071018perkinswill.asp

[2] http://inhabitat.com/sites-residence-antilia-green-tower-in-mumbai/

图 5-4　安迪利亚豪宅
（Antilia，2013）
图片来源：www.en.wikipedia.org，photo by Krupasindhu Muduli

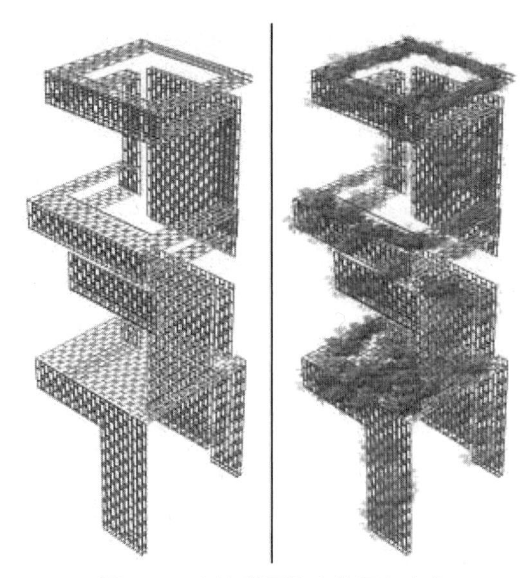

图 5-5　安迪利亚住宅的绿色表皮
图片来源：http://archrecord.construction.com/news/daily/archives/071018perkinswill.asp

念中，将建筑形式的发展和建设建立在奢靡浪费之上，绝不是适合当今社会发展的真正的生态住宅形式。

5.1.2　技术和生态概念的过度化运用

人类的建造行为是为了实现适宜的居住环境而进行的对自然环境的一种干预。不知何时，人们已经习惯地认为改变自然并从中获取资源和能源是天经地义的事情，不必关心通过干预而获取的方式，及其对环境产生的影响和后果。对技术力量的盲目崇拜代替了对自然的敬畏，对能源的恣意挥霍导致了严重的生态危机。伴随着生态意识的觉醒和科学技术的突破，对生态的高度关注促使住宅表皮的技术化肩负上更新的目标和任务，希望借助技术的力量，实现表皮的生态化。因此，生态概念也常常被简单地技术化，表现在过分依赖形式上体现生态意义的先进技术。似乎没有太阳能板、没有地源热泵系统等就不能算作真正的生态技术；放弃本来可以通过简单的开关窗户来进行的自然通风，而要依靠新风系统等机械手段来实现室内的空气置换；在本来室内外的温差就不大的情况下，还要开启空调设备调控室内温度等。这些技术设备和生态概念的过度运用不但建设时需要高额的资金和能源投入，还可能为投资方和使用者的后期运营维护带来一定的经济压力，更有可能对真正经济有效且低廉低技的生态技术的社会推广产生误导和阻碍。

另外，目前国内外的生态绿色建筑评价标准均采用先单项打分，再加权总分的方法。而这些评估体系大多都对建筑设备系统的性能给出了精确的评价标准；但是采用被动式适宜技术设计来节约能源和资源的建筑，在很多情况下不能在评估体系中获得相应的分数。因此，被动式适宜技术设计这一比建筑设备技术更有效、更生态、更环保的可持续建筑设计策略常常在生态建筑的实践和评估中被忽视，这一问题极大地阻碍了生态建筑的良性发展。为了争取高分以便获得生态绿色建筑的认证，为后期定价和销售赢得优势，一些设计尽可能多地采用各种硬技术设备，而无视其是否真地适合项目的具体要求和气候现状等，最终造成建设成本的大幅度提高，建筑沦为多种硬技术的叠加展示，这也将使得生态住宅发展的导向产生偏差。比如申报中国绿色建筑认证的上海某住宅项目，采用了屋面雨水收集利用技术，雨水经弃流、沉淀、过滤、消毒后用于景观用水、绿化浇灌和道路冲洗。如图 5-6 所示，过滤工艺采用多介质过滤器，滤料从上至下共分 7 层，由无烟煤、石英砂、磁铁矿等组成；雨水过滤后投入次氯酸钠消毒，并在供水管上加设紫外线进行二次消毒。[1]技术运用的初衷是想充分利用自然雨水，但值得注意的是，由于屋面雨水水质相对较好，经初期弃流之后，即使不经物化处理，也可以直接用于绿化，7 层过滤工艺完全没有必要；单独采用次氯酸钠或紫外线消毒即可满足水质要求，两次消毒工艺既不利于植物生长，又增加不必要的初期投资和运行费用。因此，该项目的雨水利用技术运用存在明显不合理，属于典型的技术过度。

高新技术和未来技术在大量性住宅建筑中的作用只能属于锦上添花，有时甚至会得不偿失，被动式适宜技术设计才是住宅表皮生态化的关键。

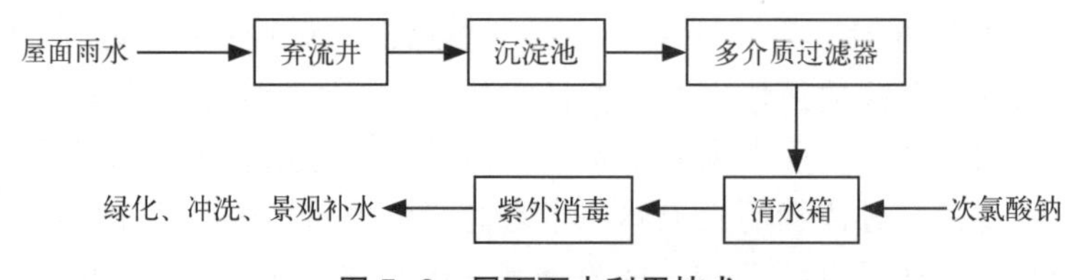

图 5-6 屋面雨水利用技术

参考来源：李丛笑．绿色建筑在中国的发展状况介绍．TÜD 南德意志集团能效论坛．北京：2012.11.16

[1] 李丛笑．绿色建筑在中国的发展状况介绍．TÜD 南德意志集团能效论坛 [C]．北京：出版者 ,2012.

5.1.3 过度强调居住的精确性和舒适性

欧美发达国家一向以技术精准而著称，他们严格地控制建筑室内的温度、湿度、通风换气量、室内照度等各种物理参数，并通过各种各样的机械设备来实现并维持这些参数，过度强调了居住的舒适性和精确性；而在中国，长期以来人们更多的是依赖人体对环境的自然适应能力，只有在超过人的忍耐限度时，才通过机械手段进行补充调节。这在一定程度上是通过对居住舒适度的适度牺牲换取能源和资源的低耗。事实上，人体对环境的适应和调节能力是具有很大容忍度和柔韧性的。过度地追求常年室内温度、湿度，以及风速等指标的恒定，只能使我们自身的生物系统调节能力越来越退化，现代社会的空调病、肥胖、过敏体质等疾病的增长，或多或少都与越来越精确恒定的室内环境系统控制有关。另一方面，实现并维持这些控制系统又需要消耗一定的能源。

近年来，许多生态科技住宅项目大打的生态牌：恒温、恒湿、恒氧，对于住宅的室内居住环境来说是否真的不可或缺？权衡其所带来的居住舒适度的提高和相应的经济和能源的投入，是否能够真正地物有所值？例如南京朗诗地产目前在南京、上海两地开发的所有住宅项目，均采用了集中制冷制热及置换式空气调节系统，其主要卖点即是强调住宅室内的“恒温、恒湿、恒氧”，能够将室内温度控制在20~26℃，室内相对湿度控制在30%~70%。但是由于集中化管理和控制，住户无法自行调节各自居室内的温度和新风系统的进出风量，而在同一温度、湿度条件下，住户的个体感知是有差异的，因此经常导致因住户无法自行调节室内温度而产生的投诉。

另外，对舒适度的设定也因不同地区气候环境和居住习惯的不同而有很大差异。欧洲大部分地区室内采暖温度一般设定为20~24℃，即使在房中部分时间无人的情况下，采暖设备一般24小时连续开启。即便在夏季，当气温因为短时寒流骤降到20℃以下时，室内的暖气设备也有可能会及时开启。而在我国北方采暖地区，冬季室内采暖温度则设定为18℃。前者比后者的采暖设定值能耗高出约15%。而在我国的夏热冬冷地区，历史上并不属于法定的建筑采暖地区，这一地区冬季也有短期出现0℃左右的外温，但日均温度很少低于0℃，一年内日均温度低于10℃的天数少于100天。一般采用间歇式局部采暖方式，室内的舒适温度则一般控制在14~16℃，远低于我国采暖地区和欧美大部分地区的舒适温度控制值。据统计，采用直接电热或电泵采暖时能耗都在4~8kW•h/（m^2•a）。因此，尽管这一带住宅面积约为40亿m^2，但冬季采暖用能仅210亿kW•h电，折合标准煤不超过 800 万 t[1]，远远低于北方或欧美地区采暖能耗。而与这一地区气候类似的法国南部，采暖能耗却高达 40~60kW•h/（m^2•a）[2]。但是，随着我国居民生活水平的不断提高，导致对冬季室内居住热舒适要求的提高，近年来，这一地区对冬季实行集中供暖的呼声也越来越高。但是经过测算研究，为实现集中供暖投入的基础设施建设，以及建成后设备投入使用的时间短，利用率低，实际能耗高，平均年运行费用高；且城镇化、城市扩张导致住宅分散，空置率很高，而人均面积越来越大，集中供暖必然浪费严重。因此，该区域并不适合采用集中供热方式。但是，也不能因此要求该地区的居民放弃对居住舒适度的要求，应该提倡在保证一定舒适度的前提下，在该地区采用分散采暖、间歇运行方式。近日，中国住房城乡建设部就百姓关心的南方供暖问题作出正式回应，认为当室外温度低于 5℃时，如没有供暖设施，我国南方部分地区的室内温度低、舒适度差。这些地区应逐步设置供暖设施，供暖方式主要以分散供暖为主。夏热冬冷地区供暖方式的选择应根据当地气象条件、能源状况、节能环保政策、居民生活习惯以及承担能力等因素，通过技术经济比较分析确定供暖方式。根据夏热冬冷地区供暖期短、供暖负荷小且波动大等特点，提倡夏热冬冷地区因地制宜地采用分散、局部的供暖方式[3]。同时鼓励该地区的居民保持传统被动节能的生活方式，追求适度的舒适，也是节能环保的关键。

同理，夏季室内舒适度值的确定也与节能减排的效果息息相关。一般情况下，将温度降低 1℃所需的能耗是将温度升高 1℃所需能耗的 4 倍，主要原因是制冷通常需要耗电，而燃烧燃料发电的能耗损失比直接燃烧燃料进行制热的能耗大很多。因此，合理设置夏季室内舒适温度的设定值，将会取得事半功倍的节能效果。

夏季设置空调温度是为了使人感觉舒适。人的舒适感取决于人体的热平衡，影响热平衡的因素很多，如环境温度、相对湿度、人体附近的空气流速、物体表面温度、个人的生活习惯、活动强度、人的年龄、健康状况、衣着情况等等。因此，舒适感是主观与客观多种因素综合作用后使人产生的一种主观感受，不同地区的居民受气候和居住习惯的影响，对室内舒适温度的要求并不相同（图 5-7）。就温度而言，使人既不感到热，又不觉得冷的温度称为生理零度。生理零度是人感觉最舒适的温度。不同的人会有不同的生理零度。在不同的状况下同一个人也有不同的生理零度。对于一般身体健康的正常人来说，生理温度大约在 28 ～ 29℃。因此，夏季空调

---

[1] 清华大学建筑节能研究中心．中国建筑节能年度发展研究报告 2008 [R]．北京：中国建筑工业出版社 ,2008.

[2] 同上

[3] 张际达．南方供暖应因地制宜 [N]．中国建设报 ,2013-01-28.

房间的温度应尽量选定在该温度附近。欧美发达国家的夏季室内制冷控制温度一般设定在 20~24℃，控制温度普遍偏低；而我国夏季室内制冷温度一般设定为 26~29℃，较为适宜。其次，室内与室外的温差不宜过大，一般在 5 ～ 10℃为宜。如果温差过大，使人进出时经受气温骤变，容易引发感冒等病症。另外，从节能的角度考虑，利用设备手段过大地干预室内的温湿度调节将会消耗更多的能源，应以最低的能耗换取适宜的舒适温度。

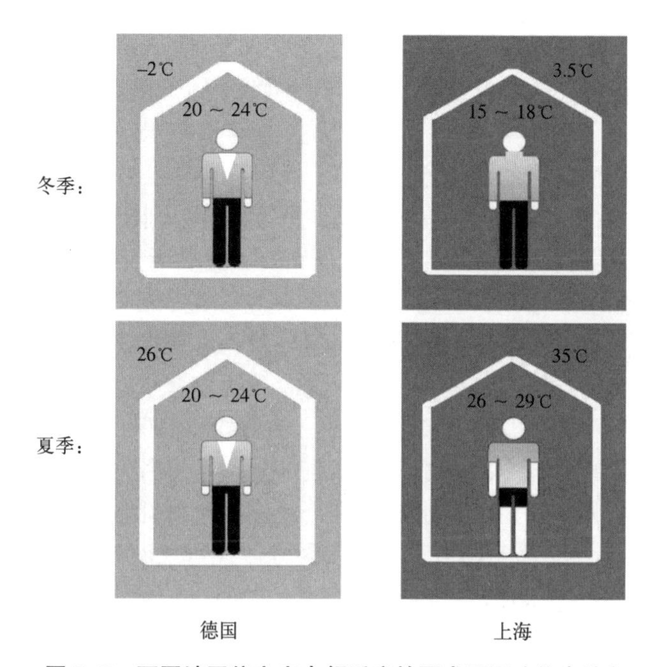

图 5-7　不同地区住宅室内舒适度的要求不同（作者绘）

由目前国际上热门的美国能源与环境设计标准（LEED）认证项目也可以看出当前生态建筑对室内舒适度的追求远大于对能源和环境绩效的追求。美国绿色建筑委员会（USGB）对获得 LEED 认证的 156 个案例的能源绩效进行调查，发现 84% 的建筑在能源和大气环境项的得分未能达标；而 80% 的建筑在室内环境质量上则远超过标准[1]。而实际上，舒适度的提高只是生态住宅的一个方面，对于城市和社会来说，更重要的应该是住宅建筑对能源和环境的影响。

5.1.4　国外先进技术的“水土不服”

生态住宅并不存在一种包打天下的技术方案，更不能无视具体条件而

[1] 龙惟定．绿色建筑未来与发展趋势．TÜD 南德意志集团能效论坛 [C]．北京：出版者 ,2012.

生硬移植或嫁接所谓的先进技术。一些欧美发达国家先进的生态节能技术是建立在应对当地气候环境、文化生活和居住习惯基础上的，并不适用于我国特定地区的气候环境和居住习惯。特别应该关注居住习惯的不同造成的巨大的能耗差异。例如，利用阳光晾晒衣物和使用烘干机；夏季在室外温度合适开窗通风降温与长时间使用新风系统换气和空调降温等，这些不同的生活习惯虽然达到了同样的干衣降温目的，但其所对应的实际能源消耗却是天差地别的。

由于缺乏对技术运用基础和前提的深入了解，盲目借鉴并移植引用，带来后期运行效果的大打折扣，甚至投资回报入不敷出。比如位于上海嘉定的安亭新镇（图 5-8，图 5-9），作为上海的节能示范小区，全面系统地运用了当代德国先进的住宅建筑技术：保温隔热、共同沟、集中供能系统(包括供冷、供热和生活热水的提供)、同层排水、外遮阳、太阳能利用等技术(图 5-10 至图 5-11)。虽然开发商公布的数据显示大部分房屋已经出售，但由于交通偏远不便，大型超市、学校、幼儿园等配套设施的缺乏，入住率偏低一直是困扰安亭新镇的主要问题。除此之外，由“国际标准的能源节约技术以及建筑外围护结构、集中供能系统和分户计量构成的能源系统解决方案”[1]引发的能源价格问题更为引人瞩目。2008 年，多家沪上媒体报道了安亭新镇的能源价格纠纷，不少业主拿出了每月动辄数千元甚至上万元的能源账单，对开发商和能源供应企业提出质疑，抱怨“买得起房却住不起”[2]，甚至有居民开始自行偷偷安装分体式空调设备，安亭新镇的“节能示范”身份和实际效果受到质疑。另一方面，由于前期高昂的设备投入和后期的设备运营维护，投资公司始终无法收回成本，也陷入进退两难的地步。虽然与购买时节能的初衷相悖，入住后能源价格的高昂很大程度上与小区入住率低导致设备运行效率低、收费方式的不科学和居民使用方式的不合理有关，但也反映了设计对市场的估计不足，对上海居民的居住习惯和家庭用能方式不了解，导致原本先进的节能技术不能得到高效的利用，实际后期运营节能效果大打折扣，甚至成为居民和运营商的经济负担。由此可见，技术的先进性并非是解决生态和能源问题的关键，针对特定的气候环境、经济条件、居住要求及生活习惯等，每个具体项目的应对方法都必须因地制宜从实际出发。首要策略是在保证适宜舒适度的前提下，尽量减少建筑对设备和能源的依赖，主要通过简洁的体型处理、适宜的朝向布局、利于自然通风采光的空间组织、有效的遮阳、低能耗的表皮设计以及高效的后期运营管理等被动式手段来实现住宅建筑的生态化。

---

❶ 莫希．安亭新镇：有人忘了把水管塞进墙里去 [N]. 南方周末．2009-09-01（版）．

❷ 陈抒怡，张谷微，殷正明．购房者抱怨：买得起房却住不起 [N]. 新闻晨报，2008-07-25（版）．

图 5–8　安亭新镇（作者摄）

图 5–9　安亭新镇（作者摄）

图 5–10　管线共同沟（上海国际汽车城置业有限公司提供）

图 5–11　太阳能利用（上海国际汽车城置业有限公司提供）

在全球都在倡导生态和可持续发展的今天，选择适当的技术应该作为发展生态可持续住宅的主流，适时、适地地解决不同气候区的问题。尤其是在我国这样气候环境多样复杂的情况下，更应注重本土传统、本地居住习惯与社会可持续发展的融合，创造出技术含量虽低但却人性化的生态住宅。在实践中探索具有普适价值的策略和方法，从理念到方法必须适应大量建造的普通住宅建筑。

5.1.5　贵族化和标签化

经济在推动或阻碍生态住宅发展的道路上扮演着十分重要的角色。生态住宅相对于其他建筑有着非常明显的经济优势，不仅可以节省运行费用；维护和管理费用也更低廉；且寿命长、节约资源、不污染环境。但生态住宅需要更多的前期经济投入，并且利益回收又相对较慢。长期回报和生态成本之间的权衡利弊并不十分明确。更重要的是，对于大部分商业住宅而言，生态设施投资所带来的经济和能源回报，最终并非使投资者得益，而常常为居住者和社会所共享，这就可能使以盈利为主要目的的投资商望而却步，或者将初期投资转嫁到消费者身上，造成生态住宅的高卖价和贵族化。

目前国内以生态为名义的楼盘大多售价不菲，远高于相同地段的普通住宅。2010年国家宏观调控房地产，开发商如履薄冰，而南京的某“生态开发商”却大手笔拿到了溢价72%的高价地，成为当时的地王。开发商借生态技术追求高溢价，生态技术成为谋求利益和名声的道具，生态表皮更加贵族化和时装化，生态住宅成为各地“豪宅”的新标签。生态住宅的奢华构成了中国楼市一道独特的风景线，似乎生态的初衷并不是为了绿色环保的建设和生活，而是居住者身份和财富的象征，是高端豪宅品质的筹码和标签。这种本末倒置的现状将极大地影响生态住宅的良性健康发展。根据示范工程的相关数据测算，若建一栋节能率为50%的住宅，每m^2的成本增加为200元左右；若是新建低能耗生态住宅，成本增加可达300元/m^2；若是生态绿色住宅，增量成本则超过400/m^2 [1]。对于中国一二线的高房价城市来说，尚可以有一定的接受度。但是，不可忽略的是其后期高额的物业管理费用和设备运行费用。因此，这些低碳生态节能住宅的客户都成为豪宅消费的客户，这就可能将生态住宅的发展和推广引入高端豪宅的误区。

另一个原因是国内当前的生态住宅，大多更看重于居住舒适度的提升，而不是能源和资源的节省，这本身其实无可厚非。但问题在于，居住舒适度的提升是否应该以更高的技术设施的投入和能耗为代价？比如目前生态住宅中常用的置换式新风和辐射式调温系统，控制住宅室内的温湿度，相比空调系统对流式调温在舒适度上有所提高。以南京某著名的“低碳”楼盘一套77m^2的住宅为例，据调查，其每月制热费330元（制冷费390元），24小时（二次加热）热水65元，户式新风25元。空调费用合计冬季728元（夏季788元）[2]。看上去费用并不是很高，与普通间歇式空调使用的住宅相比较，在最冷月和最热月的空调能源支出也的确更低。但是由于系统使用的持续性和长效性，恒温系统在春秋过渡季节依然如冬夏季一样收取费用，因此，平均全年费用并没有明显的节省效果，甚至远高于传统部分空间、间歇工作的空调系统。

近年来，我国的生态住宅在政策鼓励和社会生态意识逐步提高的影响下得到了大力的发展，为申请绿色生态建筑认证，获得后期销售的高价优势，一些住宅项目也陷入了叠加所谓“生态节能”炫技式包装的误区。各种具有明显宣传和视觉优势的表皮节能技术被标签化，易得分项技术被堆砌采用，而不管其是否适用，对于适用但却没有得分效果的低价技术反而少有问津。具有明显辨识度和标签化的太阳能板、屋顶绿化等

---

❶ 胡宗亘，方芳．低碳地产之中国选择 [M]．上海：世纪出版集团(格致出版社 / 上海人民出版社),2011.

❷ 胡宗亘，方芳．低碳地产之中国选择 [M]．上海：世纪出版集团(格致出版社 / 上海人民出版社),2011.

技术被视为生态表皮的代言，似乎只要采用了该项技术，无论其是否适用于当前的环境和气候，也不管其后期的实际维护费用和运营效果，就可当之无愧地称其为生态住宅。这不仅有违可持续的基本理念，也阻碍了生态表皮设计在我国的迅速推广。另一方面，具有显著生态和能源效益的住宅表皮，如TWD保温蓄热墙体、PCM材料，以及真空绝缘板等材料相对于普通保温材料来说，虽然具有更生态和能源价值，但其材料价格也更昂贵，在我国仅在部分实验或示范住宅项目中才得以采用，市场推广还有待于产品的规模化开发，以及生态技术的成熟和生产成本的降低。

5.1.6 重设计而轻运营

围绕规范和推广生态绿色建筑，近年来许多国家制定和发展了各自的可持续建筑标准和评估体系，比较有代表性的有美国的能源与环境设计标准（LEED）、英国的建筑研究院环境评估法（BREEAM）、日本的建筑物综合环境性能评价体系（CASBEE），以及号称第二代评价体系的由德国可持续建筑委员会和德国政府共同开发编制的、代表德国最高水平的权威可持续建筑评估体系（DGNB）等。其中，LEED被认为是目前在世界各国的各类建筑环保评估、绿色建筑评估及建筑可持续评估标准中最完善、最具影响力的评估标准，以其实践性特征和成熟的市场运作在中国建筑评价市场被普遍接受。我国2006版的绿色建筑评价标准（GB/T 50378-2006）的制定在很大程度上参照了LEED的体系。LEED在中国的认证情况，截至2012年3月，申请认证数量850个，取得认证数量200个[1]。国内许多的商业住宅项目都有参评LEED认证的倾向和趋势，如招商地产的泰格公寓、万科的大梅沙万科总部等。据统计，迄今为止中国商业住宅登记申请美国LEED认证的项目已达300多个，但实际得到认证却很少。绝大部分开发商只是想以一个典型工程申请LEED认证作为卖点，以实现之后更高的销售卖价。与此同时，LEED允许一些节能效果并不好，但在其他容易达标的项目方面做出弥补的建筑通过认证，因此，通过认证的项目不见得真正的节能。同时还存在许多其他的现实问题，比如节能技术标签化，尽量用得分技术项目，而不管是否适用；只重设备不重效果，采用节能设备，但并不合理高效运行设备；技术堆砌，不重视集成和设计；花钱买“绿帽子”；个别国外先进技术在中国“水土不服”；限制本土技术的运用等。针对这些问题，我国于2007年发布了中国绿色建筑评价标识（GBL），分别针对住宅建筑和公共建筑，对于规划设计阶段和施工阶段的建筑，可申请“绿色

[1] http://new.usgbc.org/leed

建筑设计评价标识”，有效期1年；对于已进入运营阶段并投入使用1年以上的建筑，可申请“绿色建筑评价标识”，有效期3年。设置两个标识的初衷就是为了弥补目前各评价体系普遍存在的一个共同问题，即只重视设计性能评价，缺乏运行之后的评估。为改变重设计轻运营的现状，而增加了运营标识的评价。而实际申领情况是取得绿色建筑标识的项目中设计标识远多于运营标识，而取得绿色建筑设计标识后继续申请运营标识的项目更是少之又少，不足总量的10%。主要原因包括施工过程的规范合理性有待提高，以及后期物业管理和运营水平普遍欠缺，无法支持生态绿色建筑的高效运营。

例如上海嘉定安亭新镇，作为上海的节能示范小区，全面系统地采用了当今德国先进的住宅建筑技术，住宅表皮的热工性能远高于上海普通住宅，结合集中供能、智能化控制等系统，根据德国设计师设计测算，理论上安亭新镇的住宅能耗只有上海普通住宅的1/3。但是实际使用情况却大大低于设计效果，其中一个主要的原因就是后期运营管理跟不上，加上由于生活习惯和用能方式不同，住户不能正确使用室内供能设施、设备系统及门窗系统，导致设计高质优良的住宅硬件系统无法发挥其应有的生态和能源功效，甚至成为物业管理和住户的经济负担。再比如随处可见的居民的二次装修行为对住宅表皮保温系统的破坏，也体现了后期运营监管的漏洞。可见，正确的运营管理和使用方式是保证设计系统高效实现的关键，施工后的竣工验收、系统调试、绿色运营和管理应是未来我国绿色生态住宅面临的重点。

5.2 当代中国生态节能住宅实践

5.2.1 当代中国生态节能住宅发展及现状

我国北方地区从20世纪80年代开始推广节能住宅，但是政策手段比较单一，以标准规范为主。1986年8月1日建设部颁发了第一部《民用建筑节能设计标准（采暖居住建筑部分）》，设定了节能30%的目标，并在1996年7月1日发布新编的《民用建筑节能设计标准(采暖居住建筑部分)》，进一步提出了节能50%的目标。南方地区从2000年开始，先后颁布了《夏热冬冷地区居住建筑节能标准》、《夏热冬暖地区居住建筑节能标准》。在贯彻执行建筑节能标准上，由于长江以南地区长期以来属于非采暖地区，并未受到地方政府和建设行政主管部门的重视。此后又陆续推出多项针对不同气候区关于住宅节能的标准和政策，发展至今已近20年，具体的实施效果并不十分理想。而温和地区由于本身气候条件相对优越，气候环境与居住和能耗的矛盾不突出，建筑节能设计工作一直滞后于全国其他地区，住宅设计在建筑节能方面存在着很大的缺陷。2005 年，建设部下达了《关于新建居住建筑严格执行节能设计标准的通知》，要求各地新建居住建筑必须按照建筑节能设计标准的要求进行居住建筑的节能设计，据此，各气候区均相继制定了建筑节能设计规范，而温和地区依然缺乏有针对性的设计规范。到 2010 年，我国累计住宅建筑面积约 374 亿 m^2，其中城镇住宅 144 亿 m^2，农村住宅 230 亿 m^2[1]，大部分为高能耗建筑。住宅节能的形势非常严峻，已成为建设节约型社会中最薄弱的一个环节。

近 10 年来，以住宅为代表的中国建筑业实现了持续的高速发展，不仅承担了解决城市居住问题的职责，而且对推动国民经济的发展和增长做出了重要贡献。但是也必须看到这些建造活动对我国生态环境的严重破坏，以及对能源和资源的巨大浪费。未来 10 年我国住宅业仍将继续保持增长态势。我国的住宅正在从生存型向舒适型转变，由数量型向质量型转变。当我们重新审视整个住宅建筑业在建造和使用过程中的建造方式、用能方式，及其生态意义时，传统高能耗、高污染的生产模式必将被淘汰，应该把扩大居住面积和提高住宅生态环保性能同时作为中国住宅未来的发展目标，而具有节约资源，降低能耗，减少污染，提高居住室内环境质量等性能的生态节能型住宅将作为新世纪住宅建设的方向，是中国建筑业转向可继续发展的绿色道路的一个重要切入点。随着建筑节能标准和政策的不断修订（见附录二），国家政策法规的宏观调控力度和全民环保意识的不断提高，进入 21 世纪以来，我国的建筑节能工作发展迅速，取得了长足的进步。北京、天津等大城市已率先编制并执行居住建筑节能 65% 的标准，上海、南京等有条件的大城市也加强执行居住建筑节能设计标准的力度。全国范围内，各生态节能示范住宅项目纷纷建成，无论在政策引导上，还是市场销售上，都取得了很好的反响，同时也大大的增强了全民生态节能意识。

5.2.2 当前国内常用住宅表皮生态节能技术分析

在国家总体生态和能源调控政策的引领下，以北京、上海等经济发达地区为先，带动了各地一大批生态节能住宅示范实践项目的建设。这些生态节能示范住宅项目，对多项节能技术，以及生态观的普及起到了十分模范的推广作用，但是值得注意的是，由于其中许多新技术的运用项目大多为高端科技示范项目，投资成本和后期运营管理费用相对较高，并且目前所采用的住宅表皮生态节能技术能否有效实现节能环保的目标还有待观

[1] 数据来源：清华大学建筑节能研究中心．中国建筑节能年度发展报告 2012 [R]．北京：中国建筑工业出版社，2012.

察。如附录四所示，分别选取了不同气候区（严寒和寒冷地区、夏热冬冷地区、夏热冬暖地区，以及温和地区），以北京、上海、深圳等为代表的多个城市，近年来部分最新的生态节能住宅实践项目，对其所采用的住宅表皮生态节能措施进行了列举分析。可以总结出当前常用的住宅表皮生态技术分为以下 4 种：

1）目前国内技术已经成熟和完善，并且造价低廉可控，适宜并且已经大面积推广的住宅表皮生态化技术有：高效保温隔热外墙体系、热桥阻断构造技术、高效保温隔热屋面技术与构造设计、高性能门窗系统与构造技术、被动式太阳能利用技术（窗、可封闭阳台等）。这些技术可以在各种气候区采用，根据实际需要选取合理的参数控制，对于提高住宅表皮整体的生态和热工性能起到事半功倍的作用。由于推广时间长，技术成熟度高，造价投入可控性强，因此具有很强的可行性。目前在严寒和寒冷地区、夏热冬冷地区和夏热冬暖地区，由于节能规范和政策的强制要求，已经全面展开推广，并取得了很好的节能效果。但在温和地区，由于气候环境与居住能耗的矛盾不明显，长期以来住宅建筑节能工作一直受到忽视，该地区住宅一般都不考虑围护结构保温的问题，对夏季隔热，也只需在屋面按惯例考虑一下保护结构。但是，随着建筑业的迅猛发展以及人们对居住生活质量要求的提高，尤其是房地产及城中村改造项目的持续推进，使得该地区的住宅高度和数量总体向上攀升，由此带来的建筑能耗增加也越来越引起关注。因此，该地区住宅在进行节能设计时，应着重引入利用自然条件进行节能设计的理念，适当加强外墙和门窗的节能设计，高效利用自然通风和被动式太阳能技术等。

2）技术简单可行，造价可控，生态和能源效益优异，但推广严重落后，需要政策支持的技术有：外遮阳技术、绿色屋面技术、简易雨水回收再利用系统、土建装修一体化、产业化技术、自然通风技术、绿色环保本地建材等。这些技术都相对简单易操作，生态和能源回报价值高，具有很高的生态节能潜力，适合在全气候区推广采用。但是由于长期受到忽视，其推广运用却相对落后，需要进一步的宣传和政策进行鼓励和支持，扩大其运用范围。尤其是在农村住宅建设中，这种以被动式为主的适宜技术值得推广，比如生态绿化墙面和屋面应用于多层或高层住宅可能会受到限制，而对于农村的低层住宅墙面和屋面来说，却不失为既可改善局部气候环境，又可用于住宅表皮保温隔热的生态表皮。特别强调农村住宅区别于城镇住宅，以被动式、本土化适宜技术为主的运用特点。

3）技术要求高，投资较高，但生态和能源回报高，需进一步研究和推广的技术有：太阳能光热技术与建筑一体化设计、热回收技术、地缘热泵技术、低温辐射采暖制冷技术、置换式全屋新风系统、革新材料（如

PCM 相变材料等）技术体系的应用等。这些技术主要是依靠高新材料和设备的高效率运作来实现一定的居住舒适度和节能，对材料和技术，以及后期的运营维护要求高，但对室内的舒适度贡献大，节能效果有赖于设备的使用效率和后期正确的运营管理，适宜在有条件的情况下采用。其中，太阳能光热技术相对比较成熟，能源回报率高，但与建筑的一体化设计还十分不足，而热回收技术则更适合在北方采暖地区使用。

4）技术要求高，投资成本高，回报期长，有待材料和技术的进一步提高和完善的技术有：太阳能光伏利用技术、风力发电技术和集中功能系统等。这些技术对系统集成的要求高，系统成本也相对较高，同时，系统运行环节的政策支持和约束都相对欠缺。利用得不合理，不但不能起到应有的生态节能作用，还有可能造成全生命周期环境负面影响的增加，生态效果适得其反。比如太阳能光电利用技术，就目前的生产和技术现状而言，并不适于在大量性的居住建筑中采用，但其符合清洁能源的利用趋势，可在日照资源丰富的偏远地区或个别生态节能示范项目中采用。而集中功能系统也由于设备初期投入过高，运行效率低，后期维护运营难度大，并不适合在没有设备基础建设支持的地区采用。

目前国内常用的生态住宅表皮技术分析（作者制）　　表5-1

<table>
<tr><th>推广性</th><th>住宅表皮生态节能技术</th><th>投资成本</th><th>适用范围</th></tr>
<tr><td rowspan="5">技术成熟完善，适宜并已经广泛运用的技术</td><td>1）高效保温隔热外墙体系（外保温）</td><td>适中</td><td rowspan="5">全气候区适用</td></tr>
<tr><td>2）热桥阻断构造技术</td><td>适中</td></tr>
<tr><td>3）高性能门窗系统与构造技术</td><td>适中</td></tr>
<tr><td>4）高效保温隔热屋面技术与构造设计</td><td>适中</td></tr>
<tr><td>5）被动式太阳能利用技术
（窗、可封闭阳台等）</td><td>低</td></tr>
<tr><td rowspan="8">有待进一步提高推广的技术</td><td>6）屋顶绿化技术</td><td>适中</td><td>宜用于低层或多层住宅
尤其在农村住宅中值得推广</td></tr>
<tr><td>7）外遮阳技术</td><td>适中</td><td rowspan="3">全气候区适用
尤其在农村住宅中值得推广</td></tr>
<tr><td>8）简易雨水收集利用技术</td><td>低</td></tr>
<tr><td>9）自然通风技术</td><td>适中</td></tr>
<tr><td>10）热回收技术</td><td>高</td><td>严寒和寒冷地区适用</td></tr>
<tr><td>11）绿色环保、本地建材</td><td>低</td><td rowspan="3">全气候区适用</td></tr>
<tr><td>12）土建装修一体化</td><td>高</td></tr>
<tr><td>13）产业化技术</td><td>高</td></tr>
</table>

续表

推广性	住宅表皮生态节能技术	投资成本	适用范围
酌情采用的技术	14）太阳能光热利用技术与住宅一体化	高	全气候区适用
	15）地缘热泵技术	高	
	16）低温辐射采暖制冷技术	高	
	17）置换式新风技术	高	高端生态节能示范住宅
	18）凸窗利用技术	低	严寒和寒冷地区慎用
	19）外墙内保温技术	低	温和地区或精装修住宅酌情采用
	20）垂直绿化技术	适中	全气候区适用
	21）革新材料（如真空绝缘板、PCM相变材料等）技术体系的应用	高	可在示范项目中采用
	22）风力发电技术	高	可在示范项目中采用
谨慎采用的技术	23）太阳能光电利用技术	高	高海拔、日照充足偏远地区，或生态节能示范项目中可用
	24）集中功能系统	高	除严寒和寒冷地区，其他气候区慎用

注：根据附录四列举的近年来中国各气候区生态节能示范住宅项目所采用的住宅表皮生态节能技术总结

5.3 当代中国住宅表皮生态化对策建议

5.3.1 保温隔热

外墙外保温方式是经受市场和实践检验的，更加高效合理的外墙保温方式。而燃烧等级为B2级的EPS、XPS保温板材由于其综合保温性能、稳定和耐久性、施工方式和价格等优势占据了我国市场80%以上的份额，但是其在防火性能上存在一定的安全隐患。因上海胶州路教师公寓“11.15”和沈阳皇朝万鑫大厦“2.3”等多起因外墙保温材料引起的大火，造成严重的人员伤亡和财产损失。2011年3月14日，公安部消防局下发了《关于进一步明确民用建筑外保温材料消防监督管理有关要求的通知》（公消〔2011〕65号），对建筑外墙保温材料使用及管理提出了应急性要求。在新标准、规定发布之前，民用建筑外墙外保温材料全面禁用燃烧等级为A级以下的材料。一时间，占市场份额80%以上的EPS、XPS薄抹灰体系受到重创，设计师和开发商纷纷陷入两难。一方面市场上并没有合适的替代产品出现，常用的EPS或XPS板材均不能达到A级不燃性的标准，在当时保温材料市场上，燃烧性能达到 A 级的无机材料仅占不到 10% 的市场份额。无机保温砂浆的涂刷厚度无法满足节能 65% 的需要，必须进行内外层涂刷，而内保温层又无法保证住户入住后的二次装修行为不会对其产生破坏，从而无法保证最终的保温运营效果。而岩棉类保温产品虽然具有导热系数低、透气性好、燃烧性能级别高等优势，但其产量低、硬度低、吸湿性较强、具有刺激性，对外饰面的选择也受到很大限制。另一方面，住宅表皮的保温造价投资上也需要比原来增加一倍以上，这就为住宅表皮保温材料和保温方式的选择带来了更大的困难。

经历了一年保温市场诚惶诚恐的检验和调试，2011 年 12 月 30 日，国务院下发的《国务院关于加强和改进消防工作的意见》(国发〔2011〕46 号) 和 2012 年 7 月 17 日新颁布的《建设工程消防监督管理规定》，对新建、扩建、改建建设工程使用外保温材料的防火性能及监督管理工作作了明确规定。2012 年 12 月 3 号公安部（公消〔2012〕350 号）文件《关于民用建筑外保温材料消防监督管理有关事项的通知》宣布终止执行 65 号文，表明撤销了建筑外墙保温必须使用燃烧等级达到 A 级材料的规定。而住建部关于贯彻落实国务院关于加强和改进消防工作意见的通知中要求严格执行《民用建筑外墙保温系统及外墙装饰防火暂行规定》，其中关于保温材料燃烧性能的规定，特别是采用 B1 和 B2 级保温材料时，应按照规定设置防火隔离带。可见终止执行 65 号文后 B1 及 B2 级保温材料属于可用范围，EPS、XPS 保温材料得以重获新生。

与外保温相比，建筑内保温可以提高住宅表皮内侧的平均辐射温度，增加舒适性，也可以降低空调送风的空气温度，起到节能作用。缺点是牺牲室内使用面积、耐久性差、保温层与墙面结合部易产生结露，同时为避免室内二次装修对内保温的破坏，只能在精装修房中推广。另外，内保温的致命缺点是无法避免热桥，容易形成冷凝水从而破坏墙体。因此，外墙外保温系统显然更具优势。

而相对于普通外墙外保温方式而言，无论是从保温效果还是从外饰面安装的牢固度和安全性考虑，外墙外保温及饰面干挂技术都是更好的外墙保温方式。外保温形式可有效形成整体保温系统，达到较好的保温效果，减少热桥的产生。其次，保温层与外饰面之间的空气层可形成有效的自然通风，可形成双层皮外墙效果，以降低空调负荷，节约能源，并排除潮气，保护保温材料。同时，外饰面有挂件固定，非粘接，无坠落伤人的危险。应用实例，如南京锋尚国际公寓，据称是中国第一个零能耗住宅项目。外墙采用外保温开放式干挂石材幕墙复合保温隔热技术（图 5-14），保温系统共分为 3 层：1）保温层为 100mm 自熄型模压聚苯板或玻璃棉，板与结构墙体进行粘结加钉结；2）50mm 流动空气层，用以蒸发隔热及保温材料上的水分和湿气，保证保温材料的干燥，延长其使用寿命；3）开放式石材干挂幕墙，通过龙骨直接和预埋件、主体结构相联系，与保温材料之间没有受力关系，抗风压、抗冻融，具有良好的保温性能、隔热性能，并且能够及时有效排放建筑物的湿气，防止墙体发霉。总设计厚度为 360mm，传热系数为 0.5 W/(m²• K)。相同的外墙保温做法也在南京朗诗国际街区住宅中得到应用（图 5-15，图 5-16）。空气层加干挂外饰面包裹外墙及女儿墙部分，在夏季可起到很好的遮阳隔热作用，也可以有效防止雨水的侵入。其系统的保温性能是普通节能住宅的 4 倍，可达到节能 80%，从而使得项目的制冷采暖能耗大大低于普通住宅。

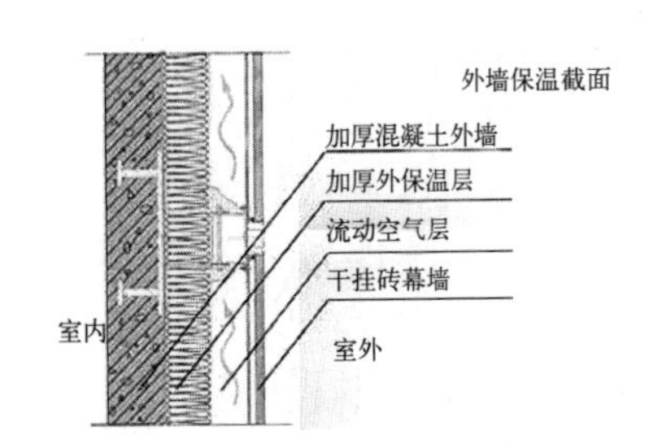

图 5–14　外墙外保温及饰面干挂技术（朗诗地产提供）

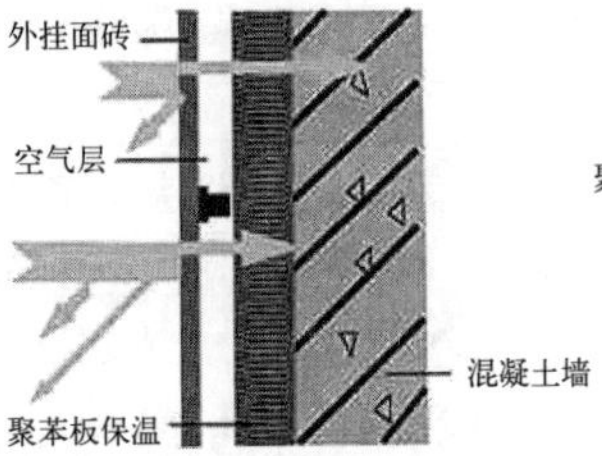

图 5–15　朗诗国际街区住宅外墙外保温示意图

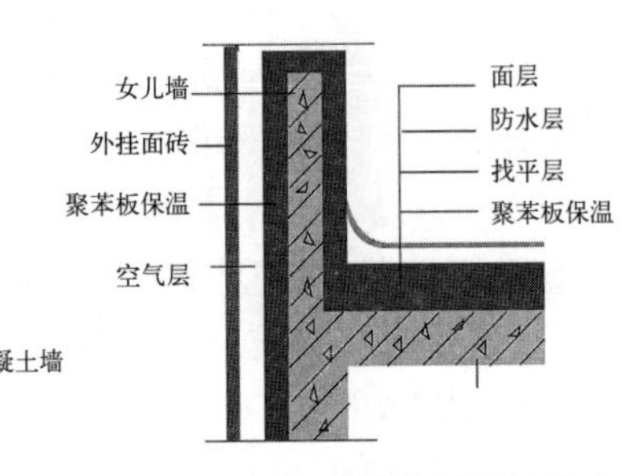

图 5–16　朗诗国际街区住宅女儿墙及屋顶保温做法

保温层的经济厚度：在保温材料确定的情况下，保温层的厚度是决定建筑保温水平的重要参数。一般随着保温层厚度的增加，围护结构的绝热性能提高，从而建筑负荷降低，采暖设备造价和采暖系统运行费用也相应降低；但同时，围护结构的建造费用也相应增加，因此，存在某一特定的保温层厚度，即经济厚度 δ_{op}（Economical thickness），使建筑物总费用（建造费用和经营费用之和）最小。保温层经济厚度的合理计算可以防止因根据经验选择保温层厚度所造成的综合效益损失，因此，研究保温层厚度的计算方法对建筑节能具有重要的现实意义。目前，计算保温层经济厚度的方法有多种，包括采暖年平均最小费用法[1]、Lagrange 乘子法[2]、生命周期耗费分析法[3][4]等。由实际情况可知，保温层经济厚度的影响因素很多，如果计算时其数学模型复杂、参数众多且不易确定，往往会造成使用不便，最

[1] 孟长再．住宅经济保温厚度的计算与分析 [J]．煤气与热力 ,1997,3: 39.

[2] 房琳，曲德林，刘福祯．空调建筑外墙和屋顶经济绝热厚度的计算 [J]．太阳能学报 ,2000,6: 71.

[3] Kemal Comakli, Bedri Yuksel. Optimum insulation thickness of external walls for energy saving [J]. Applied Thermal Engineering, 2003, 23: 473

[4] M. S. Soyleme, M. Unsal. Optimizing insulation thickness for refrigeration applications [J]. Energy Conversation & Management, 1999, 40: 13

终仍然流于经验判断。因此，应探寻比较接近客观现实，又易于计算的方法。采用生命周期耗费分析法对建筑物总耗费进行经济分析，是欧美发达国家采用较多的一种方法[1]。

对于上海、南京这样的夏热冬冷地区，计算保温层厚度不能只是单纯地考虑冬季采暖，还必须考虑夏季制冷对保温层厚度计算的影响，因为，单纯的增加保温层厚度以提高围护结构的保温性能，在非最热月或夜间气温低时不利于建筑散热，反而有可能导致年空调冷负荷增大。另外，影响保温层经济厚度的因素还有很多，比如墙体基体材料、保温材料性能及价格、空调能效、贴现系数 PWF（Present Worth Factor）等。在实际工程中，住宅外墙和屋面的保温层厚度应根据各地区的气候前提，以及各建筑物的具体条件计算得到，而不应简单地直接取用推荐值或凭经验来确定，这样才能有效地提高建筑物的综合经济性。如图 5-17 所示，以南京多层城市住宅为例，保温层厚度与总费用呈非线性关系，存在一个定值（δ 约等于 17cm）可实现建筑物总费用（建造费用和经营费用之和）最小。然而，由图 5-18 可见，保温层经济厚度随空调能效比的增大而减小，空调能效比越小，保温层经济厚度要求越大，当空调能效比较大时（大于 4），从经济上考虑，南京地区外墙保温节能就已经意义不大了[2]。

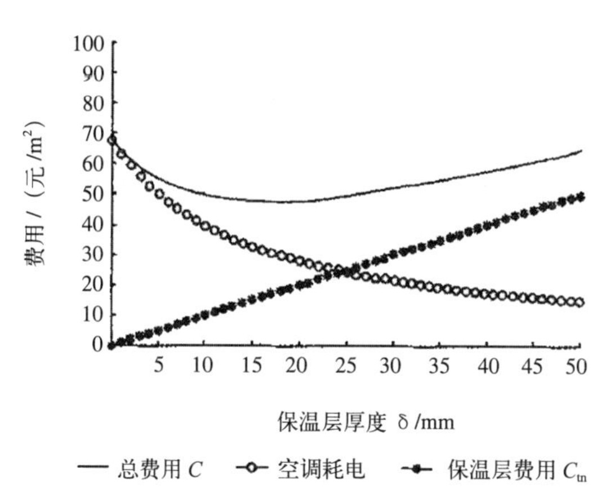

图 5–17　以南京多层城市住宅为例，保温层厚度与投资费用的关系

图片来源：徐建柳，何嘉鹏，孙伟民．南京建筑围护结构保温层经济厚度计算研究．暖通空调，2008（01）:51

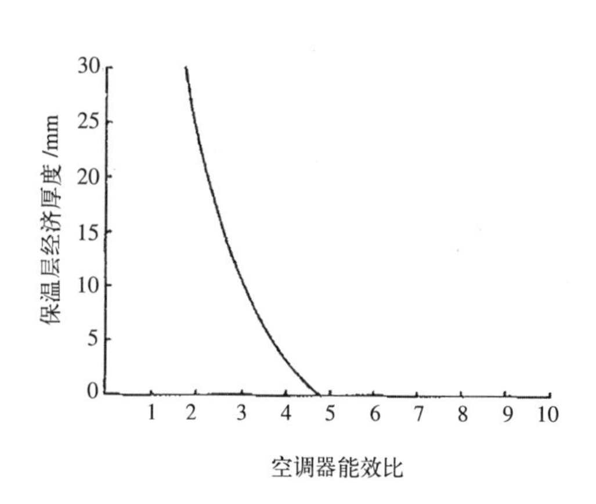

图 5–18　保温层经济厚度与空调能效比的关系

图片来源：同左

---

❶ 赵金玲，庄智，李伯军．建筑围护结构保温层经济厚度计算方法的研究 [J]．建筑热能通风空调，2005,6: 65.

❷ 徐建柳，何嘉鹏，孙伟民．南京建筑围护结构保温层经济厚度计算研究 [J]．暖通空调，2008,1:51.

保温层经济厚度是从经济学的角度来确定的，以使建筑总费用达到最小。然而，在能源紧张和环境恶化的今天，保温层厚度的选择不仅关系到能源节约问题，同时也关系到生态环保问题。如果住宅表皮的绝热性能良好（但不一定经济），从而热源的消耗减小，燃料用量随之减少，产生的污染物量也随之降低[1]，则有利于整体生态环境的保护。由此看来，保温层厚度的选取应该满足经济和环境的双重效益，在呼吁可持续发展的今天，从经济和环境两方面综合考虑保温层厚度，更为合理且意义重大。

对策建议：

1）外墙保温是住宅表皮生态化的关键，应全面强制推广实行；

2）相比其他保温方式，外墙外保温更具优势，且外保温厚度不计入容积率计算，不占用住宅建筑面积和使用面积，更值得推广；

3）选用经济合理、环保安全的保温材料。特别是当采用 B1 和 B2 级保温材料时，应按照规定设置防火隔离带，杜绝火灾隐患；另外，外保温与装饰一体化保温材料外保温与外饰面可一次性完成，减少施工工序和难度，更减少施工对环境的二次影响，值得推广；

4）特别注重保温材料施工环节的规范操作和管理；

5）内保温在外墙热桥控制上具有明显缺陷，且占用室内使用面积，可以作为辅助保温方式，配合外保温在精装修住宅中应用，提高外墙综合保温性能；

6）以外保温干挂外饰面为代表的双层皮做法具有显著而高效的生态性能，但由此增加的经济成本过多，适宜在个别高端生态科技住宅或生态示范性住宅中推广；

7）保温层并非越厚越好。保温层的经济厚度值可以通过相应的计算取得，但在夏热冬冷地区，采暖和制冷时间没有统一标准，应根据具体的气候环境和材料条件等进行计算，并综合考虑经济和环境两方面因素来决定。

5.3.2 辩证窗墙

控制住宅的体形系数和窗墙比，减少建筑外表皮面积对被动式降低住宅能耗至关重要。大面积的开窗将导致空调采暖的高能耗，但开窗面积过小又不能保证日照、采光及通风的要求，窗墙比的确定需要兼顾保温和太阳得热两方面因素，在保证室内舒适通风和采光、空间视觉舒适，以及环境舒适的前提下确定准确的开窗面积和位置。窗墙比并非越小越好，特别是在

---

[1] Martin Erlandsson. Energy and environmental consequences of an additional wall insulation of a dwelling [J]. Building and Environment, 1997, 32(2): 129.

我国夏热冬冷地区，不能以牺牲春秋两季的舒适度为前提，来换取冬夏的窗墙要求，同时还应综合考虑该地区的生活习惯和居住行为对窗墙比的需求。

欧洲发达国家在生态住宅表皮方面的研究起步较早，积累了比较成熟的经验和技术，成为我国住宅表皮生态化研究和实践主要借鉴和学习的对象。但是应该认识到，以德国为例的这些欧洲国家地处高寒地区，气候条件、经济基础和生活习惯等与我国有较大差别。冬季保温要求是其保证住宅表皮热工性能的关键，住宅建筑夏季一般没有空调制冷需求。因此，针对住宅表皮的生态技术一切以“防”为主，尽量减少窗墙比也是其中的关键之一。但在中国，特别是夏热冬冷地区，冬季气温波幅大，寒冷时间短，但强度大；夏季炎热，有制冷需求；且空气湿度大，对通风和日照采光要求高。因此，不能一味模仿北欧地区追求以“防”为主的高保温、低窗墙比的设计方法，而应该辩证地看待窗墙比的大小，“防”、“导”并重，兼顾冬季保温和夏季隔热，以及春秋两季的舒适需求。以上海嘉定的安亭新镇为例，该小区住宅采用了德国先进的生态设计手法和技术，严格控制窗墙比，住宅开窗普遍面积偏小而分散，多为德国常见的竖长条窗（图 5-19，图 5-20）。入住后住户反映采光和通风面积不够，

图 5-19　安亭新镇住宅表皮的竖长条窗（作者摄）

图 5-20　安亭新镇住宅室内采光效果（作者摄）

图 5-21　朗诗国际街区住宅窗（作者摄）

而分散式的开窗布局也不利于室内家具摆放，与上海的居住习惯产生矛盾。而朗诗地产开发的生态绿色地产项目朗诗国际街区（图 5-21），住宅表皮开窗同样采用了竖向长条小窗，分散布局，尽量减少窗墙比，这对控制住宅表皮的热损失起到了一定的作用。但是随之带来的室内房间进深大、采光和通风明显不足、住户感观品质差、户型舒适度不够，也给后期销售带来了一定的压力。因此其后期开发的住宅产品不得不改变立面设计策略，增大了客厅和卧室的采光面积，并增加了景观阳台的设计。由此可见，一味地追求减少窗地比，以减少住宅表皮的热损失，而牺牲采光和通风的有效面积，降低室内感观舒适度，并不能收获市场的接受度，也不能提高住宅室内的综合舒适度。

近年来凸窗成为我国大部分地区住宅建筑中受欢迎程度和运用比例较高的一种立面窗处理形式，由于立面效果好，增加室内有效使用空间，又不算入建筑面积，因此受到开发商和住户的追捧，成为住宅销售过程中客户寻找的卖点之一。但从节能的角度来看，凸窗的窗体面积远大于洞口面积，实际上大幅提高了窗墙比。与没有凸窗的房间相比，设有凸窗的房间室内热工环境较差，冬天更冷，夏天更热，空调在相同温度下的运行时间更长，耗费能源也更多，因此，在严寒和寒冷地区应当有所节制。《居住建筑节能设计标准》第 4.2.7 条规定：寒冷地区北向的卧室、起居室不得设置凸窗。当设置凸窗时，凸窗凸出（从外墙面至凸窗外表面）不应大于 40mm；凸窗的传热系数限值应比普通窗降低 15%；夏热冬冷地区设置凸窗时，窗的传热系数限值应比标准表中的相应值小 10%；其不透明部分（顶、底、侧面）的传热系数不应大于外墙的传热系数限值。

但是应该注意的是，凸窗的存在和广受住户欢迎有其合理性，其优点显而易见，拓宽了室内的有效使用面积，且不计入面积计算，这对高房价的现状而言具有相当的诱惑力，同时还能取得良好的空间感和景观视野，有助于改善室内空间品质，并争取到更多的阳光。缺点也是由此形成了住宅表皮热工性能上的薄弱点，在酷暑或严寒时期都成为增加热负荷和能耗的直接原因。权衡其所带来的利弊，在严寒或寒冷地区应该限制采用，但在夏热冬冷地区应当允许南向窗在改善设计和材料的前提下适当采用。由此产生的相对较多的窗面积可以通过设计和材料选用来进行改善：1）采用高性能的玻璃窗系统，如断热或铝木复合窗框，多层低温辐射玻璃、Low-E 玻璃等，提高窗系统的热工性能；2）将凸窗一侧或双侧玻璃由侧墙取代，同时做好侧墙保温处理；3）凸窗凸板可利用做空调板，以减少住宅表皮构件，充分利用表皮空间，并做好保温处理，防止冷桥，但应注意核实空调设备所需的安装尺寸；4）凸窗底板或窗下墙可结合设置隔声通风装置（图 5-22），既不影响采光，又可防止雨水渗漏；5）结合设置遮阳，防止夏季过热；6）通过特定设计（图 5-23），在凸窗内墙侧设置可收缩窗扇，冬季关闭，形成阳光区，夏季开启，但需增加一部分投资，也可提供给住户自己增建的可能。

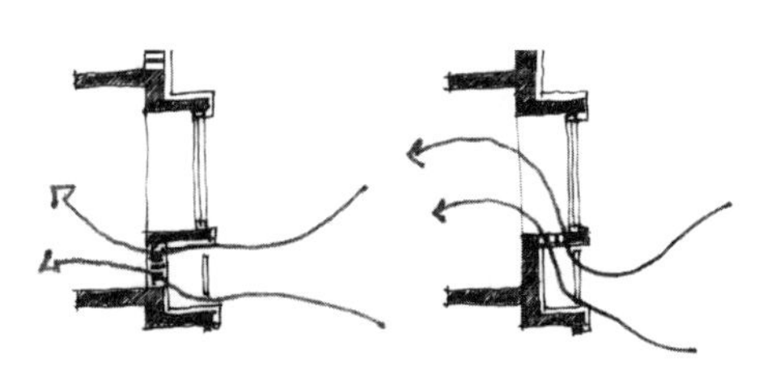

图 5-22 凸窗底板或窗下墙设隔声通风窗（作者绘）

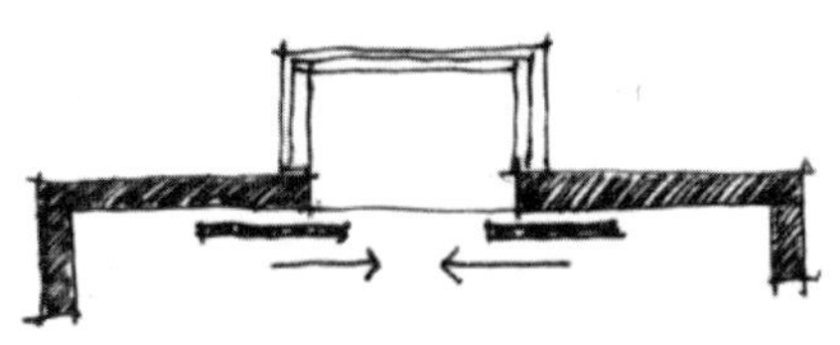

图 5-23 凸窗内墙侧设可收缩窗扇，冬季关闭可形成阳光区（作者绘）

对策建议：

1）辩证看待窗墙比的大小，特别是在夏热冬冷地区，不能以牺牲春秋两季的舒适度为前提而一味追求过低的窗墙比；

2）采用高性能的玻璃窗系统，如断热或铝木复合窗框，多层低温辐射玻璃、Low-E 玻璃等，提高窗系统的综合热工性能；

3）应做好凸窗不透明部分（顶、底、侧面）的保温处理，尽管有时通过综合节能计算可满足整体节能要求，但同时也应注意要满足最小传热系数的构造要求，这不但可以减少能量不必要的损失，同时也可以防止出现冷桥及结露而导致室内热工条件的劣化或内墙粉刷的起鼓、脱壳等问题的出现；

4）结合设置空调板，减少表皮凸出构件，合理利用空间；

5）凸窗底板或窗下墙可结合设置隔声通风装置，既不影响采光，又可防止雨水渗漏；

6）合理设置遮阳，防止夏季过热；

7）通过设计手段改变凸窗的使用空间，改善室内热环境。

5.3.3 强推遮阳

外遮阳是降低日照辐射的最主要手段，也是一种经济有效的节能方式。外遮阳所获得的节能收益可达 10%~24%，而用于遮阳的建筑投资则不足 2%。外遮阳与外门窗结合，是住宅表皮的重要组成部分，对于提高室内热舒适和视觉舒适影响重大，对降低夏季制冷能耗的贡献十分显著，其潜在的市场空间和发展前景十分可观。作为一款环保节能产品，外遮阳产品在欧洲被普遍采用，几乎有窗必有外遮阳，即使在日照不充足的国家和地区外遮阳也获得了广泛使用。具有保温节能、隔声防噪、坚固防盗、通风透气又兼顾私密性、耐气候、使用环保材料，操作方便等优点，并有多种色彩、材料和调节方式可供选择，成为活跃住宅表皮的设计元素之一。实际上，外遮阳是最经济、有效、实用的创造舒适环境，节约能源的产品，也是丰富住宅表皮形式的建筑手段。

在国内，由于之前很长一段时间对建筑节能和遮阳考虑较少，住宅墙体和外门窗热工性能差，外遮阳的生态和能效价值未获重视；再加上不管何种形式的外遮阳设施都需要额外的经济投入，开发商在控制造价的前提下多不重视，造成外遮阳在国内住宅建筑中的推广运用严重滞后，出现“叫好不叫座”的现状。另外，合理、有效、美观的遮阳系统与住宅建筑设计有机结合也严重不足。随着科学技术的发展和人民生活水平的不断提高，我国采暖和空调的使用越来越多。冬季采暖从北方地区正在向夏热冬冷地区推进；夏季空调制冷从南方地区也在不断向北方甚至严寒地区发展。因此，建筑能耗也在不断增长。能耗增长的同时，对空气污染和环境破坏已经从另一方面制约了我国经济发展的步伐。采用外遮阳设施，在维护室内舒适度的同时，还降低了冬季采暖和夏季空调制冷的能耗，在北方夏季，甚至可以少用或不用空调制冷；在南方冬季，甚至还可以少用或不用空调采暖，对于减低建筑能耗的确是一举多得的措施。目前我国住宅遮阳状况并不理想，但是随着国家住宅节能实践的推广，以及相关强制性节能法规的出台，外遮阳必将获得巨大的发展潜力。

外遮阳是非高成本、非高科技的低碳技术，也是最有效的遮阳设施，它直接将 80% 的太阳辐射热量遮挡于室外，与优质的外窗配合，能够阻挡住绝大部分阳光的热辐射，提高住宅表皮热功性能，可以有效降低空调负荷，节约能量。因此，夏季阻断这一热源是住宅防热的重点。与内遮阳相比，制冷能耗可降低 80%~90%；当外窗综合遮阳系数从 0.9 降低到 0.3 时，该建筑制冷能耗可降低 30%。结合建筑形式，在南向及西向安装一定形式的可调外遮阳，随使用情况进行调节，这样既能满足夏季遮阳的要求，又不影响采光及冬季日照要求，是更加合理、高效的遮阳方式。受投资所限，即便只是安装固定外遮阳也能达到一定的节能效果。

当然，外遮阳只是建筑遮阳的手段之一，应提倡多种遮阳技术措施并举，如双层窗之间设遮阳卷帘，中空玻璃内置遮阳等，前者可用于既有住宅改造的表皮，后者则是新技术的应用推广，这些技术同时还保证了安全。鉴于我国城市住宅以高层或超高层居多的情况，从安全的角度出发，可以采用中间遮阳的形式，即双层中空玻璃内置遮阳百叶，或在中空玻璃内侧玻璃朝向室外一侧加贴 Low-E 层，或直接使用 Low-E 玻璃，避免外设遮阳设施以及清洁围护的麻烦，安全整洁，具有一定的优越性，再配合窗帘等内遮阳的设置，提高综合遮阳性能。

目前国内生态住宅示范实践中采用较多的是铝合金电动外遮阳卷帘。可遮挡太阳辐射热，防止夏季过多热量进入室内，同时，其私密性、安全性也得到了大大提高，可以替代用户出于安全考虑自行加装的防护栏。同时，利用完全闭合、安装于玻璃窗外部的卷帘窗还可以大大提高窗户的隔声效果。经研究人员鉴定，使用闭合卷帘窗能降低 18dB 的噪声，如果与保温玻璃（4/12/4mm）组合在一起使用，可以获得 37dB 的综合隔声效果[1]。卷帘窗在关闭状态下，可以保护玻璃窗不被外来物（砖块、球类等）击坏，并具有在一定程度上阻止小偷的入侵。同时完全改变了传统铁栅栏将人与自然间隔离的弊端。关闭的卷帘窗可替代窗帘用于遮挡来自室外视线，提供良好的私密性。卷帘窗落下时，可根据需要留出一排排的透气孔，保证室内外的空气流通。由于针孔效应，可以挡住室外对室内的窥视，同时室内可以观察到室外的动态。例如上海安亭新镇住宅全都采用了金属电动卷帘、聚酯塑胶等外遮阳设施。南京朗诗国际街区住宅外遮阳系统采用铝合金卷帘（图 5-24，图 5-25），帘片为铝制中空滚压型材，中间填充聚氨酯绝热发泡材料，多孔卷帘板可阻挡 80% 的太阳辐射，并可任意调节室内光线，安全性增强。遮阳产品的操作方式分为电动和手动，在我国的大量性住宅中宜选择手动控制方式，有利于控制成本，也减少电动装置的后期检修和维护。

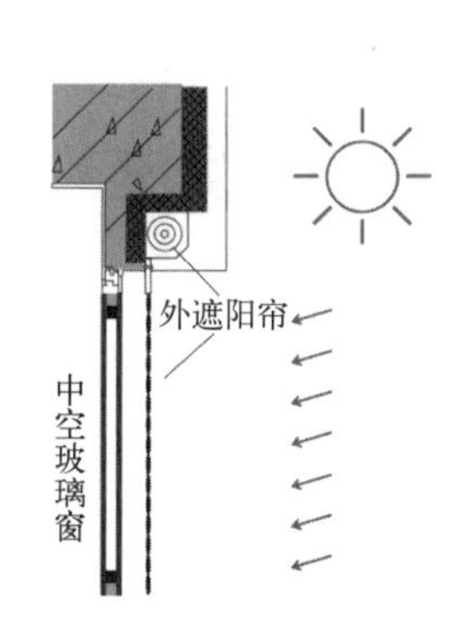

图 5–24　南京朗诗国际街区外遮阳做法（朗诗地产提供）

图 5–25　外遮阳卷帘的不同开闭状态，可以根据需要对室内光线进行控制（朗诗地产提供）

对策建议：

1）通过规范和政策引导，在住宅建筑中强制推广采用外遮阳；

---

[1] 望瑞门节能手册．望瑞门遮阳系统设备（上海）有限公司提供．

2）在设计环节，住宅项目应综合考虑外遮阳的构造和立面设计的协调，加强外遮阳与门窗系统的一体化设计；

3）可调节式外遮阳、固定外遮阳、夹层遮阳、Low-E玻璃自遮阳，以及窗帘内遮阳等多种遮阳方式结合设置，提高综合遮阳性能，以降低经济成本，减少能耗；

4）在大量性住宅中易选择手动控制方式，有利于控制成本，也减少电动装置的后期检修和维护；

5）兼顾考虑遮阳、隔声、通风、防盗等多种功能，一举多得，避免重复功能设备的投入浪费和立面的杂乱无章；

6）将外遮阳作为立面的形式要素之一加以利用表达，通过材料、色彩和开启方式等的选择，实现住宅表皮形式的多样化和个性化，强调其能源价值的同时，重视其文化和美学价值。

5.3.4 自然通风

通风是使室内外空气进行有效交换，实现降温、除湿、保持室内空气新鲜的必要手段。人类呼吸是持续的，每人每小时需要约30m^3的新鲜空气，但是外墙保温技术和密封窗技术的提高使得房屋俨然成了高气密性的容器，室外的新鲜空气进入不到室内，室内的烟雾、湿气、气味都被封锁在屋子里，通风的关键即是如何保证密闭性强的房间内人的正常呼吸。方法有两种：1）开窗。优点，经济、节能；缺点，空气质量无法保证，尤其是在污染严重、噪音众多、冬季采暖和夏季制冷设备开启时难以保证。2）关窗＋新风系统。优点，解决开窗的所有弊端，确保持续自然新风；缺点，初期设备投入高，后期设备管理维护和运营需要增加额外的能源和经济消耗。

通过住宅建筑及其表皮的合理设计，实现自然通风，无论是通风效果、舒适性，还是节能方面，都远优于机械通风。通风口设计是实现有效自然通风的关键之一，采用可调节的自然通风口可以有效克服无组织通风带来的弊端，是今后自然通风发展的方向。可调节自然通风技术在欧洲受到青睐。首先，欧洲气候夏季温差较大，因此靠近地面处空气温度低，形成较强的热压，可以带走室内热量，发挥热压作用；第二，空气质量好，能够满足室内新鲜空气的需求。而在中国大部分人口密集的城市，这两个条件都不具备，加上室外空气污染日趋严重，造成多数气候条件不适宜自然通风，通过开窗从室外直接引入新风来改善室内空气品质的效果显而易见。因此，具有空气置换净化处理的新风系统近年在国内高端生态示范住宅中被广泛采用。而在冬季采暖期，由于通风换气所引起的热量损失可达一半以上，因此，在严寒或寒冷地区可适当采用带有热量回收的通风方式，对于冬季节能有很好的效果。热量回收技术是一门新兴的技术，有利于重复利用能量，减少热损失，但初期设备投入较高，且依赖于住宅开发外的技术突破，与住宅开发本身关联度较弱，所以不太引起开发商的重视。

目前，欧洲采用的住宅动力通风系统主要有两种。一种是门窗 + 厨卫排风扇的通风系统，造价便宜，安装简单；缺点是噪声干扰，通风效果不够理想。另一种是外墙进风设备 + 卫生间出风口 + 屋顶排风扇的通风系统。在过滤空气、降低噪声的同时，科学合理地保证了室内通风量，排出卫生间潮湿污浊空气，噪声干扰小。我国常用的传统空调新风系统在冬夏两季，由于室内外温度差异很大，因此，并不能够将室外新鲜空气全部换到室内，一般只能置换 20% 左右。污浊空气在室内频繁循环，容易引起令人头昏脑涨的"空调病"。所以，更多的家庭仍主要采用开窗通风的方式。

近年来，国内一些高端生态节能示范住宅多采用置换式通风系统（图 5-26），这是源于北欧的一种新型的通风方式。经过调湿、净化处理后的新风采用下送风，顶回风的送风方式。由于设计的送风温度低，风速也低，因此送入的新风密度大而沉积在房间的底部（人体的活动区域），形成"新风湖"（图 5-27），当遇到人员、设备等热源时，新鲜空气被加热上升，形成热羽流作为室内空气流动的主导气流，从而将热量和污染物等带至房间上部，由上部的排风口排出室外。可使人员停留区具有较高的空气品质、热舒适性和通风效率，同时也可以节约建筑能耗。置换式通风系统的优点：1）人员停留的区域空气品质好；2）由于低速低紊流送风，热舒适性好；3）室内空气不循环使用，不混合；4）新风量可减少 10% ~ 40%；5）节能环保。例如南京锋尚国际公寓就采用了这种置换式新风系统（如图 5-28）。运用新型的溶液除湿技术，让常年多湿的南京地区能够以非常低廉的成本达到适宜的湿度要求，相比较空调系统，可节省 50% 的除湿成本。房间内地板上设有送风口，卫生间设回风口，各房间通过门楣上方预留的消音通风口以平衡和保证各房间的风量。新风送入室内前经过净化、调节湿度、预热（冷），可以使室内空气品质得到提升，并且能带走室内家具装修等散发出来的有害物质，保障人们的健康。该系统优于传统新风系统，利用热气流上升、冷空气下沉的物理原理，控制下送风口出风口温度低于室内温度 2~3℃，可在室内地面上形成一层经过过滤除尘、加湿除湿、适宜人体的新鲜空气。由于人体体温高于室内空气温度，因此，只需要少量的低温新鲜空气就能将人体包围，房间内大量空间不需要置换新鲜空气，从而即提高了居住舒适度，又节约了大量能源。

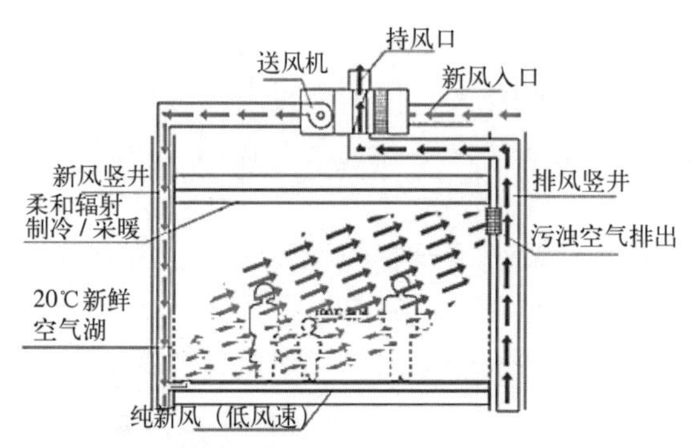

图 5–26　置换式新风系统（朗诗地产提供）

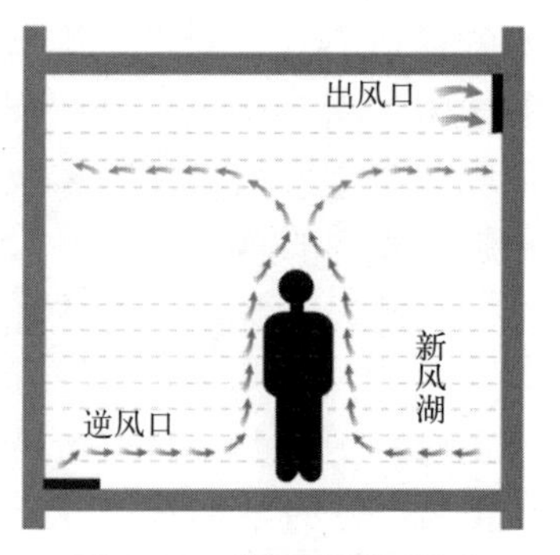

图 5–27　“新风湖”形成（朗诗地产提供）

南京朗诗国际街区住宅也同样采取了 24 小时持续置换新风系统（图 5-29）。在卧室、客厅的墙角地面分布新风系统的进出风口，经过除尘、温度和湿度处理的新鲜空气由此送入，并以略低于室温的温度，并小于 0.3m/s 的速度，从地面踢脚或窗下送出。由于送风层温度低，密度较大，新风会沿着整个地板面蔓延开来，形成“新风湖”，通过人体和室内各种热源加热，密度降低，连同人口中呼出的废气一起缓慢上升，最终从分布在厨房、卫生间上方的出风口有组织排出。同时，置换新风系统由独立的送风系统和独立的排放系统组成，两者互不混合，不会传播空气疾病；同时保持室内恒氧、恒湿，使得空气质量维持在国家一级标准；无噪声、无吹风感，新风置换频率高，大约每两个小时就可实现一次空气循环。

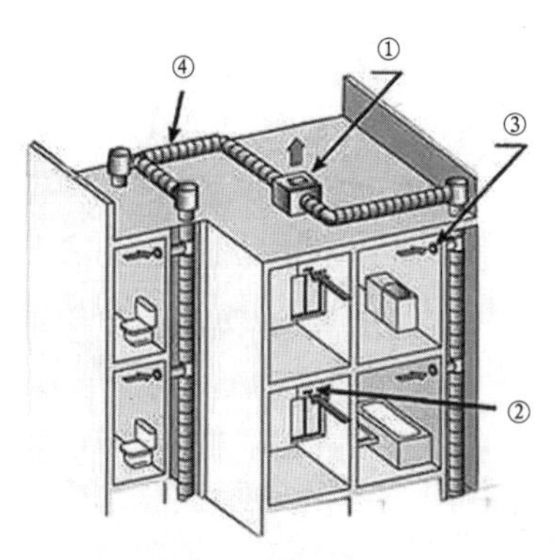

①中央出风口；②进风调节口；③分出风口；④系统管道

图 5–28　新风系统示意图（南京锋尚房地产开发有限公司提供）

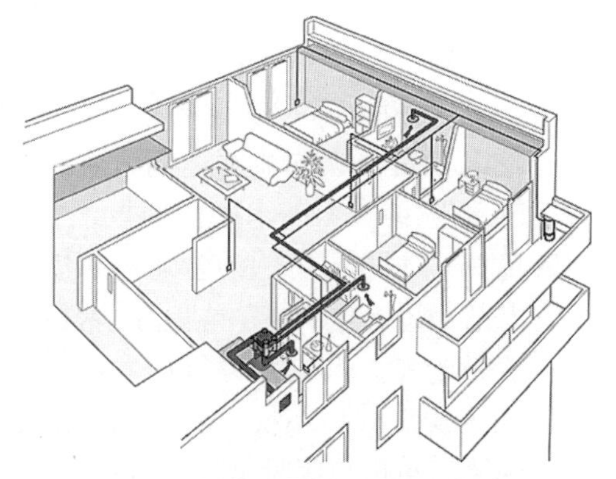

图 5–29　南京朗诗国际街区住宅 24 小时置换式新风系统（朗诗地产提供）

置换式新风和热回收系统可使业主不需要开窗通风，同样可以24小时呼吸到室外新鲜的空气。但是，这一系统在使用过程中也存在一些问题。江南居民在室外气候条件允许的条件下，有长时间开窗通风的居住习惯，所以，尽管住宅配有24小时的新风系统，仍有住户出于心理需求选择开窗通风。这将大大降低设备的运行效率，增加设备能耗，同时也不能保证其使用效果。另外，客户无法自行调节室内温度和新风系统的进出风量，在同一温度湿度条件下，客户的个体感知是有差异的，因此经常导致因客户无法自行调节室内温度而产生投诉。由于设备初期投入较大，后期维护管理和运营还需要持续投入，成本回收期较长，在住宅建筑中，使用效率并不高，没有显著的经济优势，因此，可在个别高端或生态节能示范性住宅中使用。置换式新风系统对空气的过滤等有明显的效果，但是对于PM2.5这类比较细小的空气污染物，其效果还有待进一步验证。在污染日益严重，室外空气质量日渐恶化的今天，将会引起更多的关注，具有推广价值。但值得注意的是，利用设备系统来对抗自然改善居住条件并不是一条可持续的道路，只有通过保护环境、减少污染，改善人类居住的自然环境才是健康、舒适生活的根本。

对策建议：

1）鼓励低碳、节能的居住方式，在室外气候环境条件适宜的情况下，尽可能采取开窗通风的方式；

2）夏热冬冷地区住宅建筑鼓励采用分散式空调方式，即分散供热、制冷技术，而不是中央空调系统，为部分空间、部分时段间歇使用提供可能；

3）通过住宅建筑及其表皮的合理设计，实现自然通风，无论是通风效果、舒适性，还是节能方面，都远优于机械通风。通风口设计是实现有效自然通风的关键之一，采用可调节的自然通风口可以有效克服无组织通风带来的弊端；

4）严寒或寒冷地区可采取带热回收的通风设备，节约能源，减少热损失；

5）针对夏热冬冷及高房价区域，或室外空气污染严重的城市，科技节能住宅产品在当地能凸显优势的区域，可试点推广采用置换式新风系统。

5.3.5 能源利用

充分考虑技术的可行性是当前生态住宅开发的一大守则。太阳能是一种优质的可再生能源，但利用得不合理，不仅不能起到生态节能的作用，还有可能造成全生命周期环境负面影响的增加，生态效果适得其反。根据目前我国的太阳能技术利用现状，利用太阳能采暖（制冷）、发电的光伏技术，在大量性的住宅产品中仍不具备大面积推广的经济性。以太阳能光伏发电为例，还存在效率低、价格高、生产硅晶片耗能高、污染大等问题。相对而言，我国的太阳能光热技术已经十分成熟。据统计，我国 1.6 亿 m^2 的太阳能热水器的推广面积和保有量都装在了建筑表皮上，建筑表皮承载太阳能大有可为。我国目前城镇平均每户热水用能仅为 80~130kW• h/a，与日本的 1404kW• h/a 相比，相差 10 倍。生活热水能耗人均值是美国的 1/5，日本的 1/4；而中国的太阳能热水器家庭拥有率为 7.8%，是世界之最[1]。目前我国城镇的热水供应率接近七成，随着城镇居民生活水平的提高，热水供应率将大幅提升。这将使我国城镇的建筑能耗提升 10%。而据乐观估计，太阳能热水可抵充 15% 的建筑能耗。

太阳能光电利用技术在我国虽然尚不成熟，也不经济，但它符合清洁能源的应用发展趋势。在国内的应用仅处于示范实验阶段。太阳能电池分为单晶硅、多晶硅、非晶硅，使用寿命可达 20 年，光电转换率为 8%~14%。采用常规方式发电，1kW• h 电的成本几毛钱，而采用太阳能发电的成本是 3~5 元。目前国内光伏系统造价高达 6~7 万元 /kW_p，发电成本达 3.5~4.0 元 /（kW• h），约为煤电的 10 倍。一方面光电转换率不高，另一方面成本却居高不下成为阳能电池发展的制约。但随着太阳能技术的提高，以及太阳能电池应用的增加，生态成本会大幅度降低。

太阳能光伏发电是发展前景广阔的太阳能利用途径，在住宅表皮上安装太阳能光伏发电板在国内外都已成为一种节能标志甚至时尚，并往往可以作为示范工程获得政府的政策优惠和高额补贴。因此，部分城市大力推广建筑的太阳能光电应用。但其实住宅表皮的光电应用在我国短期内仍然存在许多无法解决的问题。由于其高昂的发电成本，目前并不适用在已有常规电源，建筑密度很高的城市推广。由于住宅南向墙面上的太阳辐射量仅为平屋顶的 50%，东西向墙面则更低，北向几乎没有有效的直射辐射。加之高密度城区建筑物间的相互遮挡，使得住宅表皮的平均光电转换效率不高。另外，太阳能光伏板产生的电能是一种不稳定的直流电，必须通过一系列复杂的设备处理后才能并入电网使用，其发电效率、上网电流和维护管理都还存在许多问题。部分住宅项目为了争取国家补贴，或为项目镀上一层节能环保的绿色标签，而投入大量的资金，消耗各种物资，其替代常规能源而达到的效果却十分有效。因此，当前阶段并不适于在城市住宅表皮中大范围推广运用。而太阳能采暖（制冷）空调技术在我国还出于示范研究阶段，其成本是普通空调的 10~50 倍，还无法实现商品化，故暂不适于在大量型住宅建筑中推广运用。

---

[1] 丁国华 主编．太阳能建筑一体化研究、应用及实例 [M]．建设部科技发展促进中心．北京：中国建筑工业出版社，2007.

太阳能热水器是直接利用太阳能的最佳途径，而稳定的热水供应已经日益成为广大居民的基本生活需求。太阳能热水系统是成熟可靠的技术，市场化程度高，应用广，发展快的可再生能源技术。可部分替代燃煤、燃气和电热水系统。在低、多层住宅中是经济可行的，可替代住宅用能总量的 10% 以上。2008 年，我国太阳能热水器保有量已达 1.25 亿 m^2（集热面积）。太阳能热水器的安装占全球的 77%。户用太阳能热水器平均集热面积约 $2.2m^2$。运行成本低，$1m^2$ 的太阳能集热器每年可节能 120kgce，减排 $CO_2$280kg，$SO_2$2kg[1]。适于在低层、多层住宅，甚至高层住宅的高区位置中积极推广运用。并应与建筑进行一体化设计，保证其安装的安全、美观和高效。一体化设计的原则是：充分利用太阳能的节能性，提供稳定热水供应的可靠性；统筹安排建筑、设备、部件安装和接口的适应性；保证使用的安全性和维修的方便性等。

事实上，太阳能光热利用同样可以获得政府的政策支持和奖励。2010 年，北京启动“金色阳光”工程，至 2012 年 12 月 31 日前，商品房中应用的前 100 万 m^2 太阳能集热器面积，按照每平方米 200 元的标准予以补贴；对采用太阳能采暖系统的农村住宅，按照 30% 改造成本给予补贴等[2]。江苏省建筑节能示范项目、高层建筑太阳能一体化关键技术示范项目——云林苑小区中 3 幢 18 层高层住宅表皮采用了新型热泵式太阳能热水系统。该系统由于采用热泵运行模式，可以在太阳光照弱，甚至没有光照时，通过热泵系统把原来所不能利用的低品质太阳能热提升为高品质热能，即以太阳能为主，空气能作为有效补充，达到有光照条件下充分获取太阳能热能。这就从根本上解决了太阳能实际应用中遇到的“三角”（纬度角、朝向角、遮挡角）的应用瓶颈问题。实现了太阳能和空气能的双能利用，全年全天候为住宅供给热水。室外双能平板集热器部分超薄设计厚度仅有 8cm，根据建筑外立面美观需求，采用零角度垂直安装，可替代空调飘板构件，最大限度地实现与建筑整体的融合，真正实现太阳能与建筑一体化。普通的太阳能热水系统因各种因素难以做到整个小区全部安装，只能选择有限的有安装条件的用户进行安装使用，但还是无法保证全年全天候热水供给的使用要求。采用这种系统可以实现在整个小区内的无限制全住户安装，不受户型、建筑前后遮挡、朝向角度等因素的制约。因此，是一项特别适合在夏热冬冷地区，太阳光照条件不理想的地区推广的再生能源利用技术。

---

[1] 涂逢祥 等．坚持中国特色建筑节能发展道路．北京：中国建筑工业出版社，2010:81

[2] 清华大学建筑节能研究中心．中国建筑节能年度发展研究报告 2012. 北京：中国建筑工业出版社，2012: 32

对策建议：

1）太阳能光电系统在我国由于技术尚不成熟，产品污染大、效率低，并网技术还不完善，不适于在目前阶段的城市住宅表皮中大范围推广运用，可在个别示范实验项目中采用；

2）太阳能光热系统技术和产品成熟度高，市场化程度高，适于在低层、多层住宅，甚至高层住宅的高区位置中积极推广运用；

3）通过技术集成，综合集成多项能源利用技术，优势互补，提高各种气候条件下的能源利用效率；

4）应注重太阳能构件与建筑的一体化设计，充分发挥其生态和美学效益，保证其安装的安全、美观和高效；

5）通过后期监管核实，从政策角度对高效采用新能源的项目进行税收和能源价格等多方面奖励，鼓励新能源的推广和普及。

5.3.6 运营管理

目前，伴随着我国生态意识的提高，以及国家对建筑节能要求的不断提高，住宅表皮的生态化设计日益受到重视，但却普遍存在重设计而轻运营的现象。高质量、高能效的生态设计如果没有后期正确的维护使用和运营管理做保障，就无法实现整个系统的高效运营，使得最终生态和能源效益大打折扣。比如某生态节能示范住宅采用了高效的新风系统和能源供给系统，由于整体入住率不高，加上住户使用不当，造成实际运营的低能效和高价格。再比如许多新建高层住宅，表皮很快便被各色各样的封闭阳台、违规搭建、晾晒衣架以及防护围栏等搞得面目全非。乱挂空调机更是习以为常，锈迹斑斑的墙面成为视觉污染，潜在的坠落危险尤其在狂风大作的日子严重威胁着行人。这些基本问题都与住宅物业管理的缺失息息相关。另外，由于物业监管有限，出于安全性的考虑，住户也存在自行安装防护、防盗设施的行为。就算是普利茨克奖获得者王澍设计的钱江时代垂直院宅高层住宅也无法避免由于客户安全感的缺失而自行增建防护围栏，破坏住宅整体立面的情况发生（图 5-30, 图 5-31）。再比如由于长三角地区空气湿度大，特别是黄梅天，家中衣被易潮湿，长期以来该地区的居民有晾晒衣被的生活习惯。因此，许多新建高端住宅也常见阳台外增设晾晒衣架晾晒衣被的情况（图 5-32），破坏建筑立面和城市形象。但是也不能因此就批评、禁止这种居住行为，因为相对使用带有烘干功能的设备而言，这是一种低碳、节能、环保的居住习惯。应在尊重这种生活方式的前提下，从设计和管理出发，统一安装遮挡围栏（图 5-33），既不破坏住宅立面和城市景观，又可合理利用阳光，满足居住需要，低碳环保。

图 5-30　王澍设计的杭州钱江时代垂直院宅高层住宅（作者摄）

图 5-31　住户自行增建的防护栏杆（田野摄）

图 5-32　上海虹口区同丰路某住宅阳台外晾晒的衣物（作者摄）

图 5-33　上海黄浦区南车站路某住宅阳台外统一设置的遮挡晾晒衣物的金属围栏（作者摄）

因此，住宅表皮的生态化设计技术应简单、易操作，并符合当地居民的居住习惯；还应加强住宅入住后期的物业管理和设备维护工作，提高设备运行效率；合理规范和引导节能环保的居住行为；科学合理制定后期物业管理和能源费用和计量方式，实现住户的经济和能源利益最大化。

另一个比较普遍的问题是居民的自主二次装修行为对住宅表皮形式与功能的破坏。虽然国务院 1999 年国办发 72 号文，就明确要求推广一次性装修或者菜单式装修。但由于开发企业不积极，消费者认同度不高，尤其是对住宅产品装修质量不放心。到 2008 年再次出台《关于进一步加强住宅装饰装修管理的通知》，要求逐步取消毛坯房。历经 10 年，毛坯房（或简装房）在我国的住宅产品中所占比重却依然很大，土建装修一体化率不到 10%，需要进行二次装修才能满足居住使用要求，由此带来的浪费是惊人而无法避免的。导致这一普遍现象的主要原因是，国家制定的交房条件无法适应当前大部分居民的入住要求。为了应付交房时的验收而粗质粉刷的墙地面，配置的简陋洗手盆、坐便器，阳台或窗户的护栏等，通常会在居民自主二次装修时被全部敲掉，造成人力、物力、财力的巨大浪费。另一方面，设计人员对居住使用细节考虑不周，带来居住生活的使用不便，住宅后期物业管理的不善、安保工作的缺失等，也会对居住的安全性带来隐患。低层区域住户出于安全考虑，常常会自行增建花样繁多的防护栏、防盗窗，破坏建筑立面统一的同时，也会对外保温系统带来一定程度的破坏。

据调查测算，全国每年因为住户装修敲砸墙洞造成的浪费就高达近3000亿元人民币。2009年，我国城镇竣工住宅面积约为7.88亿m^2。如果按照平均每户105m^2，其中90%需进行二次装修计算，将有近675万户居民进行自主二次装修。平均每户大约产生建筑垃圾1.5~2t，总计约产生建筑垃圾1000万~1350万t，浪费了大量的资源和能源。以建筑垃圾主要由水泥组成测算，将浪费水泥生产能源280多万tce和吨标准，增加CO_2排放720多万t。[1]同时，家庭装修产生的噪声扰民、劣质装修材料带来的环境污染，以及随意变更房屋结构或更改管线造成的安全隐患等问题突出。2009年国家住宅工程中心对2万多人的居住实态进行了调查，发现在家庭装修中对水和电气管线进行拆改的分别占41%和44%，对房屋墙体进行拆改的占28.8%，对卫生间拆改的占41%[2]。2011年北京商品房住宅销售面积成交量在900万m^2左右。就算其中只有一半是毛坯房，产生的装修垃圾就可达450万袋[3]。浪费人力、材料和资源的同时，清运和处理这些建筑垃圾也给城市和环境带来巨大的压力。

其中针对住宅表皮的增建、破坏和拆改更将会直接影响表皮的热工性能。一方面，毛胚房限制了墙体内保温的应用，因为居民的二次装修行为必然会对室内墙体的保温层造成极大的破坏，从而影响墙体整体的保温隔热性能。另一方面，住户对室外门窗、阳台的拆改、空调以及通风孔洞的钻凿，还有出于安全考虑增设的防护栏等，不但会破坏立面的统一，更会损坏墙体外保温系统的完整性，增大门窗的渗透可能性，同时易在住宅表皮形成热桥，造成附加的热损失，还会对住宅表皮整体形象造成极大的破坏。如图5-34所示，上海松江某新建6层住宅其中某个单元的住宅立面，原有设计空调及厨房抽油烟机通风口洞12个，由于设计位置与大小与二次装修的矛盾，新增孔洞9个；并有两户居民擅自更换并扩大卫生间开窗，对住宅表皮在功能和形式上都造成了巨大的破坏。这一方面反映了居民对设计合理性的质疑，另一方面也反映了后期运营监管的松懈和缺失。

---

[1] 刘志峰. 推进住宅产业现代化，走低碳发展之路[C]. // 中国房地产研究会、中国房地产业协会. 第二届中国房地产科学发展论坛. 出版地：出版者，2010: 析出文献页码.

[2] 同上

[3] 主要责任人. 谁“制造”了装修垃圾？[N]. 北京日报，2011-12-12（版）.

(a)

(b)

(c)

注：○设计孔洞；○装修增加孔洞；□扩大开窗面积

图 5-34 上海松江某新建住宅小区居民二次装修对住宅表皮的影响（By Bernd Seegers）

因此，通过政策引导，全面推行全装修（或精装修住宅）势在必行。需要强调的是全装修住宅并不只是简单的毛坯房加装修，而是将住宅装修与土建安装进行一体化设计、一体化施工。土建装修一体化具有鲜明的产业化特征，推行住宅土建装修一体化有利于资源节约和环境保护；有利于降低装修和居住成本；有利于减少住宅表皮的热桥及渗透性，保证墙体保温隔热系统的完整和高效；有利于提高工程质量、消除安全隐患；有利于高品质、节能环保型住宅的推广应用，并且有利于将整个住宅产业引向集约化生产的轨道。当然，住户入住后的物业和运营管理也必须同步提高。

对策建议：

1）从政策出发，强制推行住宅土建装修一体化，并加强材料和施工质量的统一监管，确保材料和施工绿色环保、质量达标，有利于资源节约和环境保护；

2）对住户入住后的居住行为要有预见性，尊重传统低碳环保的生活习惯，合理规范和引导节能环保的居住行为；

3）加强住宅入住后期的物业管理和设备维护工作，提高设备运行效率；

4）科学合理制定后期物业管理和能源费用和计量方式，实现住户的经济和能源利益最大化；

5）在确保居住舒适、安全的前提下，制定严格合理的后期运营监管细则，防止后期居住行为对住宅表皮功能和形式的破坏；

6）通过有针对性、目的性的教育和宣传，提高公民的环保意识和维护公共利益的意识。

5.4 对当代中国生态住宅表皮形式的一些思考

随着生态观念在建筑行业的不断强化引入，使得住宅表皮从功能到形式都不可避免地受到潜移默化的影响。生态成为建筑形式语言的一个重要题材，拓展了住宅表皮新的发展空间。在高密度城市背景下，对于我国目前大量性城市住宅常见的以多层、小高层和高层为主的住宅建筑来说，生态观念对未来中国城市住宅表皮形式的影响可以体现在以下六个方面：

1）封闭阳台大势所趋，可形成缓冲区，放大的双层皮效果

近几年来，城市住宅开放式阳台被居民自行改建成封闭式阳台已经成为十分普遍的现象。新建住宅在功能分区和面积分配上已更加适合现代人的生活模式，住宅如何更好地利用自然能源以实现人和自然的共生，已经受到足够的重视。阳台空间是住宅中的一个比较特殊的部位，也是最富有自然情趣的场所。利用它来改善居室的生活品质，创造人与自然和谐的环境，达到节约能源的目的，是每一个居住者都应关注的问题。由来已久的"封阳台"问题在此方面尤其值得研究和探讨。封闭式阳台作为一种阳台形式，更多的是居民的自行改建和设计行为，改建意图不尽相同，建成后的效果也有很大的差异，涉及建筑使用功能、结构、美观、节能等问题。从理论上讲，无论是在使用方面还是在改善室内热环境方面，封闭阳台均能带来较大的益处。冬季，阳台封闭后室内温度有所提高。夏季，在使用恰当和通风条件良好的情况下，室内热环境也比较满意，还可利用阳台与室内温度不同产生的热压作用来加强通风。总结起来封闭式阳台有如下优点：(1) 可以减少外界的粉尘和噪声对室内空间的污染；(2) 可以扩大室内居住使用空间；(3) 在被动式节能方面，可以通过阳台空间的"中介效应"和阳光房作用，产生很好的空间效果和生态效应。

封闭式阳台也同样存在一些问题，如果改建或使用不当，不但不利于其发挥被动式生态节能的作用，还有可能成为住宅表皮的薄弱部位。比如有些住宅的阳台封闭，固定扇多，可开启扇少，造成阳台内通风条件较差，影响室内热环境；有的阳台封闭作为储藏间使用，改变了阳台的荷载，存在安全隐患；还有的阳台封闭后，住户将原有阳台门窗及墙体拆除，使之与身后的房间连通成为一体，反而成为外墙热工薄弱的环节。经住户简单封闭的阳台，并不足以称得上为阳光房，因为居民多没有正确的使用常识，而目前很多无框阳台玻璃不严实，窗扇间缝隙过大，夜间普遍没有保温措施，甚至窗扇大开，使白天收集到的大部分太阳辐射热在夜间很快散失掉，达不到阳光房所应有的被动太阳能效益。若结合居民的自建改造行为，在技术上给以恰当的指导，使阳台窗构造适合太阳能阳光房的特殊要求，使

阳台的节能改造工作科学化、规范化，改善阳台内房间热环境质量，无疑是一种行之有效的途径。

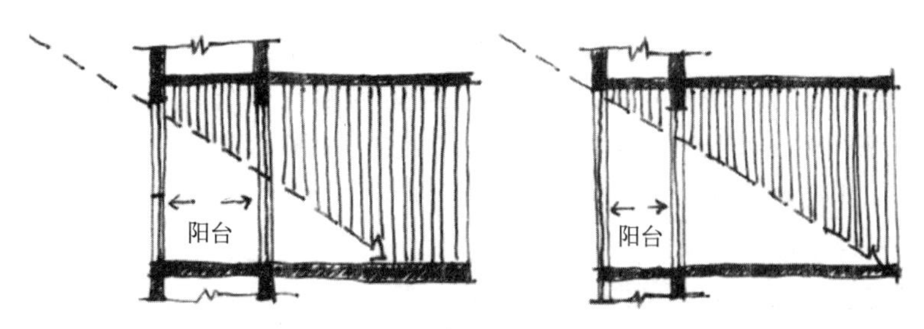

图 5-35　缩短阳台的出挑宽度，及取消阳台端部封梁对室内日照的影响（作者绘）

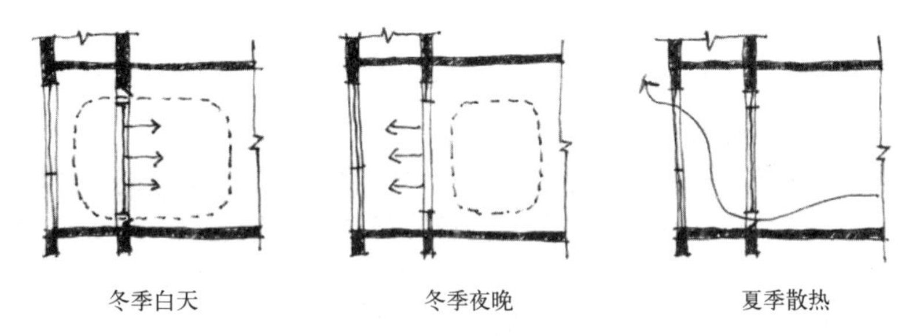

图 5-36　阳台内侧墙的上下各留可开启的通风换气扇。冬季白天，上下通风窗同时开启，利用温室效益将阳台受热空气导入室内；夜晚关闭，防止热散失。夏季开启底部通风扇，通过烟囱效应导出室内热空气（作者绘）

既然封闭式阳台已经成为大势所趋，就应该从如何适应和引导居民的居住行为，使其能够更好地发挥其生态和能源效用入手来进行设计考虑。封闭阳台节能的要点就是充分发挥其双层皮效用，最大限度地被动利用太阳和风。因此，设计时应特别注意以下 8 点：(1) 阳台及其配件的设计应利于后期封闭形成简易阳光房，并利用其后侧厚壁墙体的蓄热和自然循环对流和辐射来进行供暖；(2) 宜缩短南阳台的出挑长度，增大阳台下房间的日照面积，并取消阳台端部封梁，如图 5-35 所示。这样不会太大影响阳台的使用功能，而且会给阳台下房间室温的提高带来好处；(3) 注意阳台的保温构造，防止热桥的产生；(4) 增大阳台的可开启面积，有利于组织通风；(5) 结合可调节式外遮阳设置，并统筹考虑衣物的晾晒问题；(6) 阳台内侧房间按照外墙、外窗要求设置，宜设置落地窗增大冬季室内日照面积，可对室温的提高带来好处；(7) 在阳台内侧墙的上下各留可开启的通风换气扇，根据需要开启，合理引导风流和热流（图 5-36）；(8) 改变阳台的形式，如改为弧型、梯形、折线形等平面以及错层阳台，均可减少阳台对南向、南偏东、南偏西阳光的遮挡，对增加阳台周围房间室内日照面积，改善这些房间室温亦有一定的效果，并使之成为住宅表皮形式的活跃要素。

2）可变性增强，充分利用可调节式外遮阳

住宅作为不动产，固定不变是其基本的物理特征，特别是对于大体量的多层和高层住宅而言。但是当代生态住宅表皮的特征之一，就是利用其可变性来提高对外界气候环境的应变性能。可调节式外遮阳的推广运用将使得住宅表皮的可变性大大增强。遮阳形式、材料、颜色、安装和调节方式的多种选择也给住宅表皮形式带来了更多的可能性。因此，可调节式外遮阳将成为今后住宅表皮形式的突破点之一，为住宅表皮的多样化和个性化作出贡献，但在采用可调节式外遮阳时应该特别注意安装的安全性和使用的易操控性。

3）变被动为主动，充分发挥空调板、窗台板和遮阳板等的形式要素功能

长期以来，住宅表皮空调板、窗台板和遮阳板等的设置存在很大的被动性，由于其功能需要，以简单粗暴的形式出现在住宅立面上。今后住宅表皮设计的重点之一就是要化消极为积极，将这些功能部件的形式功能发挥出来，结合立面整体来进行美学探讨，使其成为住宅表皮形式可利用的活跃元素之一。但在注重形式的同时不能损害其功能效应，应该便于设备的安装使用和检修、便于雨水的排泄等。

4）窗墙比有缩小的趋势，凸窗的运用受限

受越来越严格的节能计算的影响，住宅表皮的窗墙比有缩小的趋势。但是由于市场接受度高，凸窗在部分地区一定范围内仍然会继续受欢迎，应当做好凸窗的保温节能工作，并且通过材料和设计的正确引导，积极开发凸窗的能源价值。形式上可以突破常见的方盒子造型，增加三角形、弧形等形式，突出其造型功能，并可结合遮阳和空调板进行一体化设计。

5）强调不同朝向、位置的表皮形式差别性更大

根据朝向、位置、高低和需要不同区别对待。强调南向与北向的区别，南向多开敞，且结合太阳能的主被动利用部件设置，北向更封闭。高区与低区的区别，高区日光资源丰富，可结合太阳能光热利用设备；低区日照有限，可利用热泵技术。多层屋顶尽量采用坡屋顶和屋顶绿化；高层屋顶则尽可能结合太阳能利用。因此，表皮形式的差别性将根据生态和能源利用需求不同而增大。

6）住宅体形更简单，但细节更丰富

为减少住宅建筑整体的体形系数，建筑体形趋于简单化，尽量减少体量的凹凸变化，同时，由于外墙保温系统的推广运用，为减少热桥，住宅表皮的装饰线脚会减少，纯粹的装饰部件将会减少，取而代之的是功能部件的装饰功能将被开发。立面的层次变化主要由阳台、凸窗、空调板和遮

阳板等功能性部件来完成，这些功能性部件的造型功能将被放大和加强。因此，住宅体形整体将更简洁，而来自各功能部件的细节将更为丰富。

5.5 小结

在全球倡导生态、环保、可持续发展的同时，“形式追随生态”并不是放之四海皆准的标杆，它同样也面临着许多质疑和挑战。“生态”不是一种口号或标签，更不仅仅只是一种形式的表达方式。“生态”是指导建筑行为的出发点，也是目的所在。住宅建筑的出发点是为了人类更好地生存，但人类更好地生存不能以损害自然环境和过度消耗资源和能源为代价。以“生态”为名义也必须言之有物，不能为了生态而形式，更不能为了形式而“伪生态”。应该警惕：1）生态形式沦为“皇帝新装”；2）技术的过度化运用；3）国外先进技术的“水土不服”；4）过度强调居住的精确性和舒适性；5）生态住宅表皮的贵族化和标签化；6）只重设计而轻运营。

当今生态的价值观要求我们重新思考住宅的核心价值。如何利用和改善环境，在物质和能量的交换中，以最小的代价换取适度的获得，住宅设计应该着重体现舒适、低耗和经济可行的理念。针对当代中国的住宅建设实践，从保温隔热、辩证窗墙、强推遮阳、自然通风、能源利用和运营管理 6 个方面，探讨当代中国住宅表皮生态化所面临的问题和解决对策，并由此引发一些对于我国当代住宅表皮形式的思考。

6 结　论

本文从求真、求善、求美和求解四个部分，全面系统地解读了生态住宅表皮的历史发展、设计策略、表现形式和审美趋势，以及在当代建设实践中所面临的问题和解决对策，通过研究可以得出以下 8 点结论：

1）“形式追随生态”（Form follows Eco）的新趋势已经形成。建筑形式的何去何从经历了漫长的纷争，进入生态环保和可持续发展成为全球主题的今天，建筑走向生态已经成为当今建筑发展的必然。建筑观念的生态变革促使我们从全新的视角审视建筑形式的生态、能源、经济、文化和美学价值，关于建筑形式的思考已经发展进化到了一个新的阶段。

2）表皮在建筑的生态和能源探索中担负着举足轻重的作用。生态和可持续发展思想对建筑形式影响的巨大优势已经形成，生态的建筑观已经成为建筑设计的依据或是前提，而不仅是使其完美的附加优势。而表皮在建筑形式以及建筑的可持续设计中的作用也越来越突显。作为生态观物化的载体，表皮的构成方式和表现形式以及其所担负的生态和文化作用是建筑整体生态和文化价值最直接、最显著的体现。

3）对生态价值的强调是当今住宅表皮真、善、美统一的新境界。不同时代、不同背景人们对于建筑真、善、美的评判和衡量标准是不断发展变化的，基于人类整体意义上的生存价值与个体意义上的生活品质之间的利益平衡，居住行为被放到整个自然的生态系统之中去考量，生态的住宅表皮设计也被当作建设美好和谐社会的伦理性行为，并被提高到了美学的“善”的高度。

4）住宅表皮的历史发展过程是一个否定之否定的螺旋上升过程。住宅表皮的形式随着时代和科技的发展而不断演变，从生存到秩序，从功能到多元，再经过能源危机以后的生态反思，到新世纪的生态能源技术的突破，其整个发展过程呈螺旋上升状，总体形式呈现出一种由薄到厚，再由厚趋薄，进而再次由薄转向厚的趋势。如今所呈现的“厚”不再仅仅是一般意义上所反映的材料的物理厚度，而是一种空间意义上的复合厚度。住宅表皮承载了更多的内容，包含了表皮材料的物质属性厚度，以及生态内涵上的功能属性和文化属性厚度。得出 21 世纪住宅表皮形式的发展趋势如下：(1) 具有显著的环境特征和气候适应性；(2) 原生态、地方性材料的大量运用，彰显地域文化特征；(3) 更加强调表皮的多变性和可调节性，以最小的能源消耗满足最大的舒适性要求；(4) 革新材料的使用，在满足和提高住宅住宅表皮热工效益的同时，创造令人瞩目的视觉效果；(5) 高新技术的发展和运用，与住宅表皮相结合的一体化设计，体现技术美与自然美的结合；(6) 提高对可再生能源和资源的利用效率，减少不可再生资源的耗费。

5）实现住宅表皮生态化的策略，根据其所处的不同部位（墙体、门窗、屋顶、阳台及外廊），从保温隔热、采光、通风、遮阳、能源利用，以及对住宅造型的影响等6个方面展开，提出20条策略即：(1) 保温隔热；(2) 外墙遮阳；(3) 革新材料的使用；(4) 原生态、地方性材料的回归；(5) 太阳能利用；(6) 适宜的开窗位置、形状和面积；(7) 门窗保温、隔热和密封性能；(8) 可调节式外遮阳；(9) 合理利用自然采光；(10) 有组织通风以及热回收；(11) 屋面保温与隔热；(12) 屋顶通风；(13) 种植、蓄水屋面；(14) 屋面太阳能利用；(15) 雨水回收利用；(16) 阳台或凸窗太阳能利用；(17) 微气候调节作用；(18) 空间的外延；(19) 空调板的合理设置；(20) 形式要素功能。

6）建筑的生态观造就了新的美学观，生态思想成为建筑美的评判标准之一。建筑审美的发展经历了对古典美的追求，到现代主义时期对功能美和技术美的推崇，再到后现代主义的多元发展，进入新世纪的生态时代，生态观念的发展促使我们从全新的视角审视建筑形式的美学价值。只有将建筑这一人工物置于自然环境之中，并与之和谐共处，形成建筑与生态环境之间相互作用、和谐共生的生态系统，才能成为当今价值评判体系下真正意义上美的建筑。

7）"形式追随生态"理念引导下，当代住宅表皮呈现出5种表现形式，即：彰显、消隐、一体化、可变性和本土化。在生态的前提下，住宅表皮形式与生态技术和理念加以整合和贯通，对表皮的美学内涵与形式进行了富有个性的创造，从而赋予了住宅表皮区别以往的一种综合性的艺术范形和文化缩影。当代生态住宅表皮的审美趋势如下：(1) 高效利用可再生能源和资源；(2) 文化的保护和传承，体现社会和历史责任感；(3) 革新技术与材料的彰显和体现；(4) 与自然、环境的和谐共生；(5) 可变性与适应性展现表皮动态之美。

8）直面"形式追随生态"所面临的挑战和质疑，针对当代中国的住宅建设实践，总结出目前国内生态节能示范住宅常用表皮生态化技术，并分别从保温隔热、辩证窗墙、强推遮阳、自然通风、能源利用和运营管理等6个方面，对当代中国住宅表皮生态化所面临的问题给出具体的解决对策，并就生态观念对当前我国大量性多层和高层住宅表皮形式产生的影响作出一些思考。

附录 A　各时期典型住宅表皮特征实例分析列表

<table>
<tr><th></th><th></th><th>轴侧（透视）图</th><th>拆解图</th><th>平面图</th><th>立面图</th><th>表皮特征</th></tr>
<tr><td rowspan="2">原始
时期</td><td>陕西西安半坡村仰韶文化方形住宅</td><td></td><td>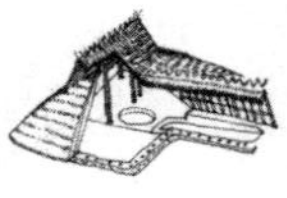</td><td>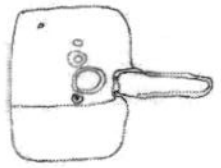</td><td></td><td rowspan="2">1）住宅表皮的坚固性和安全性是建筑的出发点和重点；
2）就地取材，突出反映其所处环境的地域性特征；
3）采用被动式的能源平衡模式，合理引导和利用自然资源；
4）住宅表皮的审美价值还未被开发，反映材料真实的自然美；
5）表皮形式是对生存需要的直接回应，即形式追随生存</td></tr>
<tr><td>北极冰屋</td><td>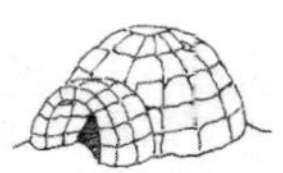</td><td>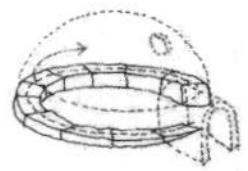</td><td>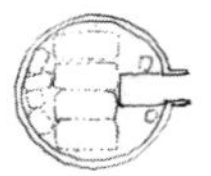</td><td></td></tr>
<tr><td>古建
时期</td><td>北京恭王府正殿
（1851-1852）</td><td></td><td>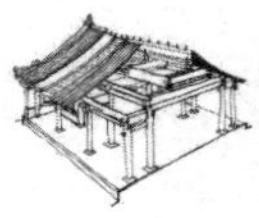</td><td>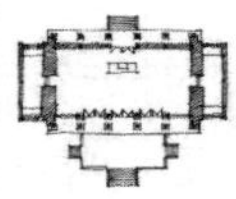</td><td></td><td>1）表皮作为结构的附属而存在，表现结构的逻辑；
2）传统手工艺生产，顺应材料特性，体现材料本身的质感和纹理；
3）受结构和材料所限，以及防护的要求，住宅表皮对外多封闭、厚重，开口小；对内开敞；</td></tr>
</table>

续表

		轴侧（透视）图	拆解图	平面图	立面图	表皮特征
古建时期	法国罗浮宫东廊（Louvre East facade，1654）		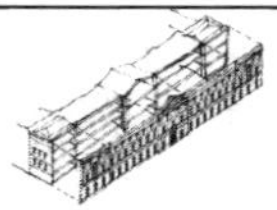	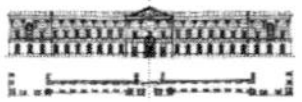		4）社会、文明和工具的进步促使表皮厚度由薄变厚，表皮热工和防护性能极大提高； 5）强调立面的节奏感和统一性，强调比例、秩序对表皮的绝对控制； 6）表皮形式与使用功能关系不大，独立于功能之外自成体系，是社会价值体系的直接体现，强调对权力、等级、伦理、尊卑的敬畏，严格遵循比例、尺度和规制，即形式追随秩序
	一进四合院	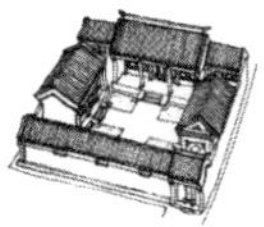	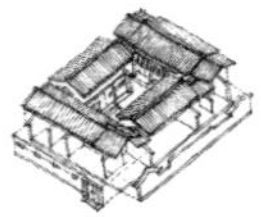	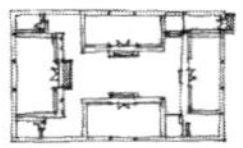	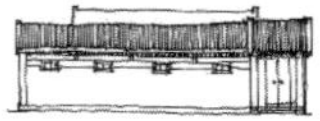	
	福建永定县承启楼（1709）	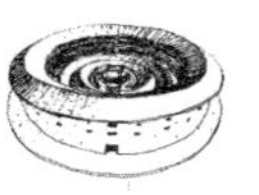	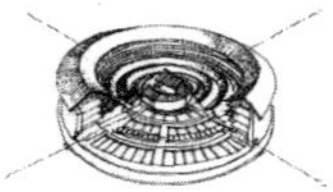	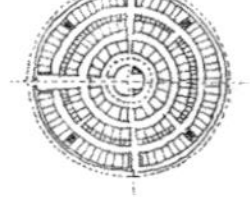	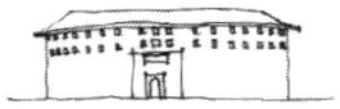	
	圆厅别墅（Villa Capra，1552）		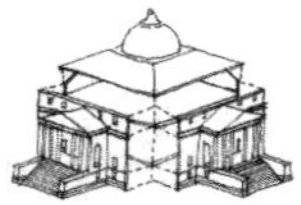	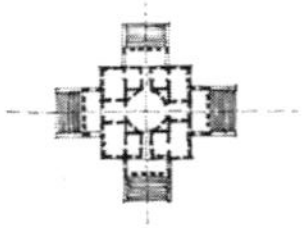	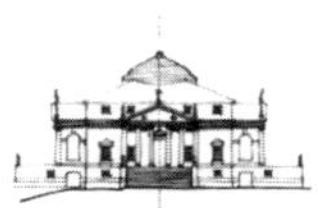	
	佛鲁切拉府邸（Palazzo Rucellai，1451）	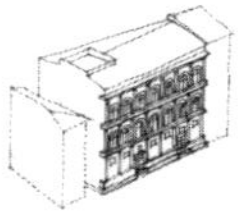	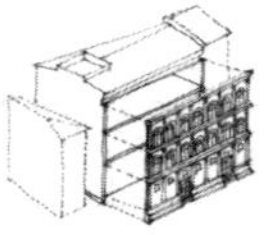	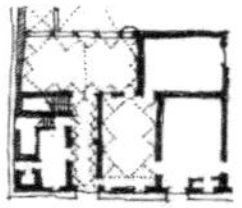		

续表

		轴侧（透视）图	拆解图	平面图	立面图	表皮特征
现代主义时期	“玻璃屋”（Maison der Verre，1932）	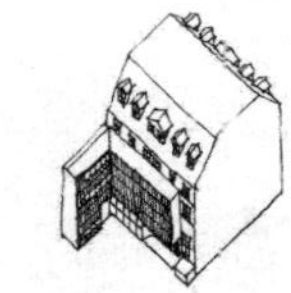		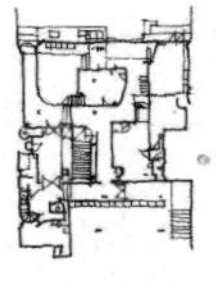		1）表皮获得解放，独立于结构，却依然附属并服务于空间； 2）工业化大生产痕迹，表皮具有均质性和可复制性，讲求效率，为更多的人服务； 3）新材料、新技术的运用和表现，表皮实现由封闭到透明、半透明，由厚到薄的转变； 4）表皮作为“皮肤”应该具有的生态价值和能源价值未获重视； 5）反对装饰的审美立场； 6）表皮形式反映居住使用功能，以及表皮自身承担功能的诚实表达，即形式追随功能
	斯坦纳住宅（Steiner House，1910）	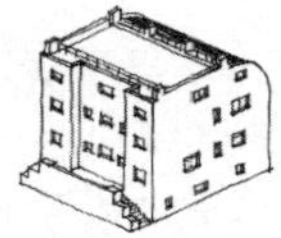	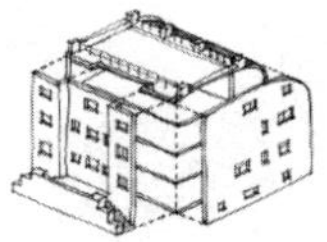	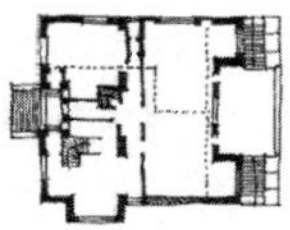	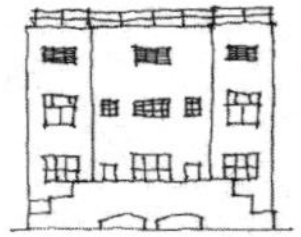	
	萨伏耶别墅（Villa Savoy，1928）	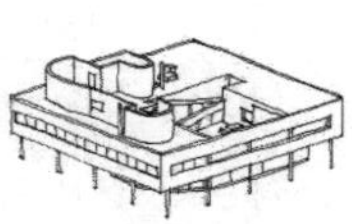	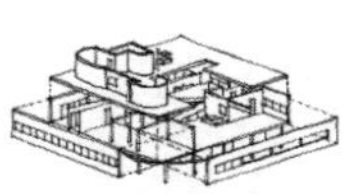	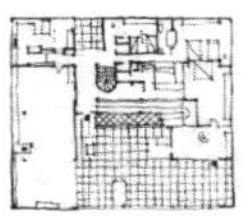		
	芝加哥湖滨大道公寓（Lake ShoreApartments，Chicago，1948-1951）	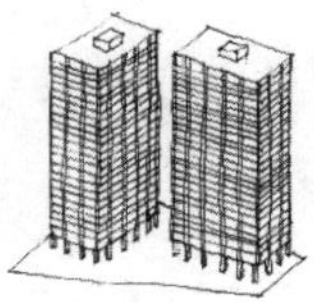		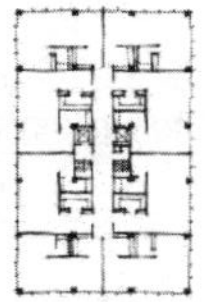	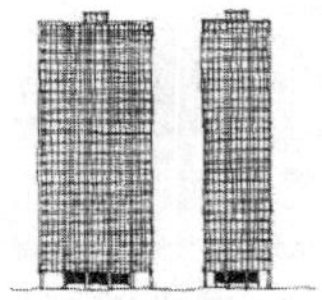	

续表

		轴侧（透视）图	拆解图	平面图	立面图	表皮特征
后现代时期	母亲住宅（VanniaVenturi House，1960-1962）	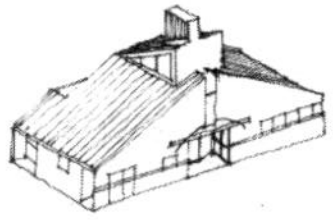	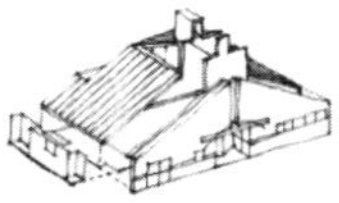	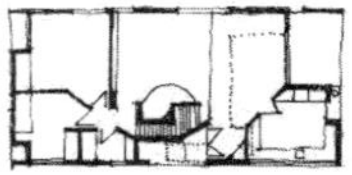	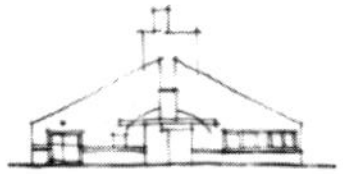	1）建立在对单一、刻板的现代主义住宅表皮批判基础上，呈现出多元发展的主要特征； 2）重视表皮内容的装饰性，大量运用装饰性符号，以表征建筑的意义，表皮装饰全面回归； 3）表皮不再反映功能，而是为了体现意义； 4）表皮美感的模糊性、复杂性和不确定性开拓了建筑美学的新视野； 5）强调表皮的多元文化价值和审美价值，住宅表皮的形式意义和范围被扩大，即形式追随多元
	考奇大街住宅（Kochstrasse House，1988）	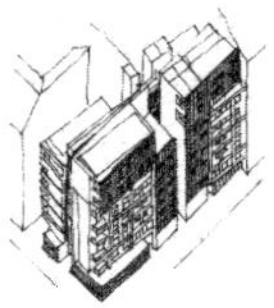	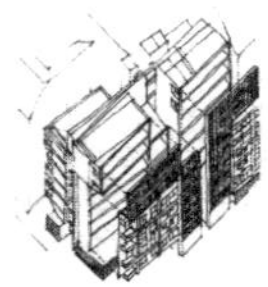	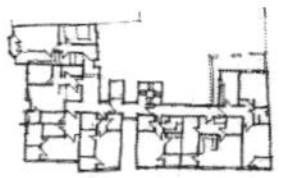		
	弗兰克•盖里的自宅（Gehry House，1978）	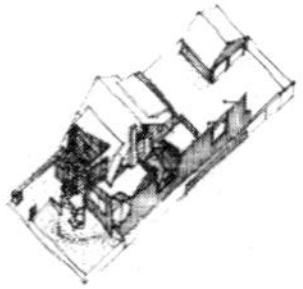	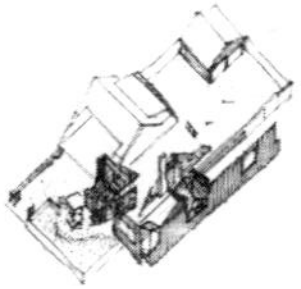	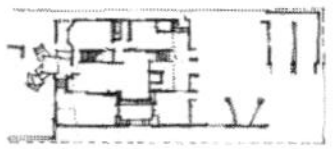		
	立方体住宅（Cube houses，1984）		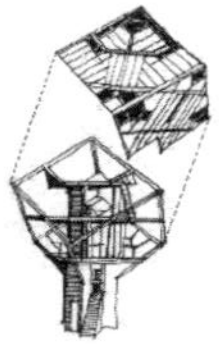	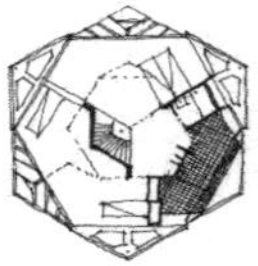		

续表

		轴侧（透视）图	拆解图	平面图	立面图	表皮特征
生态时代	帕里克住宅（Parekh house，1966-1968）	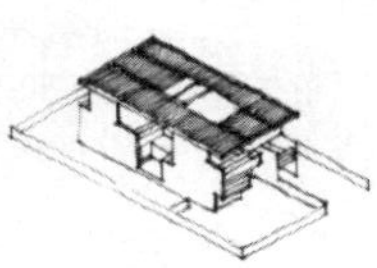	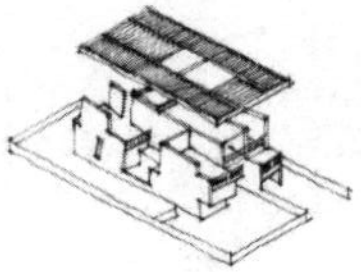	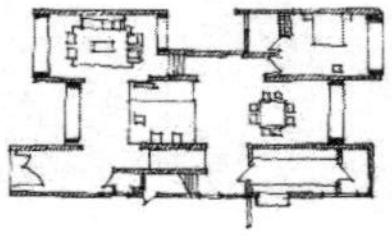	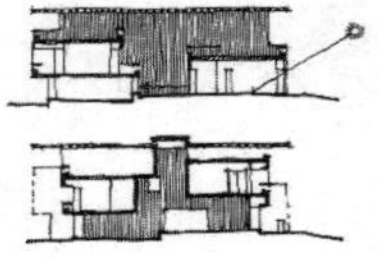	1）新型材料的研发使用为表皮形式提供了更多的可能性，材料物理性能和生态性能的提升，使得材料数量和体积得到大量节约，住宅表皮也因此实现了由厚到薄的再次转变； 2）原生态、地方性环保材料得到重新的认可和回归，注重住宅建筑与周边环境、文化协调的双重效应； 3）强调表皮的应变性能，采用可调节措施和技术，提高住宅表皮应对气候和环境的适应和调节能力； 4）双层皮的推广和运用使表皮自身的空间概念被强调，表皮的空间厚度增加，由二维的材料厚度向三维的立体构造厚度转变，由此产生的缓冲空间成为住宅微气候的控制和调节利器； 5）注重可再生能源的利用与住宅表皮的一体化设计，开发能源利用设备的美学潜力，将能源价值与生态价值、美学价值有机融合； 形成 6）技术和材料的多样化选择，以及表皮成为信息和文化的表征形式，使得住宅表皮形式呈现出个性化、信息化、集成化和多元化特点；
	“21世纪试验楼”（NEXT21，1992）	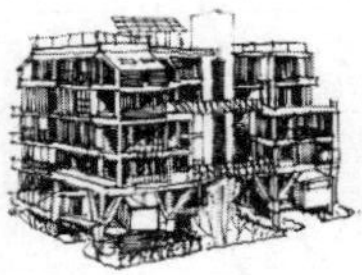	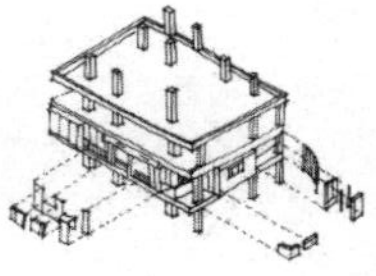	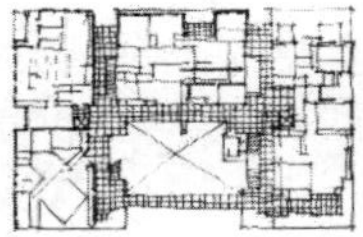	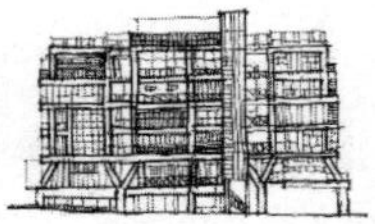	
	向日葵住宅（Heliotrope，1994）	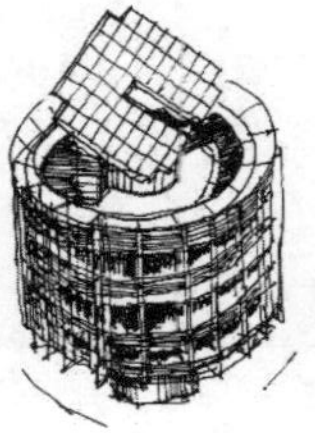	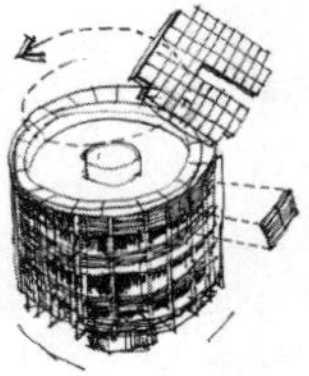	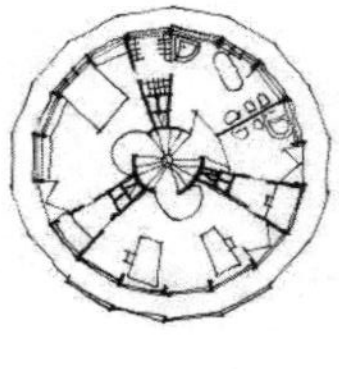		

续表

		轴侧（透视）图	拆解图	平面图	立面图	表皮特征
生态时代	因斯布鲁克生态节能住宅（Lohbach Residences，2000）		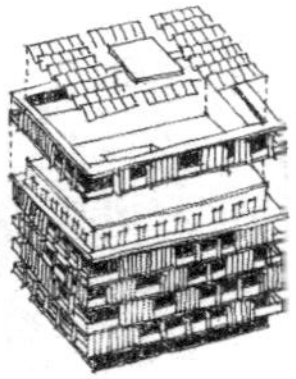	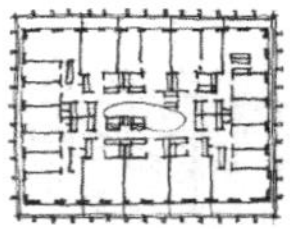	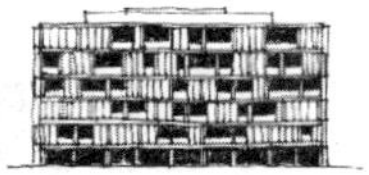	7）生态成为表皮形式的主要设计条件、影响因素以及评判标准，即“形式追随生态”的趋势已经形成
	北安普顿住宅（Upton Site D1, NorthamptonHousing Development，2007）		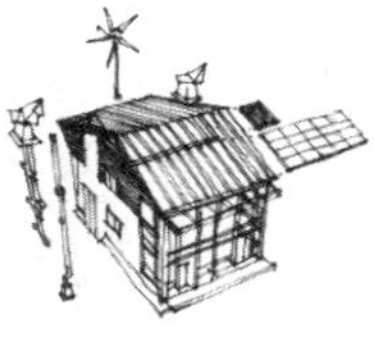	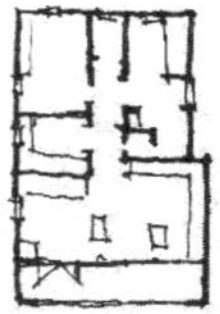	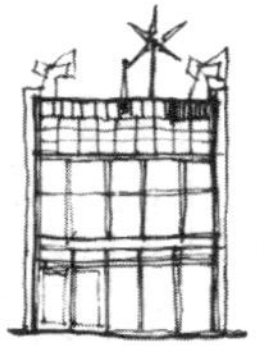	

附表B　中国历年与住宅节能相关的设计标准、法规和政策列表（不含地方性法规）

年份	标准号	名称	节能目标
1986	JGJ 26-1986	民用建筑节能设计标准（采暖居住建筑部分）	30%
1993	GB 50176-93	民用建筑热工设计规范	—
1995	建办科〔1995〕80号	建筑节能“九五”规划及2010年规划目标	50%
	JGJ 26-1995	民用建筑节能设计标准（采暖居住建筑部分）	50%
2000	JGJ 129-2000	既有采暖居住建筑节能改造技术规程	—
2001	JGJ 132-2001	采暖居住建筑节能检验标准	—
	JGJ 134-2001	夏热冬冷地区居住建筑节能设计标准	50%
2003	JGJ 75-2003	夏热冬暖地区居住建筑节能设计标准	50%
2004	GB 50034-2004	建筑照明设计标准	—
	建设部公告第218号	建设部推广应用和限制禁止使用技术	—
2005	主席令第33号	中华人民共和国可再生能源法	—
	建设部令第143号	民用建筑节能条例	—
	国发〔2005〕21号	关于做好建设节约型社会近期重点工作的通知	—
	国办发〔2005〕33号	关于进一步推进墙体材料革新和推广节能建筑通知	—
	建科〔2005〕55号	关于新建居住建筑严格执行节能设计标准的通知	—
	建科〔2005〕78号	关于发展节能省地型住宅和公共建筑的指导意见	—
2006	国发〔2006〕28号	国务院关于加强节能工作的决定	比“十五”期末降低20%
	建综〔2006〕53号	建设事业“十一五”规划纲要	到2010年，新建住宅建筑节能达到60%以上，节水率在现有基础上提高20%以上，对不可再生资源的消耗下降10%
	建科〔2006〕213号	建设部 财政部关于推进可再生能源在建筑中应用的实施意见	—
	建科〔2006〕231号	关于贯彻<国务院关于加强节能工作的决定>的实施意见	—

续表

年份	标准号	名称	节能目标
2006	财建〔2006〕460号	可再生能源建筑应用示范项目资金管理办法	—
	GB/T 50378-2006	绿色建筑评价标准	—
	GB/T 50314-2006	智能建筑设计标准	—
2007	GB 50411-2007	建筑节能工程施工质量验收规范	—
	国发〔2007〕15号	国务院关于印发节能减排综合性工作方案通知	到2010年，万元国内生产总值能耗降低20%；施工阶段执行节能强制性标准的比例达到95%以上
	财建〔2007〕957号	北方采暖区既有居住建筑供热计量及节能改造奖励资金管理暂行办法	—
	建科〔2007〕216号	建设部“十一五”可再生能源建筑应用技术目录	—
	主席令第77号	中华人民共和国节约能源法	—
	建科〔2007〕205号	绿色建筑评价技术细则（试行）	—
	建科〔2007〕206号	绿色建筑评价标识管理办法	—
2008	国务院令第530号	民用建筑节能条例	—
	建科综〔2008〕61号	绿色建筑评价标识实施细则（试行修订）	—
	建科〔2008〕113号	绿色建筑评价技术细则补充说明（规划设计部分）	—
	建科〔2008〕95号	关于推进北方采暖地区居住建筑供热计量及节能改造工作的实施意见	—
2009	建科函〔2009〕235号	绿色建筑评价技术细则补充说明（运行使用部分）	—
	财建［2009］129号	太阳能广电建筑应用财政部资金管理暂行办法	—
2010	JGJ 26-2010	严寒和寒冷地区居住建筑节能设计标准	65%
	JGJ 134-2010	夏热冬冷地区居住建筑节能设计标准	该标准在总则中取消了节能百分比目标，但在一些具体指标的限定细则中，仍以50%为量化依据
2011	国发〔2011〕26号	“十二五”节能减排综合性工作方案	到2015年，全国万元国内生产总值能耗比2010年下降16%

续表

年份	标准号	名称	节能目标
2011	财办建〔2011〕9号	关于组织实施太阳能光电建筑应用一体化示范的通知	—
	财建〔2011〕12号	财政部 住房城乡建设部关于进一步深入开展北方采暖地区既有居住建筑供热计量及节能改造工作的通知	到2020年前基本完成对北方具备改造价值的老旧住宅的供热计量及节能改造。到“十二五”期末，各省（区、市）要至少完成当地具备改造价值的老旧住宅的供热计量及节能改造面积的35%以上，鼓励有条件的省（区、市）提高任务完成比例
	财建〔2011〕61号	财政部 住房城乡建设部关于进一步推进可再生能源建筑应用的通知	到2020年，实现可再生能源在建筑领域消费比例占建筑能耗的15%以上
	建科〔2011〕112号	建筑遮阳推广技术目录	—
	建科〔2011〕194号	住房城乡建设部关于落实《国务院关于印发“十二五”节能减排综合性工作方案的通知》的实施方案	—
	建科研函〔2011〕199号	农村住房建设技术政策（试行）	—
2012	国发〔2012〕19号	“十二五”节能环保产业发展规划	节能环保产业产值年均增长15%以上
	国发〔2012〕40号	节能减排“十二五”规划	到2015年，全国万元国内生产总值能耗比2010年下降16%。城镇新建绿色建筑标准执行率15%；城镇建筑设计阶段100%达到节能标准要求；施工阶段节能标准达到95%以上
	建科〔2012〕72号	“十二五”建筑节能专项规划	到2015年，节能设计标准执行比例达95%以上，城镇新建建筑能源利用效率与“十一五”期末相比，提高30%以上
	财建〔2012〕167号	关于加快推动我国绿色建筑发展的实施意见	到2020年，绿色建筑占新建建筑比重超过30%，建筑建造和使用过程的能源资源消耗水平接近或达到现阶段发达国家水平
	国科发计〔2012〕700号	“十二五”国家应对气候变化科技发展专项规划	—

附录C　德国历年与住宅节能相关的设计标准、法规和政策列表（不含地方性法规）

年份	标准号	名称	节能标准
1952	DIN 4108: 1952	高层建筑保温 Wärmeschutz im Hochbau	引入了三个保温等级，1960、1969年分别进行修订
1974	DIN 4108: 1974	高层建筑保温补充规定 Wärmeschutz im Hochbau	将最低保温要求从Ⅰ级提高到Ⅱ级
1976	EnEG'76	建筑节能法规 Energieeinsparungsgesetz	授权联邦政府按照法定程序制定建筑物保温、供暖制冷、照明、室内通风设备及热水制备设备等所应达到的标准。新建建筑时既有建筑时改造时必须达到保温要求
1977	WSchVO'77	建筑保温规范 Wärmeschutzverordnung	着重于建筑物的保温标准和措施。限制了建筑的外围护结构的热损失量，但仅规定了建筑物围护结构的导热系数不得超过规定最低值。分别于1982，1995年进行了两次修正，2002年废止
1978	HeizAnlV 1978	供暖设备条例 Heizanlagenverordnung	分别于1982、1989、1994和1998年进行了4次修正，2002年废止
1981	DIN 4108: 1981	高层建筑保温修订 Wärmeschutz im Hochbau	最低保温要求提高到Ⅲ级
	HeizkostenV'81	供暖成本条例 Heizkostenverordnung	分别于1984、1989年进行了两次修正
1984	WSchVO'84	建筑保温规范1984 Wärmeschutzverordnung	对维护结构K值提出更高要求；建筑节能标准在以前基础上提高20%
1990	1000-Dächer	一千太阳能屋顶计划 1000-Dächer-Programm	在私人住户屋顶上推广容量为1~5kWp（峰值发电功率）的户用联网光伏系统
1995	WSchVO'95	建筑保温规范1995 Wärmeschutzverordnung	在1982年基础上提高30%；并限制每平方米的建筑能耗
1999	100.000-Dächer	十万太阳能屋顶计划 100.000-Dächer-Programm	至2003年预计成功安装300MW峰值功率的太阳能光电装置
	Ökosteuer	生态税收改革法 Gesetz zum Einstieg in die okologische Steuerreform	的重点在于解决能源问题，对矿物能源、天然气和电加征生态税；鼓励开发和利用清洁能源。这是德国政府第一次利用税收手段解决自然保护问题
2000	EEG	可再生能源法 Erneuerbare-Energien-Gesetz	使德国的可再生能源电力到2010 年翻一翻；更加详细地规定了促进可再生能源电力发展的措施
2002	EnEV 2002	2002建筑节能规范 Energieeinsparverordnung	取代了《建筑保温规范》和《供暖设备条例》。节能法规从控制单项建筑维护结构（如外墙、外窗和屋顶）的最低保温隔热指标，进步为控制建筑物的实际能耗。建筑的允许能耗要比2002年前的能耗水平下降30%左右；并在世界上首次提出能源证书这一概念

续表

年份	标准号	名称	节能标准
2004	EEG 2004	可再生能源法修订 Erneuerbare-Energien-Gesetz	进一步完善了促进可再生能源发展的措施，利用可再生能源从事生产的发电设施，优先并入公共供电网。由法律在联邦范围内对收购的电量进行平衡
	EnEV 2004	2004建筑节能规范 Energieeinsparverord-nung	仅在格式上进行了一些修改，并指明了可参照执行的新标准
2005	DIN 18599	建筑物能源效益计算法规 Energetische Bewertung von Gebäuden	计算建筑物的采暖，制冷，热水，通风，空调和照明所需的净能，最终和初始能量需求
2006	EnEv 2006	2006建筑节能规范 Energieeinsparverord-nung	全面修正EnEV，除去一次性检查供暖设备之外的全部附加要求；新建建筑必须出具采暖需要能量、建筑能耗核心值和建筑热损失计算结果；消费者在购买住宅时，建筑开发商必须出具“能源消耗证明”，清楚列出该住宅每年的能耗；房屋所有者可以优惠享受节能咨询服务，而大部分咨询费由政府承担
2007	EnEv 2007	2007建筑节能规范 Energieeinsparverord-nung	确定建筑年度用于供暖、制冷降温、通风以及专门用于热能传递的损失的能耗最大值；对既有建筑提出了强制性的改造标准和义务；强制性推出了利于市场化、方便实际操作的“建筑能耗证书”体系，使建筑能耗透明化
	IEKP	保护环境和节能计划 Integrierten Energie- und Klimaprogramms	计划到2020 年德国可再生能源利用要达到总能源的25%～30%，采暖用能14%采用可再生能源，通过新的“生物气体能源应用法”。2008年建筑节能标准再提高30%，到2012 年在此基础上再提高30%
2008	EEG 2008	可再生能源法修订 Erneuerbare-Energien-Gesetz	强制入网与优先购买、固定如网电价和电价负担均摊等
2009	EEWärmeG 2009	可再生能源供热法 Erneuerbare-Energien-Wärme-Gesetz	到2020年，加热和制冷的能源需求中可再生能源份额至少占14%
	EnEv 2009	2009建筑节能规范 Energieeinsparverord-nung	进一步提高了新老建筑的节能标准，年采暖和生活热水设备的终端能耗再降低30%。允许每年一次能源需求的上限是为新建和既有建筑物平均减少30%；新建建筑物的保温隔热的能源需求增加15%的平均水平
2012	EnEv 2012	2012建筑节能规范 Energieeinsparverord-nung	加强了对新建筑能效指标的规定

附录D 近年中国部分生态节能住宅实践列表

项目名称	地址	工程概况	建筑生态节能技术的关键应用	获奖情况	实景
万国城 MOMA	北京市东城区香河园路1号	占地面积0.8万m^2 建筑面积6.05万m^2 容积率3.86 绿化率30% 建筑形式： 小高层、高层	外墙保温系统；楼地面、屋面保温系统；外窗系统；外遮阳系统；体形外观系统；地源热泵系统；太阳能系统；中水、雨水回收利用系统；顶棚辐射系统；带热回收装置的置换式新风系统；设备输送系统；高COP值的热泵机组；智能控制系统	2003北京十大豪宅公寓；2004中国建筑艺术奖；建设部健康住宅试点项目；新产品主义大奖；亚洲绿色生态健康住区科技应用奖；2004北京生态水景住宅奖；精端住宅科技技术奖；2005中国建筑艺术年鉴人文艺术奖	
当代 MOMA	北京市东城区香河园路1号	占地面积6.18万m^2 建筑面积22万m^2 容积率2.64 绿化率34% 建筑形式：高层		北京市建筑业新技术应用示范工程；2006年度中国金房奖；2006年美国《大众科学》世界七大建筑工程奇迹；2007年美国《时代周刊》世界十大建筑奇迹；2008年美国纽约建筑师协会可持续发展建筑奖；2009年亚澳地区最佳高层建筑奖；2009中国土木工程詹天佑大奖	
MOMA 万万树	北京市顺义区高丽营镇中心区	占地面积133万m^2 建筑面积45万m^2 容积率0.38 绿化率62% 建筑形式：别墅	外围护结构优化系统；天棚柔和辐射冷暖系统；地源热泵系统；全置换新风系统；雨水回收利用系统；中水利用系统；屋顶绿化；绿色环保材料	国际住协绿色建筑奖示范项——国际住宅协会（IHA）； 北京优秀建筑节能示范项目	
上第 MOMA	北京市海淀区西三旗河南库	占地面积6.4万m^2 建筑面积19.2万m^2 容积率2.2 绿化率42% 建筑形式：小高层	外墙外保温系统；楼地面、屋面保温系统；外窗系统；可滑动遮阳板外遮阳系统；楼宇冷热电联产系统；太阳能热水利用系统；中水、雨水回收利用系统；顶棚辐射采暖制冷系统；置换式新风系统	北京市优秀建筑节能示范项目； 2005最值得购买楼盘； 2005年度中国科技地产名盘； 2005—2006年中国房地产年度最具品牌价值名盘	

续表

项目名称	地址	工程概况	建筑生态节能技术的关键应用	获奖情况	实景
北京锋尚国际公寓	北京海淀万柳中路南口	占地面积2.6万m^2 建筑面积10万m^2 容积率3 绿化率63% 建筑形式：小高层	外墙系统；外窗系统；屋面系统；混凝土采暖制冷系统；健康新风系统；防噪音系统；中央吸尘系统；精装修	全球可持续发展联盟（AGS）在中国唯一的技术支持和跟踪监测项目；高舒适度代低能耗住宅实验基地；北京市建筑节能试点小区；建设部康居示范工程；2005年度中国科技地产名盘	
清上园	北京市海淀区清河三街126号	占地面积7.5万m^2 建筑面积19.9万m^2 容积率2.60 绿化率35% 建筑形式：多层、小高层	住宅产业化整合技术；全天候太阳能生活热水系统；中水处理回用技术系统；绿色建材	建设部2002年科技示范项目（住宅小区技术示范）；北京市优秀物业管理小区；2003年健康楼盘入围项目；2004—2005年北京楼市贡献奖；2005年城市贡献奖；2005年度中国科技地产名盘	
龙泽苑	北京北部回龙观地区	占地面积28.68万m^2 建筑面积46万m^2 容积率1.6 绿化率35% 建筑形式：多层、小高层	住宅产业集成制造系统；中水处理和景观回用、垃圾生化处理技术；精装修厨卫；智能化体系	国家(部门型)康居示范工程； 中美住房合作示范项目； 建设部2002年科技示范项目； 国家863计划CIMS示范项目；中国人居环境范例奖；2005年度中国科技地产名盘	
吉粮花园	长春绿园区皓月大路2838号	占地面积14.19万m^2 建筑面积20万m^2 绿化率40% 建筑形式：独立式、联体、花园洋房、多层、小高层	置换式新风系统；高舒适度毛细管平面辐射系统；外围护结构及门窗保温系统；低辐射高保温玻璃窗；同层后排水系统；自来水净化系统；24小时生活热水；透水路面；生活垃圾处理系统	国家康居住宅示范工程； 太阳能与建筑一体化的示范工程； 2005年度中国科技地产名盘	

续表

项目名称	地址	工程概况	建筑生态节能技术的关键应用	获奖情况	实景
100福国际山庄	青岛市城阳区空港路17号	占地面积53万m^2 建筑面积24.7万m^2 容积率0.36 绿化率58% 建筑形式：双拼、联排、叠拼	澳大利亚进口太阳能热水器；分体分控中央空调系统；隔热断桥门窗；保温隔热新型建材	中国最佳山水别墅； 2005年度中国科技地产名盘； 2007—2008年度最受欢迎高端品牌（地产类）	
上海生态住宅示范楼	上海市闵行区申富路568号	独立式住宅建筑面积238 m^2 多层公寓建筑面积402m^2 建筑形式：独立式、多层	超低能耗围护结构；遮阳系统；地源热泵空调系统；太阳能光伏发电；太阳能集热器与建筑一体化；风力发电系统；空气源热泵热水系统；相变储能材料；绿色环保材料；节水综合技术；中央吸尘和垃圾真空分类收集；轻质木结构夹层；智能家居控制系统；自然通风和天然采光；通风隔声窗；屋顶绿化与垂直绿化	上海生态建筑示范工程； 上海市科委重大科研攻关项目“生态建筑关键技术 研究及系统集成”成果之一	
万科朗润园	上海闵行区七宝镇新龙路1111弄	占地面积9.63万m^2 建筑面积12.29万m^2 住宅容积率1.22 绿化率40% 建筑形式：小高层、多层	外墙外保温系统；隔热外窗；屋顶绿化和垂直绿化；雨水回收系统；中水收集回收利用；户式变频中央空调；全装修绿色环保材料；废弃建材回收利用；产业化；太阳能照明，太阳能热水系统，垃圾生化处理系统	上海一级生态住宅小区； 建设部绿色建筑三星级设计标识； 詹天佑大奖优秀住宅小区金奖； 2006双节双优杯住宅方案竞赛第二名	
安亭新镇一期	上海嘉定区安亭国际汽车城	占地面积2.5万m^2 建筑面积约106万m^2 容积率0.44 绿化率60% 建筑形式：多层、联排、独立	外墙、屋面、地板的保温隔热技术；密封隔热的门窗技术；密封隔热的门窗技术；集中能源转换和传输技术；同层排水技术；共同沟技术	上海一级生态住宅小区； 上海建筑节能示范小区	

续表

项目名称	地址	工程概况	建筑生态节能技术的关键应用	获奖情况	实景
祥和星宇花园	上海市普陀区古浪路55号	占地面积16万m^2 建筑面积19.31万m^2 容积率1.15 绿化率56.6% 建筑形式：高层、小高层、多层、联排	外墙保温；铝塑门窗，双层玻璃；户式中央空调；容积式热水器；太阳能热水器；智能化系统；垃圾收集站及生化处理；雨水收集处理；管道纯净水；部分全装修	上海二级生态住宅小区； 第四届上海市优秀住宅金奖	
祥和名邸	上海市梅川路1333弄	占地面积17万m^2 建筑面积30万m^2 容积率1.76 绿化率45% 建筑形式：独立式、联体、叠加、小高层	产业化技术；外墙外保温技术；中空玻璃；节能环保型户式中央空调；中央热水器；同层排水；非晶合金箱式变压器；垃圾压缩处理方式；分质供水；中水回用；智能化系统；部分全装修	中国环境设计大赛综合金奖；2002年全国人居景点大赛环境与科技双项金奖；2002年上海市首批全装修试点小区； 第三届上海市优秀住宅综合奖；上海市住宅科技应用奖；上海市“四高”优秀小区；国家康居示范工程	
碧林湾	上海市闵行中谊路888弄	占地面积14.6万m^2 建筑面积23.3万m^2 容积率1.6 绿化率48% 建筑形式：联排、多层、小高层	外墙EPS板外保温；屋面XPS板外保温；外门窗塑钢型材中空玻璃；太阳能热水器；外遮阳；公用部位电灯开关声控、光控或延时自熄；高效节能灯；安装峰谷电表；山墙垂直绿化；分体式变频空调	上海二级生态住宅小区； 上海节能示范小区； 中国推进住宅领域建筑节能和可持续发展合作计划中法合作节能住宅；	
经纬城市绿洲	上海市宝山区纬地路88弄	占地面积10万m^2 建筑面积15万m^2 容积率1.46 绿化率45% 建筑形式：小高层、高层	EPS外墙保温系统；节能门窗系统；屋面保温系统；太阳能热水系统；太阳能草坪庭院灯及公灯照明系统；雨水收集利用系统；智能化系统	全国生态住宅小区示范项目；中国环境标志——生态住宅验证项目；中国环境标志低碳建筑大奖；联合国生态环境住宅金奖；2007年度上海市节能省地型“四高”优秀小区；2008上海市绿色节能生态环保示范楼盘“金球奖”；2010第7届中国人居精瑞奖-绿色生态建筑金奖	

续表

项目名称	地址	工程概况	建筑生态节能技术的关键应用	获奖情况	实景
上海朗诗绿岛	上海宝山区美兰湖北欧新镇罗芬路1199弄	占地面积6.3万m^2 建筑面积9.4万m^2 容积率1.2 绿化率35% 建筑形式：别墅、多层	外墙、屋顶及地面保温系统；Low-E玻璃，惰性气体填充；外遮阳系统；同层排水；太阳能电板花园路灯；地源热泵系统；置换新风系统；混凝土顶棚辐射制冷制热系统	通过“国标”住宅性能3A认定； 第六届APEC低碳典范楼盘； 节能省地型“四高”优秀小区； 2010年上海世博会零碳馆唯一地产合作伙伴	
中鹰黑森林	上海市普陀区真华路399弄	占地面积万12万m^2 建筑面积27万m^2 容积率2.25 绿化率50% 建筑形式：叠拼、小高层、高层	外墙外保温系统；高性能外窗系统；外轴帘遮阳系统；中央冰蓄冷集中供能子系统；毛细管辐射冷暖子系统；空调调湿子系统；置换式新风系统；中央净水、热水系统；同层排水系统；精装修；屋顶绿化；智能家居系统；绿色环保材料	上海汉堡生态建筑展示范项目； 2009年香港·中国国际地产周金紫荆花奖； 上海市优秀住宅金奖； 中国最佳生态节能项目； 第六届APEC低碳典范楼盘	
南京锋尚国际公寓	南京市下关区小桃园1号	占地面积19.7万m^2 建筑面积17.8万m^2 容积率0.9 绿化率36% 建筑形式：别墅、多层	外墙外保温；开放式幕墙研究；窗洞口节点保温；外遮阳系统；顶板辐射采暖制冷系统；太阳能并网发电；地源热泵直供；置换式新风系统；中央吸尘；全装修	2007中国房地产人性化住宅奖；2009年联合国人居奖优秀范例奖；2010年精瑞科学技术奖"绿色生态建筑"金奖；十一五国家科技支撑计划—可再生能源示范工程	
南京朗诗熙园	南京市丰富路18号	占地面积万3.3万m^2 建筑面积11万m^2 容积率3.3 绿化率50% 建筑形式：小高层	外墙复合保温隔热技术；组合外窗保温隔热技术；外遮阳技术；顶板辐射采暖制热系统；置换式新风技术；地源热泵技术；太阳能光伏发电技术；中央洗尘技术	2003年度南京房地产销售金额冠军；2004年度中国最具投资潜力楼盘·南京（住宅）；江苏省首家AA级智能住宅小区；2009年全省城市物业管理优秀小区	

续表

项目名称	地址	工程概况	建筑生态节能技术的关键应用	获奖情况	实景
南京朗诗国际街区	南京市建邺区河西大街庐山路	占地面积16万m^2 建筑面积30万m^2 容积率1.88 绿化率40% 建筑形式：多层、小高层	绝缘外墙系统；女儿墙、屋顶及地面保温；严密外窗系统；外窗遮阳系统；置换新风系统；混凝土顶棚辐射制冷系统；地源热泵系统；生活热水系统；同层排水系统；隔声降噪系统；全装修	首届江苏省绿色建筑创新奖； 获国家财政部首批可再生能源补贴456万元；2005最佳科技创新奖；2005年度中国科技地产名盘；2006—2007年中国房地产创新景观住宅区	
无锡朗诗未来之家	无锡国际科技园运河西路	占地面积8.58万m^2 建筑面积18.88万m^2 容积率2.5 绿化率50% 建筑形式：小高层、高层	地源热泵技术系统；“绝缘”外墙系统；“严密”外窗系统；屋面、地面保温系统；隔声降噪系统；太阳能集中热水系统	2009年度无锡市物业管理优秀住宅小区；建设部2007年科学技术项目计划试点示范工程；无锡建筑节能示范项目	
苏州朗诗国际街区	苏州工业园区津梁街东8号	占地面积7.35万m^2 建筑面积18.04万m^2 容积率1.8 绿化率65% 建筑形式：小高层、高层	高效节能外保温系统；高效节能门窗系统；地源热泵+冷却塔系统；混凝土顶棚辐射制冷制热；置换式新风；外遮阳；太阳能热水系统；隔噪隔声；同层排水；雨水回收利用系统；土建装修一体化	中国绿色建筑三星级认证；2009年全省住宅工程质量分户验收示范小区；住房和城乡建设部2008年科学技术项目计划；2007中国苏州最具绿色科技住宅创新典范楼盘；2008建设部绿色生态建筑奖；2007绿色亚洲人居环境奖·建筑科技应用奖	
金都华府	杭州候潮路136号	占地面积112万m^2 建筑面积16.8万m^2 容积率2.11 绿化率22.7% 建筑形式：小高层、高层	外墙保温隔热系统；门窗保温隔热系统；屋顶绿化；雨水收集利用、生活废水收集与处理回用；澳大利亚轻钢结构联排住宅建筑体系；新风系统；精装修	2003年列入建设部科技示范工程；2004年列入中国人居环境金牌建设试点项目；2004中国(杭州)年度楼盘；2005杭州十大最具性价比楼盘；建设部科技示范工程；2005年度中国科技地产名盘	

续表

项目名称	地址	工程概况	建筑生态节能技术的关键应用	获奖情况	实景
金都富春山居	杭州银湖开发区	占地面积67万m^2 建筑面积17万m^2 容积率0.2 绿化率76% 建筑形式：独立式、联排	采用冷弯薄壁轻钢结构体系；轻质加气混凝土板材；澳大利亚进口的纤维水泥板结合保温棉；中央式机械通风系统；中央吸尘系统；可回收、可再利用资源；有机垃圾处理系统；太阳能热水系统；智能家居系统	全国绿色建设创新奖； 浙江人居经典； 2002全国人居经典建筑方案大赛住宅组建筑、环境双金奖； 2002‘中国精品楼盘’杭州代表楼盘	
金都汉宫	武汉武昌区临江大道66号	占地面积12.6万m^2 建筑面积28.9万m^2 容积率2.18 绿化率45% 建筑形式：小高层、高层	德国STO外墙外保温系统；Low-E中空玻璃断桥彩铝窗；屋顶绿化技术；雨水收集系统；生化垃圾处理系统；新风系统；太阳能利用；直饮水；家居智能化	建设部3A住宅性能认定； 2007绿色亚洲人居环境奖，建设典范工程奖；建设部建筑节能试点示范小区；中国人居环境金牌建设试点	
水木清华	武汉汉阳区经济开发区江大路	建筑面积18万m^2 容积率1.5 绿化率35% 建筑形式：多层、小高层	采用美国专威特外墙外保温系统；中空玻璃塑钢门窗；屋面保温；雨水收集作为景观用水；太阳能照明系统	2005年中国居住创新典范推介楼盘——中国节能住宅示范楼盘；建设部住宅产业化促进中心AA级住宅性能认定；中国新新人家户型设计推介活动综合精品户型奖；2003中国住宅创新夺标评比综合大奖；双节双优杯住宅方案金奖	
绿景苑	武汉市青山区青山园林路	占地面积8万m^2 建筑面积10.7万m^2 容积率1.52 绿化率45.8% 建筑形式：多层、小高层	外墙保温隔热系统；门窗保温隔热系统；热水器供热低温地板辐射采暖技术；太阳能供热水技术、太阳能草坪灯；生活污水处理回用和生活垃圾生化处理技术	国家AA级住宅；2001国家级康居住宅示范小区；武汉市建筑节能试点示范小区;武汉市优秀住宅小区；湖北省优秀设计一等奖；2005全国绿色建筑创新(三等)奖；2005年度中国科技地产名盘；詹天佑大奖优秀住宅小区金奖；中国土木工程詹天佑大奖	

续表

项目名称	地址	工程概况	建筑生态节能技术的关键应用	获奖情况	实景
长沙万国城MOMA	长沙市福区福元西路199号	占地面积8.8万m^2 建筑面积9.97万m^2 容积率1.97 绿化率40% 建筑形式：小高层、高层	地源热泵系统；全热回收系统；全置换新风系统；顶棚柔和辐射冷暖系统；外遮阳系统；强化外墙外保温系统；独立温湿度调控系统	2007年建设部建筑节能与可再生能源利用示范工程； 湖南建筑节能试点示范工程	
交大·归谷国际社区	成都市武侯区武阳大道	占地面积26.6万m^2 建筑面积11.8万m^2 容积率2.8 绿化率38% 建筑形式：小高层	住宅产业化；外墙保温系统；架空楼板；3层中空+单层覆膜塑钢窗；可调节外遮阳；集全新风、空气净化、热回收、二氧化碳浓度智能控制于一体的户式中央空调系统；智能控制系统；雨水回收系统；绿色建材精装修	四川首批国家级3A高尚住区； 科技部十二五低碳建筑示范项目； 国家十一五节能减排绿色建筑经典示范项目；国家第八届精瑞科学技术奖·房地产开发创新奖；	
兰峰城市花园	晋江新城罗山福埔SM广场	占地面积35万m^2 建筑面积60万m^2 容积率1.42 绿化率45% 建筑形式：多层、小高层	中空玻璃塑钢门窗；太阳草坪灯；生化垃圾处理和污水处理系统；智能化管理成套技术	国家康居示范工程； 泉州市科技计划项目； 晋江市重点工程； 住宅性能认定达到2A级标准； 2005年度中国科技地产名盘	
深圳万科城	深圳市龙岗区坂田街道坂雪岗工业区	占地面积46.8万m^2 建筑面积53万m^2 容积率1.1～1.3 绿化率30% 建筑形式：低层、多层、中高层	节能外墙系统；节能外窗；自然通风节能贡献率达到10%以上；遮阳与建筑一体化设计；内墙无机保温砂浆； 土建装修一体化；分质排水与处理回用技术；雨水收集利用系统；环保建材、新型墙体材料、就地取材策略	国家十大重点节能工程； 国家级绿色建筑示范项目； 建设部绿色建筑三星设计标识； 中荷可持续示范项目； 2007中国建筑节能年度代表工程； 詹天佑大奖住宅小区优秀规划奖	

续表

项目名称	地址	工程概况	建筑生态节能技术的关键应用	获奖情况	实景
泰格公寓	深圳市南山区蛇口南海大道8号	占地面积1.72万m^2 建筑面积4.24万m^2 容积率2.0 绿化率45.8% 建筑形式：多层、高层	节能外墙；节能外窗；固定遮阳；Low-E中空玻璃；加气混凝土块，变频技术；中心空调能耗分户计费系统；屋顶绿化；屋顶遮阳飘架；空气源热泵热水器；节能感应灯；太阳能利用；节水技术分质供水；全纯净水系统；加装能耗控制系统等	美国绿色建筑委员会LEED认证银奖； 建设部2005年科技综合示范项目； 四节环保示范项目； 2005年度中国科技地产名盘	
招商・金山谷	广东番禺新城东环街东艺路81号	占地面积83万m^2 建筑面积94.6万m^2 容积率0.6 绿化率40% 建筑形式：别墅、洋房	加气混凝土砌块填充墙；建筑围护结构热工性能优化；Low-E中空玻璃；采用水平板、垂直板和挡板外遮阳构件；太阳能热水系统；中水回用	广东省重大科技专项财政资金资助示范项目；绿色低碳住区建设技术集成与示范项目；2009联合国人居企业最佳范例奖；低碳生活示范园区；2009第6届中国人居精瑞奖—绿色生态建筑住宅白金奖；二星级绿色建筑设计标识证书；美国绿色建筑委员会(USGBC)颁发的LEED-ND(绿色社区)设计认证，ISO14064碳排放认证	
中国铁建•国际城	贵阳市南明花果园南小车河畔	占地面积93.3万m^2 建筑面积220万m^2 容积率3.0 绿化率52.1% 建筑形式：高层	外墙内保温技术；保温隔热中空玻璃；雨水回收系统；中水回收系统；LED节能灯；南北通透自然通风；同层排水	绿色亚洲人居环境示范项目； 贵州省十大宜居小区； 平安示范小区	

附录E 欧洲部分生态节能住宅实践列表

项目名称	地址	工程概况	建筑生态节能技术的关键应用	实景
太阳城 Solar City	奥地利 林茨 Linz Austria	总体规划由罗兰德·纳瑞（Roland Rainer）主持，参与设计的建筑师包括伦佐·皮亚诺，诺曼·福斯特，理查德·罗杰斯，托马斯·赫尔佐格，丹尼尔·里勃斯金等众多前沿建筑师。整个城区占地约有36万m^2，拥有1317户住宅，同时包括商店、学校和一条联通市中心的7km的有轨电车线，可以容纳2.5万居民。建设时间2001—2005	通过合理的建筑设计和适度的技术设计使得建筑在满足严格的造价限制和低能耗标准的要求同时，依然获得多样化的可能。紧密的房屋布局使房屋尽可能朝向南面，高度保温隔热的立面，自然通风采光和最佳的热量储存装置。太阳能集热器产生的热水至少可满足所需能源的34%，其余所需的热能则由远程供暖提供。中水处理系统，以及一个由集水沟、蓄水池和沉淀池构成的雨水处理系统可以保证所有的地面雨水回渗到地下。是有史以来规模最大的建立在可持续概念基础之上的城市项目	
劳巴赫住宅 Lohbach Residences	奥地利 因斯布鲁克 Innsbruck Austria	建筑设计：Baumschlager & Eberle Architekturbüro 占地面积：14897m^2 建筑面积：28200m^2 居住户数：298 6栋5-7层 建成时间：1997-2000 年能源需求：20kWh/m^2a 2009年获密斯·凡·德·罗奖	高度紧凑的集中式布局有效地减少了住宅体表面积；绝缘墙体和三层玻璃窗的采用最大限度地减少了表皮的热损失；表皮四周设有一圈环廊，并设有折叠金属遮阳板，形成双层皮效果；磨砂玻璃栏板可保护私密性并增加采光率；大进深加环外廊的设计可以形成对通风有利的风洞效应，并对室外气流有汇集和引导作用，可有效改善室内的热舒适效果；每间公寓都配备一个紧凑型热回收通风装置，以及为空气加热和热水锅炉的小型热泵。中庭覆玻璃顶利于引导采光通风；屋顶设有太阳能光伏、光电板，每年可提供70%的热水需求；屋顶雨水利用系统收集到的雨水可用于冲洗厕所，占每年生活用水需求量的一半以上	

续表

项目名称	地址	工程概况	建筑生态节能技术的关键应用	实景
明日之城 Bo01住宅示范区 City of To-morrow	瑞典 马尔默西旧工业码头区 Malmo Swedish	占地30万m^2 可容纳1000户居民 建设时间：2001—2010（第一期2001—2005） 多层为主（3～6层）和超高层住宅公寓楼（卡拉特拉瓦设计的旋转大楼Turning Torso） 容积率较本地区其他住宅小区高	通过合理的规划设计和采用先进的住宅建造技术，达到节能节材的目的。选用寿命长、可再生利用的材料。严格规定每户的能耗不能超过105kW·h/（m^2·a）2000年瑞典家庭平均能耗水平为175kW·h/（m^2·a）。制定了“质量宪章”，力求能源效率高、日常能耗少。普遍采用三层断桥式喷塑铝合金门窗、高效暖气片和温控阀、室内热量回收系统、屋顶绿化、节能灯具等。整个住区的能源需求完全由可再生能源满足，小区用电99%依靠风力发电；供热则主要依靠太阳能和地源热泵，展现了现代城市如何实现低能耗、低排放且宜居的生活方式。是瑞典第一个零碳社区，也是目前世界上最大的100%使用可再生能源的城市住区。2011年被欧洲议会评为“推广可再生能源奖”	
太阳能村社区 Solar in Amersfoort	荷兰 阿默斯福特 Amersfoort Netherlands	占地约600万m^2，包括5000幢住宅，12.2万人口，和约70万m^2的工业建筑用地 太阳能光伏发电能力达1.35兆瓦（MW），约12300m2 分区开发，每个开发商有各自不同的建筑师 建设时间：1995—2002	以建筑节能为中心，装机容量名列世界前茅的太阳能发电居住区，也是当今荷兰住宅建设的示范项目。太阳能利用是该项目的重点，辅以配套的建筑节能技术，达到节能能源和社区可持续发展的目标。采用了多种太阳能收集形式，住宅屋顶和墙面覆盖有2832m^2的太阳能光电板，根据房屋所在位置不同，朝向东南或西南方向，倾斜角度在20°~90°，用以替代屋盖和遮阳，依靠阳光可以产生215000kW·h/a的电量。住宅通过自身的太阳能系统不但可以获得自身所需的能源，而且多余的能源甚至可以转入市政能源网中，体现出极大的经济和能源优势	

续表

项目名称	地址	工程概况	建筑生态节能技术的关键应用	实景
老人住宅 Senior residence	瑞士 多马特/艾曼斯 Domat/Ems Switzerland	建筑设计：Dietrich Schwarz 20户住宅单元 建成时间：2004	首次大面积地应用由填满盐水化合物的塑料部件构成的半透明PCM潜热储存介质墙。住宅表皮材料包含了：防止室内过热、半透明隔热材料、蓄热介质以及能量转化等4个系统组成部分。其中，三层的隔热玻璃保证了住宅的U值低于0.5W/（m^2·k）。盐水化合物被封装在具有防腐蚀能力的聚碳酸酯中空板中。中空板被涂成灰色，以便于增进热吸收效果。住宅表皮的内表面含有一层带有压制花纹的钢化玻璃，玻璃花纹的印制密度可按设计要求进行调整。介于26～28℃的玻璃表面温度以热辐射的形式进行传递，确保了室内空间的热舒适度	
贝丁顿生态节能住宅项目 BedZED	伦敦 英国 London UK	建筑设计：Bill Dunster 占地1.7万m^2，包括公寓、复式住宅和独立洋房在内的82个居住单元，另有大约2400m^2的工作空间。 建成时间：2002	所有住宅都朝南，每户都有玻璃阳光房。屋面、外墙和楼板选用了300mm厚的绝热材料，窗户选用内充氩气的三层玻璃，窗框选用木材以减少传热。屋顶上矗立着一排排色彩鲜艳、外观奇特的热压风帽，这种被动式通风装置完全由风力驱动，可随风向的改变而转动，利用风压给建筑内部提供新鲜空气，排出室内的污浊空气。此外，其内部设有热交换器，可回收排出废气中的50%～70%的热量。还运用了雨水收集系统、废物利用系统，以及太阳能利用系统等多项可再生能源利用技术。BedZED是世界上第一个零CO_2排放的社区，是英国最大的环保生态小区	

续表

项目名称	地址	工程概况	建筑生态节能技术的关键应用	实景
住宅发展计划D1基地住宅 Upton Site D1	英国 北安普顿 Northampton UK	建筑设计：Zedfactory, Mansells, Davis Langdon and Arup 建成时间：2007 被视作英国政府推出的可持续住宅守则（the Code for Sustainable Homes，CfSH）的示范项目	屋顶、外墙和楼板都采用300mm厚的超级绝热外保温层；窗户选用内充氩气的三层玻璃窗；窗框采用木材以减少热传导；每户朝南的玻璃阳光房是其重要的温度调节器；采用自然通风系统将通风能耗最小化；风力驱动的换热器可随风向的改变而转动，一边排出室内的污浊空气，一边利用废气中的热量来预热室外寒冷的新鲜空气，70%的通风热损失得以挽回；屋顶设有小型风力发电设备，利用风能与风对流的中央空调设计；还设有太阳能光电和光伏设备等，最大限度地利用可再生能源	
格林尼治新千年村 Greenwich Millennium Village（GMV）	英国 伦敦 London UK	建筑设计：Ralph Erskine 占地面积：29万m^2 截至2010年已完成包括1098套住宅，计划再建2900套 建设时间：1999—2014	突出了可持续发展的功能：减少了80%的能源消耗和30%的用水；生活废水循环系统将雨水保留下来冲洗卫生间；40%的木材和铝制建材得到回收利用；混凝土结构的房屋有储热作用，减少了能源消耗。村子采用了热能和电能合一的供应系统，为住户提供中央供暖、热水和电量	

续表

项目名称	地址	工程概况	建筑生态节能技术的关键应用	实景
向日葵住宅 Helitrope	德国 弗赖堡 Freiburg Germany	建筑设计：Rolf Disch 占地面积：512m² 地上建筑面积：285.78m²（其中地上建筑面积208.66m²） 建设时间：1994	借鉴向日葵的趋光性原理，整栋住宅被安装在一个圆盘底座之上，由一个小型太阳能电动机带动一组齿轮，使得整栋房屋在环形轨道上以每分钟转动3cm的速度随着太阳旋转，可以跟随太阳的轨迹旋转360°。在住宅顶部有一块54m²的太阳能集热板，可根据太阳高度和位置的变化在上、下、左、右四个方向转动400°，与水平面的夹角也可以随着太阳高度角的变化而变化，以保证最大的集热面积，获得更多的太阳能。它跟踪太阳所消耗的电力仅为房屋太阳能发电功率的1%，而其所吸收的太阳能则相当于一般固定不动的太阳能房屋的2倍。地面还配备了地热转换器。世界上第一栋“正能源”（positive energy）建筑。该房屋也是欧洲第一座由追踪雷达和计算机控制的太阳能追踪住宅	
太阳船Schli-erberg	德国 弗赖堡 Freiburg Germany	建筑设计：Rolf Disch 共59户多层联排别墅 建筑面积：5600m² 所有住宅均是正能源住宅（Plusenergie-haus） 建成时间：2004	朝南的每一寸屋顶上都布满了太阳能光伏系统模块，出挑的光伏电池板屋顶还可以作为走廊的遮阳屋面。住宅每年能制造5700kW·h的能源，远远超出了住宅自身的能耗，将剩余电力卖给公共电力公司，每年可收益3000欧。由于住宅良好的保温、隔热、通风系统，它所需的热能仅为传统住宅的1/10。因此，即使户外冬天-20℃、夏天50℃，该住宅的室内却能常年保持在15～20℃，完全不需要使用城市集中供暖或空调	

续表

项目名称	地址	工程概况	建筑生态节能技术的关键应用	实景
阿克曼伯根太阳能住宅区 Solare Nahwärme am Ackermannbogen (SNAB)	德国 慕尼黑 Munich Germany	建筑设计：Götze Hadlich Popp Streib Architekten 占地面积：27700 m^2 住宅建筑面积：30400m^2 居住户数：320 供热总容积：89300m^3 建成时间：2007	南向较通透，北向较封闭。太阳能光伏板遮阳，防止过热。16-20cm厚的外墙连续保温，以及中空玻璃。同时还运营着一个装配有季节性地下蓄热池的太阳能集中供热系统，地下蓄热池容积为6000m^3。安装在屋顶上的集热板吸热面积共计2700m^2，连同一个热水蓄热池，向集中供热网输入太阳能热能。满足320户住宅的50%的热能需求	
黎母区二升节能房 Zweiliterhaus in der Messestadt Reim	德国 慕尼黑 Munich Germany	建筑设计：Lichtblau Architekt 全木结构 建筑面积：1290 m^2 建成时间：2002	采用了具有高效保温及密封性能的纤维保温实木材料，外窗上则采用了充满惰性气体的三玻塑框窗，充填了聚氨酯内芯，大大提高了保温隔热性能，此外在设计中还对防风和气密性做了巧妙处理。可灵活调节的热回收通风设施，冬季采暖时，85%的热量可回收利用。太阳能与固定遮阳相结合等。该住宅的供暖需求量仅仅为20kW·h/（m^2·a），相当于每m^2居住面积每年的燃油耗油量仅为两L。	
节能样板房 Energiesparhaus	德国 慕尼黑 Munich Germany	建筑设计：Martin Pool 建成时间：2004 建筑面积：2940 m^2 采暖能耗：20kW·h/（m^2·a） 外墙和屋顶传热系数：0.13W/（m^2·K） 外窗传热系数：0.7 W/（m^2·K） 零能耗住宅	外墙整体采用2cm的真空绝缘板进行保温处理，导热系数λ=0.004W/（m·K），导热性能相当于普通聚苯乙烯泡沫塑料（λ=0.035W/（m·K））的9~10倍，即相同的保温效果下可以显著的减少保温材料的重量和厚度，并节省建筑面积。另外通过安装三层玻璃窗，配置具有热回收功能的通风设备，采用适用于井水，且能在冬、夏分别对进入空气进行预热或制冷的热交换器，以及屋顶太阳能系统，实现零能耗	

参考文献

A. 中文与译著文献：

（按文献作者姓名字母顺序排列）

[1]（西班牙）阿森西奥．生态建筑 [M]．侯正华，宋晔皓译．南京：江苏科学技术出版社，2000.

[2]（英）贝莱恩•爱德华兹．国外建筑理论译丛：可持续性建筑 [M]．周玉鹏，宋晔皓译．北京：中国建筑工业出版社，2003.

[3]（德）贝林．建筑与太阳能：可持续建筑的发展演变 [M]．上海现代建筑设计（集团）有限公司 译．大连：大连理工大学出版社，2008.

[4]（意）L•本奈沃洛．西方现代建筑史 [M]．邹德侬，等译．天津：天津科学技术出版社，1996.

[5]（日）布野修司．世界住居 [M]．胡慧琴译．北京：中国建筑工业出版社，2011.

[6] 蔡君馥．住宅节能设计 [M]．北京：中国建筑工业出版社，1991.

[7] 曹利华．应用美学丛书：建筑美学 [M]．北京：科学普及出版社，1991.

[8] 曹伟．广义建筑节能：太阳能与建筑一体化设计 [M]．北京：中国电力出版社，2008.

[9] 陈凯峰．住宅建筑文化论 [M]．厦门：厦门大学出版社，1994.

[10] 陈晓卫，等．生态化建筑 [J]．建筑学报，2000（05）．

[11] 程世丹．现代世界百名建筑师作品 [M]．天津：天津大学出版社，1993.

[12] 程世卓、刘松茯．普利茨克建筑奖获奖建筑师——理查德•罗杰斯（上）[J]．城市建筑，2008（11）：109.

[13] 车武，李俊奇．对城市雨水地下回灌的分析 [J]．城市环境和城市生态，2001(04).

[14] 褚智勇．现代设计的材料语言 [M]．北京：中国电力出版社，2006.

[15] 戴志中，杨宇振.中国西南地域建筑文化 [M]. 武汉：湖北教育出版社，2003.

[16] 邓丰．欧洲生态住宅的造型艺术 [J] .城市建筑，2010（01）：18.

[17] 邓丰．欧洲生态住宅的气候适应性 [J] .室内设计，2010（02）：19.

[18] 邓丰．材料在住宅表皮中的运用趋势 [J] .城市建筑，2011（05）：29.

[19] 丁格菲，刘松茯，徐刚．普利茨克建筑奖获奖建筑师——让•努维尔（中）[J]．城市建筑，2009（12）：90.

[20] 丁国华．太阳能建筑一体化研究、应用及实例 [M]．建设部科技发展促进中心．北京：中国建筑工业出版社，2007.

[21]《大师》编辑部．建筑大师 MOOK 丛书：沃尔特•格罗皮乌斯 [M]．武汉：华中科技大学出版社，2007.

[22]《大师》编辑部．建筑大师 MOOK 丛书：菲利普•约翰逊 [M]．武汉：华中科技大

学出版社，2007.
[23]《大师》编辑部．建筑大师 MOOK 丛书：密斯• 凡• 德• 罗 [M]．武汉：华中科技大学出版社，2007.
[24]《大师》编辑部．建筑大师 MOOK 丛书：杨经文 [M]．武汉：华中科技大出版社，2007.
[25] 东京大学工学部建筑学科 安藤忠雄研究室编．勒 • 柯布西埃全住宅 [M]．文筑国际出品，曹文珺译．马卫东译校．宁波：宁波出版社，2005.
[26] 主要责任者 . 东京蒲公英之家 [J]．世界建筑，2001（04）.
[27] 冯路．表皮的历史视野 [J]．建筑师，2004（08）.
[28] 付祥钊．夏热冬冷地区建筑节能技术 [M]．北京：中国建筑工业出版社，2002.
[29] 付祥钊，肖益民．建筑节能原理与技术 [M]．重庆：重庆大学出版社，2008.
[30] 付秀章．低能耗住宅的建筑技术与方法 [J]．华中建筑，2004（04）.
[31]（美）肯尼斯•弗兰姆普敦．现代建设——一部批判的历史 [M]．张钦楠译．出版地：生活•读书•新知三联书店，2004.
[32]（加拿大）艾维•福雷德曼．适应型住宅 [M]．赵辰，黄倩译．江苏：江苏科学技术出版社，2004.
[33] 高宇波．可持续性住宅研究 [M]．北京：地质出版社，2008
[34] 郭峰．当代建筑表皮的表现性与逻辑性 [D]．西安 : 西安建筑科技大学硕士论文，2010.
[35] 国家住宅与居住环境工程技术研究中心．住宅建筑太阳能热水系统整合设计 [M]．北京：中国建筑工业出版社，2006.
[36] 海鲁尔 / 阿尔诺 建筑事务所．自然、建筑和外表：生态建筑设计 [M]．武汉：华中科技大学出版社，2009.
[37]（德）黑格尔 . 汉译世界学术名著丛书 • 美学：第一卷 [M]. 朱光潜 译.北京：商务印书馆，1996.
[38]（德）黑格尔. 小逻辑 [M]. 贺麟译.北京：商务印书馆，1996.
[39]（英）斯宾塞斯•哈特．国外建筑大师力作书系•赖特筑居 [M]．李蕾译．北京：中国水利水电出版社，2002.
[40] 何水清．现代住宅建筑节能与应用 [M]．北京：化学工业出版社，2010.
[41]（德）托马斯•赫尔佐格．建筑与能源——回归根源、迈向起点 [C]．刘健译．1999 年北京国际建筑师协会第 20 届世界建筑师大会分题报告 .
[42] 胡京．建筑的进化：原生到自觉的生态建筑 [J]．建筑学报，1998（04）.
[43] 胡宗昌，方芳．低碳地产之中国选择 [M]．上海：格致出版社 / 上海人民出版社，2011.
[44] 黄秉生、袁鼎生．生态美学探索：全国第三届生态美学学术研讨会论文集 [C]. 北京：民族出版社，2005.
[45] 黄丹麾．生态建筑 [M]．济南：山东美术出版社，2006.
[46] 黄云峰．太阳能在住宅中的运用现状与建筑一体化设计 [J]．住宅科技，2008（07）.
[47]（美）巴鲁克 • 吉沃尼．人 • 气候 • 建筑．陈士笎译．北京：中国建筑工业出版社，1982.

[48] 季敏．夏热冬冷地区居住建筑屋顶节能构造和环境设计 [D]．2008.
[49] 江业国．生态技术美学 [M]．北京：当代文艺出版社，2000.
[50] 江亿，林波荣，曾剑龙，朱颖心，等．住宅节能 [M]．北京：中国建筑工业出版社，2006.
[51] 荆其敏．生态建筑学 [J]．建筑学报，2000（07）.
[52] 荆其敏，张丽安．中国传统民居（新版）[M]．北京：中国电力出版社，2007.
[53]（法）勒・柯布西耶．走向新建筑 [M]．陈志华 译．天津：天津科学技术出版社，1991.
[54]（法）勒・柯布西耶．今日的装饰艺术 [M]．孙凌波，张悦译．北京：中国建筑工业出版社，2009.
[55] 李保峰．“双层皮”幕墙类型分析及应用展望 [J]．建筑学报，2001（11）：28.
[56] 李保峰，李钢．建筑表皮——夏热冬冷地区建筑表皮设计研究 [M]．北京：中国建筑工业出版社，2010.
[57] 李钢．建筑腔体生态策略 [M]．北京：中国建筑工业出版社，2007.
[58] 李钢，李保峰，龚斌．建筑表皮的生态意义 [J]．新建筑，2008（02）：14.
[59] 李钢，李慧蓉，王婷．形式追随生态 [J]．新建筑，2006（04）：84.
[60] 李华东．高技术生态建筑 [M]．天津：天津大学出版社，2002.
[61] 李亮．德国建筑中雨水收集利用 [J]．世界建筑，2002（02）：56.
[62] 李娟，隋同波，周春英．中德外墙外保温体系的发展及对比 [J]．新型建筑材料，2008（04）:63.
[63] 李振宇，邓丰，刘智伟．柏林住宅——从 IBA 到新世纪．北京：中国电力出版社，2007.
[64] 李振宇，刘银，邓丰．长江三角洲地区节约型居住的软技术体系研究导论 [J] .时代建筑，2008（02）：35.
[65] 李振宇，邓丰．欧洲生态节能住宅表皮设计研究 [J]．建筑学报，2010（01）：56.
[66] 李振宇，邓丰．Form follows Eco —— 建筑真善美的新境界 [J]. 建筑学报，2011(10)：95.
[67] 林宪德．绿色建筑：生态•节能•减废•健康 [M]．北京：中国建筑工业出版社，2007.
[68] 刘才丰．一种新型屋顶被动蒸发隔热技术 [J]．保温材料与建筑节能，2005（05）.
[69] 刘念雄，秦佑国.建筑热环境 [M] .北京：清华大学出版社，2005.
[70] 刘启波，周若祁．论绿色住区建设中的地域性评价 [J]. 建筑师，2003（101）.
[71] 刘先觉．国外著名建筑师丛书•密斯•凡德罗 [M]．北京：中国建筑工业出版社，1992.
[72] 刘先觉.现代建筑理论.建筑结合人文科学自然科学与技术科学的新成就 [M].北京：中国建筑工业出版社，1999.
[73] 刘先觉．现代建筑理论 [M]．北京：中国建筑工业版社，1999.
[74] 刘晓晖，覃琳．形式追随诗性的技术 [J]．建筑师，2006（04）.
[75] 刘亚臣，王丽雅，王萍，张璐．绿色生态住宅及其发展趋势 [J]．沈阳建筑工程学院学报（自然科学版），2002.

[76]（美）柯林・罗，罗伯特・斯拉茨基．透明性 [M]．金秋野，王又佳译．北京：中国建筑工业出版社，2008.
[77] 罗小未．建筑文库．现代建筑奠基人 [M]．北京：中国建筑工业出版社，1991.
[78] 罗忆，刘忠伟．建筑节能技术与应用 [M]．北京：化学工业出版社，2007.
[79] 吕爱民．应变建筑——大陆性气候的生态策略 [M]．上海：同济大学出版社，2003.
[80] 吕爱民．从自然气候到人工气候：对建筑目的的探讨 [J]．新建筑，2001（01）.
[81]（美）麦克哈格．设计结合气候——建筑地方主义的生物气候研究 [M]．黄经纬 译．天津：天津大学出版社，2006.
[82] 卢求．德国新型住宅节能理念与技术 [J]．资源与人居环境，2006（09）：13.
[83] 卢求，刘飞．建筑生态节能的宏观策略与实施技术体系 [C]．// 第五届中国城市住宅研讨会论文集，中国香港，2005 年 11 月：787.
[84] 卢艳．德国住宅设计中的太阳能利用系统 [J]．建筑学报，2003（03）：61.
[85]（英）约翰•罗斯金.建筑的七盏明灯 [M].张荣跃 主编.张璘译.济南：山东画报出版社，2006.
[86] 马平、石孟良．建筑界面的生态语言 [J]．中外建筑，2008（03）：84.
[87] 马维娜，梅洪元，俞天琦．生态美学视阈下的绿色建筑审美研究 [J]．武汉：华中建筑，2010 (03)：折出文献
[88] 孟长再．住宅经济保温厚度的计算与分析 [J]• 煤气与热力，1997（03）:39.
[89] 房琳，曲德林，刘福祯．空调建筑外墙和屋顶经济绝热厚度的计算 [J]．太阳能学报，2000（6）:711.
[90] 房志勇，等．建筑节能技术 [M]．北京：中国建材工业出版社，1999.
[91]（英）尼古拉斯• 佩夫斯纳．建筑理论译丛．现代建筑的先驱者 ——从威廉•莫里斯到格罗皮乌斯 [M]．王申祜译．北京：中国建筑工业出版，1987.
[92]（意）马西莫•佩里乔利．“人类，自然，技术”——托马斯•赫尔佐格的人居建筑 [J]．项琳雯译．世界建筑，2007（06）：19.
[93] 秦佑国．建筑与技术——托马斯• 赫尔佐格评述 [J]．世界建筑，2007（06）：23.
[94] 秦佑国．中国国情下的绿色建筑 [M]．中国住宅设施．2006（07）.
[95] 清华大学建筑节能研究中心．中国建筑节能年度发展研究报告 2008[R]．北京：中国建筑工业出版社，2008.
[96] 清华大学建筑设计研究院．生态住宅 [J]．住区，2005（04）.
[97] 仇保兴．关注中国的建筑节能与绿色建筑 [J]．建筑装饰材料世界，2006（03）.
[98]（美）阿琳・桑德森．赖特建筑作品与导游 [M]．陈建平译．北京：中国水利水电出版社 / 知识产权出版社，2004.
[99]（美）克里斯汀• 史蒂西．建筑表皮 [M]．贾子光，张磊，姜琦译．大连：大连理工大学出版社，2009.
[100]（英）罗杰•斯克鲁登．建筑理论译丛．建筑美学 [M]．刘先觉 译．汪坦 校．北京：中国建筑工业出版社，1992.
[101] 佘正荣．生态智慧论 [M]．北京：中国社会科学出版社，1996.
[102] 沈克宁．绿色建筑运动和“可维持设计”[J]．华中建筑，1995（03）.
[103] 冉茂宇，刘煜．生态建筑 [M]．武汉：华中科技大学，2008.

[104] 饶戎．绿色建筑 [M]．北京：中国计划出版社，2008.
[105] Sebastian．张庆风．中国建筑节能手册，2007.
[106] 宋德萱．节能建筑设计和技术 [M]．上海：同济大学出版社，2003.
[107] 宋晔皓．欧美生态建筑理论发展概述 [J]．世界建筑，1998（01）.
[108] 孙超法．当代建筑表皮设计的三个趋势 [J]．建筑创作，2007（01）：150.
[109] 孙巍巍，刘松茯．普利茨克建筑奖获奖建筑师——雷姆•库哈斯(中)[J]．城市建筑，2009（06）：100.
[110] 汤民，戴起旦．绿色建筑设计中节水技术的应用与探讨 [M]．// 杨惠忠．建筑节能技术集成及工程应用．北京：中国电力出版社，2008.
[111] 唐鸣放，孟庆林．蓄水屋面强化隔热研究 [J]．建筑技术开发，2000（03）.
[112] 陶化花．安亭新镇的德国节能技术应用 [J]．建筑装饰材料世界，2006（12）：46.
[113] 田蕾，秦佑国．可再生能源在建筑设计中的利用 [J]．建筑学报，2006（02）.
[114] 同济大学，清华大学，南京工学院，天津大学．外国近现代建筑史 [M]. 高等学校教学参考书．北京：中国建筑工业出版社，1994.
[115] 万书元．当代西方建筑美学 [M]．南京：东南大学出版社，2001.
[116] 王宝刚．日本高科技城市生态节能住宅实验——以日本大阪市未来型实验住宅 NEXT21 为例 [J]．建设科技，2007（10）.
[117] 王宝海．上海地区住宅建筑围护结构外保温系统技术现状和发展建议 [J]．上海：上海建材，2007（03）:12.
[118] 王崇杰，薛一冰等编．太阳能建筑设计 [M]．北京：中国建筑工业出版社，2007.
[119] 王立红．绿色住宅概论 [M]．北京：中国环境科学出版社，2003.
[120] 王鹏，谭刚．生态建筑中的自然通风 [J]．世界建筑，2000（04）.
[121] 王其钧．图解中国民居 [M]．北京：中国电力出版社，2008.
[122] 王其钧．后现代建筑语言 [M]．北京：机械工业出版社，2007.
[123] 王群．再访柏林 [J]．建筑师，1989（09）.
[124] 王受之．世界现代建筑史 [M]．北京：中国建筑工业出版社，1999.
[125] 王文骏．德国新世纪城市节能住宅设计初探 [J]．城市建筑，2010（01）：9.
[126] 王振复．建筑美学笔记 [M]．天津：百花文艺出版社，2005.
[127] 汪芳．外国著名建筑师丛书•查尔斯•柯里亚 [M]．北京：中国建筑工业出版社，2003.
[128] 汪江华．形式追随什么 [J]．建筑学报，2004（11）：76.
[129] 汪维，韩继红．上海生态建筑示范工程（生态住宅示范楼）[M]．北京：中国建筑工业出版社，2006.
[130] 汪铮，李保峰，白雪．可呼吸的表皮——积极适应气候的“双层皮”幕墙解析 [J]. 华中建筑，2002（01）：22.
[131] (美)文丘里．建筑的复杂性与矛盾性 [M]．周卜颐译．北京：中国水利水电出版社，2006.
[132] 翁奕城．国外生态社区的发展趋势及对我国的启示 [J]．建筑学报，2008（04）：32.
[133] 吴焕加．20 世纪西方建筑史 [M]. 郑州：河南科学技术出版社，1998.

[134] 吴向阳．国外著名建筑师丛书•杨经文 [M]. 北京：中国建筑工业出版社，2007.
[135] 夏云．生态与可持续建筑 [M]．北京：中国建筑工业出版社，2001.
[136] 徐恒醇．生态美学·生态文化丛书．西安：陕西人民教育出版社，2000.
[137] 袁镔．注重技术、讲究实效、崇尚自然——德国生态村建设的启示 [J]．世界建筑，2002(12)：18.
[138] 袁烽．深层表皮——技术驱动下的形式美学对空间与装饰的新诠释 [J]．时代建筑，2003(06)：35.
[139] 姚润明．面向未来的绿色建筑——世界优秀绿色建筑实例精选 [M]．重庆：重庆大学出版社，2008.
[140] 杨洪兴，周伟．太阳能建筑一体化技术应用与技术 [M]．北京：中国建筑工业出版社，2009.
[141] 杨京平，田光明．生态工程技术丛书•生态设计与技术 [M]．北京：化学工业出版社，2006.
[142] 杨柳．建筑气候分析与设计策略研究 [D]．西安：西安建筑科技大学博士学位论文，2003.
[143] 杨维菊．夏热冬冷地区生态建筑与节能技术 [M]．北京：中国建筑工业出版社，2007.
[144] 杨晓龙．金奖启示录：普利茨克建筑奖研究 [M]．机械工业出版社，2006.
[145] 叶弘，华君．住宅空调器室外机的安装位置与节能 [J]．住宅科技．2003（07）.
[146] 俞天琦，梅洪元．走向表层的建筑——不同时期建筑表皮的特性解析 [J]．城市建筑，2010（03）：119.
[147]（美）J•尤德森．美国绿色建筑译丛•绿色建筑集成设计 [M]. 姬凌云 译．沈阳：辽宁科学技术出版社，2009.
[148] 徐建柳，何嘉鹏，孙伟民．南京建筑围护结构保温层经济厚度计算研究 [J]．暖通空调，2008（01）:51.
[149] 主要责任者．在建筑和城市规划中应用太阳能的欧洲宪章（摘要）[J]．建筑学报，1999（01）：12.
[150]（日）彰国社．被动式太阳能建筑设计 [M]．任子明、马俊等译．北京：中国建筑工业出版社，2004.
[151] 曾坚．当代世界先锋建筑的设计观念——变异、软化、背景、启迪 [M]. 天津：天津大学出版社，1995.
[152]（日）真锅恒博．住宅节能概论．马俊、刘荣原 译．北京：中国建筑工业出版社，1987.
[153] 张神树、高辉．中外可持续建筑丛书•德国低/零能耗建筑实例解析 [M]．北京：中国建筑工业出版社，2007.
[154] 张红，王立奇，郑思齐，沈悦．生态化住宅的发展与实践 [J]．建筑经济，2001（09）.
[155] 张金歌，封心宇．现代建筑表皮材料的语言表达．中外建筑，2009（07）：87.
[156] 张卫宁，李保峰．从节能视角看建筑玻璃表皮：夏热冬冷地区建筑玻璃表皮设计的误区及对策 [C]．// 第五届中国城市住宅研讨会论文集．中国香港：出版者 2005：825.

[157] 张啸．建筑表皮生态设计策略研究 [J]．中外建筑，2009（05）：101.
[158] 张云华．生态节能住宅的屋顶节能设计研究 [J]．住宅科技，2008（11）：19.
[159] 赵金玲，庄智，李伯军．建筑围护结构保温层经济厚度计算方法的研究 [J]．建筑热能通风空调，2005（06）:65.
[160] 赵鑫珊．人 - 屋 - 世界：建筑哲学和建筑美学 [M]．天津：百花文艺出版社，2004.
[161] 赵巍岩．当代建筑美学意义 [M]．南京：东南大学出版社，2001.
[162] 紫图大师图典丛书编辑部．世界不朽住宅大图典 [M]．西安:陕西师范大学出版社，2004.
[163] 中国城市科学研究会．绿色建筑（2008）[M]．北京：中国建筑工业出版社，2008.
[164] 中国——欧盟建筑标准和节能研讨会（EU-CHINA CONFERENCE ON ATANDARDS AND ENERGY SAVING IN BUILDING)，2008 年 1 月 29 日，北京 [C].
[165] 中华全国工商业联合会住宅产业商会．中国生态住宅技术评估手册（2003 版）[S]. 北京：中国建筑工业出版社，2003.
[166] 中华人民共和国建设部科技司，智能与绿色建筑文集编委会．智能与绿色建筑文集 [M]. 北京：中国建筑工业出版社，2005.
[167] 中华人民共和国建设部．JGJ 75-2003 夏热冬暖地区居住建筑节能设计标准 [S]. 北京：中国建筑工业出版社，2003.
[168] 中华人民共和国建设部．JGJ 26-95 民用建筑节能设计标准 [S]．北京：中国建筑工业出版社，1996.
[169] 邹惟前．太阳能房与生态建材 [J]．北京：化学工业出版社，2007.
[170] 周浩明，张晓东．生态建筑——面向未来的建筑 [M]．南京：东南大学出版社，2002.
[171] 周振民．气候变迁与生态建筑 [M]．北京：中国水利水电出版社，2008.
[172] 住房和城乡建设部标准定额研究所．居住建筑节能技术标准应用技术导则——严寒和寒冷、夏热冬冷地区 [M]．北京：中国建筑工业出版社，2010.
[173] 朱馥艺．生态建筑的地域性与科学性 [D]．南京：东南大学博士论文，2000.
[174] 朱永康，蔡增杰．对种植屋面的设计探讨 [M]．// 杨惠忠．建筑节能技术集成及工程应用．北京：中国电力出版社，2008.

B. 西文文献：

[175] Georg Adlbert, Gerhard Hausladen etc.. Energieeffiziente Architektur in Deutschland [M]. Wüstenort Stiftung, Kraemerverlag, Stuttgart, 2010
[176] Dietmar Aulich und Hans-Joachim Reh. Architeckturpreis NiedrigEnergieBau 1999: Energieeinsparung und hohe Architekturqualität [M]. -1.Aufl. Wilfried Gandras Hamburg: Dölling und Galitz, 1999.
[177] Ursula Baus, Klaus Siegele. Holzfassaden: Konstruktion, Gestaltung, Beispiele. Germany: db das buch, 2001.
[178] Sophia and Stefan Behling. Solar Power: The Evolution of Sustainable Architecture [M]. Munich, London, New York: Prestel Verlag, 2000.

[179] Peter Beinhauer. Standard- Detail- System: Konstruktionsdetails für Bauvorhaben mit Bauteilbeschreibungen und Preisen [M]. Germany: Rudolf müller 2006.
[180] Cornelius Brand. Die neuen Energiesparhäuser: Aktuelle Entwicklungen-Zeitgemäße Architektur. München: verlay Geog D.W. Callüay 1997.
[181] Carles Broto, Innovative apartment buildings [M]. 2007.
[182] Carles Broto, Innovative public housing [M]. 出版地：Gingko Pr Inc, 2005.
[183] Eoin O. Cofaigh, John A. Olley, etc. The Climatic Dwelling: An introduction to climate-responsive residential architecture [M]. England : European Commission, 1996.
[184] Conference Proceedings of the 4th ENERGY FORUM. Solar Architecture & Urban Planning. Bressanone, Italy, 02-04 December 2009 [C].
[185] Klaus Daniels. Advanced Building Systems: A Technical Guide for Architects and Engineers [M]. Basel. Boston. Berlin: Birkhäuser- Publishers for Architecure, 2003.
[186] Klaus Daniels. Technologie des ökologischen Bauens: Grundlagen und Maßnahmen, Beispiele und Ideen [M]. Basel, Boston, Berlin: Birkhäuser Verlag, 1999.
[187] Norbert Fisch, Bruno Möws, Jürgen Zieger. Solarstadt, Konzepte–Technologien-Projekte [M]. Stuttgart : Verlag W. Kohlhammer, 2001.
[188] Ingeborg Flagge, Verena Herzog-Loibl, Anna Meseure. Thomas Herzog - Architektur + Technologie / Architecture + Technology [J]. PESTEL, München, London, New York. March 2003.
[189] Gesellschaft für Rationelle Energieverwendung E.V.. Energiesparung im Wohngebäudebestand [M]. GRE- Geschäftsstelle Kassel: 5: Auflage, 2007.
[190] David Leatherbarrow and Mohsen Mostafavi. Surface architecture [M]. London, Cambridge Mass.: The MIT Press, 2002.
[191] Leon Glicksman, Juintow Lin. Sustainable Urban Housing in China: Principles and Case Studies for Low-Energy Design [M]. Berlin : Springer, 2007.
[192] Detlef Glücklich, Nicola Fries etc.. Ökologisches Bauen: Von Grundlagen zu Gesamtkonzepten [M] . München Deutsche Verlags-Anstalt, 2005.
[193] Robert Gonzalo. Energiebewusst Bauen, Wege zum solaren und energiesparenden Planen, Bauen und Wohnen [M]. Mainz: Edition Erasmus, 1994.
[194] Robert Gonzalo, Karl J. Habermann. Energieeffiziente Architektur: Grundlagen für planung und Konstruktion [M]. Germany: Birkhäuser- Verlag für Architektur, 2006.
[195] Christophe Gunsser. Energiesparsiedlungen, Konzepte- Techniken- Realisierte Beispiele [M]. München: Verlag Georg D.W. Callwey, 2000.
[196] Christina Haberlik. Neue Architektur in München [M]. Berlin: Nicolai Verlagsbuchhandlung GmbH, 2004.
[197] Gerhard Hausladen, Michael de Saldanda, Petra Liedl, Christina Sager. Climate Design: Solutions for Buildings that Can Do More with Less Technology [M]. Germany : Birkhäuser, 2005.
[198] Gerhard Hausladen, Michael de Saldanda, Petra Liedl. ClimaSkin: Konzepte für

Gebäudehüllen, die mit weniger Energie mehr leisten [M]. München: Callwey, 2006.
[199] Gerhard Hausladen, Karsten Tichelmann. Ausbau Atlas: Integrale Planung, Innenausbau, Haustechnik [J]. Edition DETAL, München: Institut für internationale Architektur-Dokumentation GmbH & Co. KG, 2009.
[200] Gerhard Hausladen. Innovative Gebaüde-, Technik- und Energiekonzepte [M]. Germany: Oldenburg Industrieverlag München. 2001.
[201] Dean Hawkes, Wazne Forster. Energieeffizientes Bauen; Architektur Technik Ökologie [M]. Stuttgart München: In Kooperation mit Ove Arup, 2002.
[202] Hegger, Fuchs, Stark, Zeumer. Energy Manual: Sustainable Architecture [M]. Edition Detail, Basel, Boston, Berlin: Birkhäuser. 2008.
[203] Thomas Herzog. Solar Energy in Architecture and Urban Planning [M]. Munich, New Yourk Prestel, 1996.
[204] Thomas Herzog, Roland Krippner, Werner Lang. Facade Construction Manual [M]. Germany: Birkhäuser, 2004.
[205] Hindrichs• Heusler(Eds.). Fassaden – Gebäudehüllen für das 21.Jahrhundert [M]. Birkhäuser, Basel: Zweite erweite Auflage. 2006.
[206] Dirk. U. Hindrichs, Klaus Daniels (eds.). plus minus 20 ° /40 ° latitude: Sustainable building design in tropical and subtropical regions [M]. Stuttgart, London: Edition Axel Menges, 2007.
[207] Christain Holl, Klaus Siegele. Metallfassaden: Vom Entwurf bis zur Ausführung [M]. Germany: Deutsche Verlags-Anstalt, 2007.
[208] Othmar Humm, Hrsg. NiedrigEnergie und PassivHäuser: Konzepte, Planung, Konstruktionen, Beispiele [M]. Ökobuch Verlag, Staufen bei Freiburg 1998, 2000
[209] Othmar Humm. NiedrigEnergieHäuser: Innovative Bauweisen und neue Standard [M]. Ökobuch Verlag, Staufen bei Freiburg 1997, 1998.
[210] Richard Hyde. Bioclimatic Housing, Innovative Designs for Warm Climates. UK, USA: Earthscan, 2008.
[211] Detail Jahrbuch: Detail: Bauten + Produkte• Auswahl 2003 [J]. Deutscher Baukatalog. München: Institut für internationale, 2003.
[212] Detail Jahrbuch: Detail: Bauten + Produkte• Auswahl 2004 [J]. Deutscher Baukatalog. München: Institut für internationale, 2004.
[213] Gert Kähler, Matthias Schuler, Gerhard Hausladen, Helmut F.O.Müller, Eberhard Oesterle, Guy Battle. Die klima-akitive Fassade [M]. Edition Intelligente Architektur. Stuttgart: Verlagsanstalt Alexander Koch GmbH. 1999.
[214] Hans Kiesling. Erneuerbare Energien: Plannung – Ausführung - Baukosten [M]. Germany: WEKA MEDIA GmbH & Co. KG, 2009.
[215] Ulrich Knaack, Tillmann Klein, Marcel Bilow, Thomas Auer. Fassaden: Prinzipien der Konstruktion [M]. Germany: Birkhäuser, 2007.
[216] Josef Kroiss, August Bammer. biologisch natürlich Bauen: ein Ratgeber biologischer Baustoffe [M]. Stuttgart: S. Hirzel Vertrag, 2000.

[217] Per Krusche, Dirk Althaus, Ingo Gabriel, Maria Weig-Krusche. Ökologisches Bauen, Herausgegeben vom Umweltbundesamt [M]. Berlin: Bauverlag, 1982.

[218] Gunter Maurer, Doris Schmid-Hammer, Elmar Dittmann, Sigrid Dittmann-Hotop. Wohnmodelle Bayern Band 3, Kostengünstiger Wohnungsbau [M]. München: Verlag Georg D.W. Callwey, 1999.

[219] Gunter Maurer, Albert Dischinger, Sigrid Dittmann-Hotopr, Elmar Dittmann. Wohnmodelle Bayern Band 4, Qualität für die Zukunft, kompakt urban innovativ [M]. Germany: Verlag Georg D.W. Callwey, 2004.

[220] Ronald Meyer. Das EnergieEinsparHaus, Die neue Generation des Bauens [M]. Blottner Fachverlag, Taunusstein: Blottner, 2001.

[221] Knoll, Michael. Solar-City [M]. Basel, Beltz: Weinheim 1992.

[222] Scharp, Michael. Nachhaltigkeit des Bauens und Wohnens [M]. Nomos-Verl.-Ges.: Baden-Baden, 2002.

[223] Technische Universität München, Lehrstuhl für Bauklimatik und Haustechnik. Ökologischer Wohnungsbau: Forschungsbericht zur Nachuntersuchung ausgewählter Projekte aus Modellvorhaben des Experimentellen Wohnungsbau [Z]. Oberste Baubehörde im Bayerischen Staatsministerium des Innern, Materialien zum Wohnungsbau, München, Juni 2006.

[224] Uta Pottgiesser. Fassadenschichtungen - GLAS: Mehrschalige Glaskonstruktionen [M]. Berlin: Bauwerk Verlag GmbH, 2004.

[225] U.S. Energy Information Administration. International Energy Outlook 2011 [Z], 2011.

[226] Holger Reiners. Energie effektiv nutzen Die besten Einfamilienhäuser, Niedrigenergie-Häuser. Passiv-Häuser [M]. Energieplus-Häuser. Stuttgart, München: Deutsche Verlags-Anstalt. 2002.

[227] Johann Reiß, Martin Wenning, Hans Erhorn, Lothar Rouvel. Solare Fassadensysteme, Energetische Effizienz-Kosten-Wirtschaftlichkeit [M]. Stuttgart: Fraunhofer IRB Verlag, 2005.

[228] H. Rohracher, M. Ornetzeder. Wohnen im ökologischen „Haus der Zukunft“: eine Bestandsaufnahme sozio-ökonomischer Projekte im Rahmen der Programmlinie „Haus der Zukunft“[Z], Berichte aus Energie- und Umweltforschung, 2008.

[229] Susanne Runkel. Der Bauherr spezial Energie Sparen [M]. München: Compact Verlag 2008.

[230] Kai Schild, Michael Weyers. Handbuch Fassadendämmsysteme: Grundlagen-Produkte- Details. Stuttgart: Fraunhofer IRB Verlag, 2003.

[231] Christian Schittich (Ed.). in Detail: Building Skins [M]. Edition DETAIL. Germany: Birkhäuser, 2006.

[232] Christian Schittich (Ed.). in Detail: Solar Architecture [M]. Edition DETAIL. Germany: Birkhäuser, 2003.

[233] Günther Simon. Das Energie-Optimierte Haus, Planungshangbuch mit

Projektbeispielen [M]. Berlin: Bauwerk Verlag GmbH, 2004.

[234] Horschler Stefan, Jagnow Kati. Planungs- und Ausführungshandbuch zur neun EnEV, Umfassende Darstellung mit Projektbeispielen, Mit den aktuellen Neuerungen in EnEV, DIN 4108-2, DIN V 4108-6, DIN 4108 B bl 2, DIN EN ISO 6946 [S]. Bauwerk, 2003.

[235] Karsten Tichelmann, Iochen Pfau. Entwicklungswandel Wohnungsbau: Neue Gebäudekkonzepte in Trocken- und Leichtbauweise [M]. Germany, Brauschweig, Wiesbaden :Vieweg, 2000.

[236] Treberspurg, Martin / Stadt Linz. SolarCity Linz-Pichling: Nachhaltige Stadtentwicklung Sustainable Urban Development: Springer, Wien [u.a.], Wein, NewYork, 2008.

[237] Rico Venzmer (Hrsg.). Der Gebäude-Energieberater Jahrbuch 2008 [M]. Berlin: Verlag Bauwesen, 2007.

[238] Michael Wigginton Jude Harris. Intelligent Skins [M]. Italy: Architectural Press, 2002.

[239] Wuppertal Institut für Klima. Umwelt. Energie, Planungs-Büro Schmitz Aachen, Herausgegeben von der Bundesarchitektenkammer. Energierechtes Bauen und Modernisieren: Grundlagen und Beispiele für Architekten, Bauherren und Bewohner [M]. Basel, Berlin, Boston: Brikhäuser Verlag, 1996.

后　记

本书是笔者在博士论文基础上进行修订和完善而成的，在答辩后的一年时间里，根据评委意见和建议，进行了必要的补充和完善，希望本书的出版可以使这几年的研究成果能够与更多的人分享。

写完硕士论文曾经一度年少轻狂地认为博士论文写作也一定能够驾轻就熟、手到擒来。殊不知，做学问永远都不能够没有敬畏之心。开始博士阶段学习之前万万没有想到这条路并非能够走得如预想所料般一帆风顺，论文从结构到内容几经调整和修改，才发现博士研究的工作确是一个踏踏实实的修心、修性的过程，绝没有多快好省的捷径可循。2008 年 10 月至 2010 年 10 月期间，成功申请了“国家建设高水平大学公派研究生项目”，受国家留学基金委（CSC）奖学金资助，赴德国慕尼黑工业大学（TU München）进行了为期两年的联合培养博士学习。东西方不同的教育体系下，在研究内容、研究方法和目标上都存在着一定的分歧，因此，我的研究工作也曾经一度陷入迷惘的分裂状态。所幸双方导师都给予了我极大的鼓励和支持，督促我克服研究中的困难，并在论题理解、观点阐述、结构搭建、案例选取和写作规范等多方面给予了全面而细致的指导。在与导师的多次深度商讨中最终确立并完善了论文最后的研究结构和切入点，直到最终搁笔完成，凝结的不光是作者的心血，更有来自导师和其他各方无私而殷勤的帮助与支持。

首先应该感谢的是我的导师李振宇教授，先生求实、严谨、认真、积极的治学态度深深地感染、并影响着师门的每一位弟子。对待工作和科研，永远都充满了激情和热情，精力旺盛到我们这些小辈学子都望尘莫及。作为一名典型的性情中人，学生们若是工作或论文做得好，他从不吝惜赞美之词；若是做得狗血，也必会得到雷霆般的批评和指正；在陷入研究死角，迷惘无助之时，又总是能够及时给予支持和鼓励，拨云见日指明方向。我从硕士阶段就跟随导师从事论文写作、建筑设计和科研工作，耳濡目染，深得先生的言传身教，以至于无论是论文写作的逻辑梳理，还是研究的结构架构，甚至对论文的写作规范和排版的苛求，都深深的烙上了 made in Prof. Li 的烙印。在这般十余载的历练捶打之下，如今我终于得以出师，实不敢忘先生多年来无论在学习上还是生活上对我的信任、关心和帮助。

其次要感谢我在慕尼黑工业大学的德国导师格哈德•豪斯拉登教授(Prof. Dr.-Ing.GerhardHausladen)。先生风趣、机智又和蔼可亲，虽然工作极度繁忙，仍不忘关心我的研究工作，认真听取我的研究报告，并对存疑地方及时提出问题，引导方向。同时还要特别感谢我所在的慕尼黑工业大学（TU München）建筑设计与技术研究所，感谢热情耐心的秘书 Frau Karin Danko 和 Frau Gabriele Zechner，随时乐意帮助我解决在德期间生活和工作上的困难；感谢研究助教 Christine Geishauser 不厌其烦地帮我修改德语生态住宅问卷调查表，鼓励我用还不十分熟练的德语进行现场调研活动；感谢德国同事 Elisabeth Endres、UtaStettner 和 Tobias Wagner，他们成为我和教授之间高效率沟通的桥梁，帮助我梳理研究汇报的要点和重点。感谢来自东南大学的美女博士张慧，带领我参加专业讲座，参观博物馆，在生活和学业上对我的无私帮助。特别感谢师弟刘博宇，初到德国，是彼此在生活上和学习上的互相支持和鼓励，才使得我们在异乡的一片茫然中逐步走上正轨。与他关于生活和专业的经常性讨论也开放了我的研究视角，坚定了彼此的研究立场和信心。

感谢曾经同甘共苦的杨舢、戟羽中、冀旸、周书宁、李春燕、Joan、钱珏莹、林金峰、张宁、佟霖、吴玉婷、Helmut Proessl 和 Borislav Mladjov 等人在异乡的学习和生活中给予的无私帮助。

感谢风趣、直爽、亦师亦友的周静敏教授对论文的详细阅读，并在此后给予我极大肯定和鼓励的同时，也直面指出论文的硬伤所在，并提出了具有建设性的修改方法和建议。

感谢具有完美主义情结的王志军副教授就论文写作、结构调整、内容充实和写作规范等方面与我所做的详谈，给予了我极大的帮助和鼓励，从中受益良多。

感谢同济大学城市规划设计院的德籍工程师 Dipl. Ing.Bernd Seegers 对我有针对性的提问给予及时而耐心的解答，并慷慨提供相应的资料和图片。

尤其需要感谢直到现在我仍不知道姓名的论文预盲审评阅专家，感谢您对本论文所做出的认真、详细而中肯的修改建议，最终促成了论文从结构到内容的更加完善。

感谢论文答辩评委华中科技大学的李保峰教授、清华大学的王路教授、同济大学的黄一如教授和周静敏教授，以及中船九院的邓耀学高工，感谢你们对论文给予的肯定，以及极具针对性的中肯意见和建议。

最后要感谢的是我的父母，身为知识分子的你们从没有严苛地希望我必须成为社会精英、国之栋梁。你们只教我正直做人，宽容待人，是你们培养了我独立、自强、勤于思考、乐观豁达的性格，使我懂得比知识更重要的是健全、健康的人格。感谢我的先生朱凯，感谢你长久以来对我的支持和包容，在我心身疲乏之时，给予我精神上和物质上的支撑和鼓励；在我得意忘形之时，又只需淡淡的一句“你到底何时毕业？”就能够顷刻间将我拉回到现实。感谢腹中即将出生的宝宝，感谢你体谅妈妈的艰辛，乖乖接受我每日长时间瘫坐在电脑前对你进行毫无童趣可言的专业胎教。如今本书即将出版，也终于修成了“世界上第三种人”的正果，千言万语汇至这小小的一圈句号，希望这份费时、费力、费心的研究，能够对得起老师、对得起自己。

邓丰
2014 年 10 月于同济大学